DIE POLYSACCHARIDE

VON

HANS PRINGSHEIM

DRITTE
VOLLSTÄNDIG VERÄNDERTE AUFLAGE

MIT 8 ABBILDUNGEN

BERLIN
VERLAG VON JULIUS SPRINGER
1931

ISBN-13:978-3-642-90266-6 e-ISBN-13:978-3-642-92123-0
DOI: 10.1007/978-3-642-92123-0

SOFTCOVER REPRINT OF THE HARDCOVER 3RD EDITION 1931

WILHELM SCHLENK

IN VEREHRUNG ZUGEEIGNET

Vorwort zur dritten Auflage.

Seit Erscheinen der 2. Auflage im Jahre 1923 sind die Polysaccharide zu einem der vielbearbeitetsten Gebiete der Chemie organischer Stoffe geworden; auch die Zuckerchemie[1], auf deren Kenntnis sich die Polysaccharidchemie aufbaut, hat eine neue und große Entwicklung erfahren. Alle Einzelgebiete sind im Laufe der letzten sieben Jahre, und zwar jedes mehrfach, in Spezialbüchern behandelt worden, die am einschlägigen Orte im Text genannt werden.

Es wird alle Tage schwerer, das Gesamtgebiet zu überblicken, aus der Fülle der Publikationen die beachtenswerten auszuwählen und zu einem lesenswerten und von einheitlichen Gesichtspunkten geleiteten Überblick zusammenzuschmieden. Besonders schwierig gestaltete sich dieses Ziel in der Behandlung der allgemeinen Konstitutionsfrage: die Kettentheorie wurde in letzter Zeit durch einige sehr überzeugende Experimente und geistvolle Ableitungen aus den Röntgenuntersuchungen, besonders in der Cellulosechemie, auf den Wellenberg gehoben. Sie schiebt in der hauptsächlich aus dem festen Zustand abgeleiteten, etwas zu einseitigen Auslegung des Bauprinzips der Polysaccharide zahlreiche Experimente beiseite, die für den gelösten Zustand eine ergänzende und dem kolloiden Zustand adäquatere Erklärung verlangen. Es wurde der Versuch gemacht, hier einen Ausgleich zu schaffen.

Den Herren S. A. Waksman, Rutgers-University und L. Knudson, Cornell-University, bin ich in den Abschnitten „Zersetzung der Cellulose durch Protozoen“ und „Physiologie der Stärke“ für ihre Hilfe sehr verbunden. Herrn I. R. Katz, Amsterdam,

---

[1] Vgl. Pringsheim: Zuckerchemie. Akad. Verlagsges. m. b. H. Leipzig 1925.

danke ich für die Durchsicht des Röntgenkapitels. Beim Lesen der Korrektur haben mich Frl. Dr. HELENA BORCHARDT und Herr Dr. BEISER unterstützt. Ihnen allen sei mein bester Dank ausgesprochen.

Die Literatur wurde bis zum Februar 1931 berücksichtigt und während des Druckes noch etwas ergänzt.

Berlin, im April 1931. H. PRINGSHEIM.

Inhaltsverzeichnis.

Einleitung.

Die dritte Auflage der Polysaccharide wurde unter Zugrundelegung der neuen Zuckerformulierungen geschrieben, die vermittels des Methylierungsverfahrens ermittelt worden sind. Die Konstitution der Bruchstücke der methylierten Zucker ist durch Experimente gesichert worden, die wir zu den schönsten und zuverlässigsten der letztjährigen organisch-chemischen Untersuchungen rechnen müssen.

Danach kommt allen stabilen natürlichen Zuckern ein amylenoxydischer und den sogenannten γ-, h- oder am-Zuckern, die sich im freien Zustande in wäßriger Lösung leicht in die stabilen Formen umwandeln, ein butylenoxydischer Sauerstoffring zu. HAWORTH[1] hat die ersteren sehr treffend als Pyranosen und die letzteren als Furanosen bezeichnet. Zur Darstellung der konfigurativen Verhältnisse benutzt er eine neue Schreibweise, welche die sonst nur am Modell übersichtliche räumliche Lagerung an den Asymmetriezentren am besten zu übersehen gestattet: Ihre ausschließliche Anwendung verbietet sich durch zu große Platzinanspruchnahme. Wir geben nachstehend ein paar Formelbilder, die die Ergebnisse der neuen Zuckerchemie verdeutlichen.

---

[1] HAWORTH: The Constitution of Sugars. London 1929.

Gluco-pyranose. Fructo-pyranose.

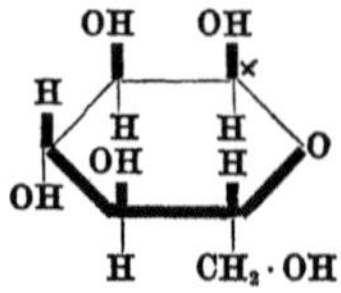

α-Glucose.

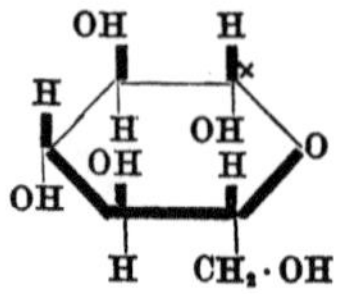

β-Glucose.

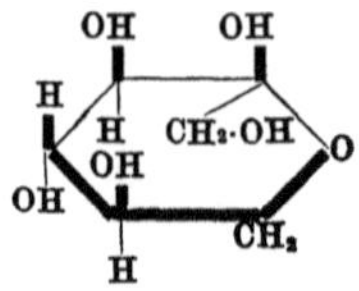

α-Fructose.

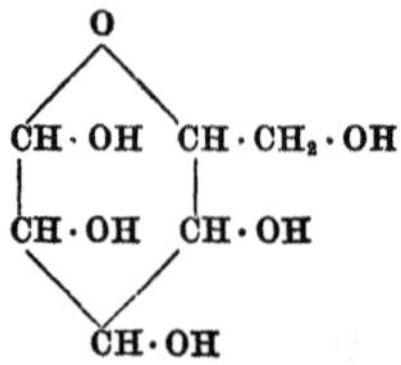

Normale Aldo-hexose
z. B. Gluco-pyranose

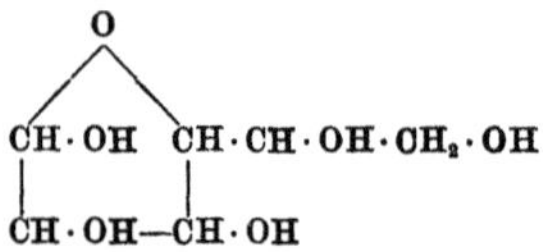

γ-Aldo-hexose
z. B. Gluco-furanose.

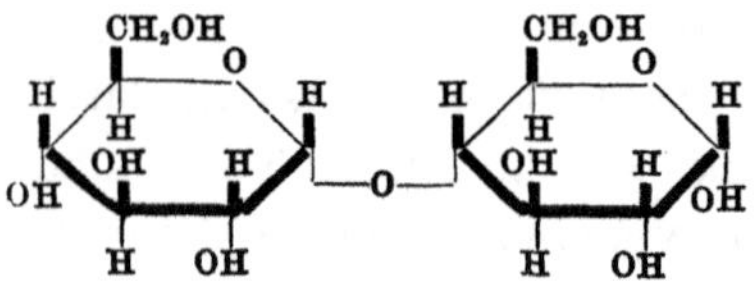

α-Maltose.

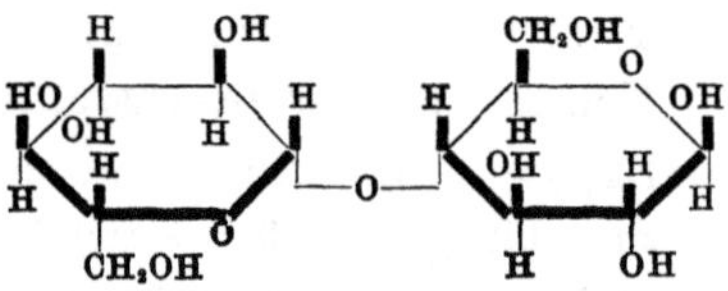

β-Cellobiose.

In allerneuester Zeit sind auf Grund der Unstimmigkeiten, welche bei Anwendung der HUDSONschen Regeln auf manche Zucker vor allem auf die Mannose herrschen, andere Vorschläge unterbreitet worden[1], mit der Begründung, daß bei der Methylierung schon von vornherein Umlagerungen eintreten können und die aus den Spaltstücken der Methylozucker gezogenen Schlußfolgerungen demzufolge nicht stichhaltig sind. Die stabile Mannose wird deshalb von HUDSON butylenoxydisch formuliert, während die Glucose die pyroide Form beibehält. Wir geben im Kapitel I die Konstitution der verschiedenen Disaccharide nach der HUDSONschen Auffassung kurz wieder. Im allgemeinen haben

[1] HUDSON: Journ. Amer. chem. Soc. 52, 1680, 1707 (1930).

seine Begründungen nicht den Beifall der Fachgenossen gefunden[1]. Durch die eingehenden Studien von K. FREUDENBERG und W. KUHN[2] dürfte bewiesen sein, daß der Drehwert des aldehydischen Kohlenstoffatoms in der Mannose deshalb von dem der Glucose, Fructose, Galaktose usw. abweicht, weil ihm gerade in diesem Zucker ein konfigurativ verschiedenes C-Atom benachbart ist. Das Gesetz der optischen Superposition stimmt offenbar nur in einer bestimmten, wenn auch manchmal erstaunlichen Annäherung unter der Voraussetzung, daß die am zu betrachtenden asymmetrischen C-Atom haftenden Gruppen möglichst gleich, und zwar in konstitutioneller und auch in konfigurativer Beziehung, gleich sind; je näher dem betreffenden Asymmetriezentrum strukturell oder räumlich verschiedene andersartige Substituenten rücken, um so größer ist die Gefahr der Abweichung. Deshalb bewahrt das Gesetz aber ganz seine Gültigkeit bei der Anwendung auf ein und denselben Zucker, z. B. die Glucose in verschiedenen Bindungen, wo diese Voraussetzung natürlich erfüllt ist. So sind die Anwendungen der HUDSONschen Regeln zu bewerten, die in unseren Betrachtungen eine Rolle spielen werden.

---

[1] HAWORTH u. Mitarb.: Journ. chem. Soc. London **1930**, 2615, 2636, 2644, 2654, 2660. — ISBELL. Bureau of Standards Journ. of Research **5**, 1179 (1930).

[2] FREUDENBERG u. KUHN, Ber. **64**, 703 (1931).

A. Polysaccharide erster Ordnung.

Einleitung: Umgrenzung, Charakterisierung und Nomenklatur.

Die sich aus mehreren Monosaccharidresten zusammensetzenden Kohlehydrate bezeichnet man als Polysaccharide. Die zuckerähnlichen Vertreter dieser Klasse, die, wie die Disaccharide Maltose, Milchzucker, Rohrzucker usw. und manche Tri- und Tetrasaccharide, wie Raffinose und Stachyose, in Makrokrystallen zu gewinnen sind, können einem im Jahre 1923 gemachten Vorschlage entsprechend auch als „Polysaccharide erster Ordnung“ bezeichnet werden.

Gerade dieses Gebiet der Zuckerchemie hat in den letzten Jahren eine außerordentlich befriedigende Entwicklung genommen. So gelang es mit Hilfe der an der St. Andrews-Universität von Irvine entwickelten Methylierungsmethode besonders Haworth die Konstitution der wichtigsten Disaccharide definitiv festzulegen, wobei das Verhalten der Laktone ihrer Aldonsäuren in konstitutioneller und konfigurativer Beziehung bedeutungsvoll war. Zemplén in Budapest konnte diese Ergebnisse durch seine neue Abbaumethode stützen.

Die Früchte dieser Erkenntnisse konnten bald durch die Synthese geerntet werden; fruchtbar im Aufbau wichtiger in der Natur vorkommender Disaccharide war Pictet, dem die Synthese der *Melibiose*, *Maltose* und *Laktose* gelang. Diese Synthesen gestatten jedoch keinen Rückschluß auf die Konstitution der durch sie erschlossenen Disaccharide, in dieser Beziehung ist die ausgezeichnete von Helferich ausgearbeitete Methode bisher die erfolgreichste geblieben; sie gestattete ihm neben anderen zwei natürliche Disaccharide, die *Gentiobiose* und die *Vicianose*, darzustellen und ihre Konstitution festzulegen und ferner eine ganze Zahl höher molekularer Polysaccharide in krystallisiertem Zustande darzustellen. Auch FREUDENBERG war in letzterer Beziehung kürzlich sehr erfolgreich, er synthetisierte eine Anzahl bisher unbekannter Polysaccharide. Neue Polysaccharide natürlichen Ursprungs sind nicht entdeckt worden, aber der Abbau solcher Naturprodukte wie die Cellulose, die Stärke und die Mannane, die wir als „Polysaccharide zweiter Ordnung" bezeichnen werden, lieferte uns eine ganze Reihe neuer Di- und Trisaccharide in die Hand.

Die neue Entwicklung ist bisher überhaupt nicht zusammenfassend in Buchform behandelt worden[1], wir werden deshalb in diesem Teile etwas eingehender sein und die Literatur so weit wie möglich beifügen.

Für die völlige Festlegung eines Polysaccharidmoleküls müssen folgende drei Punkte geklärt sein: I. Die Art der konstituierenden Zucker, II. die Hydroxylgruppen, welche die Kuppelung der Konstituenten bedingen: Polysaccharidtypen, III. die stereochemische Form der Konstituenten.

Die Art der konstituierenden Zucker.

Die Ermittlung der Art der konstituierenden Zucker ist kein Problem der speziellen Polysaccharidchemie, es sei deshalb bezüglich der experimentellen Anleitung verwiesen auf VAN DER HAAR, Anleitung zum Nachweis, zur Trennung und zur Bestimmung der Monosaccharide und Aldehydsäuren; Gebr. Bornträger, Berlin 1920, wie auf den kürzlich erschienenen Beitrag: H. PRINGSHEIM und A. STEINGROEVER, 3. Band, III. Auflage von HOUBEN-WEYL „Die Methoden der organischen Chemie"; Verlag Georg Thieme, Leipzig 1928[2].

Als Konstituenten der Polysaccharide erster, wie auch der zweiter Ordnung, kommen vornehmlich die wichtigsten Hexosen: Glucose, Fructose, Mannose und Galaktose und die verbreitetsten

---

[1] Es sei hier auf die auf meine Veranlassung verfasste Zusammenstellung von J. LEIBOWITZ Cellulosechemie 9. 125 (1928) verwiesen.

[2] Vergl. ferner H. PRINGSHEIM mit J. LEIBOWITZ und DEODATA KRÜGER: Beiträge im Handbuch der Pflanzenanalyse von H. KLEIN. Verlag Julius Springer. (Im Druck.)

Pentosen Xylose und Arabinose, daneben in weit geringerem Maße die Methylpentose Rhamnose in Frage. Von den beiden Spiegelbild-Antipoden, der ja mit optischen Asymmetriezentren ausgestatteten Zucker, kommen in den Polysacchariden nur die Vertreter der d-Reihe vor. Welche Kräfte gerade die Bildung dieser Komponenten regeln und überhaupt die Schaffung bestimmter Konfigurationen beherrschen, ist bisher unbekannt[1]: sie gehen von der organisch belebten Natur aus, und müssen in den grünen Pflanzen bei der Stärkebildung ihren Sitz im Chloroplasten haben.

Polysaccharidtypen.

Die vor sechs Jahren vorgeschlagene Einteilung in vier Polysaccharidtypen hat sich bewährt. (I.) Eine definitive Zuerteilung der inzwischen neu bekannt gewordenen Vertreter ist nur beim Trehalose- und beim Maltosetyp möglich, während die Einordnung in den Amylose- und Anhydrosetyp wegen der manchmal noch unvollkommenen Aufklärung der hierher gehörigen Polysaccharide bisweilen schwierig ist.

1. Trehalosetyp. Die einfachste, keine strukturelle Isomerie zulassende Bindungsform zwischen zwei Hexosen ist die der Trehalose; bei ihr sind die Monosaccharidreste *unter sich glucosidisch* verkettet, da die beiden am ersten Kohlenstoffatom haftenden Hydroxyle unter Wasseraustritt zusammen getreten sind. Wir gelangen so zum Trehalosetyp (1).

Diese Bindungsart ist im allgemeinen eine ziemlich feste, sofern nicht, wie beim Rohrzucker, der eine Konstituent in labiler Form vorliegt, wodurch die Hydrolyse außerordentlich erleichtert wird. Beim Trehalosetyp handelt es sich um nicht reduzierende Zucker, da, wie aus der Formel ersichtlich, beide Aldehydgruppen durch Anhydrierung festgelegt sind. Von dieser Bindungsform sind, wie noch zu erörtern, aus sterischen Gründen bei zwei gleichen Konstituenten drei und bei zwei ungleichen vier Isomere möglich.

---

[1] Vergl. hierzu aber: KUHN u. KNOPF: Zeitschr. physik. Chem. B. 7, 292 (1930). — KUHN: Transact. of the Faraday Soc. **26**, 293 (1930).

1. Trehalosetyp

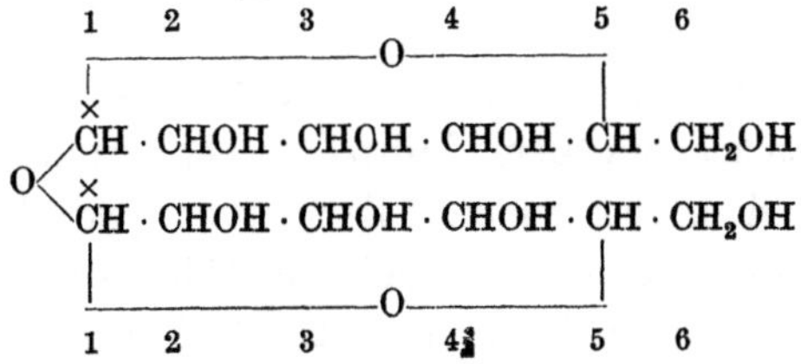

2. Maltosetyp

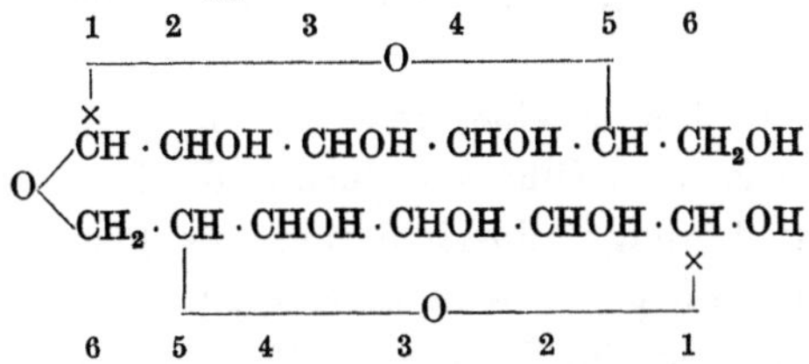

3. Amylosetyp

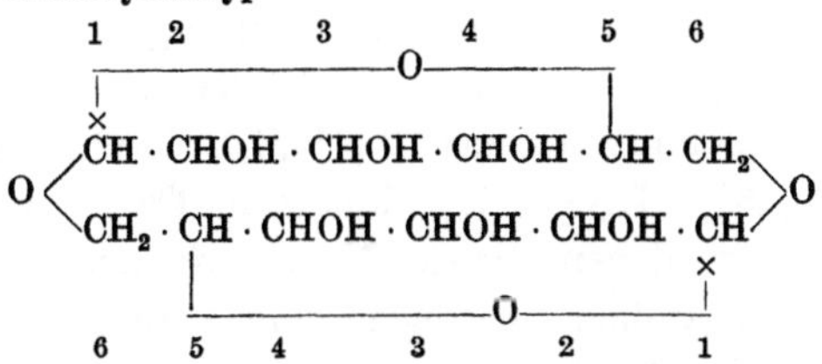

4. Anhydrosetyp

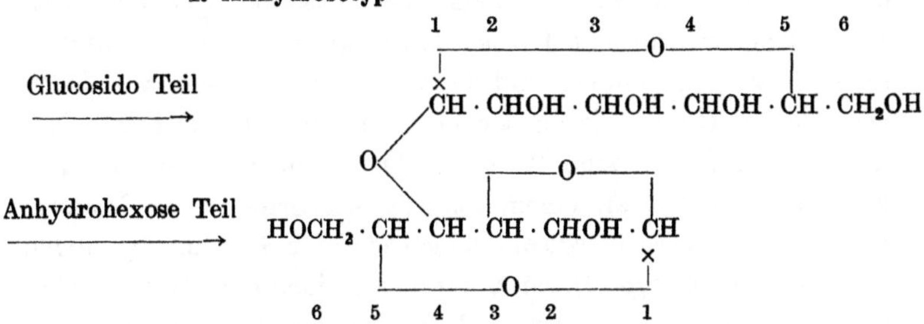

I.

2. Maltosetyp. Den zweiten Typus bezeichnen wir als Maltosetyp; bei ihm hat man sich den Zusammenhang zwischen zwei Monosaccharidresten so vorzustellen, daß sich an der Anhydrierung der eine Zucker mit dem halbacetalischen Hydroxyl und der zweite mit einer der anderen Hydroxylgruppen beteiligt. Von diesem Typus sind bei zwei gleichen Aldohexose-Komponenten vier, bei zwei verschiedenen acht Strukturisomere, wozu, wie wir unter III sehen werden, noch die gleiche Zahl Stereoisomerer kommt, möglich. Die Zahl der Isomeren bei der Beteiligung von Ketohexosen oder Aldopentosen ist um einen Konstituenten geringer.

Dieser Typ besitzt eine freie Carbonylgruppe; die Maltose zum Beispiel ist eine Glucosidoglucose, die in ihrem Glucoseteil FEHLINGsche Lösung reduzieren und mit Phenylhydrazin reagieren kann. Infolge der Anwesenheit eines freien Zuckeranteiles ist hier eine α- und eine β-Form möglich. In der α-Maltose dreht das einständige Kohlenstoffatom im Glucoseteil genau so stark nach rechts wie in der α-Glucose, und dasselbe gilt für die β-Form, wie das aus den HUDSONschen Regeln hervorgeht.

3. Amylosetyp. Disaccharide der beiden erstgenannten Typen hatten die Zusammensetzung $(C_6H_{10}O_5)_2$ H_2O, Trisacchariden würde $(C_6H_{10}O_5)_3$ 2 H_2O usw. zukommen. Die zwei noch zu erörternden Typen, denen wir die Namen *Amylosetyp* und *Anhydrosetyp* geben wollen, besitzen jedoch nur ein Äquivalentgewicht von $C_6H_{10}O_5$; es müssen in ihnen also zwei Monosaccharide unter dem Austritt von *zwei* Molekülen Wasser, drei unter dem von *drei* Molekülen Wasser usw. zusammengetreten sein. Da es sich hier um eine Körperklasse handelt, welche FEHLINGscher Lösung gegenüber indifferent ist, so müssen alle halbacetalischen Hydroxyle an der Verknüpfung beteiligt sein. Dies kann nur auf zweifache Weise erfolgen: einmal, indem sie mit anderen ihrer Art an einem *anderen* Zuckerrest unter Wasseraustritt wechselseitig zusammengetreten sind; dann gelangen wir zum *Amylosetyp* (3). Man kann sich einen derartigen Zucker auch so entstanden denken, daß aus einem entsprechenden vom Maltosetyp ein Molekül Wasser unter Beteiligung des halbacetalischen Hydroxyls und eines anderen Hydroxyls am *anderen* Zucker herausgenommen ist. Deshalb kann ein Disaccharid vom Amylosetyp auch eine Anhydromaltose sein.

4. Anhydrosetyp. Die zweite Möglichkeit der Verknüpfung zweier Monosaccharidreste zu einem Disaccharid nichtreduzierender Eigenschaften — und das gleiche gilt vice versa bei einem Trisaccharid usf. — besteht darin, daß nur eines der halbacetalischen Hydroxyle mit einem anders gearteten Hydroxyl im *zweiten* Zuckerrest zusammengetreten ist, daß sich dagegen das Halbacetalhydroxyl des *zweiten* Zuckerrestes *innerhalb dieses selbst* mit einem seiner noch freien Hydroxyle unter Bildung eines Brückensauerstoffatoms vereinigt hat. Der zweite Konstituent spielt dann die Rolle eines Anhydrozuckers, wie z. B. der Anhydroglucose, Anhydrofructose oder dergleichen. Wegen des Vorhandenseins derartiger Anhydrozucker im Molekül solcher Polysaccharide nennen wir die ganze Klasse jetzt Anhydrosetyp und formulieren einen Vertreter unter 4. Man kann ein derartiges Disaccharid z. B. als Glucosido-Anhydroglucose bezeichnen, wobei der Glucosidoteil in der Formel oben und der Anhydroglucoseteil unten steht. Naturgemäß ist auch ein derartiges Gebilde in ein Disaccharid vom Maltosetyp überführbar, indem z. B. der 1,3 Oxydring im Anhydroglucoseteil unter Wasseranlagerung gelöst wird; so kann aus einem Disaccharid vom Anhydrosetyp ebenfalls Maltose entstehen, und der Zucker wäre dann auch als Anhydromaltose aufzufassen.

Damit wäre die Aufzählung derartiger Typen erschöpft, die bisher für bekannt gewordene Zucker diskutiert worden sind, doch ist die Formulierung weiterer Typen durchaus möglich; so wird neuerdings ein dialdehydisches Tetrasaccharid bekannt gegeben.

In den nachstehenden Tabellen ordnen wir die bisher bekannten Polysaccharide nach den hier aufgezählten vier Typen ein, soweit das ihre Konstitutionsaufklärung gestattet, die die Unterscheidung zwischen dem Amylose- und Anhydrosetyp nicht immer zuläßt. Die Verantwortung für die Formulierung überlassen wir in den zahlreichen unsicheren Fällen den einzelnen Verfassern; wir halten die Angabe auf alle Fälle für förderlich. Änderungen

Tabelle 1.

a) *Disaccharide*

Trivialname	Formulierung	Spez. Drehung
Maltose	4-α-Glucosido-glucose	+ 138°
Isomaltose		
Dextrinose	Vielleicht identisch mit Glucosido-6-glucose aber in der β-Form vielleicht identisch m. Amylobiose	
Gentiobiose	6-β-Glucosido-glucose	+ 11°
α-Glucosido-6-glucose		+ 10,5°
α-Glucosido-2-glucose		+ 70°
Amylobiose	5-α-Glucosido-glucose ⟨1,4⟩ ?	+ 110°
Cellobiose	4-β-Glucosido-glucose	+ 35°
Celloisobiose	5-β-Glucosido-glucose ⟨1,4⟩ ?	+ 23°
Celtrobiose	?	?
Revertose	?	+ 92—98°

Maltosetyp.

Glucose + Glucose.

Literatur

IRVINE u. BLACK: Journ. chem. Soc. London **1926**, 862.
COOPER, HAWORTH u. PEAT: Journ. chem. Soc. London **1926**, 876.

FISCHER, E.: Ber. **23**, 3687 (1890); **28**, 3024 (1895).

LING u. NANJI: Journ. chem. Soc. London **123** 2666 (1923).

BOURQUELOT u. HÉRISSEY: Compt. rend. Acad. Sciences **126**, 1045 (1898); **132**, 571 (1901); **135**, 290 (1902).
HUDSON: Journ. Amer. chem. Soc. **38**, 1566 (1916).
HAWORTH u. WYLAM: Journ. chem. Soc. London **123**, 3120 (1923).
HELFERICH, BÄUERLEIN u. WIEGAND: Liebigs Ann. **447**, 27 (1926).

PICTET u. CASTAN: Helv. chim. Acta **4**, 319 (1921).

PICTET, A. u. J.: Helv. chim. Acta **6**, 617 (1923).

PRINGSHEIM u. LEIBOWITZ: Ber. **57**, 884 (1924).
PRINGSHEIM: Ber. **57**, 1581 (1924).
PRINGSHEIM u. STEINGROEVER, Ber. **59**, 1001 (1926).

SKRAUP u. KÖNIG: Ber. **34**, 1115 (1901).
SKRAUP u. SCHLIEMANN: Monatsh. Chem. **22**, 1011 (1900).

OST u. PROSIEGEL: Zeitschr. Angew. Chem. **32**, 100 (1920).
PROSIEGEL: Diss. Hannover **1920**.
OST u. KNOTH: Cellulosechemie **3**, 25 (1922).

HUDSON: Journ. Amer. chem. Soc. **48**, 2002 (1926).

CROFT-HILL: Journ. Chem. Soc. London **73**, 634 (1898); **83**, 578 (1903).
PRINGSHEIM u. LEIBOWITZ: Ber. **57**, 1576 (1924).

b) *Disaccharide*

Trivialname	Formulierung	Spez. Drehung
Laktose	4-β-Galaktosido-glucose	+ 55°
Neolaktose	d-Galaktosido-d-altrose	+ 35°
Melibiose	6-α-Galaktosido-glucose	+ 143°
Galaktosido-glucose	?	?
Glucosido-galaktose	?	?
Galaktosido-galaktose	?	?
6-β-d-Galaktosido-d-glucose		+ 36°
6-Glucosido-galaktose		+ 8,2°
Galaktosido-β-6-galaktose		+ 34°

c) *Disaccharide*

4-Glucosido-mannose		+ 10,7°
4-Galaktosido-mannose		+ 30°
Mannosido-6-galaktose		+ 134°
Mannosido-1-mannose		+ 53°
Mannosido-mannose	?	+ 13°

d) *Disaccharide*

Turanose	6-α-Glucosido-5-β-fructose	+ 72°

mit Galaktose.

Literatur
HAWORTH u. LEITCH: Journ. chem. Soc. London **113**, 188 (1918).
KUNZ u. HUDSON: Journ. Amer. chem. Soc. **48**, 1978, 2435 (1926).
HAWORTH u. Mitarb. Journ. chem. Soc. London **1928**, 3146; **1927**, 1527. PICTET u. VOGEL: Helv. chim. Acta **9**, 806 (1926). HELFERICH u. BREDERECK: Liebigs Ann. **465**, 166 (1928). HUDSON: Journ. Amer. chem. Soc. **38**, 1566 (1916).
FISCHER u. ARMSTRONG: Ber. **35**, 3144 (1902).
HELFERICH u. RAUCH: Ber. **59**, 2655 (1926).
FREUDENBERG, NOË u. KNOPF: Ber. **60**, 238 (1927).
FREUDENBERG, WOLF, KNOPF u. ZAHEER Ber. **61**, 1743 (1928).

mit Mannose.

BERGMANN u. SCHOTTE: Ber. **54**, 1564 (1921).

BERGMANN: Liebigs Ann. **434**, 79 (1923).

FREUDENBERG u. Mitarb.: Ber. **61**, 1743 (1928).

PRINGSHEIM u. GENIN: Ztschr. physiol. Chem. **140**, 299 (1924).

mit Fructose.

KUHN u. v. GRUNDHERR: Ber. **59**, 1655 (1926).
ZEMPLÉN u. BRAUN: Ber. **59**, 2230 (1926).

e) *Disaccharide aus*

Trivialname	Formulierung	Spez. Drehung
Vicianose	6-β-l-Arabinosido-d-glucose	+ 40,5°
Primverose	6-β-d-Xylosido-d-glucose	— 3,4°
d-Galaktosido-d-arabinose		— 63°

f) *Trisaccharide.*

Amylotriose	5-α-Glucosido-5-α-glucosido ⟨1,4⟩ glucose ⟨1,4⟩ ? ?	+ 124°
β-Glucosidomaltose	5-α-Glucosido ⟨1,5⟩ 4 glucosido ⟨1,4⟩ glucose ⟨1,5⟩ ? ?	+ 160°* + 129°**
Manninotriose	Glucosido-galaktosido-galaktose	+ 167°
Trimannose	nur als Osazon isoliert	
Laktosido-β-6-galaktose		+ 22°
6-β-Laktosido-d-glucose		+ 23°
Procellose	Glucosido-Cellobiose ?	+ 22,8°
Cellotriose	Glucosido-isocellobiose ? ↑ ↓	+ 10,5°
Isocellotriose	Isocellobiosido-glucose ?	+ 15°
Cellotriose	4-β-Glucosido-Cellobiose	+ 23,2°
Cellobiosido-β-6-galaktose		+ 25°
6-β-Cellobiosido-β-d-glucose		+ 8°
Rhamninotriose	Galaktosido-rhamnosido-rhamnose	— 41°
Dialdehydisches Trisaccharid	Glucose Glucose Glucose 6←——→1 ?←——→6	+ 64°

Hexose + Pentose.

Literatur

BERTRAND u. WEISWEILER: Compt. rend. Acad. Sciences **143**, 832 (1906); **147**, 252 (1908); **150**, 180 (1910).
HELFERICH u. BERDERECK: Liebigs Ann. **465**, 166 (1928).

{ HELFERICH u. RAUCH: Liebigs Ann. **455**, 168 (1927).
BRIDEL: Compt. rend. Acad. Sciences **179**, 780 (1924).
GORIS, MASCRÉ, VISCHNIAC: Bull. Science Pharm. **19**, 577 (1912).

ZEMPLÉN: Ber. **60**, 1309 (1927).

{ PRINGSHEIM: Ber. **57**, 1581 (1924).
HUDSON, PRINGSHEIM u. LEIBOWITZ: Journ. Amer. chem. Soc. **48**, 288 (1926).
PRINGSHEIM u. LEIBOWITZ: Ber. **58**, 2808 (1925).

{ * LING u. NANJI: Journ. chem. Soc. London **123**, 2666 (1923); **127**, 629 (1925).
PRINGSHEIM u. SCHAPIRO: **59, 996 (1926).

TANRET: Compt. rend. Acad. Sciences **134**, 1586 (1902); Bull. Soc. chim. France **27**, 947 (1902).

PRINGSHEIM: Ztschr. physiol. Chem. **80**, 376 (1912).

FREUDENBERG u. Mitarb.: Ber. **61**, 1743 (1928).

HELFERICH u. SCHÄFER: Liebigs Ann. **450**, 229 (1926).

BERTRAND u. BENOIST: Compt. rend. Acad. Sciences **176**, 1583 (1923). **177**, 85 (1923).

OST: Zeitschr. Angew. Chem. **39**, 1117 (1926).

OST: Zeitschr. Angew. Chem. **41**, 696 (1928).

ZECHMEISTER u. TOTH: Ber. **64**, 854 (1931).

FREUDENBERG u. Mitarb.: Ber. **61**, 1743 (1928).

HELFERICH u. SCHÄFER: Liebigs Ann. **450**, 229 (1926).

TANRET, C. u. G.: Compt. rend. Acad. Sciences **129**, 725 (1899).

MANDEL u. NIEDERL: XII. Intern. Physiologenkongreß Stockholm **1926**, 104. Ber. d. gesamt. Physiol. **39**, 16.

g) *Tetrasaccharide*

Trivialname	Formulierung	Spez. Drehung
Cellobiosidogentiobiose	nur als Acetat bekannt	
Cellotetraose	?	+ 17°
Cellohexaose		+ 13°

2. Trehalosetyp.

Disaccharide.

Trivialname	Formulierung	Spez. Drehung
Trehalose	α-Glucosido-α-glucosid	+ 197°
Isotrehalose	β-Glucosido-β-Glucosid ? α-Glucosido-β-Glucosid	— 39° bis 58° + 70°
Rohrzucker[1]	α-Glucosido- ?-fructosid	+ 66,5°
Galaktobiose	?	+ 67,8°

Trisaccharide.

Trivialname	Formulierung	Spez. Drehung
Raffinose	Melibiose Saccharose Galaktose-glucose-fructose 1 α←→6 1 α←→2	+ 104°
Gentianose	Saccharose Gentiobiose Fructose-glucose-glucose 2←→1 α 6←→1 β	+ 33°
Melizitose	Turanose Saccharose Glucose-Fructose-Glucose 1 ←→ 6 2 ←→ 1 α	+ 94° + 88,7°

Tetrasaccharide.

Trivialname	Formulierung	Spez. Drehung
Dilaktose		?
Dicellobiose		?
Stachyose (Lupeose)	Fructose-Glucose-Galaktose-Galaktose Mannotriose	+ 148°
Maltotetrose	?	+ 113,5°

[1] Wegen Modifikationen vgl. PICTET u. VOGEL: Helvet. chim. Acta **11**, 901, 905 (1928).

u. Hexasaccharid.

Literatur

HELFERICH u. BREDERECK: Liebigs Ann. **465**, 166 (1928).

ZECHMEISTER u. TOTH: Ber. **64**, 854 (1931).

HUDSON: Journ. Amer. chem. Soc. **38**, 1566 (1916).
BREDERECK: Ber. **63**, 959 (1930).

FISCHER u. DELBÜCK: Ber. **42**, 2776 (1909).
DEBOWSKA-KURNICKA u. VOGEL: Helv. chim. Acta **11**, 909 (1928).
SCHLUBACH u. MAURER: Ber. **58**, 1178 (1925).

HAWORTH u. Mitarb.: Journ. chem. Soc. London **1927**, 1513, 2308, 2432.

PICTET u. DEBOWSKA-KURNICKA: Helv. chim. Acta **11**, 910 (1928).

HAWORTH u. Mitarb.: Journ. chem. Soc. London **123**, 3125 (1923); **1927**, 1527.
VOGEL u. PICTET: Helv. chim. Acta **11**, 898 (1928).

BOURQUELOT u. HÉRISSEY: Compt. rend. Acad. Sciences **132**, 571 (1901); **135**, 399 (1902); **136**, 762, 1143 (1903).

ALEKSHINE: Ann. Chim. Phys. [6] **18**, 532 (1889).
KUHN u. GRUNDHERR: Ber. **59**, 1655 (1926).
ZEMPLÉN: Ber. **59**, 2235, 2239 (1926).

FISCHER, E. u. FISCHER, H.: Ber. **43**, 2521 (1910).

FISCHER, E. u. ZEMPLÉN: Ber. **43**, 2536 (1910).

v. PLANTA u. SCHULZE: Ber. **23**, 1692 (1890); **24**, 2705 (1891).

VOGEL u. DEBOWSKA-KURNICKA: Helv. chim. Acta **11**, 910 (1928).

3. Amylosetyp.

	Trivialname	Formulierung	Spez. Drehung
	Saccharosan	?	80°
	Isosaccharosan	1←→3 Glucose Fructose⟨2,5⟩ 2←→2	64°
aus Stärke	Hexahexosan	?	+ 173°
aus Stärke	Tetrahexosan	?	+ 163°
aus Stärke	Trihexosan	5←→1 5←→1 Glucose glucose glucose ? ⟨1,4⟩ ⟨1,4⟩ ⟨1,4⟩ 1←→5	+ 162° + 166°
aus Stärke	Dihexosan a.	1←→5 Glucose⟨1,4⟩ glucose ⟨1,4⟩ ? 5←→1	+ 154°
aus Stärke	Dihexosan b.	aus Trihexosan durch Emulsinspaltung	+ 133° — 136°
aus Cellulose	Biosan[1]	1←→4 Glucose⟨1,5⟩ glucose ⟨1,5⟩ ? 4←→1	- 6° in 2nNaOH
aus Cellulose	Trihexosan	1←→4 Glucose glucose glucose ? ⟨1,5⟩ ⟨1,5⟩ ⟨1,5⟩ 4←→1 4←→1	+ 19,5°
Polyamylosen	α-Hexaamylose	$[(C_6H_{10}O_5)_2]_3$	+ 132°
Polyamylosen	α-Tetraamylose	$[(C_6H_{10}O_5)_2]_2$	+ 147°
Polyamylosen	Diamylose	$(C_6H_{10}O_5)_2$	+ 137°
Polyamylosen	β-Hexaamylose	$[(C_6H_{10}O_5)_3]_2$	+ 158°
Polyamylosen	Triamylose	$(C_6H_{10}O_5)_3$	+ 152°

[1] Vgl. dagegen FREUDENBERG u. Mitarb.: Ber. **62**, 3078 (1929) und Bemerkungen im Schlußkapitel.

Literatur

GELIS: Ann. Chim. Phys. [3] **52**, 352 (1888).
CUNNINGHAM, MARY u. DORÉE: Journ. chem. Soc. London **111**, 589 (1917).

PICTET u. STRICKER: Helvet. chim. Acta **7**, 708 (1924).
PICTET u. ANDRIANOFF: Helvet. chim. Acta **7**, 703 (1924).

PICTET u. STRICKER: Helvet. chim. Acta **7**, 932 (1924).
CASTAN u. PICTET: Helvet. chim. Acta **8**, 946 (1925).

PICTET u. SALZMANN: Helvet. chim. Acta **8**, 948 (1925).

PICTET u. JAHN, Helvet. chim Acta **5**, 640 (1922).
PRINGSHEIM u. WOLFSOHN: Ber. **57**, 887 (1924).

PRINGSHEIM u. WOLFSOHN: Ber. **57**, 887 (1924).
SIÖBERG: Ber. **57**, 1251 (1924).

PICTET u. SALZMANN: Helvet. chim. Acta **7**, 934 (1924).

HESS u. FRIESE: Liebigs Ann. **450**, 40 (1926).

MICHEEL: Liebigs Ann. **456**, 69 (1927).

PRINGSHEIM u. PERSCH: Ber. **55**, 1428 (1922).

SCHARDINGER: Ztrbl. Bakteriol. (II) **14**, 772 (1905); **19**, 161 (1907); **22**, 98 (1909); **29**, 188 (1911).

PRINGSHEIM u. LANGHANS: Ber. **45**, 2533 (1912).
SCHARDINGER: l. c.

PRINGSHEIM u. LANGHANS, l. c.

4. Anhydrosetyp.

Trivialname	Formulierung	Spez. Drehung
4-Glucosidoanhydromannose	4-Glucosido-anhydromannose ⟨1,2⟩	nur als Zwischenprodukte gewonnen
Glucosyl-glucosan	Glucosido-6-anhydroglucose	
Diglucosan	?	+ 54,5°
Tetraglucosan		+ 82,8°
Octa-lävoglucosan	?	+ 72,8°
Hexalävoglucosan	?	+ 94,1°
Tetralävoglucosan	?	85—102°
Trilävoglucosan	6-Glucosido-3-glucosido-anhydroglucose ⟨1,3⟩ ⟨1,6⟩ ?	
Di-lävoglucosan	3-Glucosido-anhydroglucose ⟨1,3⟩ ⟨1,6⟩	+ 28,2°
Diheterolävulosan	?	— 44°
Diglucan Iso-diglucan	1-Anhydroglucosido ⟨3,6⟩-1-anhydroglucosid ⟨3,6⟩ ?	— 214,1° ?
Maltosan	4-Glucosido-anhydroglucose ⟨1,3⟩ ?	+ 76°
Laktosan	5-Galaktosyl-α-glucosan	+ 66°

Literatur

BERGMANN u. SCHOTTE, Ber. 54, 1564 (1921).

PICTET: Helvet. chim. Acta 4, 319 (1921).

PICTET: Helvet. chim. Acta 1, 226 (1918).
PICTET, A. u. J.: Helvet. chim. Acta 4, 788 (1921).

PICTET: Helvet. chim. Acta 1, 226 (1918).
PICTET, A. u. J.: Helvet. chim. Acta 4, 788 (1921).
PICTET u. ROSS: Compt. rend. Acad. Sciences 174, 1113 (1922).
PRINGSHEIM, H. u. SCHMALZ: Ber. 55, 301 (1922).
IRVINE u. OLDHAM: Journ. chem. Soc. London 127, 2903 (1925).
PICTET u. CHAVAN: Helvet. chim. Acta 9, 809 (1926).

KARRER, WIDMER u. SMIRNOFF: Helvet. chim. Acta 4, 796 (1921).

PICTET u. MARFORT: Helvet. chim. Acta 6, 129 (1923).

PICTET u. EGAN: Helvet. chim. Acta 7, 295 (1924).

wurden nur bei offenkundig überholten Formeln vorgenommen, z. B. immer da, wo der Glucosido-Teil noch butylenoxydisch wiedergegeben worden ist.

Die stereochemische Form der Konstituenten.

Außer den Asymmetrieverhältnissen in den einzelnen Zuckerkomponenten kommt bei Polysacchariden noch die verschiedene sterische Anordnung der einzelnen Zuckerreste *zueinander* in Frage, die der Raumisomerie von α- und β-Methylglucosid vergleichbar ist. Schon EMIL FISCHER unterschied nach diesem Schema α-glucosidische und β-glucosidische Polysaccharide, und er nahm an, daß sie wie die Methylglucoside durch biologische Gruppen-Hydrolasen gespalten werden. So brachte er die α-Disaccharasen in Beziehung zur α-Glucosidase, die zum Beispiel im wäßrigen Auszug abgetöteter Hefe vorhanden ist, und die β-Disaccharasen in Parallele zur β-Glucosidase, die zum Beispiel in dem Emulsin genannten Fermentgemisch aus bitteren Mandeln vorkommt. In den letzten Jahren ist die Identität der Glucosidasen und der Disaccharasen gelegentlich angezweifelt worden, doch scheint sich die Anschauung neuestens durchzusetzen, daß zwischen diesen Fermentgruppen kein spezifischer Unterschied vorhanden ist. Da, wo quantitative Unterschiede in der Schnelligkeit des Spaltungseffektes auftreten, kann die Verschiedenheit in der kinetischen Auswirkung am besten durch einen Unterschied in der Affinität der Fermente zu ihren Substraten gefunden werden, so wie auch der Unterschied zwischen der Saccharase und der Raffinase erklärt worden ist.

Auf die Enzyme, welche die Polysaccharide erster Ordnung spalten, einzugehen, empfiehlt sich schon deshalb nicht, weil dieses Gebiet erst kürzlich sowohl in umfangreicher wie gedrängter Form vielseitig behandelt worden ist[1].

---

[1] Vgl. C. OPPENHEIMER: Die Fermente und ihre Wirkungen. 5. Aufl. Leipzig: Georg Thieme. 1927. EULER, H. v.: Die Chemie der Enzyme. 3. Aufl. München: J. F. Bergmann, 1927. OPPENHEIMER-KUHN: Lehrbuch der Enzyme. Leipzig: Georg Thieme 1927. WALDSCHMIDT-LEITZ, E.: Die Enzyme. Braunschweig: Vieweg u. Sohn 1926. GRASSMANN, W.:

Hier sei nur auf die besonders interessante Tatsache hingewiesen, daß die Disaccharide und gewiß auch ihre höher molekularen Homologen dem Fermentangriff von zwei Seiten aus ausgesetzt sind, so daß der Rohrzucker zum Beispiel von Fructosaccharasen mit einer Affinität zum Fructoseteil und von Glucosaccharasen mit einer Affinität zum Glucoseteil gespalten werden kann[1], während selbst die aus zwei Glucoseresten bestehende Maltose der Spaltung durch eine Fermentklasse vom Glucosidoteil und eine andere vom Glucoseteil mit respektiven Affinitäten zu diesen beiden Maltosebruchstücken unterliegt[2].

Diesen Anschauungen wird in letzter Zeit von WEIDENHAGEN[3] widersprochen. Nach ihm sind Disaccharasen mit den Glucosidasen identisch, die Spezifität besteht also nur in bezug auf den speziellen Glucosidoteil. Alle α-glucosidischen Disaccharide werden also von α-Glucosidase bzw. α-Galaktosidase usf. gespalten, alle β-glucosidischen durch die respektiven β-Glucosidasen. Die Spaltung des Rohrzuckers kann von zwei Seiten erfolgen, vom Glucosidoteil aus durch die α-Glucosidase und vom Fructoseteil aus durch die spezifische h-Fructosidase. Die Maltose ist nach WEIDENHAGEN nur von einer Seite aus angreifbar, wobei das verschiedene Aciditätsoptimum der Glucosido- und Gluco-Maltase[4] unberücksichtigt bleibt. Sonstige Differenzen zwischen den Disaccharasen und den Glucosidasen erklärt WEIDENHAGEN durch wechselnde Affinitätsverhältnisse. Erst die Zukunft kann lehren, was an seinen vereinfachenden Anschauungen Wahres ist.

Der Glucosidorest kann in Polysacchariden also in der sterischen Form der α- oder β-Glucose vorhanden sein. Die Feststellung dieser Isomerieverhältnisse gehört gleichfalls zu den Aufgaben der Polysaccharidforschung. Am zuverlässigsten ist

---

Neue Methoden und Ergebnisse der Enzymforschung. München: J. F. Bergmann 1928.

[1] KUHN: Ztschr. physiol. Chem. **129**, 57 (1923).

[2] LEIBOWITZ: Ztschr. physiol. Chem. **149**, 184 (1925).

[3] WEIDENHAGEN: Zeitschr. d. Vereins d. Deutsch. Zucker-Industrie **79**, 115 (1929).

[4] PRINGSHEIM u. LEIBOWITZ: Biochem. Ztschr. **161**, 456 (1925).

hier das Verhalten gegenüber den enzymatischen Gruppenreagenzien; mit der Beobachtung der Änderung des Drehwertes bei der Hydrolyse allein ist hier nichts anzufangen, weil bei Vertretern des Maltosetyps auch die aus dem Glucoseteil abgelöste Zuckerkomponente ihre Drehung ändert. Noch komplizierter liegen die Verhältnisse bei den anderen Typen, wie wir das früher ausführlich auseinandergesetzt haben[1]. Auf die besonders komplizierten Verhältnisse bei Polysacchariden mit unbeständigem Sauerstoffring, wie zum Beispiel beim Rohrzucker, werden wir noch eingehen.

Nomenklatur.

Der ursprüngliche Vorschlag von BERGMANN[2], im Falle des Maltosetyps dem Glucosidoteil als arabische Ziffer das Kohlenstoffatom voraus zu setzen, in das er als Substituent in den zweiten Zuckerrest eingreift, hat inzwischen allgemeine Annahme gefunden. So bezeichnet man zum Beispiel die Maltose als 4-Glucosido-Glucose, trotz der Bedenken, die früher gegen diese Anordnung der Ziffer geltend gemacht worden sind und die auf die Verwirrung hingewiesen haben, welche eine derartige Nomenklatur zum Beispiel beim Amylosetyp anrichten würde. Der Vorschlag jedoch, die Ziffer vor denjenigen Zuckerteil zu stellen, in welchen der andere eingreift und demnach die Maltose als Glucosido-4-Glucose zu bezeichnen, hat nur wenige Nachfolger gefunden[3]. BERGMANN hat, um der Verwirrung bei kompliziert zusammengesetzten Polysacchariden vorzubeugen, einen neuen Vorschlag gemacht[4]; Sauerstoffbrücken, die aus einem Spaltzucker eines Polysaccharides nach einem anderen Spaltzucker hinüberreichen, werden durch einen zweiseitigen Pfeil: ⟵⟶ angedeutet, der über dem Namen des Polysaccharids oder im Be-

[1] Vgl. H. PRINGSHEIM: Die Polysaccharide. 2. Aufl. Berlin: Julius Springer 1923. S. 14ff.

[2] BERGMANN u. SCHOTTE: Ber. **54**, 1564 (1921).

[3] Vgl. jedoch z. B. LING u. NANJI: Journ. chem. Soc. London **123/124**, 2666 und zwar 2670 (1923).

[4] BERGMANN: Ber. **58**, 2647 (1925).

darfsfalle auch darunter angebracht wird. Man führt dabei den Pfeil nach beiden Seiten so weit fort, daß er bis zu den Namen derjenigen beiden Spaltzucker reicht, von welchen die Sauerstoffbrücke ihren Ausgang nimmt. Durch je eine vor oder hinter den Pfeil gesetzte Ziffer drückt man die Substitutionsstelle der Sauerstoffbrücke in den beiden Spaltzuckern aus; gleichzeitig kann man dann hinter jedes Zuckerspaltstück in eckigen Klammern die Spannweite der intraglucosidischen Sauerstoffbrücke andeuten und ferner den räumlichen Verhältnissen durch die Beifügung von *α*- und *β*-, d- und l-Zeichen Rechnung tragen. Als Beispiel sei hier die Benutzung der Pfeile bei der Raffinose angegeben:

Raffinose.

1 ←————————→ 6   1 ←————————→ 2

α-d-Galaktosido ⟨1,5⟩ *α*-d-glucosido ⟨1,5⟩ d-fructosid ⟨2,5⟩.

Bisher hat sich diese Bezeichnung der Konstitution durch Pfeile noch nicht sehr eingebürgert, die Bezifferung der intraglucosidischen Sauerstoffbrücken wird jedoch allgemein angewandt. Wenn wirklich die Zukunft lehren sollte, daß die stabilen Monosaccharide alle amylenoxydisch und die instabilen alle butylenoxydisch konstitutiert sind, dann ließe sich durch das Weglassen von ⟨1,5⟩ im ersten Falle und die Bezeichnung *γ* oder besser h oder am vor dem in Frage kommenden Spaltzucker an Stelle von ⟨1,4⟩ gerade für die Polysaccharid-Nomenklatur wieder eine wichtige Vereinfachung erzielen.

1. und 2. Trehalose- und Maltosetyp.

a) Methoden der Konstitutionserforschung.

Schon vor etwa einem Jahrfünft schien das Konstitutionsproblem der Disaccharide dank den Methylierungsarbeiten der englischen Schule (Irvine, Haworth) eine Lösung gefunden zu haben[1]. Man kann heute feststellen, daß es sich um einen ver-

[1] Über den Stand der Frage um 1923/24 vgl. Pringsheim: Die Polysaccharide. 2. Aufl., S. 23ff.; Pringsheim-Leibowitz: Zuckerchemie (1925) S. 266ff.

frühten Versuch gehandelt hat, da die unerläßliche Vorarbeit — die Aufklärung der Ringstruktur der den Polyosen zugrundeliegenden Monosen — noch nicht geleistet war. Tatsächlich zwang die inzwischen erfolgte Konstitutionsforschung der Monosaccharide[1] zur Revision aller älteren Vorstellungen auf diesem Gebiete. Noch ein anderer Umstand kam hinzu, der die älteren Arbeiten zum großen Teil entwertete, das Verkennen der außerordentlichen experimentellen Schwierigkeiten der Methylierungsmethode, die dazu führten, daß selbst Virtuosen auf diesem Gebiete — wie die oben genannten englischen Forscher — schwerwiegende Irrtümer unterliefen. Erst die Erkenntnis der Fehlerquellen und eine vervollkommnete Methodik der Charakterisierung und Identifizierung der entscheidenden Schlüsselsubstanzen stellte die Disaccharidforschung auf eine sichere Basis.

So ist denn die Konstitutionsforschung der Disaccharide im wesentlichen das Werk der letzten drei bis vier Jahre. Sie baut sich auf folgende Methoden und Prinzipien auf:

1. Methylierung der Disaccharide.

Es ist dies die nun schon klassische Methode von Purdie-Irvine-Haworth, die die Hexobiosen in Oktamethyläther (bei den reduzierenden Biosen Heptamethylbioside) überführt. Abgesehen vom Rohrzucker, dessen anormale Struktur eine gesonderte Behandlung verlangt (siehe unten), liefert die nachfolgende Hydrolyse den Hexosidoteil des ursprünglichen Disaccharids als Tetramethylzucker, den Hexoseteil als Trimethylzucker. Bei ersterem handelt es sich in allen Fällen um eine Tetramethylglucose oder -galaktose, und zwar um die sogenannten normalen Formen, die auch bei der Methylierung der normalen α- und β-Methylglucoside und -galaktoside erhalten werden und durch die Monosaccharidforschung endgültig als 2,3,4,6-Tetramethylglucose-$\langle 1,5 \rangle$ bzw. -galaktose-$\langle 1,5 \rangle$ (II)

[1] Vgl. Vorwort.

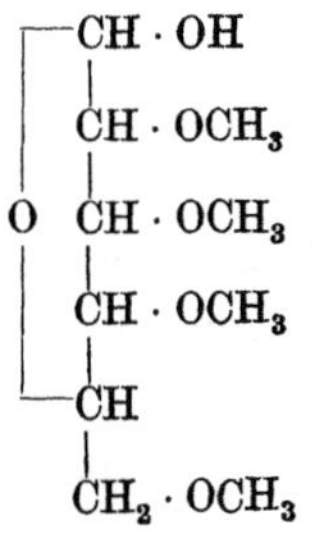

II.

erkannt sind. Sie zeigen gute Krystallisationsfähigkeit und charakteristische Eigenschaften und sind daher als solche oder in Gestalt ihrer charakteristischen Anilide leicht isolierbar und identifizierbar. Somit gibt die Methylierung eindeutige Auskunft über die Konstitution der Hexosidoteile der reduzierenden Disaccharide (und des Glucosidoteils des Rohrzuckers).

Wesentlich komplizierter ist die Beantwortung der Frage nach der Ringstruktur des Hexoseteils und nach der Verknüpfungsstelle beider Konstituenten. Schon die Identifizierung der Trimethylzucker bietet oft beträchtliche Schwierigkeiten. So ist zum Beispiel die 2,3,6-Trimethylglucose (IV) eine krystallisierende und in reinem Zustande leicht identifizierbare Substanz, doch wird ihre Krystallisation durch Verunreinigungen stark behindert, so daß Verwechslungen mit der syrupösen 2,3,4-Trimethylglucose (V) möglich werden[1];

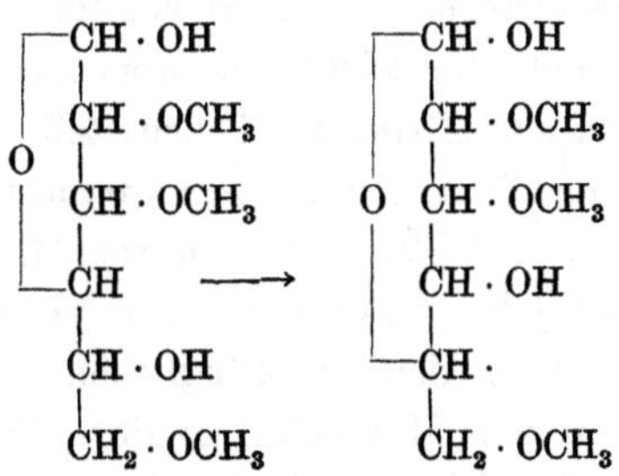

III. IV.

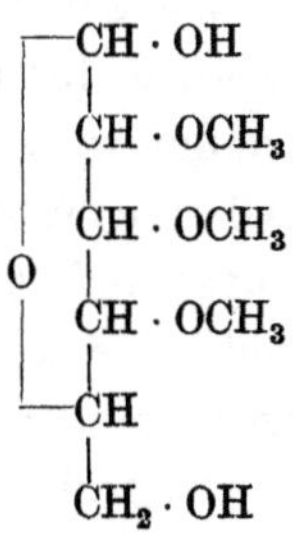

V.

[1] Irvine and Black: Journ. chem. Soc. London **1926**, 862. — Cooper, Haworth and Peat: Journ. chem. Soc. London **1926**, 876.

letztere ist überhaupt nur nach Überführung in ihr krystallisiertes β-Methylglucosid deutlich erkennbar. Zudem erfahren Schmelzpunkte und Drehwerte von Methylzuckern durch geringe Mengen von Verunreinigungen beträchtliche Veränderungen[1]. Vollends unmöglich ist eine Identifizierung der Trimethylfructosen (zum Beispiel aus der Turanose, siehe unten), von denen viele der möglichen Isomeren noch unbekannt sind, an Hand der physikalischen Konstanten.

Aber selbst durch sichere Identifizierung des erhaltenen Trimethylzuckers ist die Struktur des ursprünglichen Disaccharids noch nicht eindeutig festgelegt. Wir wissen jetzt, daß man nicht ohne weiteres die Konstanz des Ringtypus in der freien und in der gebundenen Monose annehmen darf (sogenannte γ-Zuckerfrage). Es ist daher nicht unmittelbar erkennbar, wie sich intraglucosidische und interglucosidische Sauerstoffbrücke auf die beiden methoxylfreien Gruppen der Trimethylhexose (bzw. Dimethylpentose) verteilt haben[1]. So zum Beispiel müßten eine in 5 substitutierte Glucose $\langle 1,4 \rangle$ und eine in 4 substituierte Glucose $\langle 1,5 \rangle$ letzten Endes zur selben 2,3,6-Trimethylglucose $\langle 1,5 \rangle$ (IV) führen, da eine primär entstandene 2,3,6-Trimethylglucose $\langle 1,4 \rangle$ (III) sich momentan umlagern würde. Eine Lösung dieses Problems ermöglicht die Methode der

2. Methylierung der Bionsäuren (Haworth).

Alle reduzierenden Disaccharide, deren Glucoseteil eine Aldose ist, werden durch Bromwasser leicht zur Monocarbonsäure oxydiert, damit wird der Sauerstoffring im Glucoseteil geöffnet. Die Methylierung führt zum Oktamethyl-bionsäure-methylester, die Hydrolyse liefert neben der Tetramethylhexose (aus dem Hexosidoteil) eine Tetramethylhexonsäure mit nur einer freien Hydroxylgruppe, deren Stellung den ursprünglichen Eingriffspunkt des Hexosidorestes in den Hexoseteil angibt. Sofern es sich um ein Glucosederivat handelt, ist die Struktur der Tetramethylhexonsäure erkennbar durch die Überführung in das 2,3-,

[1] Irvine u. Macdonald: Journ. chem. Soc. London **1926**, 1502.

5, 6-Tetramethylgluco-γ-lakton (VI) oder das 2, 3, 4, 6-Tetramethylgluco-δ-lakton (VII), die beide von der Monosaccharidchemie her

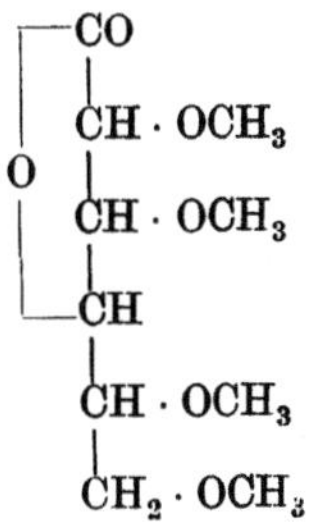

VI.

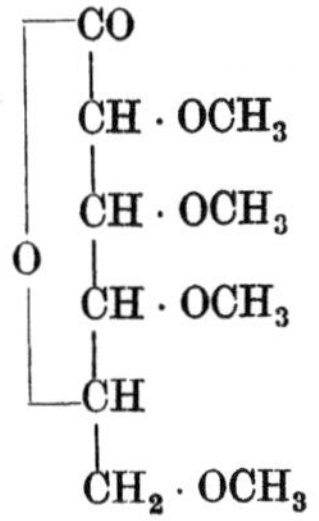

VII.

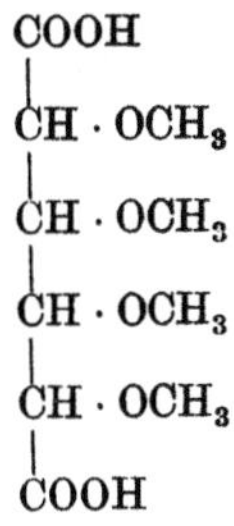

VIII.

bekannt sind, oder durch Oxydation zur Tetramethylzuckersäure. (VIII.)

3. Der oxydative Abbau.

Die endgültige und sicherste Identifizierungsmethode der Spaltstücke methylierter Disaccharide ist der *oxydative Abbau* (Hirst, Haworth); für die fructosehaltigen Disaccharide, insbesondere den Rohrzucker, stellt er den einzigen zuverlässigen Weg der Konstitutionsforschung dar. Der oxydative Abbau wurde bereits vor acht Jahren von Haworth angewandt, führte aber damals zu keinem Erfolg, da nur amorphe und uneinheitliche Reaktionsprodukte isoliert wurden (vgl. weiter unten Rohrzucker). Nachdem sich jedoch der oxydative Abbau mit einer verbesserten Methodik bei der Konstitutionsforschung der Glucose bewährt hatte[1], wurde er auf Tetramethylfructose und die methylierten Aldonsäurelaktone aus den Disacchariden übertragen; sie werden mit verdünnter Salpetersäure oder Permanganat nach und nach zu Methoxyglutarsäuren und -bernsteinsäuren abgebaut. Als Vergleich- und Bezugskörper haben Haworth und Jones[2] die Methylamide der d-, l- und i-Dimethoxybernsteinsäure (IX)und der l-Arabo- und i-Xylotrimethoxyglutarsäure (X) hergestellt; sie

---

[1] Haworth: Helv. chim. Acta 11, 534 (1928).

[2] Haworth u. Jones: Journ. chem. Soc. London 1927, 2349.

sind durch ihren N-Gehalt, gute Krystallisationsfähigkeit und scharfe Schmelzpunkte und — soweit sie

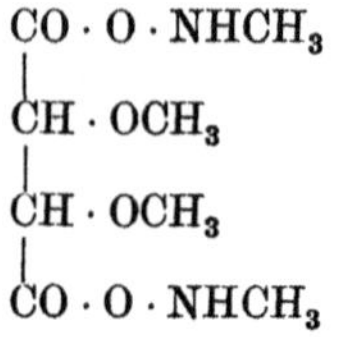

IX.

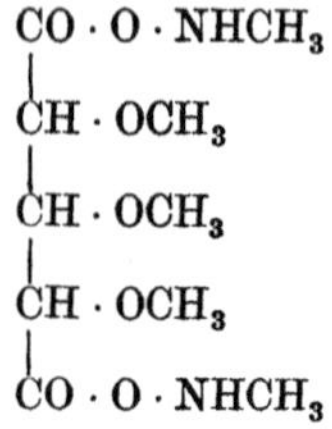

X.

optisch-aktiv sind — Drehwerte genau charakterisierbar. Die Abbauprodukte der methylierten Disaccharide werden nun gleichfalls in die Amide oder Methylamide übergeführt und durch Vergleich mit den entsprechenden Bezugspräparaten, insbesondere auch durch Mischschmelzpunktbestimmung definitiv identifiziert.

4. Der Abbau nach Zemplén.

Während die bisher besprochenen Methoden alle letzten Endes auf der Methylierung fußen, hat Zemplén[1] das Konstitutionsproblem der Disaccharide auf einem hiervon prinzipiell verschiedenen Wege zu lösen versucht. Durch eine elegante Modifizierung der Wohlschen Abbaumethode wird die Kohlenstoffkette des Glucoseteils nach und nach durch Abspaltung immer eines C-Atoms verkürzt, bis ein Disaccharid erhalten wird, das mit Phenylhydrazin nur noch ein Hydrazon, aber kein Osazon bildet. Dieses bedeutet, daß die 2-Stellung im abgebauten Disaccharid durch den Glucosidorest blockiert ist, dessen Stellung im Ausgangsprodukt damit festgestellt wäre.

Zemplén erhält analog dem Wohlschen Abbau[2] die Nitrile der Disaccharidcarbonsäuren. Aus diesen spaltet er dann mit Hilfe von Natriummethylat Blausäure ab und bindet diese mit Silbercarbonat. So gelangt er zu einem im Glucoseteil um ein

[1] Zemplén: Ber. 59, 1254 (1926).
[2] Vgl. H. Pringsheim: „Zuckerchemie" S. 203.

C-Atom verkürztes Disaccharid zum Beispiel von der Cellobiose ausgehend zur d-Glucosido-d-arabinose (XI). Dieses wird nun auf sein Osazonbildungsvermögen geprüft, das, wie nachstehende Formulierung zeigt, positiv sein muß. In diesem Falle wird die Reaktionsfolge wiederholt und nun die Glucosido-d-erithrose, erhalten, die kein Osazon mehr bildet. Folglich muß die Sauerstoffbrücke des Glucosidoteils hier an dem dem Aldehydkohlenstoffatom benachbarten C-Atom ansetzen. Dieses war in der Cellobiose ursprünglich das viertständige C-Atom, weshalb die Cellobiose als 4-Glucosidoglucose zu formulieren ist[1]. Analoge Versuche wurden mit Milchzucker[2], Turanose und Melizitose[3], Melibiose[4] und Maltose[5] ausgeführt.

5. Bezugnahme auf die Laktonisierungsgeschwindigkeit respektive Laktonhydrolyse.

Im Gegensatz zu den rein chemisch-präparativen Untersuchungsmethoden 1—4 steht eine Methode, die die Beziehung zwischen der Konstitution und einer physikalisch-chemischen Eigenschaft, der *Laktonisierungsgeschwindigkeit* von Aldonsäuren, als Grundlage hat (Levene, Haworth). Bei der Laktonisierung von Säuren der Zuckerreihe, die in 4- und 5-Stellung freie Hydroxyle haben, laufen zwei Vorgänge nebeneinander her: die sehr rasche Bildung eines δ-1,5-Laktons — für welches das Gleichgewicht Säure $\rightleftarrows$ Lakton in wäßriger Lösung bei etwa 20% Lakton liegt, und die viel langsamere, aber bis zu 80%iger Umsetzung verlaufende Bildung eines γ-1,4-Laktons[6]. Entsprechendes gilt für den entgegengesetzten Vorgang, die Laktonhydrolyse: 1,5-Laktone erfahren rasche und weitgehende Hydrolyse, 1,4-Laktone nur eine langsame und unvollständige[7]. Bei substitutierten Säuren

---

[1] Zemplén: Ber. 59, 1254 (1926).
[2] Zemplén: Ber. 59, 2402 (1926); **60**, 1309 (1927).
[3] Zemplén u. Braun: Ber. 59, 2230 (1926).
[4] Zemplén: Ber. **60**, 923 (1927).
[5] Zemplén: Ber. **60**, 1555 (1927).
[6] Levene u. Simms: Journ. biol. chem. **65**, 31 (1925).
[7] Drew, Goodyear u. Haworth: Journ. chem. Soc. London **1927**, 1237.

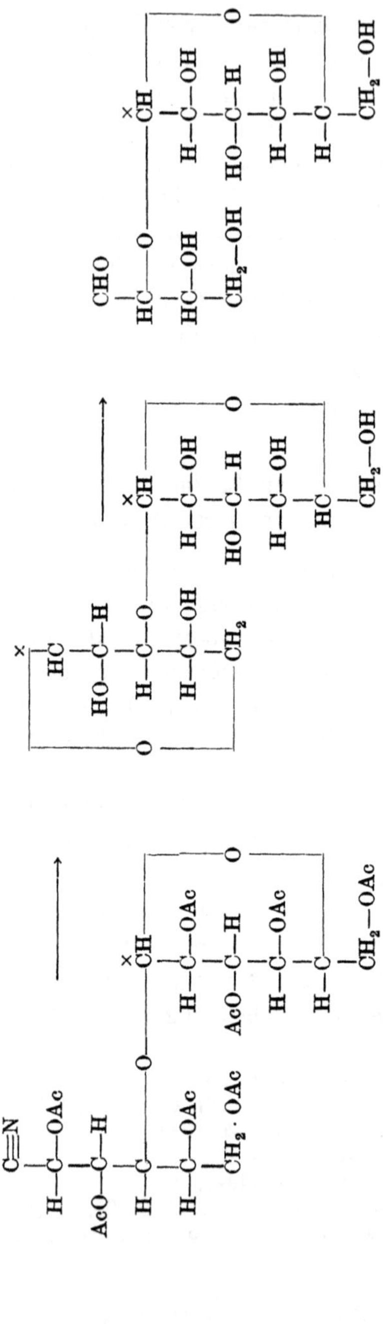

Octacetyl-cellobionsäure-nitril → d-Glucosido-d-arabinose → d-Glucosido-erythrose

XI.

bzw. Laktonen fällt — je nach der Stellung des Substituenten — die eine oder die andere Form der Laktonisierung bzw. Laktonhydrolyse aus, oder es können auch beide ungehindert nebeneinander hergehen (vgl. z. B. XII—XIV), was am Verlauf der Mutarotation und der Aciditätsänderung erkenntlich wird. Man

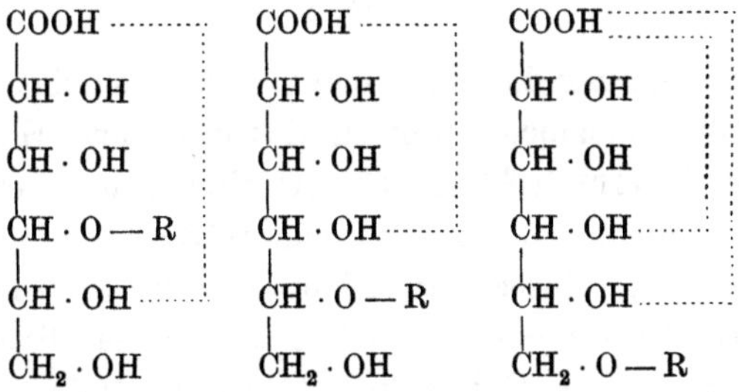

XII. XIII. XIV.

kann also aus dem Verlauf der Mutarotation von Bionsäuren Schlüsse auf die Konstitution ziehen[1] und die Mutarotation der methylierten Aldonsäurelaktone zu ihrer Charakterisierung als γ- oder δ-Laktone verwerten[2]. Schließlich fand in einer Reihe von Fällen die Konstitutionserforschung der Disaccharide ihren Abschluß durch eine in ihrem Mechanismus durchsichtige *Synthese*.

Der Chemiker wird naturgemäß die Synthese jeder anderen Form von Konstitutionsbeweisen vorziehen. In Fällen, wo sie noch nicht durchgeführt ist oder nicht zur Strukturermittlung ausreicht, ist ein Konstitutionsbeweis nach den chemisch-präparativen Methoden 1—3 als überzeugend anzusehen. Von wesentlich geringerer Beweiskraft sind der nur auf einem negativen Befund (Ausbleiben der Osazonreaktion) basierende ZempléNsche Abbau und der auf Grund der Voraussetzung der Allgemeingültigkeit einer physikalisch-chemischen Regelmäßigkeit aus dem Laktonisierungsverlauf gezogene Schluß.

---

[1] Levene u. Sobotka: Journ. biol. chem. **71**, 471 (1927).

[2] Levene u. Simms: Journ. biol. chem. **68**, 737 (1926). — Charlton, Haworth u. Peat: Journ. chem. Soc. London **1926**, 89.

Es ist tatsächlich bereits ein Fall bekannt, in dem die beiden letztgenannten Methoden zu versagen scheinen (*Melibiose*, siehe unten).

Wir gehen nun zur Besprechung der einzelnen Zucker über.

Cellobiose.

Die Methylierung dieser für den Cellulosechemiker interessantesten β-Glucosidoglucose führten HAWORTH und HIRST[1] sowie KARRER und WIDMER[2] aus. Sie erhielten neben der normalen Tetramethylglucose die 2, 3, 6-Trimethylglucose in fast theoretischer Ausbeute. Unter Berücksichtigung der amylenoxydischen Glucoseformulierung ergibt sich hieraus für das Disaccharid die Formulierung als 4-β-Glucosido ⟨1,5⟩-glucose ⟨1,5⟩

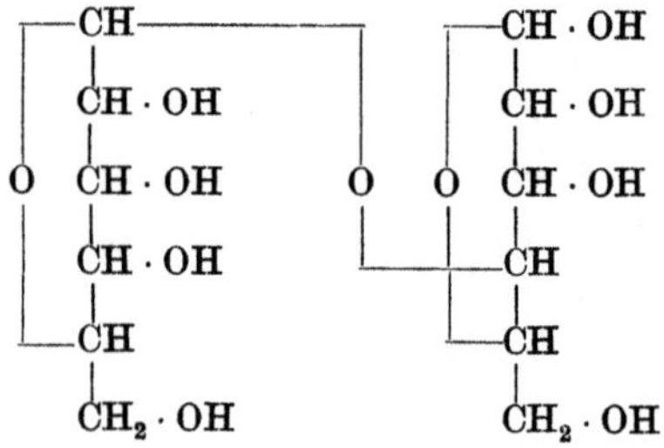

XV.

Diese Strukturformel erfuhr in den letzten Jahren wiederholte Bestätigung. Der ZEMPLÉNsche Abbau führte über eine Glucosidoarabinose zu einer nichtosazonbildenden Glucosidoerythrose[3]; aus der Octamethylcellobionsäure wurde nach der Hydrolyse das γ-Lakton V erhalten[4]; die Laktonisierungsversuche ergaben, daß

---

[1] HAWORTH u. HIRST: Journ. chem. Soc. London **119**, 194 (1921).
[2] KARRER u. WIDMER: Helvet chim. Acta **4**, 174 296 (1921).
[3] ZEMPLÉN: Ber. **59**, 1254 (1926).
[4] HAWORTH, LONG u. PLANT: Journ. chem. Soc. London **1927**, 2809.

Cellobionsäure nur ein 1,5-Lakton und ihr Abbauprodukt Glucosidoarabonsäure sowohl ein 1,5- als auch ein 1,4-Lakton bildet[1].

Maltose.

Aus der methylierten α-Glucosidoglucose erhielten HAWORTH und LEITCH[2] neben der Tetramethylglucose einen Trimethylzucker, den sie als die 2,3,4-Trimethylglucose (nach der damali-

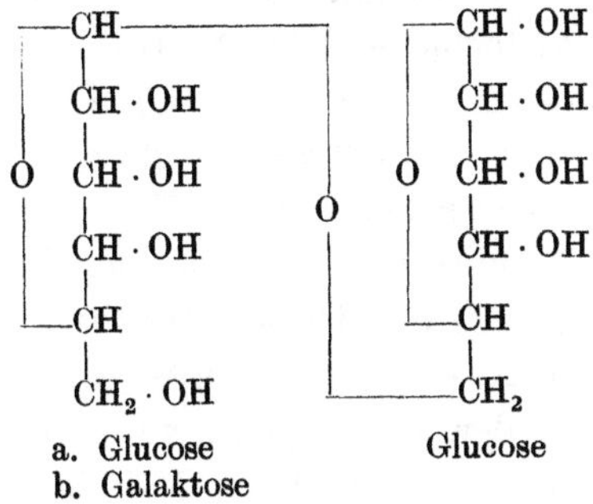

XVI.

gen Auffassung 2,3,5-Trimethylglucose) ⟨1,4⟩ ansahen. Seitdem galt die Maltose während sieben Jahren als 6-α-Glucosidoglucose (XVIa). Erst 1926 zeigten IRVINE und HAWORTH[3] gleich-

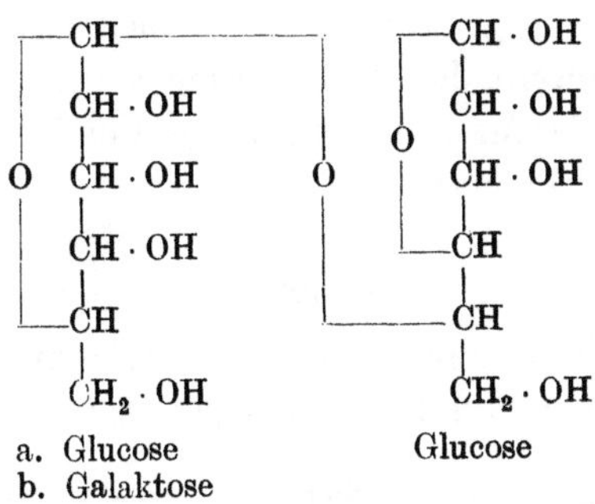

XVII.

[1] LEVENE u. WOLFROM: J. Biol. Chem. **77**, 671 (1928).
[2] HAWORTH u. LEITCH: Journ. chem. Soc. London **115**, 809 (1919).
[3] IRVINE u. BLACK: Journ. chem. Soc. London **1926**, 862. — COOPER, HAWORTH u. PEAT: Journ. chem. Soc. London **1926**, 876.

zeitig, daß bei den ersten Versuchen ein verhängnisvoller Fehler in der Identifizierung der Trimethylhexose unterlaufen war. Es handelt sich nicht um die 2,3,4-Trimethylglucose, sondern um ihr 2,3,6-Isomeres, das nun in krystallisiertem Zustande — wenn auch unter ziemlichen Schwierigkeiten und in verhältnismäßig schlechter Ausbeute — isoliert wurde. Man hatte nun die Wahl zwischen zwei Alternativen: Entweder war Maltose 4-α-Glucosidoglucose ⟨1,5⟩ (XVa) und damit stereoisomer mit Cellobiose, oder sie war 5-α-Glucosidoglucose⟨1,4⟩ (XVIIa) mithin ein γ-Zucker und ein Strukturisomeres der Cellobiose; in letzterem Falle wäre die Entstehung der 2,3,6-Trimethylglucose ⟨1,5⟩ durch eine Umlagerung nach dem Schema III → IV zu erklären. Ausgehend von der von der Cellobiose so abweichenden Reaktionsweise der Maltose und von gewissen Tatsachen der Stärkechemie, in deren Mittelpunkt die Maltose steht, glaubte IRVINE[1] zunächst der zweiten Alternative den Vorzug geben zu müssen. Die Methylierung[2] und die Laktonisierung[3] der Maltobionsäure sowie der ZEMPLÉNschen Abbau der Maltose[4] führten jedoch zum selben Ergebnis wie bei der Cellobiose, so daß der Maltose auch die Struktur XV anerkannt werden muß[5]. Trotzdem hat IRVINE[6] die Vermutung, daß Maltose ein γ-Zucker ist, noch nicht ganz aufgegeben, und wenn ihr auch scheinbar überzeugende experimentelle Befunde gegenübertreten, so bleibt doch die Tatsache auffällig, daß sowohl die Methylierung als auch der ZEMPLÉNsche Abbau bei der Maltose nur schwierig und in schlechter Ausbeute durchführbar sind.

Gentiobiose.

Die einwandfrei durchgeführte Methylierung lieferte Tetramethylglucose und 2,3,4-Trimethylglucose[7]. Die sich hieraus

---

[1] IRVINE u. BLACK: Journ. chem. Soc. London **1926**, 862.
[2] HAWORTH u. PEAT: Journ. chem. Soc. London **1926**, 3094.
[3] LEVENE u. SOBOTKA: Journ. biol. chem. **71**, 471 (1927).
[4] ZEMPLÉN: Ber. **60**, 1555 (1927).
[5] HAWORTH, LOACH u. LONG: Journ. chem. Soc. London **1927**, 3146.
[6] IRVINE: Chem. Rev. **4**, 203 (1927).
[7] HAWORTH u. WYLAM: Journ. chem. Soc. London **123**, 3120 (1923).

ergebende Formulierung als 6-β-Glucosidoglucose (XVI a) fand ihre Bestätigung durch die Synthese (siehe unten).

Als die Biose des Amygdalins noch unaufgeklärt war, kennzeichnete sie HUDSON[1] auf Grund seiner Superpositionsregeln als Gentiobiose, was bald darauf von drei Seiten durch die Synthese bestätigt wurde[2]. Inzwischen konnte die Gentiobiose auch als solche aus Amygdalin gewonnen werden[3].

Milchzucker.

Diese β-Galaktosidoglucose war das erste Disaccharid, dessen Struktur vollständig durch die Methylierungsmethode erschlossen wurde[4]. Sie lieferte die normale Tetramethylgalaktose, die inzwischen als amylenoxydische (II) erkannt worden ist, und die 2, 3, 6-Trimethylglucose, für welche bei dieser Gelegenheit der strenge Konstitutionsbeweis geliefert wurde. Sie enthält je ein Methoxyl in 2- und 3-Stellung, da einerseits die Trimethylglucose kein Osazon gibt, anderseits Milchzucker zu einer osazonbildenden Glucosidoarabinose abgebaut werden kann[5]; die Stellung des dritten Methoxyls ergibt sich aus der Beobachtung, daß beim Versuch der Oxydation zur Dicarbonsäure die endständige CH_2OH-Gruppe sich als blockiert erwies. Milchzucker ist also 4-β-Galaktosidoglucose$\langle 1,5 \rangle$ (XVb); diese Formulierung fand Bestätigung durch die Gewinnung des Tetramethylgluco-δ-lactons aus Octamethyllactobionsäure[6] durch den Abbau zu einer nichtosazonbildenden Galaktosidoerythrose[7] und durch den Nachweis der Bildung eines 1,5-Laktons aus Laktobionsäure[8] und der Bildung von 1,5- und 1,4-Laktone aus ihrem Abbauprodukt, der Galaktosidoarabonsäure[9].

---

[1] HUDSON: Journ. Amer. chem. Soc. **46**, 483 (1924).

[2] CAMPBELL u. HAWORTH: Journ. chem. Soc. London **125**, 1337 (1924). — KUHN u. SOBOTKA: Ber. **57**, 1767 (1924). — ZEMPLÉN: Ber. **57**, 698 (1924). — ZEMPLÉN u. KUNZ: Ber. **57**, 1194, 1357 (1924).

[3] BERGMANN u. FREUDENBERG: Ber. **62**, 2783 (1929).

[4] HAWORTH u. LEITCH: Journ. chem. Soc. London **113**, 188 (1918).

[5] RUFF u. OLLENDORFF: Ber. **33**, 1802 (1900).

[6] HAWORTH u. LONG: Journ. chem. Soc. London **1927**, 546.

[7] ZEMPLÉN: Ber. **59**, 2402 (1926).

[8] LEVENE u. SOBOTKA: Journ. biol. chem. **71**, 471 (1927).

[9] LEVENE u. WINTERSTEINER: Journ. biol. chem. **75**, 315 (1927).

Melibiose.

Diese Galaktosidoglucose war in den letzten Jahren das Schmerzenskind der Disaccharidchemie. Wie bei kaum einem zweiten Disaccharid häuften sich hier bei der Strukturforschung die Irrtümer. Die Melibiose galt seit ihrer Entdeckung bis in die allerjüngste Zeit allgemein — aber ohne jegliche triftige Begründung — als β-galaktosidisches Disaccharid. Bezüglich ihrer Struktur leiteten erstmalig HAWORTH und LEITCH[1] auf Grund eines nicht ganz überzeugenden Analogiebeweises, ausgehend von der 6-Glucosidoglucose-Formulierung der Maltose, die Formulierung einer 6-Galaktosidoglucose (XVI b) ab; dieser Betrachtungsweise ist gegenwärtig die Beweiskraft natürlich gänzlich entzogen. Freilich gelangte HAWORTH[2] später zur selben Formulierung auf direkterem Wege, der Methylierung der Raffinose, die ja die Melibiosebindung enthält (siehe unten). Gelegentlich der vor vier Jahren begonnenen Revision der Disaccharidchemie bezweifelte IRVINE[3] auch hier die Stichhaltigkeit der Identifizierung des für den Konstitutionsbeweis entscheidenden Bruchstückes der methylierten Raffinose als 2-, 3-, 4-Trimethylglucose. Diese Zweifel schienen zunächst nur allzu berechtigt zu sein, denn einerseits gelang HELFERICH[4] die Synthese einer 6-β-Galaktosidoglucose, die sich als völlig verschieden von Melibiose erwies, andererseits erhielt ZEMPLÉN[5] schon beim ersten Schritt zum Melibioseabbau eine nichtosazonbildende Galaktosidopentose, woraus sich für das Ausgangsdisaccharid die Formel einer 3-Galaktosidoglucose ergab. Überraschenderweise gelangte HAWORTH bei der Wiederholung der Methylierungsversuche zur Bestätigung der Formel XVI einerseits durch Isolierung der 2, 3, 4-Trimethylglucose in Gestalt ihres charakteristischen β-Methylglucosids[6], andererseits

[1] HAWORTH u. LEITCH: Journ. chem. Soc. London **115**, 809 (1919).

[2] HAWORTH, HIRST u. RUELL: Journ. chem. Soc. London **123**, 3125 (1923).

[3] IRVINE u. MACDONALD: Journ. chem. Soc. London **1926**, 1502.

[4] HELFERICH u. RAUCH: Ber. **59**, 2655 (1926).

[5] ZEMPLÉN: Ber. **60**, 928 (1927).

[6] CHARLTON, HAWORTH and HICKINBOTTOMN: Journ. chem. Soc. London **1927**, 1527.

durch Oxydation der Tetramethylgluconsäure aus Melibionsäure zur Tetramethylzuckersäure (VIII)[1]. Der scheinbare Widerspruch zum Ergebnis der HELFERICHschen Synthese findet seine Erklärung darin, daß Melibiose entgegen der bisherigen Annahme α-galaktosidisch ist. In diesem Sinne spricht eindeutig der Vergleich der Drehwerte von Melibiose und ihren Derivaten mit anderen α- und β-Disacchariden und deren Derivaten; insbesondere entspricht die Richtung der Mutarotation der aus dem Octamethylmelibionsäuremethylester abgespaltenen Tetramethylgalaktose dem Verhalten der Tetramethyl-α-glucose aus dem entsprechenden Maltosederivat und nicht der Tetramethyl-β-galaktose bzw. -glucose aus Octamethyllactobion- bzw. Cellobionsäure -methylester. Gegenüber dem klaren Ergebnis der HAWORTHschen Arbeiten kann der negative Befund ZEMPLÉNS nicht als gleichwertiger Gegenbeweis angesehen werden; man muß annehmen, daß das Ausbleiben der Osazonbildung durch unbekannte experimentelle Schwierigkeiten bedingt war. Auffallenderweise konnte auch LEVENE[2] bei der Untersuchung der Melibionsäure nach seiner Laktonisierungsmethode die Formel XVI zuerst nicht bestätigen. Nach dem Schema XIV wäre die Bildung beider in Betracht kommenden Laktone zu erwarten, während der Verlauf der Mutarotation und der Aciditätsänderung nur auf die Bildung eines 1,5-Laktons, also auf eine dem Milchzucker und der Cellobiose analoge Struktur XV, schließen ließ. Neuerdings konnte LEVENE[3] das 1,4-Lakton der Melibionsäure nachweisen, so daß auch hier Übereinstimmung herrscht. Inzwischen hat die HAWORTHsche Melibioseformel ihre Bestätigung durch Synthese gefunden[4].

Rohrzucker.

Dieses bekannteste und wichtigste aller Disaccharide gehört dem nichtreduzierenden Trehalosetyp an. Die Frage nach der

[1] HAWORTH, LOACH and LONG: Journ. chem. Soc. London **1927**, 3146.
[2] LEVENE and WINTERSTEINER: Journ. biol. chem. **75**, 315, 1927.
[3] LEVENE u. JORPES: Journ. biol. Chem. **86**, 403 (1930).
[4] HELFERICH u. BREDERECK: Liebigs Ann. **465**, 166 (1928).

Verknüpfungsstelle der Konstituenten, das eigentliche Strukturproblem der reduzierenden Disaccharide, braucht also für das Glucosidofructosid nicht erst gestellt zu werden. Dennoch bot der Rohrzucker infolge seiner intrafructosidischen Strukturanomalie der chemischen Forschung die größten Schwierigkeiten, die die Geschichte seiner Konstitutionsaufklärung zu einem der interessantesten Kapitel der Zuckerchemie gestalten.

Die Methylierung des Rohrzuckers führten PURDIE und IRVINE[1] bereits vor 28 Jahren aus. Aus dem Hydrolysat der Octamethylsaccharose vermochten sie die krystallisierte Tetramethylglucose zu isolieren und damit die Struktur des Glucosidoteils des Disaccharids festzulegen. Das Gemisch der Tetramethylglucose und -fructose aus dem Rohrzucker ist im Gegensatz zum Invertzucker stark rechtsdrehend; bei der Hydrolyse der Octamethylsaccharose findet also keine eigentliche „Inversion" statt, trotzdem die durch Methylierung der freien Fructose hergestellte Tetramethylfructose $[\alpha]_D = -121°$ und die Tetramethylglucose $[\alpha]_D = +84°$ zeigen. Diese Feststellung, ebenso wie die Tatsache, daß Rohrzucker durch verdünnte Säuren etwa 1000mal leichter hydrolysiert wird als Maltose, Milchzucker oder gar Trehalose[2], gaben der Zuckerchemie ein jahrelang ungelöstes Rätsel auf. Als EMIL FISCHER 1914 das γ-Methylglucosid und seine besonderen Eigenschaften entdeckte[3], erfaßte er gleich mit genialer Intuition, daß die Inversionsanomalie des Rohrzuckers auf eine „γ"-Struktur, und zwar im fructosidischen Teil, zurückzuführen sein dürfte. Diese Hypothese fand ihre schöne Bestätigung durch Isolierung der Tetramethylfructose aus dem Hydrolysat der Heptamethylsaccharose[4]. Sie erwies sich als von der „normalen" Tetramethylfructose völlig verschieden; ihr anormaler Drehungssinn (rechts), die außerordentlich leichte Hydrolysierbarkeit ihres Methylglucosids und ihre Labilität gegenüber Permanganat kenn-

---

[1] IRVINE: Journ. chem. Soc. London **83**, 1036 (1903); **87**, 1028 (1905).

[2] ARMSTRONG u. CALDWELL: Proc. Roy. Soc. B. **73**, 526 (1904). — ARMSTRONG: **74**, 195 (1905). — WINTERSTEIN: Ber. **26**, 3094 (1893).

[3] FISCHER, E.: Ber. **47**, 1980 (1914).

[4] HAWORTH u. LAW: Journ. chem. Soc. London **109**, 1314 (1916). — HAWORTH: Journ. chem. Soc. London **117**, 199 (1920).

zeichneten sie als γ-Zucker. Damit war die Rohrzuckerinversion als ein komplexer Vorgang nach folgendem Schema aufgeklärt:

$$\text{Rohrzucker} \rightarrow \text{n-Glucose} + \gamma\text{-Fructose} \downarrow \text{n-Fructose}.$$

Bei der Hydrolyse der Octamethylsaccharose dagegen verhindert die Blockierung durch die Methylgruppen die Ringverlagerung im freigesetzten Fructoseanteil.

Die Strukturerforschung der Tetramethyl-γ-Fructose beschäftigte die Zuckerchemie zwölf Jahre. Während für die normale Fructose die Butylenoxydformulierung galt, wurden dem γ-Isomer zunächst mehr oder weniger hypothetisch Äthylenoxyd- und Propylenoxyd-Ringstrukturen zugeschrieben. HAWORTH[1] versuchte das Problem durch oxydativen Abbau des Tetramethyläthers zu lösen und gelangte auf Grund ausgedehnter Versuche zu einer amylenoxydischen Formulierung (XVIII).

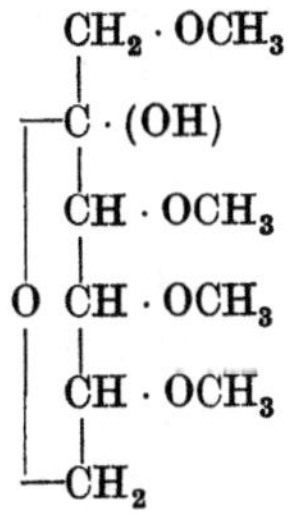

XVIII.

Freilich begnügte er sich — in Unkenntnis der Fehlerquellen seiner komplizierten Methodik — mit der Isolierung und Untersuchung syrupöser und wenig charakteristischer Reaktionsprodukte. So ergab dann auch die Wiederholung der Versuche im IRVINEschen Laboratorium[2], daß es sich bei den fraglichen Substanzen um Gemische handelt, die sich nicht für strukturchemische Schluß-

---

[1] HAWORTH u. LINNEL: Journ. chem. Soc. London **123**, 294 (1923). — HAWORTH u. MITCHELL: Journ. chem. Soc. London **123**, 301 (1923).

[2] MCOWAN: Journ. chem. Soc. London **1926**, 1737, 1747.

folgerungen über den Rohrzucker verwerten lassen. Gleichzeitig zeigte sich, daß Formel XVIII der normalen Tetramethylfructose zukommt[1]. Nun wurde die Frage der Rohrzuckerkonstitution im HAWORTHschen Laboratorium völlig neu aufgerollt und durch eine Reihe großzügiger und sorgfältiger Untersuchungen[2] im Jahre 1927 nun wohl definitiv im Sinne einer butylenoxydischen Ringstruktur gelöst.

Es zeigte sich einerseits, daß Tetramethyl-γ-fructose (XIX) sehr leicht in echte Furanderivate (XX) übergeführt werden kann. Andererseits führt die Oxydation unter Umwandlung einer endständigen Methoxylgruppe im Carboxyl zu einer Trimethyllaktolsäure (XXI), von der krystallisierte Derivate erhalten wurden; der weitere Abbau mit saurem Permanganat führt zum krystallisierten α-2,3,5-Trimethylarabo-γ-lakton (XXII), das seinerseits mit Salpetersäure zur 1-Dimethoxybernsteinsäure (XXIII), identifiziert als Methylamid (siehe oben), abgebaut werden kann. Rohrzucker ist also Glucosido-⟨1,5⟩-fructosid-⟨2,5⟩ (XXIV).

Noch nicht völlig geklärt ist die Stereochemie des Rohrzuckers. Nur die Glucosidokomponente ist auf Grund ihres mutarotativen Verhaltens bei der Inversion als α- konfiguriert erkannt[3]. Für die γ-Fructosidokomponente, deren fast momentan verlaufende Umlagerung sich nicht in der Mutarotationskurve der Inversion zu erkennen gibt, nahmen HAWORTH und LAW[4] die α-Konfiguration an. SCHLUBACH und RAUCHALLES[5] identifizieren Fructosaccharase und β-h (γ)-Fructosidase und ziehen daher die β-Formulierung vor. Der neuere Befund von MORGAN[6], daß von

---

[1] HAWORTH u. HIRST: Journ. chem. Soc. London **1926**, 1858.

[2] HAWORTH, HIRST u. NICHOLSON: Journ. chem. Soc. London **1927**, 1513. — HAWORTH, HIRST u. LEARNER: Journ. chem. Soc. London **1927**, 2432. — AVERY, HAWORTH u. HIRST: Journ. chem. Soc. London **1927**, 2308.

[3] ARMSTRONG: Journ. chem. Soc. London **83**, 1305 (1903). — HUDSON: Journ. Amer. chem. Soc. **30**, 1160 (1908); **31**, 655 (1909). — COLIN u. CHAUDUN: Bull Soc. chim. Biol. **6**, 625 (1924). — PENNYCUIK: Journ. chem. Soc. London **125**, 2049 (1924).

[4] HAWORTH u. LAW, Journ. chem. Soc. London **109**, 1314 (1916).

[5] SCHLUBACH u. RAUCHALLES: Ber. **58**, 1842 (1925).

[6] MORGAN: Biochem. Journ. **21**, 675 (1927).

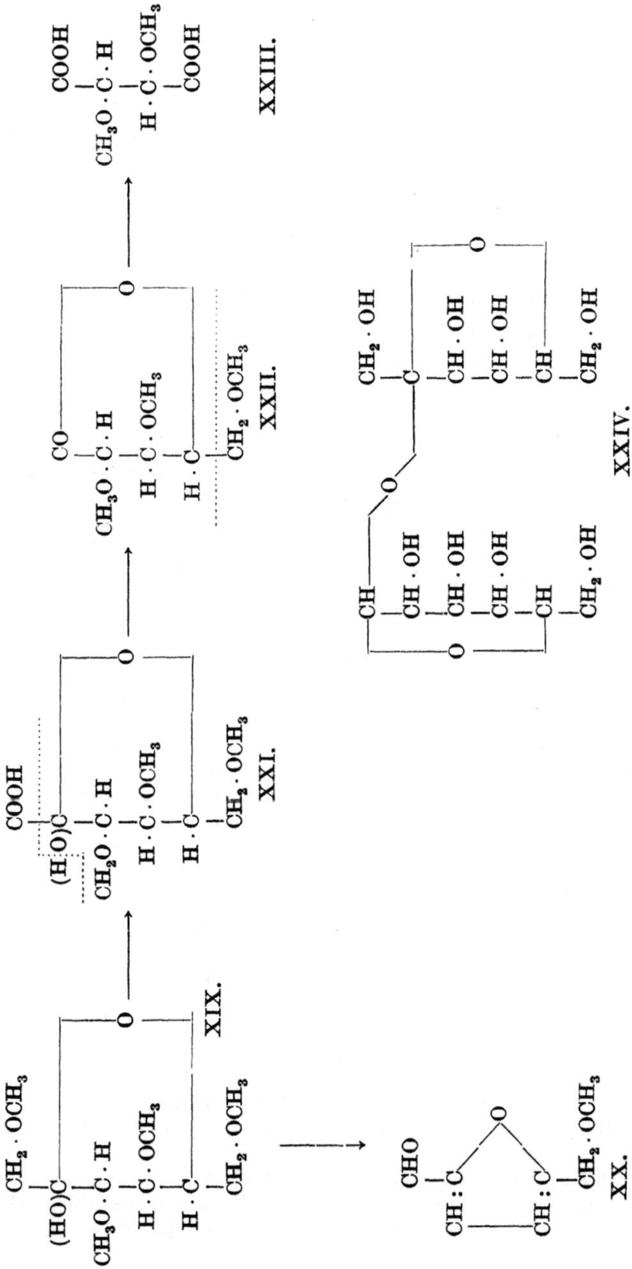

XIX. XX. XXI. XXII. XXIII. XXIV.

den Methylglykosiden der Hexose-Diphosphorsäure, deren Kohlehydratanteil mit der γ-Fructose des Rohrzuckers identisch zu sein scheint, nur die α-Form durch Saccharase spaltbar ist, spricht wieder für eine α-fructosidische Konfiguration im Disaccharid.

Turanose.

Dieses einzige bekannte fructosehaltige Disaccharid vom Maltosetypus ist durch sein verschiedenes Verhalten einerseits gegenüber FEHLINGscher Lösung und andererseits Hypojodit als Glucosidoketose charakterisiert worden[1]. Die genaue Struktur erschlossen ZEMPLÉN[2] sowie LEITCH[3] durch Methylierung des Disaccharids oder seiner Muttersubstanz, des Trisaccharids Melezitose (siehe dort). Sie erhielten Tetramethylglucose und eine Trimethylfructose, die übereinstimmend als 1,3,4-Trimethyl-γ-fructose (XXV) erkannt wurde. Turanose ist also 6-Glucosido ⟨1,5⟩-fructose ⟨2,5⟩. (XXVI) Nach BRIDEL und AAGAARD[4] ist das turanosespaltende Ferment identisch mit α-Glucosidase, also Turanose ein α-glucosidisches Disaccharid. Neuerdings wurde die Turanose im krystallisierten Zustande

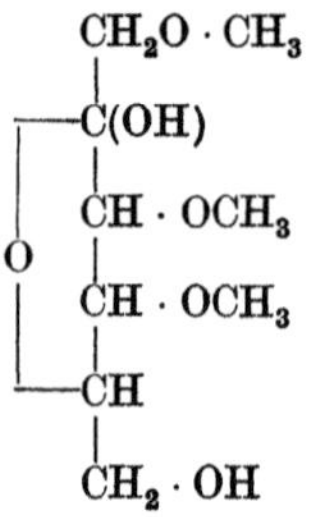

XXV.

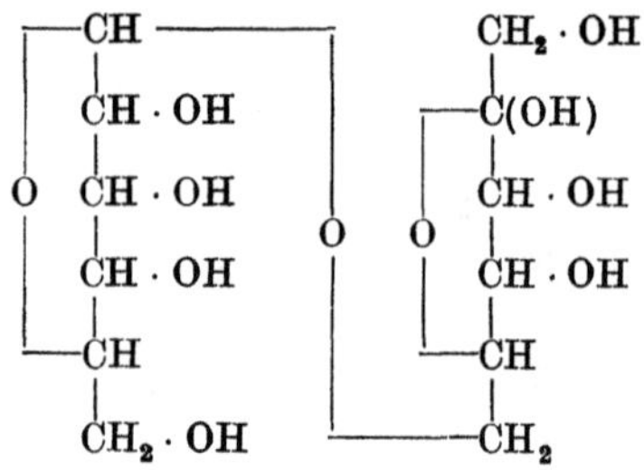

XXVI.

erhalten[5] und darin mit den früher festgelegten Konstanten identisch befunden; sie wird wohl sicher als β-Modifikation aufzufassen sein.

---

[1] KUHN u. VON GRUNDHERR: Ber. **59**, 1655 (1926).
[2] ZEMPLÉN u. BRAUN: Ber. **59**, 2230 (1926). — ZEMPLÉN: Ber. **59**, 2539 (1926).
[3] LEITCH: Journ. chem. Soc. London **1927**, 588.
[4] BRIDEL u. AAGAARD: Compt. rend. Acad. Sciences **184**, 1667 (1927).
[5] HUDSON u. PASCU: Journ. Amer. chem. Soc. **52**, 2519 (1930).

Isomaltose.

Isomaltose von E. FISCHER: Aus dem synthetischen Präparat von E. FISCHER (siehe unten) isolierten GEORG und PICTET[1] als Hauptanteil ein amorphes Disaccharid, das sie auch bei der partiellen Hydrolyse des Dilävoglucosans erhielten, und das sie auf Grund der letztgenannten Darstellungsweise als 5-α-Glucosido ⟨1,6⟩-glucose ⟨1,6⟩ ansehen. Da die Konstitution der Muttersubstanz — die, als zum Amylose- oder Anhydrosetypus gehörig, hier nicht besprochen wird — noch nicht gesichert ist, kann auch diesem Konstitutionsbeweis für die Isomaltose kein entscheidendes Gewicht gegeben werden. Bezüglich der Konfiguration geht aus dem eigentümlichen Verhalten des Disaccharids zu Emulsion jedenfalls deutlich hervor, daß es sich nicht um eine gewöhnliche β-Glucosidoglucose handeln kann.

Isomaltose von LINTNER *und* LING: *Amylobiose*; *Isocellobiose*: Ein durch enzymatischen Stärkeabbau erhaltenes, von der obigen Isomaltose durchaus verschiedenes Disaccharid ist leider gleichfalls als Isomaltose bezeichnet worden[2]. Nach dem Vorschlage von SYNIEWSKI wird es besser als *Dextrinose* bezeichnet. Etwa gleichzeitig stellten PRINGSHEIM und LEIBOWITZ[3] ein neues Abbauprodukt der Stärke, die Amylobiose, dar. Während nun LING sein Disaccharid als eine β-4-Glucosidoglucose (also als ein Stereoisomeres der Maltose) ansah, eine Formulierung, die ja jetzt der Cellobiose zukommt, faßten wir[4] die Amylobiose als γ-Zucker mit einer für die Stärke spezifischen Bindungsart auf, die einerseits eine besondere Labilität des Zuckers gegen chemische Eingriffe[5], andererseits seine Fähigkeit, sich unter enzymatischem Einfluß in ein anderes Disaccharid, und zwar in Maltose, umzuwandeln[4], bedingt; letzteres ist eine in der Disaccharidchemie bisher nicht beobachtete Erscheinung. Neuerdings berichtet

---

[1] GEORG: Compt. rend. Genève **42**, 145 (1925). — GEORG u. PICTET: Helvet. chim. Acta **9**, 612 (1926).

[2] LING u. NANJI: Journ. chem. Soc. London **123**, 2666 (1923).

[3] PRINGSHEIM u. LEIBOWITZ: Ber. **57**, 884 (1924).

[4] PRINGSHEIM: Ber. **57**, 1581 (1924).

[5] PRINGSHEIM u. STEINGROEVER: Ber. **59**, 1001 (1926).

LING[1] dasselbe von seiner Isomaltose, die unter dem Einfluß von Diastase, bei chemischen Eingriffen[2] und zum Teil sogar spontan in Maltose übergehen soll. Es liegt nahe, die LINGsche Isomaltose als ein Gemisch mehrerer Disaccharide mit einer Beimengung von Amylobiose anzusehen, zumal ihre Umwandlung in Maltose nicht wie bei der Amylobiose quantitativ war.

Eine ähnliche Rolle wie die Amylobiose (Isomaltose ?) in der Stärkechemie scheint die Isocellobiose in der Cellulosechemie zu spielen: sie entsteht bei der Acetolyse der Cellulose vor der Cellobiose und geht in dieses Disaccharid bei längerer Einwirkung des Acetolysengemisches über[3]. In neuerer Zeit wird die Existenz dieses Celluloseabbauproduktes aber bestritten[4].

IRVINE[5] sprach die Vermutung aus, daß Isomaltose bzw. Isocellobiose Stereoisomere der Maltose bzw. Cellobiose sind, wobei das Paar Cellobiose-Isocellobiose die 4-Glucosidoglucosen, das Paar Maltose-Isomaltose die 5-Glucosidoglucosen darstellen soll. Diese Deutung ist angesichts der neueren Entwicklung der Maltosechemie (vgl. oben) nur schwer aufrechtzuerhalten. Wir[6] fassen den Übergang Amylobiose → Maltose nicht als sterische Umlagerung auf, sondern als Vertauschung der Eingriffspunkte der intraglucosidischen und der interglucosidischen Sauerstoffbrücke in dem Glucoseteil des Disaccharids, somit als Strukturumlagerung und Stabilisierung des γ-Zuckers. Ähnliches dürfte sich beim Übergang Isocellobiose-Cellobiose abspielen. Damit sind — mit allem Vorbehalt — folgende Konstitutionsformeln vorgeschlagen: Amylobiose(-Isomaltose)-5-α-Glucosidoglucose$\langle 1,4 \rangle$; Isocellobiose-5-β-Glucosidoglucose$\langle 1,4 \rangle$.

---

[1] LING: Journ. Soc. chem. Ind., T., **46**, 297 (1927). — WALTON: A Comprehensive Survey of Starch Chemistry Bd. I (New York 1928), S. 24ff.

[2] Vgl. auch HAWORTH: Journ. Soc. chem. Ind., T., **46** 295 (1927).

[3] OST: Ztschr. angew. Chem. **33**, 106 (1920); **39**, 1117 (1926). — KNOTH: Cellulosechemie **3**, 25 (1922). — HESS, WELTZIEN u. SINGER: Liebigs Ann. **443**, 71 (1925).

[4] HESS: Ber. **62**, 924 (1929). — FREUDENBERG u. Mitarb.: Ber. **63**, 1526 (1930).

[5] IRVINE u. BLACK: Journ. chem. Soc. London **1926**, 862. — IRVINE: Chem. Rev. **4**, 203 (1927).

[6] PRINGSHEIM: Ber. **57**, 1581 (1924); Ber. **59**, 3008 (1926).

Pentosidoglucosen.

Die seltenen, in natürlichen Glykosiden vorkommenden Disaccharide Primverose[1] und Vicianose[2] sind durch Synthese (siehe unten) als 6-β-Xylosidoglucose bzw. 6-β-Arabinosidoglucose erkannt.

Trisaccharide.

Raffinose.

Raffinose kann nach verschiedenen enzymatischen oder chemischen Methoden entweder in Fructose + Melibiose oder in Galaktose + Rohrzucker zerlegt werden[3]. Hieraus ergibt sich das Strukturschema eines α-Melibiosido-γ-fructosids bzw. eines

Raffinose.

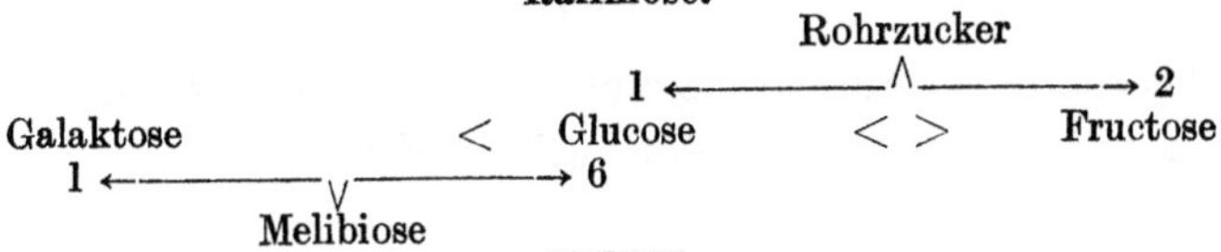

XXVII.

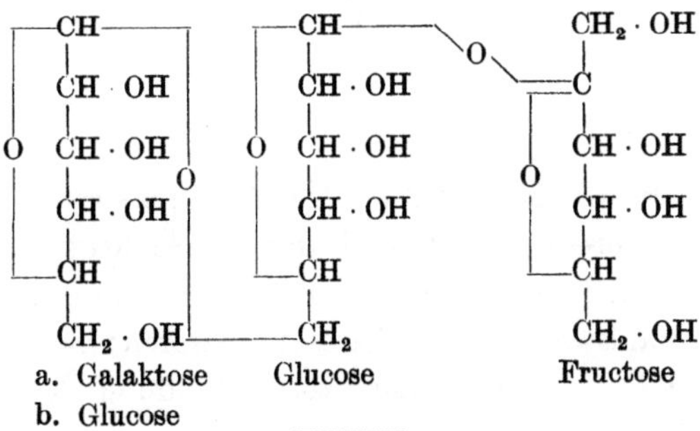

XXVIII.

---

[1] Goris u. Vischniac: Compt. rend. Acad. Sciences **169**, 871, 975 (1919). — Bridel: Compt. rend. Acad. Sciences **179**, 780 (1924); Journ. pharm. Chim. **118**, 205 (1926).

[2] Bertrand: Compt. rend. Acad. Sciences **151**, 325 (1910). — Bertrand u. Weisweiller: Bull. Soc. chim. France [4] **9**, 84 (1911). — Hérissey u. Cheymol: Bull. Soc. chim. biol. **8**, 50 (1926).

[3] Scheibler u. Mittelmeier: Ber. **22**, 1678 (1889), **23**, 1438 (1890). — Neuberg: Biochem. Ztschr. **3**, 519 (1907).

α-Galaktosido-Rohrzuckers (XXVII) und die Strukturformel (XXVIII a)[1].

Gentianose.

Gentianose ist α-Gentiobiosido-γ-fructosid bzw. β-Glucosido-Rohrzucker (XXIX)[2] von der Formel (XXVIII b)

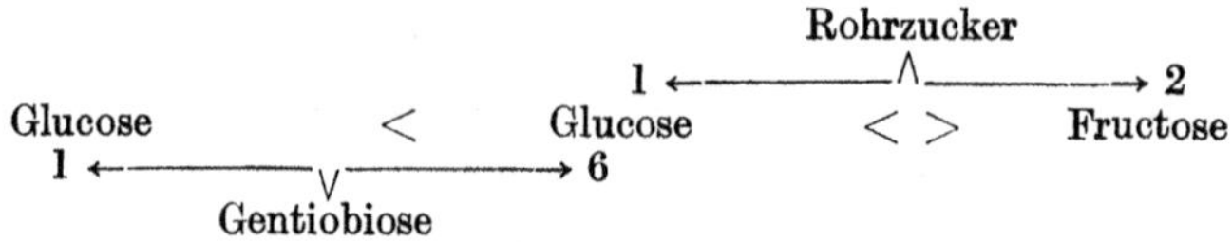

XXIX.

Melezitose.

Melezitose ist Turanosido-α-glucosid bzw. α-Glucosido-Rohrzucker (XXX)[3] von der Formel (XXXI)[4] [5]

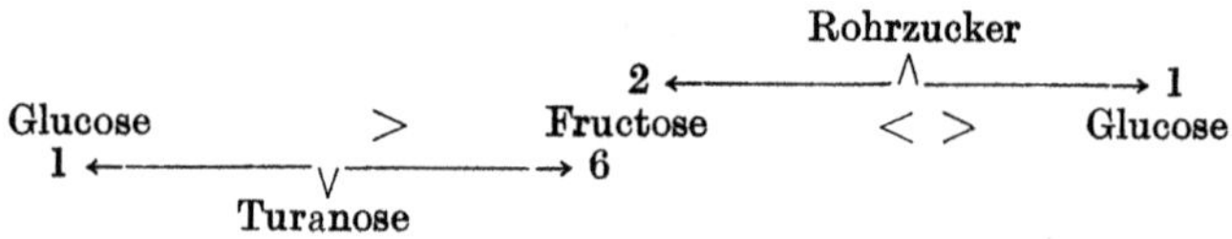

XXX.

Das Strukturschema (XXX) der Melezitose ist von BRIDEL[6] angefochten worden auf Grund der Beobachtung, daß keine Parallelität besteht zwischen der rohrzucker- und der melezitosespaltenden Fähigkeit von Saccharasepräparaten; hieraus wird geschlossen, daß die Glucosidofructosido-Bindung der Melezitose

[1] HAWORTH, HIRST u. RUELL: Journ. chem Soc. London **123**, 3125 (1923). — CHARLTON, HAWORTH u. HICKINBOTTOM: Journ. chem.. Soc. London **1927** (1527).

[2] BOURQUELOT u. HERISSEY: Ann. de chim. [7] **27**, 397 (1902).

[3] KUHN u. v. GRUNDHERR: Ber. **59**, 1655 (1926).

[4] ZEMPLÉN u. BRAUN: Ber. **59**, 2730 (1926). — ZEMPLÉN: Ber. **59**, 2539 (1926).

[5] LEITCH: Journ. chem. Soc. London **1927**, 588.

[6] BRIDEL u. AAGAARD: Compt. rend. Acad. Sciences **185**, 147 (1927); Bull. Soc. chim. biol. **9**, 884 (1927).

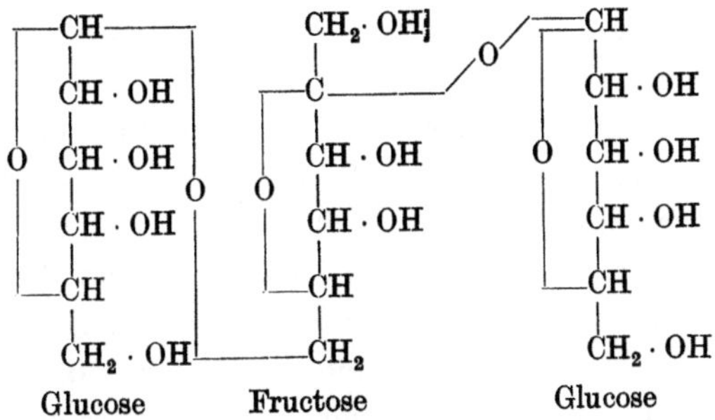

XXXI.

nicht eine Rohrzuckerbindung sein könne. Dieser Einwand kann nicht als stichhaltig angesehen werden, da die Spaltungswerte nur dann untereinander vergleichbar sind, wenn sie sich auf gleiche Konzentration der Ferment-Substrat-Verbindungen beziehen; die französischen Forscher haben nicht berücksichtigt, daß auch bei Gleichartigkeit der Bindung im Di- und Trisaccharid die Affinität des Ferments zu den Substraten wechseln kann[1].

Sehr bemerkenswert ist, daß sich das natürliche Vorkommen der Fructose auf die saccharidisch gebundene γ-Form beschränkt.

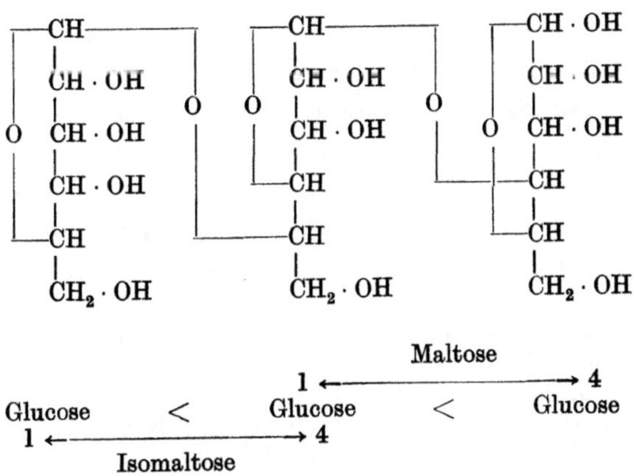

XXXII.

[1] Kuhn, R.: Ztschr. physiol. Chem. **125**, 28 (1923).

Die Hexatriose aus Stärke[1] soll nach LING[2] eine „Isomaltose“ und eine Maltosebindung enthalten und eine β-Glucosidomaltose sein. Nach der oben angeführten Hypothese über die „Dextrinose“ wäre das Trisaccharid als 5-α-Glucosido ⟨1,5⟩ 4-α-glucosido ⟨1,4⟩ glucose ⟨1,5⟩ (XXXII) zu formulieren.

In ähnlicher Weise dürften Cellobiose- und Isocellobiosebindungen in den aus Cellulose erhaltenen Trisacchariden — Procellose[3], Cellotriose[4] und Isocellotriose[5] — alternieren, deren Einheitlichkeit übrigens HESS[6] neuestens bestreitet. Die aus dem Hydrolysat der Cellulose durch „überkonzentrierte Salzsäure“ gewonnene krystallisierte Cellotriose[7] ist mit der von OST nicht identisch. Auch die Cellotetraose wurde von WILLSTÄTTER und ZECHMEISTER krystallinisch erhalten. Diese Oligosaccharide sind für die Beurteilung der Cellulose-Konstitution bedeutungsvoll. Interesse verdient auch das im Solanin enthaltene Trisaccharid, in dem die drei Monosen in der Reihenfolge Glucose-Rhamnose-Galaktose verkettet sein sollen[8].

b) Synthese von Polysacchariden erster Ordnung.

Die Disaccharidsynthese war bis vor wenigen Jahren eines der am wenigsten entwickelten Kapitel der Zuckerchemie. Es lag dies weniger an der Schwierigkeit, die Monosen überhaupt zur Kondensation zu bringen, als gerade an der umgekehrten Schwierigkeit, diese Kondensationsfähigkeit einzuschränken. Die fast unübersehbare Zahl von Isomerien, die eine Reaktion zwischen freien Zuckern theoretisch (und zum Teil auch in der Praxis) ermöglicht, erschwerte außerordentlich die Kontrolle und Regulierung des Reaktionsverlaufs. Noch heute, wo alle wichtigsten

---

[1] LING u. NANJI: Journ. chem. Soc. London **123**, 2666 (1923). — PRINGSHEIM u. SCHAPIRO: Ber. **59**, 996 (1926).
[2] LING u. NANJI: Journ. chem. Soc. London **127**, 629 (1925).
[3] BERTRAND u. BENOIST: Compt. rend. Acad. Sciences **176**, 1583 (1923).
[4] OST: Ztschr. angew. Chem. **39**, 1117 (1926).
[5] OST: Ztschr. angew. Chem. **41**, 696 (1928).
[6] HESS u. TROGUS: Ber. **61**, 1982 und zwar 1989 (1928).
[7] WILLSTÄTTER u. ZECHMEISTER: Ber. **62**, 722 (1929).
[8] ZEMPLÉN u. GEREES: Ber. **61**, 2294 (1928).

natürlichen Disaccharide — vielleicht mit der Ausnahme des Rohrzuckers — synthetisch zugänglich sind, hat man streng zwischen der planmäßigen Synthese, bei der die Konstitution des Reaktionsproduktes sich aus der Reaktion ergibt, und der nichtplanmäßigen Synthese, die keine Voraussage über die Natur des entstehenden Disaccharids zuläßt, zu unterscheiden.

α) Fermentsynthesen.

Zur zweiten Kategorie gehören zunächst die biochemischen Synthesen („enzymatische Reversionssynthesen"), deren erste bereits vor 30 Jahren ausgeführt wurde: es handelt sich um die durch Hefefermente in einer konzentrierten Glucoselösung bewirkte Synthese der Maltose und eines anderen, noch ungenügend bekannten Disaccharids, der Revertose[1]. Gerade dieser Befund war lange Zeit heftig umstritten[2], konnte aber schließlich voll bestätigt werden.[3] Mit einer ausnahmsweise β-glucosidische Fermente haltigen Hefe konnte auch die Gentiobiosesynthese verwirklicht werden[4].

In großzügigen Versuchen über die synthetische Wirkung der Disaccharasen des Emulsins konnte BOURQUELOT[5] die Bildung von Gentiobiose, Cellobiose, einer Mannobiose und zweier Galaktobiosen nachweisen. In einem äquimolekularen Glucose-Galaktose-Gemisch entsteht unter dem Einfluß von Kefirfermenten (Laktase?) eine nicht in reinem Zustand isolierte Isolaktose[6]. Von großem Interesse ist die neuere Beobachtung ROBISONS[7], daß bei der Vergärung von Fructose durch *getrocknete* Hefe ein Monophosphorsäureester der *Trehalose* gebildet wird, der durch Knochen-Phosphatase in reine krystallisierte Trehalose gespalten werden konnte.

---

[1] CROFT HILL: Journ. chem. Soc. London **73**, 634 (1898).
[2] Vgl. EMMERLING: Ber. **34**, 2206 (1901). — CROFT HILL: Journ. chem. Soc. London **83**, 578 (1903). — ARMSTRONG: Proc. Roy. Soc. B. **76**, 592 (1905).
[3] PRINGSHEIM u. LEIBOWITZ: Ber. **57**, 1576 (1924).
[4] PRINGSHEIM, BONDI u. LEIBOWITZ: Ber. **59**, 1983 (1926).
[5] Zusammenfassung: BOURQUELOT: Rev. gen. des Sci. **31**, 745 (1920).
[6] FISCHER, E. u. ARMSTRONG: Ber. **35**, 3144 (1902).
[7] ROBISON u. MORGAN: Biochem. Journ. **22**, 1277 (1928).

β) Chemische Synthesen.

Auch die chemische Synthese, bei der freie Monosen oder eine freie und eine substitutierte Monose zur Kondensation gebracht werden, gestattet keinen Einblick in den Mechanismus der Reaktion und gewährt keine Sicherheit für die Einheitlichkeit des Reaktionsproduktes. So konnte das erste synthetische Disaccharid, die unter der Einwirkung der konzentrierten Salzsäure auf Glucose entstehende Isomaltose E. FISCHERS[1], seit 1890 bis in die allerletzte Zeit nicht rein dargestellt und näher charakterisiert werden. Erst kürzlich ist im rohen synthetischen Produkt ein geringer Gehalt an Gentiobiose nachgewiesen worden[2], den Hauptanteil halten GEORG und PICTET[3] für ein einheitliches Disaccharid, von dem wir schon sprachen. Die aus Acetochlorgalaktose und Glucosenatrium synthetisierte Galaktosidoglucose[4] erwies sich neuerdings — entgegen der früheren Annahme — als verschieden von Melibiose[5], es ist wahrscheinlich, daß es sich um reinen Milchzucker handelt[6]. Wenig charakterisiert sind die Glucosidogalaktose und die Galaktosido-galaktose[4], besser die α-Glucosido-6-glucose, die PICTET[7] durch Einwirkung von α-Glucosylchlorid auf Glucosankalium gewonnen hat.

Wird die Kondensation an substituierten Monosen, bei denen nur die 1-ständigen Gruppen reaktionsfähig sind, ausgeführt, so müssen Disaccharide vom Trehalosetypus resultieren. Wenn hier auch keine Stellungsisomerien in Frage kommen, so machen sich die möglichen Stereoisomerien noch immer störend bemerkbar. So konnten bei der Kondensation von Acetobrom-

---

[1] FISCHER, E.: Ber. **23**, 3687 (1890); **28**, 3024 (1895).

[2] PICTET u. GEORG: Compt. rend. Acad. Sciences **181**, 1035 (1925). — Helv. chim. Acta **9**, 444 (1926). — BERLIN, Journ. Amer. chem. Soc. **48**, 1107 (1926).

[3] GEORG: Compt. rend. Genève **42**, 145 (1925). — GEORG u. PICTET: Helv. chim. Acta **9**, 612 (1926).

[4] FISCHER, E. u. ARMSTRONG: Ber. **35**, 3144 (1902).

[5] SCHLUBACH u. RAUCHENBERGER: Ber. **58**, 1184 (1925).

[6] SCHLUBACH u. RAUCHENBERGER: Ber. **59**, 2102 (1926).

[7] PICTET u. CASTAN: Helv. chim. Acta **4**, 319 (1921).

glucose unter dem Einfluß von Silbercarbonat[1] und von Tetracetylglucose unter dem Einfluß von Chlorzink[2] keine völlig reinen und einheitlichen Glucosido-glucoside erhalten werden; im wesentlichen bestanden die Reaktionsprodukte aus β, β- bzw. α, β-Isotrehalose[3]. Über die Rohrzuckersynthese siehe unten.

1. *Thermische Kondensation* (PICTET).

Im Gegensatz hierzu führte die von PICTET in den letzten Jahren angewandte thermische Kondensation von Zuckern und ihren Anhydriden zu einer Reihe unerwarteter synthetischer Erfolge. Ausgangspunkt dieser schönen Versuche war die Darstellung der Kondensations- und polymerisationsfähigen Zuckeranhydride, insbesondere des α-Glucosans und seiner Analoga aus anderen Monosen[4], über die man sich in einer neuen Monographie informieren kann[5].

Beim Erhitzen eines äquimolekularen Gemisches von Glucosan und Lävoglucosan wurde ein Dextrin gewonnen und durch nachherige partielle Hydrolyse mit Oxalsäure daraus ein Syrup erhalten, aus dem schon vor acht Jahren Maltose in Gestalt ihres Octanitrats, wenn auch in sehr geringer Ausbeute, isoliert werden konnte[6]. Nach demselben Prinzip gelang die Synthese der Melibiose[7]: das durch Polymerisation von Glucosan erhaltene Diglucosan und das durch Anhydrierung der Galaktose erhaltene Digalaktosan wurden gemeinsam im Vakuum in Gegenwart von etwas Chlorzink erhitzt, wobei Polymerisation zu gemischten Anhydropolysacchariden erfolgte. Die partielle Hydrolyse mittels kalter konzentrierter Salzsäure lieferte einen Zuckersyrup, aus dem Melibiose auskrystallisierte. Kondensiert man Diglucosan mit β-Galaktose, so resultiert ein Lactonanhydrid, das zu Milch-

---

[1] FISCHER, E. u. DELBRÜCK: Ber. **42**, 2776 (1909).
[2] SCHLUBACH u. MAURER: Ber. **58**, 1178 (1925).
[3] HUDSON: Journ. Amer. chem. Soc. **38**, 1566 (1916).
[4] Zusammenfassung: PICTET: Rév. gén. des Sci. **35**, 668 (1924).
[5] PICTET, A. u. H. VOGEL: Die Zuckeranhydride und ihre Verwendung zur Synthese von Disacchariden. Berlin 1929.
[6] PICTET: Bull. Soc. chim. France [4] **27**, 650 (1920).
[7] PICTET u. VOGEL: Helv. chim. Acta **9**, 806 (1926); **10**, 280 (1927).

zucker aufgespalten ist[1]. Einen Fortschritt in der Methode und in ihrer theoretischen Erfassung bedeutete die Feststellung, daß sich der Umweg über das Polysaccharidanhydrid vermeiden läßt: die labilen, äthylenoxydischen Zuckeranhydride (α-Glucosan, β-Galaktosan) addieren unter Öffnung ihres 1,2 Sauerstoffringes Zucker direkt unter Bildung der freien Disaccharide nach dem Schema XXXIII.

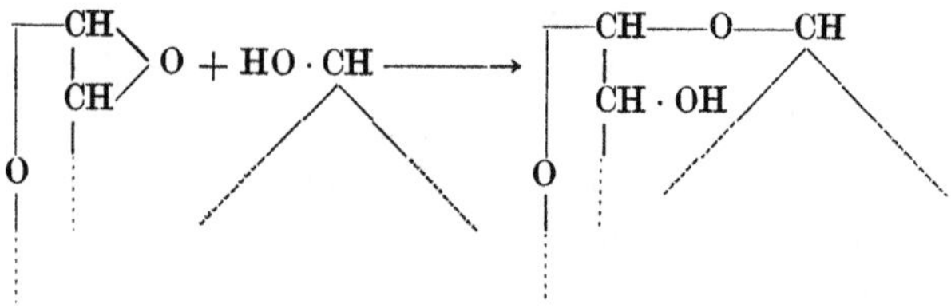

XXXIII.

Da nun die Bildung der 1,2 Anhydride aus ihren Muttersubstanzen unter denselben Reaktionsbedingungen stattfindet, so läßt sich der ganze Synthesengang zu einer Operation zusammenziehen: Erhitzung des Zuckergemisches mit Chlorzink im Vakuum. Auf diesem Wege konnte Maltose aus einem Gemisch von β-Glucose mit α-Glucose oder Glucosan[2] und Milchzucker aus einem Gemisch von β-Glucose mit β-Galaktose oder β-Galaktosan[3] in Ausbeuten bis zu 15% d. Th. gewonnen werden. Daß die den reduzierenden Teil der Disaccharide bildende Glucose im Reaktionsgemisch in der β-Form vorliegen muß, erklärt sich aus der Tatsache, daß nur diese unter den Reaktionsbedingungen stabil ist; die α-Form erfährt, wie erwähnt, Anhydrisierung zum Glucosan, so daß beim Versuch der Maltosesynthese mit α-Glucose allein oder der Milchzuckersynthese mit β-Galaktose + α-Glucose nicht die freien Disaccharide, sondern bestenfalls ihre Anhydride entstehen könnten.

---

[1] Pictet: Compt. rend. Genève **43**, 179 (1926).

[2] Pictet u. Vogel: Compt. rend. Acad. Sciences **184**, 1512 (1927); Helv. chim. Acta **10**, 588 (1927).

[3] Pictet u. Vogel: Compt. rend. Acad. Sciences: **185**, 322 (1927); Helv. chim. Acta **11**, 209 (1928).

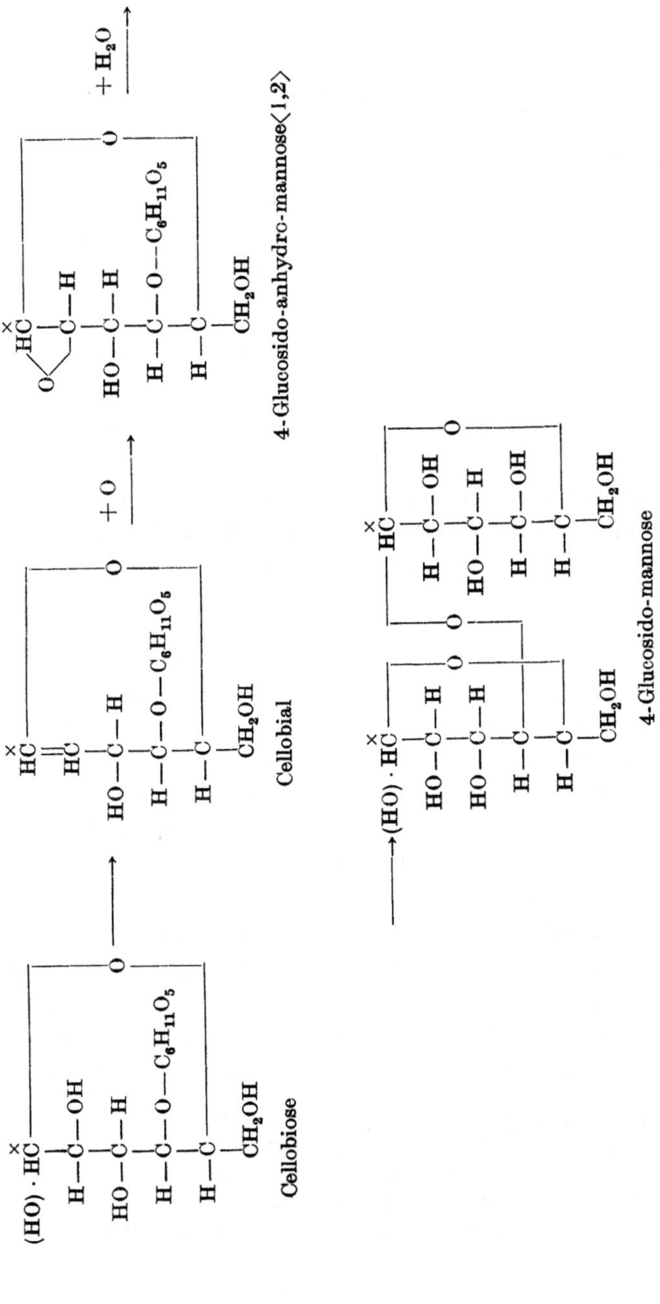

Cellobiose
Cellobial
4-Glucosido-anhydro-mannose<1,2>
4-Glucosido-mannose

XXXIV.

Bedenkt man die Möglichkeit der Struktur- und Stereoisomerien, die die Theorie für jede der beschriebenen Kondensationen voraussieht, so kann man es nur als seltenes Glück bezeichnen, daß die Synthesen nicht zu unentwirrbaren Gemischen von Reaktionsprodukten oder zu neuen Disacchariden, deren Konstitution sich aus der undurchsichtigen Synthese nicht ergäbe, geführt haben. Freilich wird diese Überlegung die Anerkennung der experimentellen Leistung der Schweizer Forscher nicht verkleinern.

2. *Synthesen über ungesättigte Zuckerderivate* (BERGMANN).

Ebenso wie Glucal mit Benzoepersäure in das Anhydrid der Mannose[1], so geht auch das Cellobial[2] in eine Glucosido-anhydromannose über, die sich unter Wasseraufnahme in eine Glucosidomannose umlagert[3], die jetzt als β-4-Glucosido⟨1,5⟩mannose⟨1,5⟩ zu formulieren ist (XXXIV). In analoger Weise konnte aus dem Laktal die 4-Galaktosido-mannose gewonnen werden[4].

3. *Synthesen mit Hilfe der Tritylzucker* (HELFERICH).

In einem charakteristischen Gegensatz zu den auf empirischer Grundlage aufgebauten Arbeiten PICTETS steht der systematische synthetische Weg, den HELFERICH[5] in den letzten Jahren eingeschlagen und konsequent durchgeführt hat. Er ging von der Tatsache aus, daß bei der Kondensation von Polyalkoholen mit Trityl (Triphenylmethyl)-chlorid und Pyridin nur primäre Oxygruppen veräthert werden. Es gelingt also zum Beispiel leicht, aus α-Methylglucosid das 6-Trityl-α-methylglucosid (XXXV) darzustellen. Der Tritylrest ist durch saure Hydrolyse sehr leicht abspaltbar; sind die anderen Hydroxyle zuvor mit fester haftenden Substituenten (Alkyl- oder Acylgruppen) besetzt worden, so erhält man Zuckerderivate mit nur einer reaktionsfähigen Gruppe,

---

[1] BERGMANN u. SCHOTTE: Ber. **54**, 440 (1921).
[2] FISCHER, E. u. v. FODOR: Ber. **47**, 2057 (1914).
[3] BERGMANN u. SCHOTTE: Ber. **54**, 1564 (1921).
[4] BERGMANN: Liebigs Ann. **434**, 83 (1923).
[5] Zusammenfassung: HELFERICH: Ztschr. angew. Chem. **41**, 871 (1928).

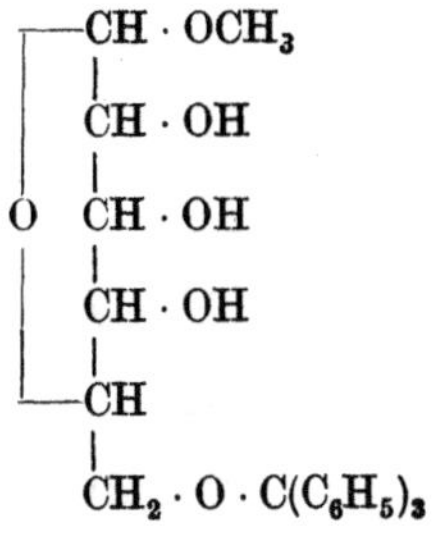

XXXV.

und zwar in 6-Stellung, in die nun Glykosidoreste durch Kondensation mit Acetohalogenosen eingeführt werden können. Es resultieren Disaccharidderivate und — nach der Verseifung — Disaccharide, deren Konstitution und Konfiguration durch die Synthese sichergestellt ist. Als erstes Disaccharidderivat wurde auf diesem Wege das α-Methylgentiosid aus Tribenzoyl-α-methylglucosid und Acetobromglucose synthetisiert[1]. Vom Glykosid führt aber kein direkter Weg zum freien Disaccharid, da die hydrolytische Spaltung der glykosidischen Bindung gleichzeitig die disaccharidische ergreift. Zur Synthese der freien Gentiobiose wurde daher zunächst ein Umweg eingeschlagen, der vom Glucosylfluorid (1-Fluorglucose) über dessen 6-Trityläther und 2,3,4-Tribenzoylester mit freier 6-Gruppe durch Kondensation mit Acetobromglucose und ammoniakalische Verseifung zum Gentiobiosylfluorid führt; der Ersatz des Fluors durch OH gelingt durch alkalische Verseifung (mit $CaCO_3$), die die Disaccharidbindung nicht angreift[2]. Später[3] wurde in der 1,2,3,4-Tetracetyl-β-glucose (XXXVI) das ideale Ausgangsprodukt für derartige Synthesen gefunden; die Wiederholung der Kondensation mit Acetobromglucose führte gleich zur Octacetylgentiobiose. Mit Acetobromgalaktose wurde die 6-β-Galaktosidoglucose erhalten[4], die bei der Konstitutionserforschung der Melibiose eine Rolle

[1] HELFERICH u. BECKER: Liebigs Ann. **440**, 1 (1924).
[2] HELFERICH, BÄUERLEIN u. WIEGAND: Liebigs Ann. **447**, 27 (1926).
[3] HELFERICH u. KLEIN: Liebigs Ann. **450**, 219 (1926).
[4] HELFERICH u. RAUCH: Ber. **59**, 2655 (1926).

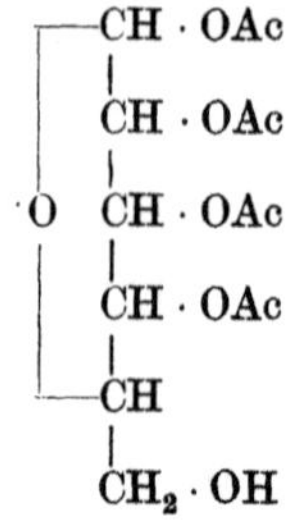

XXXVI.

spielte (siehe S. 38). Die Kondensation mit Acetobromxylose und Acetobromarabinose bedeutete gleichzeitig Synthese und Konstitutionsbeweis der Primverose (= 6-β-Xylosidoglucose[1]) und der Vicianose (6-β-Arabinosidoglucose[2]). Einer weiteren Verlängerung der Zuckerkette in derselben Weise steht nichts entgegen; so wurden aus 1,2,3,4-Tetraacetyl-β-glucose und Acetobromcellobiose bzw. -gentiobiose bzw. -laktose die Trisaccharide 6-β-Cellobiosido- bzw. Gentiobiosido bzw. -Laktosidoglucose dargestellt[3]. Ferner[2] wird auch die Synthese eines Tetrasaccharids, der 12-β-Cellobiosido-gentiobiose mitgeteilt.

4. *Synthesen über die Acetonzucker* (FREUDENBERG).

Auf demselben Prinzip wie die HELFERICHschen Synthesen basieren auch die Versuche, die nur eine freie OH-Gruppe enthaltenden Diacetonzucker für Disaccharidsynthesen zu verwerten. So wurde aus der 1,2,3,4-Diacetongalaktose ⟨1,5⟩ (XXXVII) mit Acetobromgalaktose eine neue Galaktosidogalaktose gewonnen. Dagegen erwies sich die 1,2,5,6-Diacetonglucose⟨1,4⟩ mit ihrem in ein dreifaches Ringsystem eingebauten 3-Hydroxyl als nicht kondensationsfähig[4]. In analoger Weise hat FREUDENBERG[5] die folgenden Zucker synthetisiert:

---

[1] HELFERICH u. RAUCH: Liebigs Ann. **455**, 163 (1927).
[2] Zusammenfassung: HELFERICH: Ztschr. angew. Chem. **41**, 871 (1928).
[3] HELFERICH u. SCHÄFER: Liebigs Ann. **450**, 229 (1926).
[4] FREUDENBERG, NOË u. KNOPF: Ber. **60**, 238 (1927).
[5] FREUDENBERG, WOLFF, KNOPF u. ZAHEER: Ber. **61**, 1743 (1928).

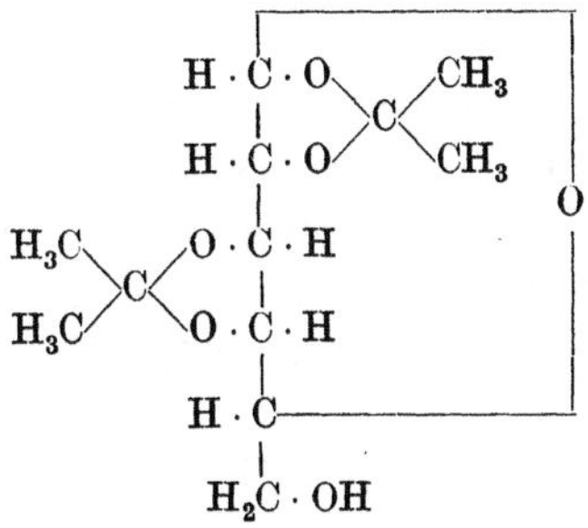

XXXVII.

Cellobiosido-β-6-galaktose-α
Laktobiosido-β-6-galaktose
Galaktodiso-β-6-galaktose-β
Mannosido-6-galaktose-α
Mannosido-1-mannose

Rohrzuckersynthese.

Seine Krönung würde das Gebäude der Disaccharidchemie durch die kürzlich von Pictet und Vogel[1] beanspruchte Synthese des Rohrzuckers erfahren. Wenn die Ergebnisse dieser bedeutungsvollen Arbeit auch sehr umstritten sind und wohl zugegeben wird[2], daß die Rohrzuckersynthese zur Zeit nicht wunschgemäß reproduzierbar ist, so soll ihre Beschreibung hier doch nicht ausgeschaltet werden, da eine Verbesserung der experimentellen Arbeitsbedingungen auf dem beschrittenen Wege doch möglicherweise noch Aussicht auf Erfolg hat. Die Versuche, den wichtigsten natürlichen Zucker künstlich herzustellen, sind schon Jahrzehnte alt. Nach unserer heutigen Einsicht waren alle chemischen Methoden, die mit der normalen freien Fructose oder ihren Derivaten operierten, ebenso zur Fruchtlosigkeit verurteilt wie die Versuche, in Invertzuckerlösungen durch Saccharase Reversion

[1] Pictet u. Vogel: Compt. rend. Acad. Sciences **186**, 724 (1928); Helv. chim Acta **11**, 436 (1928).
[2] Pictet: Helv. chim. Acta **19**, 173 (1930).

hervorzurufen[1]. PICTET und VOGEL suchten nun mit dem theoretischen Rüstzeug der modernen Rohrzuckerchemie nach einem für die Synthese geeigneten Derivat der γ-Fructose und fanden es in einem bei der Darstellung der normalen Tetracetylfructose[2] in geringer Menge entstehendem Nebenprodukt, in dem man die isomere Tetraacetyl-γ-fructose (XXXVIII) vermuten durfte.

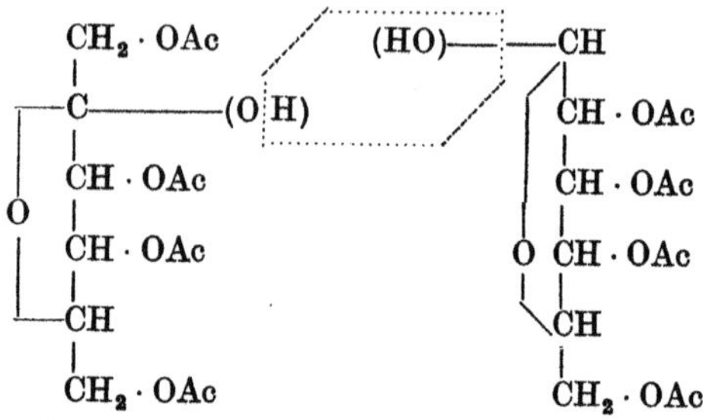

XXXVIII. XXXIX.

Ihre Kondensation mit der bekannten Tetracetylglucose (XXXIX) soll überraschend leicht durch Behandlung der äquimolekularen Lösung beider Tetraacetate in Chloroform mit P_2O_5 gelungen sein. Es wurde die Entstehung krystallisierter Octamethylsaccharose gemeldet, die nach Verseifung krystallisierten Rohrzucker lieferte.

Beim Versuch, das bei der Hydrolyse von Octacetylsaccharose erhaltene Gemisch der Tetraacetate zur Kondensation zu bringen, gewannen PICTET und VOGEL nicht das Ausgangsmaterial wieder, sondern das Octacetat einer Isosaccharose, die offenbar nichts anderes als ein Stereoisomeres des Rohrzuckers sein kann. Diese Beobachtung war schon an sich sehr merkwürdig, da die an dieser Kondensation teilnehmenden Komponenten mit den Materialien der Rohrzuckersynthese identisch sein sollten, so daß die Verschiedenheit der Reaktionsprodukte unverständlich ist. Auch IRVINE[3] erhielt bei derartigen Versuchen eine Isosaccharose, während er die

[1] HUDSON u. PERINE: Journ. Amer. chem. Soc. **36**, 1571 (1914). — BRIDEL, Bull. Soc. chim. France [4] **33**, 1056 (1923).

[2] HUDSON u. BRAUNS: Journ. Amer. chem. Soc. **37**, 2739 (1915).

[3] IRVINE, OLDHAM u. SKINNER: Journ. Soc. chem. Ind. **47**, 494 (1928).

Rohrzuckersynthese — trotzdem er denselben Weg wie PICTET eingeschlagen zu haben scheint, auffallenderweise nicht reproduzieren konnte. Ebensowenig gelang es ZEMPLÉN, die Rohrzuckersynthese zu reproduzieren[1].

XL.

Maltose 4-α-Glucosido-glucose	*Gentiobiose* 6-β-Glucosido-glucose
Cellobiose 4-β-Glucosido-glucose	*Melibiose* 6-α-Galaktosido-glucose
Laktose 4-β-Galaktosido-glucose	*Turanose* 6-α-Glucosido-fructose
	Vicianose 6-β-Arabinosido-glucose
	Primverose 6-β-Xylosido-glucose
Trehalose α-Glucosido-α-glucosid	*Saccharose* α-Glucosido-?-fructosid ⟨2,5⟩
Raffinose Melibiose Saccharose Galaktose-glucose-fructose ⟨2,5⟩ 1α ←→ 6 1α ←→ 2	*Melizitose* Turanose Saccharose Glucose-fructose⟨2,5⟩-glucose 1 ←→ 6 2 ←→ 1α

In obiger Tabelle XL sind die konstitutionellen Ergebnisse der wichtigsten natürlichen Polysaccharide erster Ordnung zusammengefaßt. Wieder zeigt sich nach definitivem Abschluß der Untersuchung an Stelle eines ziemlich starken Wirrwarrs eine bemerkenswerte Vereinfachung. Alle Disaccharide vom Maltosetyp gehören entweder zu den am 4. oder am 6. C-Atom durch den zweiten Zuckerrest substituierten Hexosen. Dieselben konstitutionellen Anordnungen kehren in Vereinigung mit dem Rohrzucker in den zwei Trisacchariden (und wahrscheinlich auch im Tetrasaccharid Stachyose) vom Trehalosetyp wieder. Zu den 4-Hexosido-glucosen gehört wahrscheinlich immer auch ein entsprechen-

[1] ZEMPLÉN: Ber. **62**, 984 (1929); vgl. dagegen PICTET u. VOGEL: Ber. **62**, 1418 (1929).

der γ-Zucker, z. B. die Amylobiose als 5-α-Glucosido-glucose ⟨1,4⟩ und die Isocellobiose als 5-β-Glucosido-glucose ⟨1,4⟩, in denen die 4-Stellung vom Sauerstoffring besetzt ist und die eingreifende Hexosidogruppe am 5. C-Atom haftet. Auf die Bedeutung dieser Erscheinung für die Chemie der Stärke und der Cellulose kommen wir noch zurück.

Von den hier angegebenen Formulierungen weichen die von Hudson[1] auf Grund seiner Regeln errechneten besonders in folgendem ab: Maltose tritt im Glucosido- und Milchzucker wie Melibiose im Galaktosidoteil butylenoxydisch auf. Im Rohrzucker wird für den Fructoseteil eine Sauerstoffbrücke von 2 nach 4, also ein Dreikohlenstoffring angenommen, was sich natürlich in der Raffinose und Gentianose wiederholt. Die Einheitlichkeit ginge also verloren, so daß z. B. Maltose einen furoiden, die Cellobiose aber zwei pyroide Glucosereste enthalten soll.

3. und 4. Amylose- und Anhydrosetyp.

Ebenso wie bei den ersten beiden Typen erscheint auch hier die gemeinsame Behandlung angezeigt. Als ganz definitiv kann nur die Konstitution der zwei als Zwischenprodukte gewonnenen Glucosido-anhydrohexosen (vgl. Tab. 4), wie der synthetisch gewonnenen Diglucane von Karrer[2] angesehen werden. Das Diglucan und sein Stereoisomeres, das Isodiglucan, wurden in Analogie zur Isotrehalose-Synthese von Emil Fischer, jedoch nicht aus Acetomono- sondern aus Acetodibromglucose gewonnen, wobei entsprechend der E. Fischerschen Darstellung[3] der Anhydroglucose ⟨3,6⟩ hier natürlich in beiden Glucoseresten, die in 1-Stellung wie die Trehalose zusammengeschlossen sind, Anhydrierung stattfand.

Die aus Stärke und aus Cellulose dargestellten Hexosane, wie die bei der Vergärung der Stärke entstehenden Polyamylosen, werden wir bei den respektiven Polysacchariden behandeln. Es

---

[1] Hudson: Bericht für die 10. Konferenz der Union Internationale de Chimie in Lüttich 1930.

[2] Karrer, Widmer u. Smirnoff: Helv. chim. Acta 4, 796 (1921).

[3] Fischer, E. u. Zach: Ber. 45, 456 (1912).

bleiben uns dann noch zwei Körperklassen, nämlich die durch Polymerisation von α- und β-Glucosan erhaltenen Polyglucosane und die durch Anhydrierung natürlicher Disaccharide dargestellten Anhydrodisaccharide. Beide Körperklassen verdanken wir den erfolgreichen Arbeiten A. PICTETS.

Die Polyglucosane wurden von ihm durch Erhitzen der Glucosane in Gegenwart eines Katalysators, zuerst Platinmoor, dann Chlorzink, bei wechselnden Temperaturen und Drucken dargestellt und, wie wir gesehen haben, auch vielseitig zu Synthesen verwandt. Nur die Konstitution des Di- und Trilävoglucosans ist dank den Versuchen von H. PRINGSHEIM[1] und IRVINE[2], die die Methylierungsmethode auf diese Körper anwandten, mit einiger Sicherheit festgelegt und für das Dimerisationsprodukt als eine 3-Glucosido-anhydroglucose⟨1,3⟩ ⟨1,6⟩ wahrscheinlich gemacht.

Aus Maltose gewann PICTET das Maltosan und aus Laktose das Laktosan, während ihm die Wasserentziehung des Rohrzuckers zwei Anhydrodisaccharide, das Saccharosan und das Isosaccharosan, in die Hände lieferte. Bisher läßt sich nur über die Konstitution des Maltosans und des Isosaccharosans etwas aussagen. Nach den Angaben von PICTET[3] kann das Maltosan weder als Glucosido-α- noch als Glucosido-β-glucosan angesehen werden, da die Anhydrosauerstoffbrücke für die erste Formulierung zu schwer und für die zweite zu leicht aufgesprengt wird. Aus sterischen Gründen bleibt deshalb nur das am dritten Kohlenstoff haftende Hydroxyl für den Lactolring offen, weshalb PICTET einen Lactolring von 1 nach 3 annimmt; setzen wir in seine Formulierung, welche die Maltose noch als 6-Glucosido-glucose ansprach, die jetzt richtig befundene ein, so käme dem Maltosan die Formulierung einer 4-Glucosido-anhydroglucose ⟨1,3⟩ zu.

Das Isosaccharosan wurde von PICTET nicht nur bei der Erhitzung des Rohrzuckers, sondern auch synthetisch durch Zusammenschmelzen von α-Glucosan und Lävulosan, dem analogen

---

[1] PRINGSHEIM. u. SCHMALZ: Ber. **55**, 3001 (1922).
[2] IRVINE u. OLDHAM: Journ. chem. Soc. London **127**, 2903 (1925).
[3] PICTET u. MARFORT: Helv. chim. Acta **6**, 129 (1923).

Anhydrierungsprodukt der Fructose, bei 185—190° gewonnen[1]. Er nimmt an, daß sich die beiden an benachbarten Kohlenstoffatomen haftenden Sauerstoffringe der beiden Hexoseanhydride öffnen und unter Vereinigung der beiden Zucker wechselseitig wieder miteinander verschmelzen, so daß der eine vom zweiten Kohlenstoffatom der Fructose zum zweiten der Glucose und der andere vom dritten Kohlenstoffatom der Fructose zum ersten der Glucose führt, weshalb er das Isosaccharosan folgendermaßen formuliert (XLI)

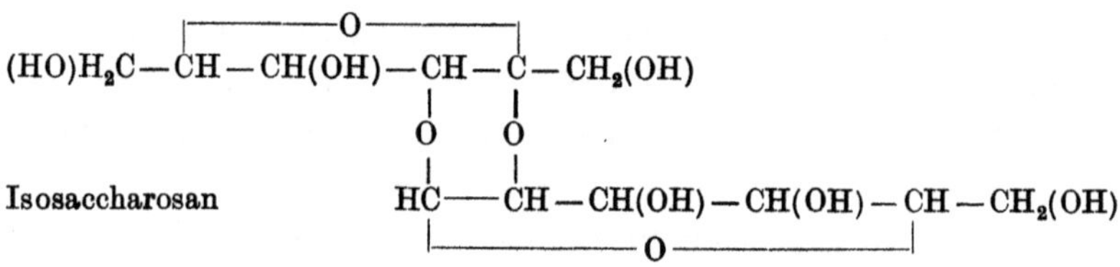

Isosaccharosan

XLI.

Hiervon leitet er dann auch eine entsprechende Formel für eine Isosaccharose ab. Diese Formulierungen sind allein durch die Analogie zum Diglucosan begründet, das jedoch nach den inzwischen gewonnenen Ergebnissen der Methylierungsversuche[2] viel eher als ein Zugehöriger des Anhydrosetyps denn des Amylosetyps anzusehen ist.

---

[1] Pictet u. Stricker: Helv. chim. Acta 7, 707 (1924).
[2] Vgl. Pringsheim u. Schmalz: Ber. 55, 3001 (1922).

B. Polysaccharide zweiter Ordnung oder komplexe Polysaccharide.

Als Polysaccharide zweiter Ordnung bezeichnen wir die in der Natur vorkommenden zuckerunähnlichen Kolloide wie Cellulose, Stärke und ähnliche. Seit Erscheinen der 2. Auflage meiner Polysaccharide[1] ist unter dem Titel „Einführung in die Chemie der polymeren Kohlehydrate" dieses Gebiet von P. KARRER[2] als Grundriß der Chemie der Stärke, des Glykogens, der Cellulose und anderer Polysaccharide zusammenfassend behandelt worden. Unter anderem ist die kolloidchemische Darstellung hier besonders gelungen und beachtenswert. Der Ausdruck „Komplexe Polysaccharide"[3] schließt, wie wir sehen werden, im Anschluß an die WERNERsche Theorie schon eine bestimmte chemische Vorstellung in sich, während andererseits die Bezeichnung „Micellare Kohlehydrate" an gewisse physikalische Aufbauprinzipien anknüpft, denen wir unsere Aufmerksamkeit schenken werden.

Im Laufe der letzten sieben Jahre ist das Gebiet in einer großen Zahl von Experimentalarbeiten behandelt worden, aus denen wir nur die am wichtigsten erscheinenden aufnehmen werden. Auch die einzelnen Polysaccharide wurden in Monographien verschiedentlich zusammengefaßt; wir werden diese im Anschluß an die einzelnen Vertreter unserer Körperklasse anführen.

In einem besonderen Abschnitt wollen wir, ehe wir in den problematischen Teil unserer Erörterungen, nämlich die Frage der Konstitution der komplexen Polysaccharide, eintreten, die Untersuchung mittels Röntgenstrahlen in Kürze zusammenfassen.

---

[1] PRINGSHEIM: Die Polysaccharide. 2. Aufl. Berlin: Julius Springer 1923.
[2] KARRER: Polymere Kohlehydrate. Leipzig: Akadem. Verlagsges. 1925.
[3] Vgl. PRINGSHEIM: „Naturwissenschaften" **13**, 1084 (1925).

I. Cellulose[1], Vorkommen, Eigenschaften und chemischer Abbau.

Von allen auf unserer Erde vorkommenden organischen Stoffen gehört die Cellulose zu den verbreitetsten, ja wenn wir die Kohle ausnehmen und nur an die organische Materie auf der Erdoberfläche denken, muß sie als die bedeutendste Kohlenstofflagerstätte angesprochen werden. Ihre einzige mögliche Konkurrentin ist wieder ein komplexes Polysaccharid: die Stärke.

Die Cellulose bildet die hauptsächlichste Gerüstsubstanz der grünen Pflanzen und somit auch des Holzes und des Strohs usw. Hier erhebt sich gleich die Frage, ob wir die Cellulosen verschiedenen Ursprungs als eine einheitliche Substanz ansehen wollen, wie das ihrer elementaren Zusammensetzung $C_6H_{10}O_5$ und vielen anderen ihrer chemischen Eigenschaften entspricht. Wir vertreten den Standpunkt allgemeiner chemischer Übereinstimmung der Cellulosen verschiedenen Ursprungs, jedoch großer kolloidchemischer Unterschiede auf physikalischer Grundlage, bedingt nicht nur durch die Ursprungspflanze, sondern auch durch deren Alter und Entwicklungszustand. Hier, wie in anderen Teilen der Chemie komplexer Polysaccharide, spielt also die Fragestellung eine ausschlaggebende Rolle, und man muß sich über sie erst einigen, ehe man in einen Meinungsstreit über verschiedene Auffassungen eintritt.

Für wissenschaftliche Untersuchungen bedient man sich meist der Baumwolle, die fast reine Cellulose darstellt und von ihren Verunreinigungen durch eine milde Behandlung mit verdünnter Natronlauge unter Luftabschluß und nachherige vorsichtige Bleichung mit Natriumhypochloridlösung befreit werden kann.

---

[1] Schwalbe, C. G.: Die Chemie der Cellulose. Berlin: Gebr. Bornträger 1911. — Die „Cellulosechemie" begründet 1920 von E. Heuser, herausgegeben von H. Pringsheim. Berlin: O. Elsner Verlagsges., Berlin. — Schorger, A. W.: The Chemistry of Cellulose and Wood. New-York: McGraw-Hill Book Comp. 1926. — Heuser, E.: Lehrbuch der Cellulosechemie. 3. Aufl. Berlin: Gebr. Borntraeger 1927. — Hess, K.: Die Chemie der Cellulose und ihrer Begleiter. Leipzig: Akadem. Verlagsges. 1928.

So gewinnt man eine Standardcellulose[1]. Im Gegensatze dazu bestehen die verschiedenen technischen Zellstoffe keineswegs aus reiner Cellulose. Als Gespinstfasern werden neben der Baumwolle noch die Stengel von Flachs, Hanf und Jute verwandt. Durch einen Verrottungs- oder Röstprozeß bakterieller Natur werden die Leim- und Hanfbastzellen von den sie zusammenhaltenden Kittsubstanzen befreit[2].

Alkalicellulose.

Bei der Einwirkung starker Ätzalkalien auf Cellulose tritt unter Wärmeentwicklung eine Reaktion ein, bei der die Cellulose aufquillt. MERCER beobachtete 1844, daß Baumwolle, wenn sie gleichzeitig gestreckt wird, hierbei sehr an Glanz gewinnt. Dieses nach ihm *Mercerisation* benannte Verfahren hat große praktische Bedeutung gewonnen. Das hierbei entstehende Produkt erhielt den Namen „Hydratcellulose“, weil man ursprünglich der Meinung war, daß unter dem Einfluß der Laugenwirkung Wasser in das Cellulosemolekül eintritt. Eine chemische Einlagerung von Wasser findet nicht statt, jedoch ist die mercerisierte Cellulose reaktionsfähiger geworden, sie zieht z. B. Feuchtigkeit leichter an, zeichnet sich durch eine größere Aufnahmefähigkeit für Farbstoffe und eine etwas gesteigerte Hydrolysierbarkeit aus, die von SCHWALBE[3] in der sog. „Hydrolysierzahl“ als Maß für den Mercerisationsgrad verwandt worden ist. Die Quellung der Cellulose bleibt nach dem Auswaschen der Natronlauge bestehen und läßt sich unter dem Mikroskop messen[4]. Eine analoge Veränderung der Cellulose läßt sich übrigens auch durch konzentrierte Salzlösungen und durch starke Säuren erreichen. Auch ist jede Cellulose, die einmal als solche oder in Gestalt ihrer Derivate in Lösung gebracht worden ist, nach der Regeneration als Hydratcellulose anzusprechen, die, wie wir sehen werden, auch röntgenographisch

---

[1] COREY u. GRAY: Ing. engin. Chem. **16**, 853 u. 1130 (1924). — SCHWALBE: Papierfabrikant **24**, 769 (1926).

[2] Vgl. TAYSEN, A. C. u. H. J. BUNKER: The Mikrobiology of Cellulose, Hemicelluloses, Pectin and Gums. London 1927, S. 163.

[3] SCHWALBE: Chemie der Cellulose **1911**, 172.

[4] HEUSER: „Cellulosechemie“ 8, 31 (1927).

von der Fasercellulose unterscheidbar ist. Besonders eingehend und unter Zuhilfenahme der Röntgenuntersuchung wurde die Quellung der Cellulose von KATZ erforscht[1].

Die Frage, ob bei der Einwirkung starker Natronlauge auf Cellulose nur Adsorption des Alkalis stattfindet, oder ob dabei eine chemische Reaktion unter Alkoholatbildung, d. h. Eintritt des Metalls in ein Hydroxyl der Cellulose, oder eine Addition der Natronlauge an die Cellulose stattfindet, hat die Forschung vielseitig beschäftigt[2]; KARRER hat die Fehlerquellen der analytischen Methoden, die hier zur Klärung herangezogen werden, im vierten Kapitel seines Buches eingehend erörtert. Wir können uns heute wohl auf den Standpunkt stellen, daß unter dem Einflusse von mindestens 16%iger Natronlauge eine Additionsverbindung von der Zusammensetzung $(C_6H_{10}O_5)_2$ NaOH entsteht[3]. Eine wesentliche Stütze findet diese Auffassung im Gegensatze zu der gelegentlich vertretenen, daß sich eine Verbindung $C_6H_{10}O_5$-NaOH bildet, durch die Gewinnung analoger Additionsprodukte mit Kalium- und Lithiumhydroxydlauge; bei Verwendung dieser ist die Konstanz in der Zusammensetzung der Alkaliadditionsverbindung auch bei höher prozentiger Kalilauge[4] größer als mit Ätznatron. Die Kurve für Lithiumhydroxyd zeigt den Knickpunkt bei der Verbindung $(C_6H_{10}O_5)_2$ LiOH[5]. Andererseits zeigen die Caesium- und Rubidium-Additionsverbindungen eine Zusammensetzung von $3 \times C_6H_{10}O_5$ auf 1 Alkalihydroxyd, so daß es also nicht auf die Anzahl der reaktionsfähigen Hydroxyle im Cellulosemolekül ankommen kann.

Gerade die Beobachtung, daß die Alkaliaufnahme unabhängig von der Zahl der reaktionsfähigen Hydroxyle der Cellulose ist,

---

[1] KATZ, J. R. in K. HESS: Die Chemie der Cellulose 1928; Cellulosechemie **11**, 17 (1930).

[2] Vgl. hierzu die ausführlichen Darlegungen bei E. HEUSER: Lehrbuch der Cellulosechemie 1927, Kap. I. — PERCIVAL, CUTHBERTSON u. HIBBERT: Journ. Amer. chem. Soc. **52**, 3257 (1930).

[3] VIEWEG: Ber. **40**, 3876 (1907); **41**, 3269 (1908) — KARRER: Cellulosechemie **2**, 125 (1921); **5**, 69 (1924). — RASSOW: Papierfabrikant **27**, 799 (1929).

[4] HEUSER u. Mitarb.: Cellulosechemie **6**, 13, 19 (1925).

[5] Vgl. auch DEHNERT u. KÖNIG: Cellulosechemie **5**, 107 (1924).

drängt zu der Annahme, daß es sich um eine Additionsverbindung und keinen Eintritt der Alkalien in das Cellulosemolekül handelt. Als Erklärung für den wechselnden Grad der Alkaliaufnahme bei verschiedenen Alkalien kann auf die Beziehung zum Quellungsvermögen durch sie hingewiesen werden; die stärkste Quellung wird vom Lithiumhydroxyd mit dem größten Wasserbindungsvermögen des Lithiumions, die geringste vom Caesiumhydroxyd mit geringstem Wasserbindungsvermögen bewirkt[1]. Am besten wurde das Phänomen der Alkali-Cellulose Bildung wohl von K. H. MEYER als Oberflächenreaktion gedeutet, wozu das Konstitutionskapitel zu vergleichen ist.

Die Einwirkung von Alkalien auf Cellulose bei *höheren Temperaturen* führt unter Säurebildung zu einem energischen Abbau, der schließlich mit schmelzenden Alkalien bei der Oxalsäure endet, die auf diese Weise gewonnen wird.

Viscose.

Im Jahre 1893 machten CROSS und BEVAN[2] die Pioniere auf dem Gebiete der Cellulosechemie[3] die Beobachtung, daß bei gleichzeitiger Einwirkung von Alkali und Schwefelkohlenstoff auf Cellulose eine Lösung entsteht, die unter dem Namen *Viscose* von größter technischer Bedeutung geworden ist. In Analogie zu dem Verhalten anderer Alkohole bildet die Cellulose hierbei Xanthogenate. Nach der ursprünglichen Auffassung von CROSS und BEVAN sollte dem Cellulose-Natriumxanthogenat die folgende Zusammensetzung zukommen:

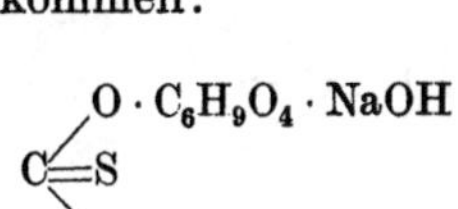

Da jedoch der Schwefelkohlenstoff gleichzeitig mit der Natronlauge zu Trithiocarbonat zusammentritt, welches seinerseits

[1] COLLINS u. WILLIAMS: Journ. of the Text. Inst. **14**, T. 287 (1923); **15**, T. 149 (1924).
[2] CROSS u. BEVAN: Ber. **26**, 1090, 2524 (1893); **34**, 1513 (1901).
[3] Vgl. CROSS u. BEVAN: Cellulose, London 1918 und frühere Auflagen.

weiter in Schwefelwasserstoff und Schwefelkohlenstoff zerfällt, mengen sich dem Cellulose-Xanthogenat Verunreinigungen bei, die die Analyse erschwerten; auch deuteten die vielseitigen Beobachtungen der Praxis, daß beim „Sulfidieren" weniger Schwefelkohlenstoff als der Bildung des Natrium-Cellulose-Dithicarbonsäureesters entspricht, benötigt wird, darauf hin, daß die ursprüngliche Lösung der Cellulose unter anderen Mischungsverhältnissen erfolgt. Die beste Methode zur Abscheidung des reinen Xanthogenates scheint die kürzlich von LIESER[1] angegebene zu sein, der zur Reinigung des Xanthogenates an Stelle von Äthylalkohol Methylalkohol verwendet und so eine Verbindung nachstehender Formulierung abscheidet, bei der auf 1 CS_2 2 $C_6H_{10}O_5$ Reste entfallen;

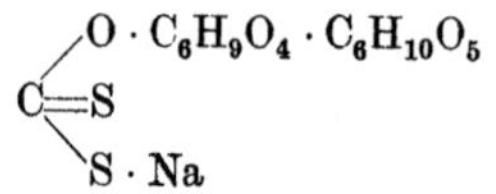

sie ist in gereinigtem Zustande in 7—8%iger Lauge in ihrem Mischungsverhältnis beständig; die Cellulose selbst setzt sich darin mit der Zeit in die sog. Cellulose A, d. h. in ihre alkalilösliche Form um, der wir noch begegnen werden. Bei der Viscosierung reagiert die Cellulose also wie eine Einheit von $C_{12}H_{20}O_{10}$ mit einem Hydroxyl entsprechend der als $(C_6H_{10}O_5)_2$ NaOH formulierten Alkalicellulose.

Nach CROSS und BEVAN wird das Xanthogenat in essigsaurer Lösung durch Jod unter Bildung eines Disulfids umgewandelt:

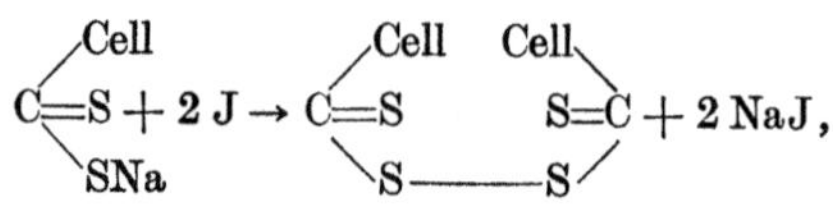

welches von LIESER aus seinem gereinigten Xanthogenat mit Jod im analysenreinen Zustande abgeschieden werden konnte. Als weitere Stütze für die von uns beigebrachte Viscoseformulierung sei auf die Bildung von analogen Schwermetallsalzen hingewiesen. Auch die Beantwortung der Frage, welches Hydroxyl

[1] LIESER: Liebigs Ann. **464**, 43 (1928); **470**, 104 (1929); Cellulosechemie **10**, 156 (1929).

der Cellulose die Viscosereaktion eingeht, wurde von LIESER in schöner Weise gelöst. Durch Methylierung des Natrium-Cellulose-Dithiocarbonates mit einem großen Überschuß von Diazomethan gewann er die Monomethyldicellulose $(C_6H_{10}O_5)$ $(C_6H_9O_4 \cdot OCH_3)$. Nach der Hydrolyse identifizierte er den Methylozucker als 2-Methylglucose. Die Viscosierung erfolgt also am zweiständigen sekundären Hydroxyl jedes zweiten Glucoserestes, aber nicht so, daß diese alternierend zur Alkalibindung und damit zur Viscosereaktion befähigt wären, denn die Acetolyse der „Monomethyldicellulose führt nicht zur acetylierten Monomethylcellobiose. Dagegen wurde reiflich Cellobiose-Octacetat gebildet, so daß ein Teil der Glucoseanhydridketten also keine Methoxylgruppen trägt. Der Viscosierungsvorgang stellt also eine Oberflächenreaktion dar, bei der nur etwa die Hälfte der Glucoseanhydridketten der Alkaliaufnahme und Xanthogenreaktion zugänglich sind, weil die anderen im Innern der Micellen liegen. Das Verhältnis Xanthogenrest zu 2 $C_6H_{10}O_5$ ist demnach als ein „pseudostöchiometrisches" aufzufassen[1].

Zur Darstellung der Viscose knetet man die Cellulose, heutzutage meist in Gestalt von Zellstoff, mit 17—18%iger Natronlauge durch, entfernt den Überschuß der Natronlauge durch Abpressen der Masse auf das Drei- bis Vierfache ihres Gehalts an Cellulose und läßt die Alkalicellulose bei 20—22° eine Zeitlang stehen. Versetzt man sie dann mit Schwefelkohlenstoff, so verliert sie ihre Faserstruktur und färbt sich gelb bis orange. In diesem kolloidalen Zustande erfolgt nun ein Alterungsprozeß, bei dem die Masse nach und nach immer reicher an Cellulose und ärmer an Schwefel und Natrium wird, bis sich schließlich am Ende reine Hydratcellulose abscheidet. Während also das Verhältnis Na : S : Cellulose ursprünglich wie 1 : 2 : 2 war, entspricht es nach sechs- bis siebentägigem Stehen nach den Untersuchungen von HEUSER[2] 1 : 2 : 4. Es wäre jedoch kaum richtig, auf Grund dieser analytischen Befunde, für die überdies die Viscose nicht im analysenreinen Zustande abgeschieden werden konnte, einheitliche Verbindungen

---

[1] LIESER, TH.: Liebigs Ann. **483**, 132 (1930).
[2] HEUSER u. SCHUSTER: Cellulosechemie **7**, 17 (1926).

zwischen Cellulose und der Xanthogensäure zu formulieren. Vielmehr handelt es sich hierbei aller Voraussicht nach um eine Mischung des abgeschiedenen Xanthogenats mit regenerierter Cellulose[1].

Beim Reifen nimmt die Viscose einen Zähigkeitszustand an, in dem sie zur Herstellung von Kunstfasern spinnfähig wird; sie läßt sich dann durch Mineralsäuren zerlegen. Auch Salze wie Sulfate besonders im Gemisch mit Säure und andere spielen für die Koagulation des Fadens in der Technik eine Rolle. Durch den Wechsel in den Fällungsbedingungen lassen sich Fäden der verschiedensten Querschnitte mit glatter und gelappter Oberfläche gewinnen, was für die Eigenschaften der Viscoseseide von Bedeutung ist[2].

Celluloseäther[3].

Zur Darstellung der Celluloseäther geht man gleichfalls von der Alkalicellulose aus und wendet als Alkylierungsmittel für wissenschaftliche Zwecke Dimethyl- bzw. Diäthylsulfat an[4]. Für die Technik sind auch Alkylierungsverfahren in Gegenwart anderer Metallhydroxyde und die Verwendung von Chloräthyl vorgeschlagen worden[5].

Denham[6] gelangte in zahlreichen Methylierungsstufen bei wechselseitiger Anwendung von 15%iger Natronlauge und Dimethylsulfat, bei der die methylierte Cellulose mit wachsendem Methoxylgehalt immer wasserlöslicher wurde, bis zur annähernd vollständig methylierten Trimethylcellulose. Diese Versuche wurden von Heuser[7] wiederholt, wobei ebenso wie später von

---

[1] Vgl. z. B. Frenkel: Cellulosechemie **9**, 25 (1928).

[2] Vgl. O. Faust: Kunstseide. 2. Aufl. Dresden und Leipzig 1928.

[3] Berl u. Schupp: Cellulosechemie **10**, 41 (1929).

[4] Bezüglich Benzyläther Nakashima, T.: Journ. Soc. Chem. Ind. (Japan). Supplement. Bind. **32**, 8 B. (1929).

[5] Vgl. die Zusammenstellung der Patentliteratur bei Karrer: Polymere Kohlehydrate S. 186.

[6] Denham u. Woodhouse: Journ. chem. Soc. London **103**, 1735 (1913); **105**, 2357 (1914); **111**, 244 (1917).

[7] Heuser, E. u. v. Neuenstein: Cellulosechemie **3**, 93 (1922).

IRVINE[1] und HESS[2] statt 44,6% nur 43% OCH_3 erreicht werden konnte. Später gelang es URBAN[3], bei niedriger Reaktionstemperatur von etwa 20° gegenüber 50—60° der früheren Versuche und bei Anwendung eines großen Überschusses der Alkylierungsmittel, diesen Methylierungsgrad in dreifachem Arbeitsgange, d. h. ohne die sonst häufige Isolierung der Zwischenstadien durchzuführen. Die bei Baumwolle häufig auftretende störende Verschleimung[4] ist mit Ramie seltener. Nach den Angaben von FREUDENBERG[5] wird hierbei eine wasserunlösliche Trimethylcellulose erhalten, die er für das Methylierungsprodukt der wirklichen Cellulose anspricht, während er die wasserlöslichen Präparate als methylierte Abbauprodukte erklärt. Diese Feststellung hat eine gewisse Bedeutung für die Schlüsse, die aus der Methylocellulose bezüglich der Konstitutionsaufklärung der Cellulose gezogen wurden. Wir werden sie noch erörtern. HESS[6] glaubt auch an den FREUDENBERGschen Präparaten Wasserlöslichkeit feststellen zu können, wozu allerdings energisches tagelanges Schütteln in Gegenwart erbsengroßer Glasperlen nötig war. Ein Unterschied war jedenfalls in der Wasserlöslichkeit zwischen der FREUDENBERGschen Faser-Trimethylcellulose und den bei höheren Temperaturen gewonnenen Präparaten vorhanden, besonders wenn man berücksichtigt, daß energische, mechanische Bearbeitung wenigstens auf den Verteilungszustand der komplexen Polysaccharide von Einfluß ist.

Jedenfalls ist es das große Verdienst von HESS[7], die dreifach methylierte Cellulose aus einem Gemisch von Chloroform und Alkohol (1 : 1) oder auch aus Benzol-Alkohol in schön krystallisiertem Zustande gewonnen zu haben. HESS konnte zeigen, daß auch das krystallisierte Präparat sich ebenso wie die zuerst von DENHAM gewonnene Trimethylcellulose so gut wie quantitativ

---

[1] IRVINE u. HIRST: Journ. chem. Soc. London **123**, 529 (1923).
[2] HESS: Liebigs Ann. **435**, 77 (1923).
[3] URBAN: Cellulosechemie **7**, 75 (1926).
[4] FREUDENBERG u. Mitarbeiter: Ber. **63**, 1961 Anm. (1930).
[5] FREUDENBERG u. BRAUN: Liebigs Ann. **460**, 298 (1928).
[6] HESS, TROGUS u. FRIESE: Liebigs Ann. **466**, 80 (1928).
[7] HESS u. PICHELMAYER: Liebigs Ann. **450**, 29 (1926).

zu 2,3,6-Trimethylglucose aufspalten läßt, Experimente, die bisher für die Konstitutionsaufklärung der Cellulose zu den wichtigsten gehören.

Die Äthylierung der Cellulose geht im allgemeinen noch schleppender als die Methylierung vonstatten; so mußte z. B. zur Gewinnung einer annähernd voll äthylierten Baumwollcellulose zu acht Zwischenaufarbeitungen geschritten und ein großer Überschuß der Alkylierungsmittel verwandt werden[1]. Auch die Triäthylcellulose wurde in schön krystallisiertem Zustande gewonnen und zur 2,3,6-Triäthylglucose aufgespalten.

Die große Beständigkeit der Celluloseäther, ihre plastischen Eigenschaften und die günstigsen Lösungsbedingungen, auch in den billigeren organischen Lösungsmitteln, lassen ihre Verwendungsmöglichkeit für Kunstseide, Lacke und andere technische Zwecke sehr begehrenswert erscheinen, wenn die Herstellungskosten nicht viel größer als die der zunächst zu besprechenden Ester der Cellulose sein würden.

Celluloseester.

Die Veresterung der Cellulose wird durchgängig in einem sauren Medium vorgenommen. Wir kennen die Ester organischer und anorganischer Säuren und müssen uns vornehmlich mit den wichtigsten, den Celluloseacetaten und -nitraten beschäftigen.

Acetylcellulosen.

Die Besetzung der drei Hydroxyle des Cellulosemoleküls durch die Reste der Essigsäure gelingt am besten bei Anwendung von Essigsäureanhydrid in Gegenwart verschiedener Katalysatoren, wie Chlorzink, Schwefelsäure, Chlor, Schwefeldioxyd u. a.[2] während die Anwendung von Acetylchlorid für technische Zwecke nicht mehr und für wissenschaftliche nur in einem besonders zu besprechenden Falle in Frage kommt[3]. Wird die Acetylierung in

[1] Hess u. A. Müller: Liebigs Ann. **455**, 205 (1927); **466**, 94 (1928).

[2] Franchimont: Ber. **12**, 2059 (1879). — Ost: Ztschr. angew. Chem. **19**, 993 (1906).

[3] Vgl. die Patentliteratur bei Karrer: Polymere Kohlehydrate S. 173.

Gegenwart von Benzol vorgenommen, so läßt sich eine Triacetylcellulose unter Erhaltung der Faserstruktur gewinnen. Völlig kann die Triacetylstufe bei diesen Verfahren nicht direkt erreicht werden, da das Gleichgewicht auch in dem sauren Medium einen kleinen Verseifungsgrad bedingt.

Für die wichtige Acetylbestimmung, die sich bei löslichen Estern einfach durch Verseifen mit Alkalien und Zurücktitrieren mit Säuren erreichen läßt, kommt vornehmlich die Methode von KNOEVENAGEL in Frage[1], bei der zuerst mit 75%igem Alkohol verquollen, dann mit halb normaler Lauge anfangs unter Erwärmen auf 50° 24 Stunden verseift und beim Zurücktitrieren zuerst mit einem Überschuß von Schwefelsäure versetzt und dann nach schwachem Erwärmen auf dem Wasserbade mit Natronlauge und Phenolphthalein titriert wird. Die Fehlergrenze bei dieser Methode beträgt $\pm$ 1%. Sicherlich genauer, wenn auch wesentlich umständlicher ist die von HESS[2] modifizierte OSTsche[3] Methode der sauren Verseifung, die auf der Destillation der durch die Schwefelsäure in Freiheit gesetzten Essigsäure im Vakuum unter Luftabschluß beruht. Sie ist besonders in zweifelhaften Fällen anzuwenden. Auch die ausgezeichnete Methode der Acetylbestimmung von FREUDENBERG[4] durch Umesterung in alkoholischer Lösung kann auf die Cellulose Anwendung finden.

Als erstes krystallisiertes Derivat der Cellulose ist es HESS gelungen, Triacetylcellulose makrokrystallinisch zu erhalten[5]. Die Kristalle wurden erhalten, wenn man 1—2%ige Lösungen von Triacetylcellulose in Tetrachloräthan einer langsamen Konzentrierung aussetzt. Die erste krystallinische Abscheidung erfolgt im Verlaufe von 2—3 Monaten, und sie vollendet sich erst etwa in einem Jahre. Die Krystalle verlieren das Tetrachloräthan unter Verwitterung, jedoch wandeln sich die entstehenden amorphen

[1] KNOEVENAGEL u. KÖNIG: Ztschr. angew. Chem. **27**, 507 (1914); Cellulosechemie **3**, 119, 121 (1922).
[2] HESS u. WELTZIEN: Liebigs Ann. **435**, 65 (1923).
[3] OST u. KATAJANA: Ztschr. angew. Chem. **25**, 1467 (1912).
[4] FREUDENBERG: Liebigs Ann. **433**, 230 (1923); Ztschr. angew. Chem. **38**, 280, Anm. 2 (1925).
[5] HESS: Ztschr. angew. Chem. **37**, 999 (1924).

Massen ganz allmählich in Krystallnadeln um; sie sind typisch quellbar. Auch minder acetylierte Cellulosen zeigen beim langsamen Abkühlen ihrer warmen Lösung in einer Mischung von Benzol-Alkohol (1 : 1) Krystallisation[1]. So wurde die krystallisierte Diacetylcellulose erhalten. Die Verseifungsprodukte dieser krystallisierten Celluloseester dienten HESS als Vergleichspräparate für die Identifizierung der Cellulose, worauf wir noch zu sprechen kommen.

Durch Acetylieren mit Acetylchlorid in geschlossenen Gefäßen unter Überdruck gewann HESS[2] eine Triacetylcellulose, die nach umständlichem Reinigungsverfahren bei der Verseifung eine in Alkali lösliche Cellulose, die sog. Cellulose A ergab, die in ihrem Drehwert mit der Cellulose übereinstimmt und als eine Cellulose verminderter Teilchengröße aufgefaßt werden kann; sie entsteht nach LIESER auch durch alkalische Dispergierung, z. B. bei langem Aufbewahren des gereinigten Cellulose-Xanthogenates in Natronlauge (vergl. S. 70).

Die Triacetylcellulose ist in Chloroform und in anderen chlorhaltigen Lösungsmitteln, die für die technische Verwendung wegen ihrer Giftigkeit nicht in Frage kommen, löslich. Selbst in diesen Lösungsmitteln zeigt sie nicht diejenigen plastischen Eigenschaften, welche für ihre praktische Verwendung Vorbedingung sind, und die sich durch die Bildung eines nicht brüchigen, biegsamen Films, auch bei nicht zu geringer Dicke, charakterisieren lassen. Die Löslichkeit in sog. schlechten Lösungsmitteln, z. B. in Aceton und Benzol-Alkohol unter gleichzeitiger Umwandlung in ein Präparat, das für Kunstseide und Lacke geeignet ist, erfolgt nun bei dem Übergange des Primär- in das sog. Sekundäracetat. Dieser Übergang wird, wie das zuerst in den Patenten von MILES und EICHENGRÜN beschrieben wurde, unter teilweiser Verseifung erreicht, indem man z. B. den schwefelsäurehaltigen Acetylierungsansatz nach dem Verdünnen mit Wasser eine Zeitlang erwärmt. Hierbei werden im Durchschnitt etwa 7% von den 61,1% der in

---

[1] HESS u. SCHUTZE: Liebigs Ann. **444**, 284 (1925).
[2] HESS u. WELTZIEN: Liebigs Ann. **435**, 62 (1923).

der Triacetylcellulose enthaltenen Essigsäure abgespalten. Die große Zahl von Patenten, die für die Gewinnung einer acetonlöslichen Acetylcellulose genommen worden sind[1], kommen schließlich alle auf dasselbe hinaus. Gleichzeitig mit der teilweisen Verseifung erfolgt ein Übergang des ursprünglichen Celluloseacetats unter Verlust der Löslichkeit in Chloroform und Verminderung des Ballungszustandes[2]. Jedoch läßt sich allein durch Herabsetzung der Teilchengröße ohne gleichzeitige Acetylabspaltung keine für technische Zwecke ausreichende Acetonlöslichkeit erreichen. Am klarsten geht das aus dem Verfahren hervor, die Verseifung der Triacetylcellulose durch Kochen ihrer chloroformigen Lösung mit Benzolsulfosäure zu erreichen, welches die Umwandlung Schritt für Schritt zu beobachten gestattet[3]. Das Zusammentreffen von Acetonlöslichkeit und guten plastischen Eigenschaften im Sekundäracetat ist also ein sehr glückliches! In neuerer Zeit werden auch andere Ester der Cellulose, z. B. die der Propion- und Buttersäure[4] hergestellt, ferner solche höherer Fettsäuren wie Stearyl-, Palmityl- und Laurylcellulose[5], aromatischer Sulfosäuren, der Glycol- und Allylsäure[6], wie auch die Cellulosexanthogenessigsäure[7]. Von besonderem Interesse ist der Cellulosezimtsäureester[8], weil es gelang, ein sekundäres Cinnamat mit 76% Zimtsäure in krystallinischer Form zu gewinnen.

---

[1] Vgl. Süvern, K. Die künstliche Seide. 4. Aufl. Berlin 1921, S. 402. — Sproxton, F.: Celluloseesterlacke, deutsch von G. F. Meier. Berlin 1927. — Bianchi-Weihe: Celluloseesterlacke, Berlin 1931.

[2] Pringsheim, Kusenack u. Weinreb: Der Papierfabrikant **25**, 785 (1927); vergl. dagegen Krüger: Ebenda **28**, 1 (1930).

[3] Pringsheim u. Schapiro: Cellulosechemie **9**, 80 (1928).

[4] v. Frank u. Cohn: Cellulosechemie **12**, 68 (1931).

[5] Grün u. Wittka: Ztschr. angew. Chem. **34**, 103 (1921). — Gault u. Ehrmann: Bull. Soc. chim. France **33**, 1235 (1923). — Karrer, Peyer u. Zega: Helv. chim. Acta **5**, 553 (1922). — Kita, G., I. Sakurada u. T. Nakashima: Cellulosechemie **9**, 13 (1928).

[6] Sakurada u. Nakashima: ref. Cellulosechemie **9**, 86 (1928); Sakurada: ref. Cellulosechemie **10**, 145 (1929).

[7] Nakashima: Ztschr. angew. Chem. **42**, 546 (1929).

[8] v. Frank u. Mendrsyk: Ber. **63**, 875 (1930).

Acetolyse der Cellulose.

Bei energischerer Einwirkung von Essigsäureanhydrid im Gemisch mit Schwefelsäure setzt eine Reaktion ein, bei der ein Teil der Cellulose in das Octacetat der Cellobiose umgewandelt wird. FRANCHIMONT[1] erhielt es zuerst krystallinisch und SKRAUP[2] stellte den acetylfreien Zucker dar und wies seine Disaccharidnatur nach. Die Acetolyse führt zu besseren Ausbeuten an Cellobiose, wenn man die Reaktion ohne Temperaturerhöhung vor sich gehen läßt. So gelangte OST[3] bei Zimmertemperatur bis zu 37,2% und sein Schüler MADSEN[4] sogar bis zu 43% der Theorie an Cellobioseacetat. Nicht ganz so gut wie aus Baumwolle waren die Ausbeuten aus gereinigten Holzcellulosen[5]. HESS[6] will 51% der Theorie an Cellobioseacetat erreicht haben, was jedoch von SPENCER[7] nicht bestätigt werden konnte. Wir sind hier auf die Ausbeutefrage etwas näher eingegangen, weil sie im Anschluß an die Frage der Konstitution der Cellulose zum Gegenstand einer eifrigen Diskussion gemacht wurde, die uns noch beschäftigen wird. Andere bei der Acetolyse der Cellulose entstehende Abbauprodukte werden im Anschluß an die Konstitution berücksichtigt. (Vgl. auch Teil I.)

Sulfo- und Nitrocellulose.

Beim Acetylieren der Cellulose mit Schwefelsäure bilden sich intermediär Cellulose-Schwefelsäureester, die auch bei der Gewinnung der Salpetersäureester der Cellulose eine vermittelnde Rolle spielen dürften.

TRAUBE[8] hat kürzlich einen Trischwefelsäureester dargestellt, indem er über Cellulose verschiedener Herkunft einen schwach mit SO_3-Dämpfen beladenen Luftstrom leitete. Hierbei entsteht

[1] FRANCHIMONT: Ber. **12**, 1941 (1879).
[2] SKRAUP u. KÖNIG: Ber. **34**, 1115 (1901).
[3] OST: Liebigs Ann. **398**, 335 (1913).
[4] MADSEN: Dissertation. Hannover 1917.
[5] WISE u. RUSSEL: Journ. Ind. Eng. Chem. **15**, 815 (1923).
[6] HESS u. FRIESE: Liebigs Ann. **456**, 38 (1927).
[7] SPENCER: Cellulosechemie **4**, 61 (1929).
[8] TRAUBE, BLASER u. GRUNERT: Ber. **61**, 754 (1928).

eine Verbindung [$C_6H_7O_5(SO_3)_3$] in guter Ausbeute als amorphe weiße Masse, die sich auch in Salze, z. B. das Cellulosetrikaliumsulfat, umwandeln läßt Die Röntgenanalyse zeigt, daß es amorph ist; unter dem Ultramikroskop ist seine neutrale wäßrige Lösung kolloidal.

Die *Nitrocellulosen* sind von größter technischer Bedeutung, aber für wissenschaftliche Fragestellungen nur wenig verwandt, weshalb wir ihnen mit Hinweis auf die Fachliteratur[1] nur eine kurze Behandlung angedeihen lassen. Der Hauptsache nach sind es Salpetersäureester der Cellulose, welche aus Baumwolle bzw. Baumwollinters mit der Nitriersäure, einer Mischung von starker Salpeter- und Schwefelsäure, hergestellt werden. Je nach der Konzentration des angewandten Säuregemisches entstehen Nitrocellulosen verschiedenen Nitriergrades, die dann auch verschiedene Löslichkeitsverhältnisse zeigen. LUNGE[2] hat die Löslichkeit in Ätheralkohol (3:1) zusammen mit dem Stickstoffgehalt der Nitrocellulosen und dem Mischungsverhältnis der Nitriersäuren in einer interessanten Tabelle (Tab. 1, S. 80) vereinigt, die wir hier abdrucken, weil sie die Gewinnung und eine der Haupteigenschaften der Nitrocellulose übersichtlich veranschaulicht.

Wie aus ihr ersichtlich, erreicht auch die höchste Nitrierungsstufe nicht den auf das Trinitrat berechneten Stickstoffgehalt von 14,14%, was sich durch Einstellung des Gleichgewichts beim Veresterungsvorgang erklärt. Nach den neuesten Feststellungen von BERL[3] kann man jedoch durch die Anwendung einer Phosphorsäure-Salpetersäure-Mischung mit Leichtigkeit Cellulosenitrate erhalten, welche zwischen 14,0 und 13,7% Stickstoff enthalten, da die Phosphorsäure auf Cellulosenitrate nicht verseifend wirkt. Bemerkenswert ist auch, daß derartige Nitrate im Vergleiche zu den mit Schwefelsäure hergestellten keine Instablitität zeigen.

---

[1] ESKALES: Die Schießbaumwolle. Leipzig 1905. — BRUNSWIG: Explosivstoffe. Leipzig 1909 und z. B. die Arbeiten von BERL: Ztschr. Ges. Schieß- u. Sprengstoffwesen.

[2] LUNGE u. BEBIE: Ztschr. angew. Chem. **14**, 483 (1901).

[3] BERL, E. u. G. RUEFF: Ber. **63**, 3212 (1930); Cellulosechemie **12**, 53 (1931).

Tabelle 1.

% N_2	Löslichkeit in Ätheralkohol (3 : 1)	Ausbeute aus 100 g Cellulose	Zusammensetzung des Nitriergemisches		
			H_2SO_4	HNO_3	H_2O
13,65	1,50	177,5	45,32	49,07	5,62
13,21	5,40	172,2	42,61	46,01	11,38
12,76	22,00		41,03	44,45	14,52
12,58	60,00	167,0	40,66	43,85	15,49
12,31	99,14	159,0	40,14	43,25	16,61
12,05	99,84	153,0	39,45	42,73	17,82
11,59	100,02	156,5	38,95	42,15	18,90
10,93	99,82	144,2	38,43	41,31	20,26
9,73	74,22	146,0	37,20	40,30	22,50
9,31	1,15	138,9	36,72	39,78	23,50
8,40	0,61	131,2	35,87	38,83	25,30
6,50	1,73		34,41	37,17	28,42

Die höchstnitrierten Anteile von über 12,5% Stickstoff finden als Schießbaumwolle oder Pyroxylin, Gemische verschiedener Ester mit einem durchschnittlichen Stickstoffgehalt von 11,3—12,5% als Collodiumwolle Anwendung. Die letztere verdankt ihre vielseitige praktische Ausnutzung nicht nur ihrem verhältnismäßig niedrigen Preise, ihrer Eigenschaft, sich in verschiedenartigen organischen Flüssigkeiten, wie Benzol, Toluol, Aceton, Essigester, Äther und vielen anderen in wechselnden Viscositätszuständen aufzulösen, sondern auch ihrer bisher kaum übertroffenen Eigenschaft, schmiegsame und äußerst klare Filme zu bilden. Der Viscositätsgrad hängt zum Teil vom Ausgangsstoff ab, native Baumwolle gibt stärker viscose Lösungen als die aus Holz gewonnenen Zellstoffe, welche bei der Herstellung schon abgebaut sind. Die Zähflüssigkeit wird auch sehr stark beeinflußt durch die Temperatur, die Dauer und andere Bedingungen des Nitrierungsvorgangs, so daß man Collodiumlösungen z. B. in dem hierfür ausgezeichneten Amylacetat gleicher Konzentration und gleichen Stickstoffgehalts der Nitrocellulose, aber doch von außerordentlich verschiedener Viscosität, erhalten kann.

Die Nitrocellulosen enthalten nach der Nitrierung Beimengungen von Schwefelsäureestern und instabilen Nitraten, die durch einen Stabilisierungsprozeß, z. B. durch energisches Behandeln mit Wasser oder Alkohol oder durch Zusätze, welche die salpetrige Säure zerstören, wie Harnstoff, unschädlich gemacht werden müssen. Durch eine derartige Behandlung mit Wasser läßt sich auch die Viscosität in erwünschtem Maße z. B. für die Verwendung zu Lacken herabsetzen.

Die *Verseifung* der Salpetersäureester der Cellulose läßt sich ohne deren starken chemischen Abbau durch Alkalien nicht erzielen, weshalb man zur Denitrierung der Fäden, welche man als *Chardonnetseide* in der Technik auf Nitrocellulose spinnt, Sulfhydrate vornehmlich des Natriums benutzt. Laboratoriumsmäßig läßt sich die schwer völlig zu erreichende Entfernung der Salpetersäure am besten mit alkoholischer Ammoniumsulfhydratlösung erreichen[1].

Lösung der Cellulose.

Bisher kennen wir kein Lösungsmittel, in dem die Cellulose unverändert löslich ist. Stets ist der Lösungsvorgang von einer Veränderung der Teilchengröße begleitet, auch in der im Jahre 1857 von SCHWEIZER[2] für diesen Zweck als geeignet befundenen Lösung von Kupferoxyd in wäßrigem Ammoniak, aus der die Cellulose sich in Gestalt der Hydratcellulose durch Säuren wieder ausscheiden läßt. Die Cellulose löst sich in der Kupferamminlösung mit verhältnismäßiger Leichtigkeit und besonders bei dem wechselseitigen Zusatz von Kupferoxyd und Cellulose lassen sich verhältnismäßig konzentrierte bis zu 10% Cellulose enthaltende Lösungen erzielen, wie sie in der Technik für die Herstellung der Kupferseide, des Glanzstoffs, verwandt werden.

An Stelle des Ammoniaks kann man zur Herstellung des kupferhaltigen Lösungsmittels für Cellulose Äthylendiamin benutzen[3]. Auf Grund dieser Beobachtung konnte WILH. TRAUBE[4]

[1] RASSOW u. DÖRR: Journ. prakt. Chem. **108**, 113 (1924).
[2] SCHWEIZER: Journ. prakt. Chem. **72**, 109, 344 (1857).
[3] TRAUBE: Ber. **44**, 3322 (1911).
[4] TRAUBE: Ber. **54**, 3220 (1921); **55**, 1899 (1922).

die lang vermißte Erklärung für die Lösung der Cellulose in SCHWEIZERS Reagenz geben. Wenn eine mit Kupferhydroxyd gesättigte Äthylendiaminlösung, also eine Lösung der Base $[Cu(en)_2](OH)_2$ — wobei en für Äthylendiamin steht — mit Glycerin versetzt wird, so erlangt sie die Fähigkeit, weitere, und zwar erhebliche Mengen Kupferhydroxyd aufzulösen. Diese Tatsache kann nur so erklärt werden, daß zwischen dem Kupfer-äthylen-diamin-hydroxyd und Glycerin eine Alkoholat- bzw. Glyceratbildung eintritt im Sinne der folgenden Gleichung:

$$2\,C_2H_5O_2 \cdot CH_2 \cdot OH + [Cu(en)_2](OH_2) \rightleftarrows [Cu(en)_2](O \cdot CH_2 \cdot C_2H_5O_2)_2 + 2\,H_2O$$

und daß dieses Glycerat mit Kupferhydroxyd reagiert, indem Kupfer den Wasserstoff einer noch freien Hydroxylgruppe des Glycerates ersetzt unter Bildung von Verbindungen wie: $[Cu(en)_2]\,[O \cdot CH_2 \cdot CH(OH) \cdot CH_2O]_2\,Cu$. In dieser letzten Verbindung ist also in verschiedener Weise gebundenes Kupfer enthalten: ein Teil als Bestandteil des stickstoffhaltigen Komplexes, der andere direkt komplex mit dem Glycerinrest verbunden.

Diese Komplexverbindung kann aus Glycerin und der Kupferbase auch *unmittelbar* entstehen nach der Gleichung:

$$2\,CH_2\,(OH) \cdot CH(OH) \cdot CH_2 \cdot OH + 2[Cu(en)_2]\,(OH)_2$$
$$= [Cu(en)_2]\,[OH \cdot OH_2 \cdot CH(OH) \cdot CH_2O]_2\,Cu + 4\,H_2O + 2\,(en)$$

wobei freies Äthylendiamin zurückgebildet wird. Als Beweis kann angeführt werden, daß die Gewinnung des Cupri-äthylendiamin-cupri-glycerates in festem Zustande gelang.

Da nun die Lösungen von Cellulose im Kupfer-äthylendiamin-hydroxyd die Fähigkeit besitzen, weitere Mengen Kupfer aufzunehmen, was für Alkoholatlösungen anderer Polyhydroxylverbindungen, wie z. B. auch Mannit und Rohrzucker charakteristisch ist, so kann man die beim Glycerin festgelegten Reaktionen auf die Cellulose übertragen und ebenso auf ihre Kupferoxydammoniaklösungen anwenden; in letzterem Falle ist die Alkoholat bildende Base das Kupferammoniak-hydroxyd $[Cu(NH_3)_4]\,(OH)_2$. Bei der Lösung von Cellulose in Kupferoxydammoniak entsteht also nicht nur ein Cupri-tetrammin-Alkoholat, sondern alsbald auch die Cupriverbindung eines solchen. Hierdurch verschwindet das mit Ammoniak im Gleichgewicht stehende Kupfertetramminhydroxyd aus der Lösung und kann sich bei Zugabe von Kupferhydroxyd von *neuem bilden*, so daß aus zunächst nur geringe Mengen Kupfer enthaltenden Lösungen schließlich nicht nur an Kupfer, sondern auch an Cellulose reiche Lösungen erhalten werden können. Hierdurch wäre eine befriedigende Erklärung für die Aufnahme von Cellulose durch SCHWEIZERsche Lösung und die in der Technik bekannte Tatsache gegeben, daß konzentrierte Cellulosélösungen nur durch *wechselseitige* Zufügung von Cellulose und Kupferhydroxyd zu einer SCHWEIZERschen Lösung gewonnen werden können, die ursprünglich infolge ihres geringen Kupfergehaltes nur wenig Cellulose aufzulösen imstande war.

Dadurch erklärt sich auch die Tatsache, daß von den Elementen, die mit Ammoniak und dessen Substitutionsprodukten komplexe Kationen zu bilden vermögen, außer Kupfer vornehmlich Silber, Kobalt, Nickel, Zink und Kadmium, nur die Kupferlösungen Cellulose aufzunehmen imstande sind: denn nur dem Kupfer kommt außerdem die Eigenschaft zu, als Hydroxyd bei Gegenwart starker Basen von Polyhydroxylverbindungen gelöst zu werden.

Die aus Kupferoxyd-äthylendiamin-Cellulose gesammelten Erfahrungen wurden soeben durch eine quantitative Analyse dieser Verbindung gestützt und erweitert[1].

LEVALLOIS[2] hat den hohen optischen Drehwert der Cellulose in Kupferamminlösung entdeckt und festgestellt, daß eine Lösung von 1 g Cellulose und 1 g Kupferhydroxyd in 100 ccm 24%igem Ammoniak eine spezifische Drehung von etwa $-100°$ hat, während andererseits Cellulose nach dem Auflösen in konzentrierter Salzsäure[3] oder Schwefelsäure anfangs optisch inaktiv ist, bis der noch zu besprechende Abbau einsetzt.

---

[1] TRAUBE, GLAUBITT u. SCHENCK: Ber. **63**, 2083 (1930).

[2] LEVALLOIS: Compt. rend. Acad. Sciences **98**, 44, 732 (1884).

[3] BECHAMP: Compt. rend. Acad. Sciences **99**, 1027, 1122 (1884); **100**, 279, 368 (1885).

Hess[1] hat auf die starke optische Aktivität der Cellulose-Kupferamminlösungen eine Methode zur Charakterisierung von Cellulosepräparaten begründet, die sich nicht auf die Ablesung der Drehung eines einzelnen Mischungsverhältnisses oder die Festlegung der spezifischen Drehung, sondern auf die Aufnahme einer Drehwertskurve stützt, in der einerseits die M Mole Kupfer von 4 an aufwärts und die M Mole $C_6H_{10}O_5$ von einer niedrigeren Konzentration aufwärts wieder bis zu 4 variiert werden. Einem Beispiel entnehmen wir die folgenden Zahlen[2]:

Tabelle 2.
In 100 ccm Lösung waren 1000 M Mol NH_3 und 20 M Mol NaOH; dazu kamen:

M Mole Cu	M Mole $C_6H_{10}O_5$	$-\alpha^{23°}_{\text{beob.}}$	$-\alpha_{\text{ber.}}$	Vergleichscellulose aus kryst. Celluloseacetat $-\alpha^{23°}_{\text{beob.}}$
4,00	0,85	0,68	0,665	0,68
4,00	1,70	1,29	1,273	1,28
4,00	2,55	1,81	1,806	1,81
4,00	3,40	2,24	2,249	2,26
4,00	4,25	2,60	2,598	2,63
3,756	4,00	|2,41|	[2,410]	2,42
5,58	4,00	2,94	2,957	2,96
6,49	4,00	3,09	3,123	3,11
7,41	4,00	3,20	3,245	3,23
9,24	4,00	3,40	3,406	3,395
11,06	4,00	3,55	3,504	3,49
12,894	4,00	|3,57|	[3,570]	3,55

Wie ersichtlich, herrscht gute Übereinstimmung zwischen dem gereinigten Zellstoff und dem als Vergleichscellulose aus krystallisiertem Celluloseacetat gewonnenen Präparat. Auch Baumwollcellulose und die Cellulosen verschiedenster Herkunft z. B. Ramie, ebenso wie umgefällte Cellulosen, ja auch die alkali-

[1] Hess: Die Chemie der Cellulose, S. 289ff.

[2] Hess, Messmer u. Ljubitsch: Liebigs Ann. **444**, 287, u. zwar 307 (1925).

lösliche Cellulose A zeigen dieselbe Drehwertskurve. Die Frage, welchen Einfluß gewisse Verunreinigungen auf diese Charakterisierungsmethode haben, ist eingehend diskutiert worden, nachdem HÄGGLUND[1] Übereinstimmung mit der von HESS angegebenen Drehwertskurve für reine Cellulose auch für einen Zellstoff beansprucht hat, in dem der Nachweis der Anwesenheit von etwa 2% Xylan und etwas mehr als 3% Mannan auf andere Weise möglich war. Doch ist HESS[2] dieser Kritik seiner Methode mit experimentellen Versuchen gegenübergetreten und er hat nachzuweisen versucht, daß die HÄGGLUNDsche Anwendung seines Verfahrens nicht in allen Einzelheiten seiner eigenen entsprach. In der Tat war das bisher für andere trotz seiner umfangreichen Veröffentlichungen über diesen Gegenstand nicht möglich und es ist sehr zu begrüßen, daß HESS die Einzelheiten der Darstellung der Lösungen unter Luftabschluß und der Drehwertsmessungen jetzt angegeben hat (l. c. S. 84 [2]). Das letzte Wort dürfte in dieser Angelegenheit noch nicht gesprochen sein; so war es mir auch unmöglich, Ablesungen der Drehung an Kupferamminlösungen der Cellulose in einem 10 cm-Rohr bei Vorschaltung einer Hanauer Quecksilberlampe als Lichtquelle zu machen. Für gewisse Zwecke ist das HESSsche Verfahren wertvoll, es zeigt nicht an, welchen Ballungszustand eine bestimmte Cellulose hat und es genügt nicht, um die Identität zweier Cellulosepräparate zu erweisen, die in ihrer Teilchengröße voneinander abweichen, die also in physikalischer Beziehung voneinander verschieden sind. Aber es hat großen Wert, auch in seiner Anwendung auf andere komplexe Polysaccharide, um zu prüfen, ob die Konstitution und Konfiguration der einzelnen die Polysaccharide zusammensetzenden Zuckerreste in ihnen identisch ist. Jedenfalls kann das bei feststellbarer Abweichung im Drehwerte nicht der Fall sein.

Auf die Messung der Viscosität in SCHWEIZER-Lösungen hat OST[3] eine Methode begründet, welche unter genügender Berück-

---

[1] HÄGGLUND u. KLINGSTEDT: Liebigs Ann. **459**, 26 (1927).
[2] HESS u. LJUBITSCH: Liebigs Ann. **466**, 1 (1928).
[3] OST, Ztschr. angew. Chem. **24**, 1892 (1911). — Vgl. hierzu die neue Bearbeitung von SAKARUDA: Ber. **63**, 2027 (1930) mit ausführlicher Literatur.

sichtigung der Sauerstoffausschaltung, den solche Lösungen unter Oxydation begierig aufnehmen, eine Beziehung zu der natürlichen Herkunft der Cellulose herzustellen gestattet, natürlich immer unter der Voraussetzung, daß nicht die gewaltsamen Abtrennungsmethoden, wie z. B. die Sulfitkochung, eine zwischengreifende Veränderung des Ballungszustandes bedingt haben. Immerhin ist das Verfahren bei gleicher Vorbehandlung sehr verwertbar. Gerade für die Beurteilung des Verteilungszustandes der Cellulose ist die Bestimmung der Viscosität ihrer Lösungen wichtig, weshalb sie heutzutage in der Kunstseideindustrie große Bedeutung gewonnen hat[1].

Durch wäßrige Neutralsalzlösungen läßt sich die Cellulose nach den Beobachtungen von P. P. von Weimarn[2] bei hoher Temperatur aber ohne die Anwendung von Druck dispergieren, wobei sich kolloidale Lösungen bilden, aus denen die entstandene Hydratcellulose auskoagulieren kann. Als besonders geeignet erwiesen sich Calciumrhodanit und andere leicht lösliche Salze wie Lithiumchlorid. Nach Herzog[3] ist die Löslichkeit der Cellulose in Salzen eine Funktion, welche der Hydratation ihrer Ionen folgt. Von Weimarn gibt an, daß die Dispergierung der Cellulose in Salzlösungen zwei Konzentrationsoptima, das eine in stark konzentrierten und das andere in stark verdünnten Lösungen zeigt. Derartige Salze wie Rhodancalcium und Lithiumchlorid verhalten sich in konzentrierter Lösung wie Säuren, da sie unter Addition von Wasser nach Meerwein[4] in H-Ionen-haltige Komplexe übergehen. Deshalb vermögen sie, wie das jetzt zu besprechende Chlorzink, auch hydrolytisch zu wirken.

---

[1] Vgl. W. Weltzien: Die chemische und physikalische Technologie der Kunstseiden. Leipzig 1930.

[2] v. Weimarn, P. P.: Kolloid-Ztschr. **2**, 41 (1912); **29**, 197 (1921). — Vgl. die Zusammenstellung von Steingroever: Cellulosechemie **8**, 37 (1927).

[3] Herzog u. Beck: Ztschr. physiol. Chem. **111**, 287 (1920).

[4] Meerwein u. van Ernster: Ber. **53**, 1815 (1920); **55**, 2500 (1922).

Abbau der Cellulose.

Auch Chlorzinklösungen von Cellulose lassen sich herstellen, aber das Zinkchlorid wirkt infolge seines stark sauren Charakters abbauend auf die Cellulose, eine Eigenschaft, welche starken Säuren im allgemeinen zukommt. So verwandelt sich Cellulose, die mit verdünnten Mineralsäuren oder mit starken anorganischen Säuren, wie Oxalsäure oder Ameisensäure, kurze Zeit in der Wärme oder längere Zeit in der Kälte behandelt wird, in die sogenannte „Hydrocellulose" um[1]. Sie entsteht unter Verlust der Faserstruktur und bildet ein leicht zerreibliches Pulver, welches je nach der Darstellungsart mehr oder weniger in Natronlauge löslich ist und auch sonst gegenüber der Cellulose erhöhte chemische Reaktionsfähigkeit zeigt. Ferner kommt ihr die Eigenschaft zu, FEHLINGsche Lösung zu reduzieren, was entsprechend dem SCHWALBEschen Vorschlage in der sogenannten Kupferzahl zum Ausdruck kommt. Man bestimmt diese, indem man die Cellulose unter Rühren in FEHLINGscher Lösung kocht und dann das abgeschiedene Kupferoxydul nach dem Vorschlage von HÄGGLUND jetzt am bequemsten nach der BERTRANDschen Zuckertitrationsmethode bestimmt[2]. Die Alkalilöslichkeit der Hydrocellulose ist nicht auf die Anwesenheit von Carboxylgruppen zurückzuführen, da sie im Gegensatze zu der gleich zu besprechenden Oxycellulose bei der Titration keinen Tropfen Lauge verbraucht und keine Kohlensäure abspaltet. Es handelt sich vielmehr um eine Destruktierung der Faser durch partielle Depolymerisation der polymeren Anhydrozuckermolekülkette unter Sprengung von glucosidischen Bindungen, wobei Zuckerreste mit freier Carbonylgruppe im adsorptiven Verbande verbleiben[3].

Auch die meisten Oxycellulosen, welche durch die verschiedensten Oxydationsmittel wie Chlorkalk[4], Salpetersäure[5], Chrom-

---

[1] GIRARD: Ann. Chim. Phys. [5] **24**, 337 (1881); Ber. **14**, 2834 (1881).

[2] SCHWALBE-SIEBER: Die Betriebskontrolle in der Zellstoffindustrie. Berlin 1925, S. 227. — HÄGGLUND: Cellulosechemie **11**, 1 (1930). — JONAS u. DRÖSSEL: Papierfabrikant **27**, 109 (1929).

[3] Vgl. HEUSER: Cellulosechemie **3**, 89 (1922).

[4] WITZ: Bull. Rouen **10**, 439 (1882); **11**, 176 (1883).

[5] CROSS u. BEVAN: Journ. chem. Soc. London **43**, 222 (1883).

säure[1], Permanganat[2], Superoxyde[3], Ozon und Sauerstoff[4] in alkalischer Lösung, gebildet werden, enthalten noch wechselnde Mengen nicht abgebauter Cellulose. In ihrem Gefüge sind Carboxyle enthalten, was daraus hervorgeht, daß diese Gruppen sich nach SCHWALBE[5] mit Alkali titrieren lassen und daß verdünnte Salzsäure aus Oxycellulosen Kohlendioxyd abspaltet[6]. Die Tatsache, daß aus Oxycellulosen beim Kochen mit Kalk Isosaccharinsäure entsteht[7] deutet darauf hin, daß der Glucoserest, aus dem sie gebildet wird, glucosidisch verkettet ist[8], wohl in Form der Cellobiose, die beim Kochen mit Kalk gleichfalls Isosaccharinsäure liefert[9], während freie Glucose nur Saccharinsäure bildet. Nach TOLLENS entsteht beim Erhitzen von Oxycellulose mit Ätzkalk auch Dioxybuttersäure.

Jedenfalls scheint die Tatsache, daß sich z. B. durch kochende Alkalien die reduzierenden Bestandteile der Hydro- und Oxycellulose entfernen lassen, wobei ein Rückstand bleibt, der eine mit der unveränderten Cellulose übereinstimmende Drehwertskurve in Kupferamminlösung liefert[10], kein genügender Grund zu sein, um diese beiden für ganz bestimmte Zustände der abgebauten Cellulose, die für die Technik von großer Bedeutung sind, geprägten Begriffe aufzugeben. Auch kann nicht mit Sicherheit ausgesagt werden, daß diejenigen Bestandteile der Hydro- und Oxycellulose, welche ihnen ihre besonderen Eigenschaften verleihen, bloße Verunreinigungen sind. Am besten nimmt man jetzt wohl an, daß es sich bei der Entstehung der Hydro- und Oxycellulose um eine Oberflächenreaktion unter Bildung nicht einheitlicher Oxydations-

---

[1] CROSS, BEVAN u. BEADLE: Ber. **26**, 2520 (1893).
[2] NASTUKOFF: Ber. **33**, 2238 (1900); **34**, 719 (1901).
[3] BUMCKE u. WOLFFENSTEIN: Ber. **32**, 2439 1899).
[4] CUNINGHAM u. DORÉ: Chem.-Ztg. **1912**, 526, **1913**, 1289.
[5] SCHWALBE u. BECKER: Ber. **54**, 545 (1921).
[6] HEUSER u. STÖKIGT: Cellulosechemie **3**, 61 (1922).
[7] TOLLENS u. FABER: Ber. **32**, 2594 (1899). — KARRER u. LIESER: Cellulosechemie **7**, 1 (1926).
[8] PRINGSHEIM: Cellulosechemie **2**, 57 (1921).
[9] HINTIKKA: Ann. d. Finn. Akad. d. Wiss. A. 19, Nr. 5.
[10] HESS: Der Papierfabrikant **23**, 124 (1925). — HESS u. KATONA: Liebigs Ann. **455**, 214 (1927).

produkte handelt, in denen die reduzierenden Aldehydgruppen und die Kohlensäure abspaltenden Carboxylgruppen in den äußeren Schichten der Micelle gelagert sind.

HEUSER[1] hat der Oxydation der Cellulose ein eingehendes Kapitel gewidmet, auf das hier bezüglich weiterer Einzelheiten verwiesen sei. Hervorzuheben ist die sonst für die Pentosen charakteristische Abspaltung von Furfurol mit siedender starker Salzsäure aus der Oxycellulose, welche mit steigendem Oxydationsgrad der Cellulose zunimmt[2], während aus Hexosen direkt nur Oxymethylfurfurol in kleiner Ausbeute entsteht. Man hat die Bildung von Furfurol aus Oxycellulose auf die Glucuronsäure bzw. deren Lacton zurückgeführt, die Furfurol abspalten, und angenommen, daß die Uronsäure zum Gefüge der Oxycellulose gehört, da sie sich aus ihr auch durch geeignete Lösungsmittel nicht auslaugen läßt[3].

Hier sei eingefügt, daß bei der Einwirkung von Bromwasserstoff in Gegenwart eines indifferenten Lösungsmittels wie Chloroform oder Äther auf Cellulose, besonders in der Wärme unter Überdruck μ-Brommethylfurfurol, d. h. eine Verbindung entsteht, in der im Oxymethylfurfurol das Hydroxyl durch Brom ersetzt ist, in einer Ausbeute bis zu 33%[4].

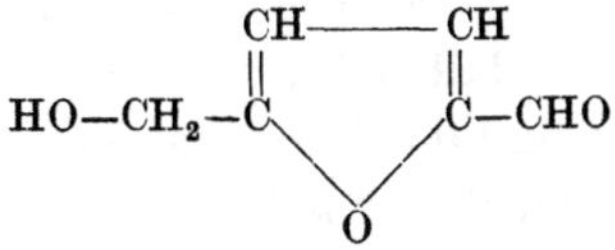

μ-Oxymethylfurfurol

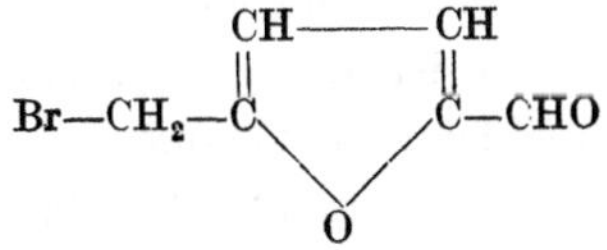

μ-Brommethylfurfurol

KALB[5], der sich eingehend mit der Celluloseoxydation beschäftigt, konnte die Glucuronsäure als Chinchoninsalz isolieren,

[1] HEUSER: Lehrbuch der Cellulosechemie 3. Aufl., S. 118.

[2] Vgl. die tabellarische Zusammenstellung bei SCHORGER: The Chemistry of Wood and Cellulose. London 1906, S. 280.

[3] TOLLENS: Ber. **31**, 2589 (1899). — VIGNON: Bull. Soc. chim. France **21**, 599 (1899).

[4] FENTON u. GOSTLING: Journ. chem. Soc. London **75**, 423 (1899); **79**, 361, 807 (1901).

[5] KALB u. v. FALKENHAUSEN: Ber. **60**, 2514 (1927).

und zwar in einer Ausbeute von 9,4% der ursprünglichen Cellulose bezogen auf freie Säure; auch ihm gelang es nicht, diese große Menge von Glucuronsäure abzudialysieren, was weiterhin dafür spricht, daß sie zum Verbande der Oxycellulose gehört.

Eine dritte Abbauform ist die kolloidal lösliche Cellulose. In einen kolloidalen Quellungszustand läßt sich die Cellulose durch die Einwirkung starker Säuren, z. B. 62,5%iger Schwefelsäure versetzen, wobei die GUIGNETsche kolloidale Cellulose entsteht, welche von SCHWALBE[1] näher beschrieben wurde. Nach dem Entfernen der Säure bildet sie eine milchige Flüssigkeit, die sich durch den Zusatz von Salzen, Alkohol usw. zu einer Cellulose von nur verhältnismäßig geringem Reduktionsvermögen flocken läßt, die ihre Wasserlöslichkeit behält. Ein ähnliches Präparat von noch wesentlich schöneren Quellungseigenschaften ist der sogenannte Celluloseschleim, der durch rein mechanische Zerreißung und Zerquetschung der Faser im Holländer als eine plastische schwammartige Masse z. B. aus Zellstoff entsteht[2]. Auch diese kolloidale Cellulose besitzt deutliches Reduktionsvermögen und es ist bemerkenswert, daß ein vorhergehender Abbau zu Hydrocellulose die Schleimbildung der Cellulose außerordentlich erleichtert. Die *schleimige Mahlung* spielt übrigens in der Papierfabrikation bei der Vorbereitung der Rohstoffe eine wichtige Rolle; ihr gegensätzlich ist die rösche Mahlung der Halbstoffe, welche mehr schneidender als mahlender Natur ist und der Faser eine härtere Struktur verleiht, die dann in geeigneter Mischung mit der schleimig gemahlenen auf die Eigenart der verschiedenen Papiersorten von Einfluß ist[3].

Eine wirklich energische *Hydrolyse* der Cellulose läßt sich am besten mit starken Mineralsäuren erreichen. Hierbei muß uns fürs erste das Problem der quantitativen Aufspaltung der Cellulose in Glucose beschäftigen, welches natürlich für das Konstitutions-

---

[1] SCHWALBE u. LANGE: Ztschr. angew. Chem. **39**, 606 (1926).

[2] Vgl. SCHWALBE u. BECKER: Ztschr. angew. Chem. **32**, 265, 355 (1919); **33**, 57 (1920). SCHWALBE: Papierfabrikant **22**, 1, 77 (1924).

[3] Vgl. v. POSANNER: Lehrbuch der chemischen Technologie des Papieres. Leipzig 1923.

problem von großer Wichtigkeit ist. Durch direkte Säurehydrolyse läßt es sich jedoch nur ungenügend lösen, da, wie WOHL zeigte[1], nicht nur die schon gelösten Kohlenhydrate zu schwer hydrolysierbaren Reversionsprodukten zusammentreten, sondern das in noch weit höherem Maße in der Kolloidphase der Cellulose der Fall ist. OST[2] erhielt durch die Einwirkung von 70%iger Schwefelsäure und nachherige Hydrolyse bei einer Verdünnung bis auf 2—3% bei 120° 80—83%igen vergärbaren Zucker. Wesentlich weiter gelangte WILLSTÄTTER[3], der gestützt auf eine Beobachtung von BECHAMP eine überkonzentrierte Salzsäure von spezifischem Gewicht von über 1,2 und einem Chlorwasserstoffgehalt von 40—42% anwandte. Sie verquillt Cellulose schon in der Eiskälte zu einer gallertigen Masse, aus der man in den ersten 30—45 Minuten mit Wasser eine gequollene Cellulose (Cellulosedextrin) ausfällen kann, ohne daß reduzierende Bestandteile in Lösung gehen. Bei längerer Einwirkung schreitet jedoch der Abbauprozeß mehr und mehr fort, so daß nach 22 Stunden beispielsweise 96,3% der theoretisch möglichen Glucosemenge, bestimmt nach der Methode der Polarisation und Reduktion, aufgefunden wurden. Jedoch ist dieses Bestimmungsverfahren durch die bei der Einwirkung der starken Säure entstehenden Reversionsprodukte getrübt[4]. Trotz des großen Fortschrittes enthält also auch die WILLSTÄTTERsche Arbeit noch nicht den endgültigen Nachweis, daß die Cellulose ausschließlich aus Glucosemolekülen aufgebaut ist. Weitere Versuche wurden von IRVINE und seinen Schülern unternommen: am weitesten in der Beweisführung gelangten sie, als sie das Triacetat der Cellulose mit methylalkoholischer Salzsäure zersetzten und danach in mehr als 95% der Theorie an reinem krystallinischen Methylglucosid isolieren konnten[5]. Auf Grund dieses Resultates kann man wohl annehmen, daß sich die Cellulose ausschließlich aus Glucoseresten aufbaut.

---

[1] WOHL u. BLUMRICH: Ztschr. angew. Chem. **34**, 17 (1921).

[2] OST u. WILKENING: Chem.-Ztg. **35**, 461 (1910).

[3] WILLSTÄTTER u. ZECHMEISTER: Ber. **46**, 2401 (1913).

[4] Vgl. OST: Ber. **46**, 2995 (1913).

[5] IRVINE u. SOUTAR, MONIETZ-WILLIAMS u. HIRST: Journ. chem. Soc. London **117**, 1489 (1920); **119**, 803 (1921); **121**, 1585 (1922).

In ähnlicher Weise wie in überkonzentrierter Salzsäure löst sich Cellulose, wie zuerst FREDENHAGEN feststellte, in wasserfreier Flußsäure[1]. Nach fünf Minuten wird beim Verdünnen mit Wasser eine Lösung von annähernd Null-Drehung erhalten. Beim Abblasen der Flußsäure bei niederer Temperatur gewinnt man ein Präparat, das in Wasser gleichfalls kaum eine Drehung zeigt, bei 30° (oberhalb des Siedepunktes der Flußsäure) entsteht ein Produkt weit höherer Drehung, ein Roh-cellan (+ 144°), welches durch Gärung und die üblichen Fermente nicht angegriffen wird und keine Cellobiose oder Lävoglucosan mehr liefert. Dieses Umwandlungsprodukt der Cellulose zeigt als Polyglucosan in Wasser eine Teilchengröße von 2300—2400.

Der geschilderte Celluloseabbau hat eine größere Analogie an dem, der einsetzt, wenn man Celluloseacetat in chloroformiger Lösung in Gegenwart geringer Konzentrationen von Benzolsulfosäure kocht[2]. Nach und nach lassen sich so wasserlösliche Abbauprodukte mit wachsender Drehung gewinnen, deren Teilchengröße kleiner und kleiner wird, ohne daß reduzierende Beimengungen auftreten. Die Präparate wandeln sich durch verdünnte Säuren beim Kochen in Glucose um und werden so auch durch Gerstenfermente gespalten.

Die 41%ige Salzsäure wirkt auch auf Cellulose ein, die in Naturprodukten mit anderen Polysacchariden und Inkrustationssubstanzen vergemeinschaftet ist, wobei die Inkrusten in Gestalt eines unlöslichen Lignins zurückbleiben. Darauf gründet sich eine Methode zur Ligninbestimmung, auf die wir im zweiten Kapitel eingehen. Der so gewonnene Rückstand wird im sog. WILLSTÄTTER-Lignin als Ausgangsmaterial für die Ligninuntersuchung vielfach verwertet. Wirtschaftlich ließe sich mit überkonzentrierter Salzsäure ein Verfahren zur Holzverzuckerung herausarbeiten, bei dem die Cellulose quantitativ in vergärbaren Zucker umgewandelt werden kann. Die Hauptschwierigkeit liegt im Arbeiten mit der starken Säure und in ihrer möglichst restlosen Wieder-

---

[1] HELFERICH u. BÖTTGER: Liebigs Ann. **476**, 150 (1929).

[2] PRINGSHEIM, KASTEN u. SCHAPIRO: Ber. **61**, 2019 (1928). — PRINGSHEIM, OTTO u. KATZ: Cellulosechem. **11**, 137 (1930).

gewinnung. Die Lösung des Problems ist von BERGIUS durch Verdampfen mit heißem Mineralöl angestrebt worden, wobei der Zucker durch das Öl umhüllt und geschützt wird. So soll aus der Cellulose und den Hemicellulosen ein Zuckergemisch entstehen, das als Viehfutter in Aussicht genommen ist. In neuerer Zeit wird ein Verfahren zur Holzverzuckerung mit verdünnten Mineralsäuren in einem besonderen Perkolator bekanntgegeben[1]. Es stammt von H. SCHOLLER und wurde von LÜERS[2] in seinen theoretischen und praktischen Einzelheiten beschrieben. Es liefert 38%igen vergärbaren Zucker und kommt demnach in der Ausbeute nicht an das Verzuckerungsverfahren mit 41%iger Salzsäure heran, bei dem 60% gewonnen wird[3]. Beide Verfahren sind technisch erprobt, welches im Konkurrenzkampf siegen wird, kann erst der Großbetrieb zeigen.

Das Verhalten der Cellulose beim trockenen Erhitzen ist vielseitig untersucht worden, da es eine wichtige Grundlage für die Holzdestillations-Industrie bildet[4]. Bekanntlich setzt beim Erhitzen der Cellulose unter Luftabschluß je nach dem Grade der Trockenheit und nach der Masse eine exotherme Reaktion ein, bei der unter Gasabgabe von Kohlensäure, Kohlenoxyd, Methan und Äthylen saure Bestandteile, namentlich Essigsäure, Ketone, Aceton und ein Teer überdestillieren, während eine Cellulose-Kohle zurückbleibt. Wegen der wechselnden Zusammensetzung dieser Destillationsprodukte sei auf die Originalliteratur verwiesen[5]. Bemerkenswert ist, daß hierbei kein Methylalkohol gebildet wird, der bei der Holzdestillation also nur aus den Methoxylresten des Lignins entsteht.

Nach PICTET geht bei der Destillation von Cellulose wie auch von Stärke unter vermindertem Druck das Lävoglucosan, das

---

[1] BAUSCH: Ztschr. angew. Chem. **42**, 212 (1929).

[2] LÜERS: Ztschr. angew. Chem. **43**, 455, 813 (1930).

[3] HÄGGLUND: Ztschr. angew. Chem. **43**, 812 (1930).

[4] Vgl. HAWLEY-SCHREIBER: Holzdestillation. Berlin 1926. — G. BUGGE: Industrie der Holzdestillationsprodukte. Dresden und Leipzig 1927.

[5] BÜTTNER u. WISLICENUS: Journ. prakt. Chem. [2] **79**, 187 (1909). — KLASON, V. HEIDENSTAMER u. NORLIN: Ztschr. angew. Chem. **22**, 1213 (1909). ERDMANN u. SCHÄFER: Ber. **43**, 2399 (1910).

Glucoseanhydrid ⟨1,5⟩ ⟨1,6⟩ in das Destillat über[1], das nach den eingehenden Untersuchungen von VENN[2] im besten Falle in einer Ausbeute erhalten werden kann, die sich auf eine effektive von 50% der angewandten Cellulose umrechnen läßt. Da KARRER[3] den Nachweis erbrachte, daß das Lävoglucosan aus in β-Konfiguration gebundenen Glucosegruppen unabhängig von ihrem Ursprung entsteht, so gehen wir auf die Schlüsse, die PICTET aus seinem interessanten Experimente auf die Konstitution der Cellulose gezogen hat, später nicht mehr ein.

Reservecellulose (Lichenin).

Bereits vor mehr als hundert Jahren hat BERZELIUS[4] aus dem Isländischen Moos, der Cetraria Islandica, mit heißem Wasser eine sich beim Erkalten ausscheidende Gallerte isoliert, die sich mit Jod wie Stärke blau färbte und deshalb in Beziehung zur Stärke gebracht und „Flechtenstärke" genannt wurde. Später gelang es jedoch, das sich mit Jod bläuende Polysaccharid abzutrennen; es ist in Wasser leichter löslich als der Hauptbestandteil der Kohlenhydrate des isländischen Mooses, welcher den Namen „Lichenin" erhielt und wurde seinerseits „Isolichenin" benannt. Wir werden es im Zusammenhang mit der Stärke besprechen. Außerdem befindet sich in dem Kohlenhydratgemisch noch ein Mannan-haltiger Anteil.

KARRER, dem wir die eingehendsten Untersuchungen über das Lichenin verdanken[5], hat die nahe Beziehung des Lichenins zur Cellulose aufgedeckt und ihm im Hinblick auf seine leichte Fermentspaltbarkeit durch mit ihm in der Natur vergemeinschaftete Enzyme den Namen „Reservecellulose" reserviert, den wir für sehr treffend halten. Er wies die Verbreitung des Lichenins nicht nur in einer erheblichen Zahl von Flechten[6] nach, sondern

---

[1] PICTET u. SARASIN: Helv. chim. Acta 1, 87 (1918).
[2] VENN: Cellulosechemie 5, 95 (1925).
[3] KARRER: Helv. chim. Acta 3, 258 (1920).
[4] BERZELIUS: SCHWEIGGERS Journ. 7, 342 (1813). — Ann. Chim. Phys. 90, 277 (1814).
[5] Vgl. das Sonderkapitel KARRER: Polymere Kohlehydrate S. 102.
[6] KARRER: Helv. chim. Acta 7, 159 (1924).

zeigte auch, daß besonders beim Keimungsprozeß verschiedener Samen wie Gerste, Mais, Weizen, Spinat und Hafer eine „Lichenase“ wirksam ist und das Lichenin abbaut[1].

In chemischer Beziehung zeigt das Lichenin mit der Gerüstcellulose die folgende Übereinstimmung: seine Totalhydrolyse führt ausschließlich zu Traubenzucker, bei der Acetolyse liefert es als bisher einziges Polysaccharid neben der Cellulose, wenn auch nur etwa mit dem dritten Teil der Ausbeute, Octacetylcellobiose[2]. Das Lichenin besitzt in wäßriger Lösung keinen ablesbaren Drehwert ebenso wie in starken Säuren verquollene Cellulose vor dem weiteren Abbau, es spaltet wie diese beim Erhitzen mit konzentrierter Salzsäure geringe Mengen Furfurol ab und gibt bei der Vakuumdestillation gleichfalls Lävoglucosan, auch färbt es sich mit Chlorzinkjodlösung schwarzblau. Eines der Hauptargumente für die analoge Verknüpfung der Glucosereste in der Gerüst- und in der Reservecellulose ist, daß auch die letztere sich annähernd bis zur Trimethylstufe, bis zu 42% OCH_3, methylieren läßt und ihr Methylprodukt wie Trimethylcellulose zu 2,3,6-Trimethylglucose aufspaltbar ist[3]. Weiterhin konnte gezeigt werden, daß Lichenin und die mit überkonzentrierter Salzsäure verquollene Cellulose durch die Einwirkung 37%iger Salzsäure in der Kälte in zwei Disaccharide bzw. Disaccharidgemische übergeführt werden können, die die gleiche optische Aktivität zeigen; nach 4 Stunden wurde aus beiden Cellulosen die sogenannte Biose A von der spezifischen Drehung $+ 36^0$, nach 4 Tagen die Biose B vom Drehwert $+ 110^0$ erhalten[4].

Neben diesen chemischen Umsetzungen, die dafür sprechen, daß wir im Lichenin eine quellbare Cellulose, wohl von geringerer Teilchengröße als die natürliche Cellulosefaser, zu sehen haben, spricht hierfür auch das Verhalten der beiden Polyosen gegenüber ihren spezifischen Fermenten, auf das wir gemeinsam im übernächsten Kapitel eingehen werden.

---

[1] Karrer u. Mitarbeiter: Helv. chim. Acta **7**, 152 (1924).
[2] Karrer u. Joos: Biochem. Ztschr. **136**, 537 (1923).
[3] Karrer u. Nishida: Helv. chim. Acta **7**, 363 (1924).
[4] Pringsheim, Knoll u. Kasten: Ber. **58**, 2135 (1925).

Es sind jedoch auch Unterschiede zwischen der Gerüst- und der Reservecellulose bekannt geworden, am gravierendsten ist hier sicher die Beobachtung von HERZOG[1], der für das Lichenin ein von der Cellulose verschiedenes Röntgendiagramm feststellte. Weniger Wert ist nach meiner Meinung den kleinen Unterschieden im Drehwert zwischen Lichenin und Cellulose beizumessen, wenn wir die Einschränkung machen, daß dem Lichenin irgendein Stoff beigemengt ist, der die Bestimmung seines Drehwertes oder die seiner Derivate beeinflußt und von dem wir bisher nicht wissen, ob wir ihn bei den namentlich von HESS vorgeschlagenen Abtrennungsverfahren entfernen oder anhäufen. HESS hat zuerst darauf hingewiesen[2], daß das Lichenin in Kupferamminlösung eine von der Cellulose abweichende Drehung zeigt, doch schlußfolgert er später aus der Drehwertskurve, daß sein Licheninpräparat trotz der (gleich zu besprechenden) von ihm angegebenen Fraktionierungsverfahren noch keine einheitliche Substanz ist[3]. Er zeigte ferner, daß das Licheninacetat, dessen Drehwert in Chloroform von KARRER[4], PRINGSHEIM[5] und BERGMANN[6] mit dem des Celluloseacetats identisch befunden wurde, durch Fraktionieren mit organischen Lösungsmitteln in eine Hauptfraktion aufgeteilt werden kann, welche wesentlich stärker 35—36°, ja 38—39° nach links dreht als Tiracetylcellulose von der Drehung —23°. Ein Licheninacetat von der hohen spezifischen Drehung läßt sich auch direkt aus Lichenin mit einem pyridinhaltigen Acetylierungsgemisch gewinnen, wenn man das Lichenin nach besonderen von HESS angegebenen Methoden behandelt.

Bei der Darstellung des Lichenins entfernt man zuerst das Isolichenin durch Umfällen der Licheningallerte aus Wasser; dann gewinnt man das Trockenpräparat entsprechend den Angaben von KARRER durch allmähliches Entwässern mit Alkohol, da man durch direktes Trocknen eine verhornte, nicht mehr wasserlösliche Masse

[1] HERZOG u. GONELL: Ztschr. physiol. Chem. **141**, 66 (1924).
[2] HESS: Ztschr. angew. Chem. **37**, 1003 (1924).
[3] HESS u. FRIESE: Liebigs Ann. **455**, 180, und zwar 197 (1927).
[4] KARRER u. JOOS: Biochem. Ztschr. **136**, 538 (1923).
[5] PRINGSHEIM u. ROUTALA: Liebigs Ann. **450**, 255, und zwar 269 (1926).
[6] BERGMANN u. KNEHE: Liebigs Ann. **448**, 76 (1926).

erhält. Das so dargestellte, meist noch etwas grau gefärbte Präparat läßt sich jedoch, wie wir später sehen werden, von einem rein weißen auf fermentativem Wege unterscheiden. Das weiße kann durch mehrfaches Zentrifugieren der Lösungen des Lichenins in heißem Wasser gewonnen werden, wobei ein geringer Anteil des sich ausscheidenden Lichenins die beigemengten dunklen Verunreinigungen mitreißt. Dieses Lichenin ist in fermentchemischer Beziehung dem Präparate gleich[1], welches HESS auf dreifache Weise reinigt; erst durchBleichen mit Chlor, dann durch Ausfrieren aus sodaalkalischer Lösung und schließlich durch Fällen als Kupfer-Alkaliverbindung. Dabei wird am Ende ein Lichenin erhalten, welches in 2 n-Natronlauge nur noch $+ 8^0$ dreht im Vergleich zu dem ursprünglichen, dem in Alkali ein Drehwert von $+ 30^0$ zukommt. Wir haben diese Versuche wiederholt[2] und bestätigt und im Verfolgen der Fraktionierung auch den Anstieg der Drehung in Kupferamminlösung beobachtet, den HESS feststellen konnte. Ob dieses Reinigungsverfahren aber nicht ebenso zu einer Anhäufung der Substanz führen kann, die die Licheninpräparate von der Cellulose unterscheidet, vermögen wir nicht zu sagen. Wir werden im Konstitutionskapitel einen Abbau des Lichenins zu seinem wasserlöslichen Bauelement kennenlernen, der auf drei verschiedene Weisen durchgeführt werden kann; immer aber entspricht die Drehung des Desaggregationsproduktes der des Ausgangssaccharids, was sehr auffallend ist. Erst weitere Forschung wird zeigen können, ob die Kohlenhydratkomplexe des Lichenins nicht doch in der Hauptsache mit denen der Gerüstcellulose identisch sind oder ob wir in der Licheninchemie ähnlichen Verhältnissen wie in der Inulinchemie (vgl. Kap. VIII) begegnen, wo verschiedene Polyosengemische angenommen werden.

Lichosan.

Als Lichosan bezeichneten wir ein teilchenverkleinertes in Wasser leicht lösliches Lichenin von gleicher Zusammensetzung und spezifischer Drehung, welches die Eigenschaften besitzt, in

[1] PRINGSHEIM u. BAUR: Ztschr. physiol. Chem. **173**, 188 (1928).
[2] PRINGSHEIM u. LAMM: Kolloid-Ztschr. **54**, 36 (1931).

wäßriger Lösung wieder durch Ballung in den Gelzustand zurückzukehren. Dieses Präparat war das erste Ergebnis unserer Versuche durch einen desaggregierenden Abbau aus einem komplexen Polysaccharid das Bauelement zu isolieren, und da es des weiteren vergleichsweise leicht darzustellen ist, haben wir es zum Gegenstand ausgedehnter Versuche gemacht.

Zum ersten Male erhielten wir[1] das Lichosan durch Erhitzen des Lichenins in Glyzerin über 200°. In einigen Fällen ließ sich so ein Produkt gewinnen, das bei der Kryoskopie in Wasser auf

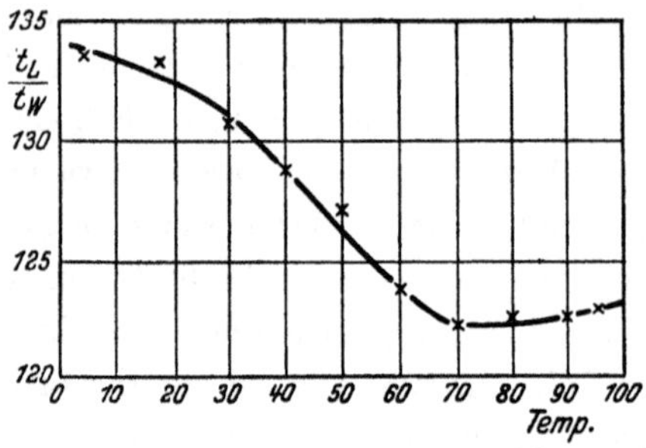

Abb. 1.

t_L Durchlaufzeit der Lösung im Ostwaldschen Viscosimeter
t_W Durchlaufzeit des Wassers im Ostwaldschen Viscosimeter

ein Glukoseanhydrid stimmende Werte gab. Ein derartiges Versuchsergebnis, dem wir auch kürzlich erneut begegnet sind, ist jedoch nicht immer reproduzierbar; meist wird, worauf BERGMANN[2] aufmerksam gemacht hat, ein Lichosan erhalten, das zwar von leichter Löslichkeit in Wasser aber noch von höherem Ballungszustande, etwa von 4 bis 6 mal C_6, in ausfrierendem Wasser ist. Sein Verteilungszustand in Wasser nimmt aber wie man an vorstehender Viskositätskurve beobachten kann[3] mit steigender Temperatur bis zu einem bei etwa 70° liegendem Optimum ab, um dann bis zu 100° wieder schwach anzusteigen. Ge-

[1] PRINGSHEIM u. LAMM: Kolloidzeitschr. 54, 36 (1931).
[2] BERGMANN u. KNEHE: Liebigs Ann. 448, 76 (1926).
[3] PRINGSHEIM u. ROUTALA: Liebigs Ann. 450, 255 (1926).

stützt auf unsere viskosimetrischen Beobachtungen maßen wir das Molekulargewicht des Lichosans in Wasser bei 70° nach der BARGER-RASTschen Methode[1]. Diese Methode zeichnet sich nach EMICH[2] durch ihre große Genauigkeit aus und sie eignet sich nach dem Urteil dieser Autorität hervorragend zur Untersuchung von Assoziationen. Wir fanden hierbei den Verteilungszustand des Lichosans einem Hexoseanhydrid entsprechend und beobachteten in unserer neuesten Arbeit bei ebullioskopischen Versuchen in Wasser entsprechend dem etwas größeren Ballungszustande bei 100° (vgl. die vorstehende Kurve) einen um etwa 10% höheren Wert als 162.

Das Lichosan haben wir nun auch nach zwei anderen Methoden dargestellt: durch zweistündiges Erhitzen von Lichenin-Acetat in siedendem Naphthalin bei 218° und durch mehrstündiges Kochen von Lichenin-Acetat in chloroformiger Lösung in Gegenwart geringerer Mengen Benzolsulfosäure und nachheriger Verseifung. Natürlich muß man hier wie in allen anderen solchen Fällen durch niedere Temperatur bei der Verseifung und vor allem durch vorsichtige Entwässerung z. B. mittels Alkohols dafür sorgen, daß keine Verhornung zu einem wasserunlöslichen Produkt eintritt, was hierbei nur zu leicht geschehen kann.

Das Lichosan zeigt mit dem Ausgangsstoff Lichenin stets übereinstimmende spezifische Drehung auch wenn von Licheninpräparaten etwas voneinander abweichender Drehwerte ausgegangen wird. In wäßriger Lösung tritt seine Neigung zur Assoziation dadurch zutage, daß die dünnflüssige Lösung nach und nach in den Gelzustand übergeht. Von besonderer Bedeutung ist, daß das gleich aus der Lösung mit Alkohol ausgefällte Lichosan sich nach den Untersuchungen von HERZOG röntgenographisch als amorph erwies, während das gealterte aus dem Gelzustand ausgefällte ein mit dem ursprünglichen Lichenin übereinstimmendes Röntgendiagramm zeigte. Hier haben wir also ein besonders schönes Beispiel für die von HABER[3] entwickelte Theorie vom

---

[1] RAST: Zeitschr. physiol. Chem. **126**, 100 (1923).
[2] EMICH: Lehrbuch der Mikrochemie, München 1926, 116.
[3] HABER: Ber. **55**, 1717 (1922).

Einfluß der Häufungs- und Ordnungsgeschwindigkeiten auf die Bildung von amorphen Stoffen bzw. von Kristalliten.

Das Lichosan teilt mit dem Lichenin die Eigenschaft durch die Fermente des Gerstenmalzes enzymatisch aufspaltbar zu sein[1]; die Kinetik der Licheninspaltung nimmt dabei denselben charakteristischen Verlauf entsprechend der monomolekularen Reaktion und der Verdoppelung der Reaktions-Kinetik bei Verdoppelung der Fermentmenge.

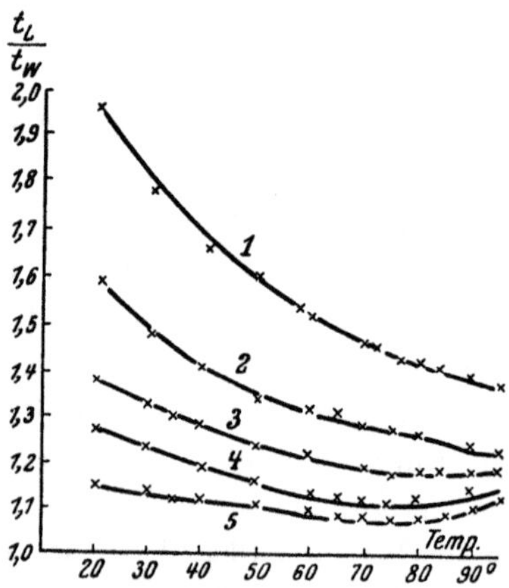

Abb. 2. Lichenin. t_L Durchlaufzeit der Lösung im Ostwaldschen Viscosimeter. t_W Durchlaufzeit des Wassers im Ostwaldschen Viscosimeter. 1 = Viscositätskurve einer 0,392 proz. Lösung. 2 = Viscositätskurve einer 0,25 proz. Lösung. 3 = Viscositätskurve einer 0,196 proz. Lösung. 4 = Viscositätskurve einer 0,125 proz. Lösung. 5 = Viscositätskurve einer 0,098 proz. Lösung.

Mit der Beziehung des Lichosans zum Lichenin haben wir uns etwas eingehender beschäftigt. Zuerst stellten wir fest, daß auch das Lichenin in genügender Verdünnung unterhalb einer Konzentrationsgrenze von 0,2% gegen 70° eine deutliche Maximalzone der Aufteilbarkeit in wäßriger Lösung zeigt (vgl. die vorstehende Kurventafel). Dasselbe ließ sich beim Methylo-Lichenin in amylalkoholischer Lösung beobachten. Die theoretische Schluß-

[1] Pringsheim u. Braun: Liebigs Ann. **460**, 42 (1928).

folgerung aus diesem Ergebnis ist, daß das Lichenin beim Verdünnen seiner wäßrigen Lösung dem Aufteilungszustand des Lichosans zustrebt, ihn jedoch erst bei Konzentrationen erreichen dürfte, welche für experimentelle Zwecke, z. B. zu einer direkten Molekulargewichtsbestimmung des Lichenins in Wasser nicht mehr brauchbar sind. Dagegen treten auch einige Unterschiede zwischen dem Lichenin und dem Lichosan auf: eine Licheninlösung entmischt sich beim Altern, wobei die Licheningallerte niedersinkt, eine Lichosanlösung bildet im gealterten Zustand dauernd ein homogenes Gel. Der Grad und die Schnelligkeit der Alterung ist für beide von der Konzentration abhängig, die jedoch beim Lichosan etwa zehnmal so stark sein muß, um überhaupt eine Alterung zu zeigen. Aber auch verdünnte Licheninlösungen unterhalb 0,1% altern überhaupt nicht mehr. Ferner werden gealterte Licheninlösungen langsamer als frische fermentativ gespalten, wohingegen durch die Gallertbildung des Lichosans keine Verzögerung des enzymatischen Abbaues eintritt; sicherlich ist im ersten Falle hierfür die Entmischung infolge Verminderung der Oberfläche verantwortlich zu machen. Ich bin der Meinung, daß die Verschiedenheiten zwischen dem Lichenin und dem Lichosan auf die mangelnde Beladung der Kohlenhydrate des letzteren mit Elektrolyten zurückzuführen sind. In der Tat ließ sich durch Phosphorilierung ein Monophosphorsäure-Ester des Lichosans der Zusammensetzung $C_6H_9O_4 \cdot O \cdot PO_3H_2$ gewinnen, der in Wasser ganz unlöslich war. Bisher ist die Einfügung einer dem Lichenin entsprechenden Menge von Anionen und Kathoden in das Lichosan noch nicht mit genügender Vollkommenheit geglückt, ohne daß hieraus jedoch der Schluß gezogen werden darf, daß auch dieser Unterschied zwischen den beiden Präparaten unverwischbar sei.

Die Beobachtung, daß das Lichosan zwischen 70 und 80° in wäßriger Lösung einen geringeren Verteilungszustand zeigt als bei Zimmertemperatur, macht dieses Präparat zur Lösung der gewiß interessanten Frage geeignet, ob sich diese verschiedene Ballungsgröße über den festen Zustand hinaus würde erhalten lassen. Dieses Problem ist soviel ich weiß bisher experimentell noch nicht in Angriff genommen worden. Herr Dr. LAMM hat seiner Lösung am Lichosan eine große Zahl von Versuchen mit Hilfe von Lichosanpräparaten der drei von uns geschilderten Abbaumethoden des Lichenins gewidmet. Seine Arbeitsmethode beruhte darauf, daß das Lichosan einmal aus kalter und das andere Mal aus 70 bis 80° warmer Lösung, im letzteren Falle mit siedendem Alkohol, ausgefällt und das kryoskopische Verhalten der beiden Präparate nachher in Wasser verglichen wurde. Naturgemäß ist der Gang der Ballung des Lichosans auch im eiskalten Wasser am Anfang am stärksten, so daß infolge der Zeit, welche bis zur ersten Ablesung des Gefrierpunktes verstreichen muß, schon wieder Aggregation des ursprünglich bis zur C_6-Stufe dispergierten und in diesem Zustande ausgefällten Lichosans unvermeidbar ist. Immerhin ließ sich als der Querschnitt der zahlreichen Versuche erweisen, daß das kaltgefällte Lichosan ein höheres und das heißgefällte ein niederes Molekulargewicht zeigt und was am wichtigsten ist, daß der Verteilungszustand des letzteren beim Altern innerhalb von Stunden und Tagen dem des ersteren zustrebt und ihn in verschiedenen Fällen auch erreicht. Ganz analog verliefen die Versuche bei der viskosimetrischen Messung, bei der die Durchlaufszeit des kaltgefällten Lichosans größer war und konstant blieb, während die kleinere Viskosität des heißgefällten Lichosans im Laufe von Tagen zunahm. Auch durch die verschiedene Erregbarkeit im ultravioletten Lichte (vgl. S. 377) ließ sich der Unterschied zwischen den beiden Präparaten belegen.

II. Cellulose: Zusammensetzung inkrustenhaltiger Naturprodukte.

Die Cellulose macht in den meisten grünen Pflanzen etwa die Hälfte der Gerüstsubstanz aus, welche in ihrer Funktion in vieler Beziehung der der Knochen im Körper der höheren Tiere verglichen werden kann. Ebenso wie diese im Laufe der Lebensperiode eine Veränderung erfahren und brüchiger werden, so zeigt auch die als Träger der Pflanzen verwandte Skelettsubstanz eine Veränderung, die durch die fortschreitende Inkrustierung in einer steigenden Verfestigung zum Ausdruck kommt. Um sich diesen Gedankengang klarzumachen, braucht man nur an den Unterschied in der Schmiegsamkeit weicher grüner Pflanzenteile und der Starrheit der Stämme ausgewachsener Bäume zu denken.

Neben der Cellulose finden sich im Skelett der grünen Pflanzen noch andere Stoffe, die aber zum großen Teil auch polysaccharidartiger Natur sind. Nur mit diesen werden wir uns etwas eingehender beschäftigen und die anderen nur soweit in unsere Betrachtungen hineinziehen, als sie Beziehung zu den Polysacchariden haben. Am nächsten verwandt mit der Cellulose sind die sog. *Hemicellulosen.* Dieser Begriff ist ein Sammelname für Polysaccharide, der nicht gut umgrenzt ist, den wir aber wohl nach dem übereinstimmenden Urteil aller auf diesem Gebiete tätigen Fachgenossen noch nicht entbehren können, bis uns eine bessere Kenntnis eine geeignetere Nomenklatur ermöglichen wird. Wir rechnen zu den Hemicellulosen ausschließlich aus Zuckerresten aufgebaute Polysaccharide, die sich von der Cellulose durch geringere Widerstandskraft z. B. gegen hydrolysierende Agenzien unterscheiden. Wenn in der Natur andere Polysaccharide als Skelettsubstanz vorkommen, die der Cellulose an Festigkeit gleichen, dann wird es besser sein, sie nicht als Hemicellulosen zu klassifizieren, sondern sie in einer Klasse mit der Cellulose unterzubringen. Als echte Trägersubstanz haben wir einen Vertreter dieser Gattung vor kurzem in den verschiedenen Kohlarten aufgefunden[1]

[1] Pringsheim, Weinreb u. Kasten: Ber. **61**, 2025 (1928).

und gezeigt, daß diese Polyose besonderer Widerstandskraft nicht einmal durch überkonzentrierte Salzsäure, dagegen durch ein Gemisch davon mit Chlorzink hydrolysiert werden kann; neben Glucose war im Hydrolysat Fructose nachweisbar[1]. Wir zweifeln nicht daran, daß die Verbreitung von der Cellulose abweichender Polyosen im Pflanzenreiche wesentlich größer ist, als man bisher angenommen hat. Durch die von botanischer Seite meist angewandten Färbemethoden z. B. die Jod-Chlorzink-Reaktion kann man sie nicht genügend von der Cellulose unterscheiden.

Die Hemicellulosen bauen sich in den seltensten Fällen ausschließlich aus Glucoseresten auf; wo solche wie im Holze aufgefunden werden, kann man sie vielleicht als eine Vorstufe der Cellulose betrachten. Meist aber sind in ihnen andere Hexosen, und zwar stets die auch sonst in der Natur z. B. in den Polysacchariden erster Ordnung verbreitetsten wie die Mannose, die Galaktose und gelegentlich auch die Fructose enthalten. Aber im Gegensatze zu dem sonstigen Vorkommen herrschen in den natürlichen Hemicellulosen die Pentosen, Arabinose und vornehmlich die Xylose vor.

Gehen wir in der Stufenleiter der Resistenz weiter herunter, so begegnen wir schleimartigen Stoffen, wie dem Holzgummi und anderen von der Pflanze ausgeschiedenen, sich wiederum aus Zuckern und meist aus Pentosen zusammensetzenden Gallerten, unter denen zum Schluß die Pektinstoffe als pflanzliche polysaccharidartige Abscheidungsprodukte von Wichtigkeit sind. Die chemische Genese dieser Körper werden wir besprechen. Ob diejenigen unter ihnen, in denen als Grundstoff mehr als eine Zuckerart aufgefunden wird, als Gemische anzusprechen sind, ob wir z. B. ein Galakto-araban als eine Mischung eines Galaktans mit einem Araban aufzufassen haben, läßt sich zur Zeit nicht entscheiden, da die Trennung derartiger kolloidaler Stoffe schwer erreichbar ist.

Das wichtigste cellulosehaltige Naturprodukt ist das Holz an zweiter Stelle steht das Stroh; wir werden uns auf die Bespre-

---

[1] PRINGSHEIM, u. FORDYCE: Ber. **62**, 831 (1929). — PRINGSHEIM u. HELENA BORCHARDT: Ber. **63**, 664 (1930).

chung dieser beiden beschränken. Im Holze[1] findet sich neben echter Cellulose und Hemicellulosen und dem gelegentlichen Vorkommen von Stärke, die im Sommerholze bis zu mehr als 5% z. B. in der Birke vorhanden sein kann[2], als weiterer Hauptbestandteil die Inkrustationssubstanz. Wir bezeichnen diese als *Lignin* und werden von ihr noch sprechen. Dagegen begnügen wir uns mit der Aufzählung der zuckerunähnlichen Bestandteile des Holzes: der Asche, deren Zusammensetzung den notwendigen Nährsalzen der grünen Pflanze entspricht[3], den mit organischen Lösungsmitteln ausziehbaren Fetten, Wachsen und Harzen, die besonders in Nadelhölzern vorherrschen und meist hydroaromatischer Natur sind. Ihre Bedeutung für verschiedene technische Zwecke, z. B. zum Leimen von Papier, ist bekannt, über ihre Mengenverhältnisse kann man sich in den obengenannten Büchern unterrichten[4]. Ferner sind als Holzbestandteile noch Proteine, Gerbstoffe, Farbstoffe und als zweifelhafter das dem Wachs ähnliche Kutin zu nennen.

Ehe wir die Zusammensetzung verschiedener Hölzer und Stroharten angeben, müssen wir die analytischen Prinzipien erläutern, nach denen sie erhalten wurden und die keineswegs unproblematischer Natur sind. Wir beginnen mit der Cellulose und beschränken uns strikte auf diejenigen Methoden, die heute für die geeignetsten gehalten werden müssen.

Die Bestimmung der Cellulose im Holze wie in anderen inkrustenhaltigen Stoffen geschieht am besten nach Cross und Bevan[5] durch wechselseitige Behandlung mit Chlor und Natronlauge. Die anderen Methoden sind bei Hägglund (S. 59) aufgezählt[6]. Das Cross-Verfahren besitzt den großen Vorteil, daß es einerseits sehr schonend mit der Cellulose umgeht und sie eigentlich so gut

[1] Schorger, A. W.: The Chemistry of Cellulose and Wood. New York 1926. — Hawley, L. F. u. L. E. Wise: The Chemistry of Wood. New York 1926. — Hägglund, E.: Holzchemie. Leipzig 1928.

[2] Vgl. Schorger: S. 61.

[3] Vgl. Schorger: S. 51. — Hägglund: S. 164.

[4] Vgl. z. B. Hägglund: S. 153.

[5] Cross u. Bevan: Cellulose, An Outline of the Chemistry of the structural elements of plants. London 1903, S. 95.

[6] Für die Einzelheiten vgl. Schorger: S. 509. — Hägglund: S. 57ff.

wie gar nicht in Mitleidenschaft zieht, während andererseits alles Lignin entfernt wird. Man gewinnt auf diese Weise die sog. CROSS-Rohfaser, welche neben Cellulose etwas Asche, einen Teil der Pentosane und evtl. geringe Mengen von Rohprotein enthält. Bestimmt man in ihr nun die Pentosane, die Asche und evtl. das Rohprotein und bringt die Summe dieser von der CROSS-Faser in Abzug, so gelangt man in der Tat praktisch zu der Menge der in dem ursprünglichen Material enthaltenen Cellulose[1]. Diese Methode ist naturgemäß etwas umständlich und zeitraubend, aber sie ist bisher die einzige verläßliche zur Bestimmung der Cellulose; nach ihr sind alle Cellulosebestimmungen ausgeführt worden, welche wir in nachstehendem angeben wollen, soweit etwas anderes nicht besonders hervorgehoben ist. Auch nach dem Chlorverbrauch läßt sich die Menge des vorhandenen Lignins beurteilen[2].

Bestimmt man in einem rohfaserhaltigen Material neben der Asche, dem Fett und dem Rohprotein die Cellulose und die Pentosane und zieht man die Summe dieser Prozentzahlen von 100% ab, so gelangt man im allgemeinen zu einer Differenzzahl, welche dem Ligningehalt entspricht. Direkt läßt sich das Lignin auf verschiedene Weise bestimmen: einmal durch Behandlung des rohfaserhaltigen Materials in der Kälte mit hochprozentiger Salzsäure nach WILLSTÄTTER[3], durch Behandeln mit 1%iger Salzsäure unter einem Druck von 6 Atmosphären[4], mit 72%iger Schwefelsäure bei Zimmertemperatur oder auch mit gasförmiger Salzsäure[5]. Diese vier Methoden führen nach den Angaben von KÖNIG und BECKER[6] zu übereinstimmenden Zahlen. Die im nach stehenden angegebenen Werte beruhen auf dem WILLSTÄTTER-Verfahren[7].

---

[1] Angegeben von HEUSER u. SIEBER: Ztschr. angew. Chem. **26**, 801 (1913).

[2] WAENTIG u. GIERISCH: Ztschr. angew. Chem. **32**, 173 (1919).

[3] WILLSTÄTTER u. ZECHMEISTER: Ber. **46**, 2401 (1913).

[4] KÖNIG u. RUMP: Ztschr. f. d. Unters. d. Nahrungs- u. Genußmittel **28**, 177 (1914).

[5] KÖNIG u. BECKER: l. c. u. Ztschr. angew. Chem. **32**, 155 (1919).

[6] KÖNIG u. BECKER: Die Behandlung des Holzes und ihre wirtschaftliche Verwertung. Veröffentlichung d. Landwirtschaftskammer f. d. Provinz Westfalen, Heft 26, Münster i. W. 1918.

[7] In der speziellen Ausführung von SEMMLER u. PRINGSHEIM: Landwirtschaftl. Versuchsstationen **1919**, 85.

Mit Hilfe der hier geschilderten analytischen Methoden läßt sich im allgemeinen eine Gesamtanalyse rohfaserhaltiger Naturprodukte ausführen. Sollte die Summe der gefundenen Werte nicht 100% ergeben, sollte die Differenzzahl, von der wir vorher gesprochen haben, wesentlich größer sein als der Wert für Lignin, so kann das naturgemäß auf der Anwesenheit von Substanzen beruhen, welche nicht von den angewandten Analysenmethoden mitbestimmt werden. Vornehmlich kommen bei Naturprodukten hierfür die sog. *Hexosane* in Frage, d. h. leichter als Cellulose hydrolysierbare Polysaccharide, wie die Stärke, welche bei ihrer Aufspaltung nicht in Pentosen zerfallen und demnach nicht als Pentosane bestimmbar sind. Jedoch spielt dieser Fall für diejenigen Naturprodukte, die uns hier am meisten interessieren müssen, wie Holz und Stroh, keine bedeutende Rolle.

Neben der Cellulose lassen sich am leichtesten die Pentosane nach der von Tollens angegebenen Methode der Destillation mit 12%iger Salzsäure bestimmen, wobei im Destillate das durch Wasserabspaltung aus den Pentosen gebildete Furfurol mit Phloroglucin niedergeschlagen und als Phloroglucid zur Wägung gebracht wird. Aus einer empirisch zusammengestellten Tabelle läßt sich dann der Pentosangehalt errechnen, jedoch wird hierbei neben dem Furfurol auch das aus anderen Kohlenhydraten des Holzes entstehende Oxymethylfurfurol mitgefällt, wodurch sich die vielfach schwankenden Werte erklären; meist wird trotzdem der Pentosangehalt auf Grund der genannten Methode z. B. für verschiedene Holzarten angegeben[1]. Durch die Alkohollöslichkeit der Phloroglucid-Verbindung läßt sich das Methylfurfurol nicht wie früher oft angenommen ohne weiteres vom Furfurol unterscheiden, doch erhält man bessere Werte, wenn man Barbitursäure als Furfurol-Fällungsmittel anwendet[2], durch die Oxymethylfurfurol nicht niedergeschlagen wird, leider aber gelegentlich andere Produkte, die bei der Tollens-Destillation aus Lignin entstehen[3], z. B. der Formaldehyd, der kürzlich im Lignin aufgefunden

---

[1] Vgl. Schorger: S. 148. — Hägglund: S. 67. [2] Unger und Jäger: Ber. **36**, 1222 (1903). — Gierisch: Cellulosechemie **6**, 61 (1925).
[3] Hägglund u. Rosenqvist: Biochem. Ztschr. **179**, 376 (1926).

wurde[1]. Die Mannane lassen sich auf dem Umwege über das Mannosephenylhydrazin bestimmen, worüber HÄGGLUND eingehende Angaben gemacht hat[2]. Der Mannangehalt des Holzes kann bis zu 9% betragen, meistens schwankt er um 5%[3]. Die Zusammensetzung der bei der Hydrolyse der Hemicellulosen entstehenden Zucker ist eingehend ermittelt worden[4] (Tab. 3); sie hatten

Tabelle 3. Zucker in Hemicellulosen.

Zuckerart	Nadelholz		Laubholz	
	Tanne %	Kiefer %	Birke %	Buche %
Pentose (Xylose)	26,0	24,8	61,1	73,9
Glucose	23,4	21,4	14,4	20,1
Galaktose . . .	3,4	4,2	3,5	0,1
Mannose . . .	24,6	43,4	7,1	3,3

noch eine gewisse praktische Bedeutung, als man besonders während der Kriegszeit versuchte, Holzspiritus durch Hefegärung aus den Holzzuckerlaugen zu gewinnen, die man aus Sägespänen mit verdünnten Mineralsäuren bei etwa 7 Atmosphären Überdruck darstellte. Unter den vergärbaren Zuckern herrschen die Mannose und die Glucose vor, die Galaktose tritt zurück.

Wir geben zuerst die Analyse einiger Holzarten:

Tabelle 4.

Holzart	Protein	Harz u. Wachse	Asche	Pentosane	Cellulose	Differenz	Lignin nach WILLSTÄTTER
Tannenholz.	0,76	1,08	0,64	9,98	58,07	29,47	33,12
Kiefernholz.	0,79	1,81	0,51	5,26	60,50	31,13	43,10
Eichenholz .	0,96	1,11	0,50	23,70	38,97	34,16	26,10
Buchenholz.	0,95	0,94	0,59	27,00	49,70	20,82	22,5

[1] FREUDENBERG u. HARDER: Ber. **60**, 581 (1927).

[2] HÄGGLUND u. KLINGSTEDT: Liebigs Ann. **459**, 26 (1927). — Vgl. auch SCHORGER: Journ. ind. eng. chem. **9**, 748 (1917).

[3] Vgl. HÄGGLUND: S. 77.

[4] SCHORGER: S. 33. — HÄGGLUND: S. 79.

Auf andere Weise hat König[1] die Analyse von Holzarten durchgeführt: Er bestimmt neben Wasser, Rohprotein, Ätherextrakt, Asche und Lignin gesondert die Hemicellulosen, und zwar dadurch, daß er das feingemahlene Material mit 0,4%iger Schwefelsäure 3—4 Stunden lang unter einem Überdrucke von etwa 4 Atmosphären erhitzt; in der Lösung bestimmt er einmal die Pentosane und ein anderes Mal den gärfähigen Zucker, aus dem er dann durch Multiplikation mit dem Faktor 0,9 die Hexosane errechnen will. All diese Werte zusammen von 100% abgezogen ergeben ihm eine Differenz, welche er als rohe Cellulose bezeichnet. Zu dem Prozentgehalt an reiner Cellulose gelangt er von diesem Werte ausgehend dadurch, daß er die Menge der in Lösung gegangenen Pentosane von den Gesamtpentosanen subtrahiert und den kleinen verbleibenden Rest von der Rohcellulose abzieht.

Wie man sieht, ist das Verfahren von König noch umständlicher als das vorgenannte. Es hat ihm gegenüber einige Schwächen, aber auch einige Vorzüge: König gelangt zu einer besonderen Bestimmung der Hexosane, d. h. eines in verdünnter Schwefelsäure löslichen Anteils der Holzsubstanz, welcher gärbaren Zucker liefert. Die Hauptmenge dieser Substanz verbleibt nach der Chlorierungsmethode von Cross bei der Rohcellulose und wird mit als Cellulose bestimmt, während sie König in Abzug bringt und die wirkliche Cellulose als *Orthocellulose* bezeichnet. Dieser Unterschied könnte dadurch zum Ausgleich gebracht werden, daß man sich auf den Standpunkt stellt, in *reiner* Cellulose sei immer noch ein durch verdünnte Säuren leichter verzuckerbarer Anteil vorhanden. Jedenfalls ist die Königsche Ermittlung, daß in Nadelhölzern durchschnittlich 13% Hexosane vorhanden sind, insofern von großem Interesse, weil die Menge der aus Nadelholzsägemehl in der Holzspiritusindustrie zu erreichenden Alkoholausbeute von etwa 7—8 Litern je 100 kg Holztrockensubstanz ziemlich genau diesem Hexosangehalt entspricht, während andererseits aus Laubholz, für welches König einen Hexosangehalt von 3—6% an-

[1] König u. Becker: l. c. u. Ztschr. angew. Chem. **32**, 155 (1919).

gibt, nur weit weniger Alkohol zu erzielen ist[1]. Man kann aber auch dieser Betrachtungsweise gegenüber zugunsten der ersten Analysenmethode schließlich den Einwand erheben, daß eben in den

Tabelle 5.

Holzart	Protein (N× 6,25)	Harz und Wachs	Asche	Gesamt-Pentosane	Hemicellulosen		Lignin	Cellulose	
					Hexosane	Pentosane		rohe *	reine **
1. Tannenholz H	1,21	2,83	1,10	11,48	13,58	8,67	29,17	43,44	40,62
2. Tannenholz A	1,21	1,71	0,42	11,63	13,00	9,74	27,98	45,95	44,06
3. Kiefernholz	1,27	3,17	0,53	10,80	12,78	8,70	29,52	44,01	41,93
4. Birkenholz H	1,29	2,47	0,68	25,86	4,61	23,20	23,27	44,52	41,85
5. Birkenholz A	2,29	1,88	0,46	24,01	5,00	21,48	26,38	42,50	39,97
6. Pappelholz H	1,39	2,66	0,84	22,71	2,60	15,36	22,45	54,71	47,36
7. Pappelholz A	1,14	2,32	1,21	21,88	3,43	15,10	20,75	56,06	49,27
8. Buchenholz	1,58	0,70	0,96	24,30	4,36	17,79	22,69	51,93	45,41
9. Eschenholz	1,30	2,24	0,83	23,68	5,70	19,29	26,01	44,64	40,24
10. Weidenholz	1,17	2,04	0,83	23,31	5,05	16,75	24,70	49,46	42,91
11. Erlenholz	1,89	2,83	0,49	22,94	3,65	15,90	24,57	50,69	43,64

* Cellulose und unlösliche Pentosane.

** Cellulose, pentosanefrei.

Nadelhölzern eine weit größere Menge leicht hydrolysierbarer Cellulose als in den Laubhölzern vorhanden ist.

Interessant ist, daß sich zwischen den Nadelholz- und den Laubholzarten noch andere Unterschiede geltend machen: So ist der Pentosangehalt der Nadelhölzer verhältnismäßig gering, etwa 10—12%, der der Laubhölzer weit höher, gegen 22—26%. Andererseits weisen die Laubhölzer einen niedrigeren Ligningehalt von 20—26% gegenüber einem solchen von 28—29% bei den Nadelhölzern auf.

Auf die Zusammensetzung der in nachstehender Tabelle zu-

[1] Nach Beobachtungen im Betriebe der Holzspiritusfabrikation in Monheim i. Rh.

sammengestellten Analysen von Stroh, Heu und anderen landwirtschaftlich oder technisch interessanten Stoffen, gehen wir gelegentlich der Besprechung der Verdaulichkeit im IV. Kapitel ein.

Tabelle 6.
In Prozenten der auf 12 % Feuchtigkeit umgerechneten Substanz.[1]

Material.	Wasser	Asche	Rohprotein	Harz u. Wachs	Pentosane	Cellulose	Differenz	Lignin nach WILLSTÄTTER	Stärkewert pro Doppelzentner
Winterhalmstroh .	12	4,33	3,00	0,67	21,67	34,27	24,06	21,21	11,5
Sommerhalmstroh, Hafer	12	4,81	4,70	2,02	21,33	35,43	19,71	20,40	20,7
Sommerhalmstroh, Gerste	12	5,56	3,20	1,40	21,45	32,92	23,47	18,66	20,7
Maisstroh	12	6,15	3,50	0,77	23,54	30,56	23,48	15,13	20,3
Reisstroh	12	5,43	5,33	0,51	27,67	31,99	17,07	18,48	13,5
Schilfrohr	12	5,79	3,76	0,91	20,94	33,35	23,25	20,33	
Maiskolben	12	1,80	2,11	1,37	31,50	37,66	13,56	14,70	21,1
Heidemehl	12	5,40	5,57	7,57	9,28	24,16	36,02	36,17	33,7
Heu	12	6,05	9,31	2,00	13,52	28,50	28,62	28,25	31,0
Topinamburstengel	12	3,63	0,58	2,02	18,68	26,01	37,08	23,6	} 37,3
Topinamburblätter	12	22,69	8,58	0,55	9,28	17,78	29,12	26,8	
Wassergras	12	3,28	6,03	1,76	13,24	26,94	36,75	29,39	
Nesselstengel . . .	12	4,14	2,61	1,12	15,34	43,14	21,65	22,53	
Flachsscheeben . .	12	1,11	0,00	0,84	15,80	34,18	36,07	25,87	

Besonders eingehend ist noch die analytische Zusammensetzung amerikanischer Hölzer ermittelt worden. Über eine Auswahl unterrichtet nachstehende Tabelle[2]: (S. 112).

Einen kurzen Gang zur direkten chemischen Analyse von Pflanzenmaterial hat neuestens WAKSMANN beschrieben[3]. Nach der Äther-Extraktion wird zuerst ein Kalt-Wasserextrakt und ein Heiß-Wasserextrakt gewonnen, in denen die reduzierenden

[1] Dies entspricht nämlich der durchschnittlichen Feuchtigkeit.
[2] SCHORGER: The Chemistry of Wood S. 34.
[3] WAKSMANN u. STEVENS: Ind. and. Eng. Chem., Analytical edition 2, 167 (1930).

Tabelle 7. Analysen amerikanischer Holzarten.

	Feuchtigkeit	Asche	Löslichkeit in				Essigsäure	Methoxyl	Pentosan	Methylpentosan	Cellulose	Lignin	In Cellulose				
			Kalt-Wasser	Heiß-Wasser	Äther	1 % NaOH							Pentosan	Methyl-pentosan	α-Cellulose	β-Cellulose	γ-Cellulose
Kiefer (Pinus ponderosa) . .	6,42	0,46	4,09	5,05	8,52	20,30	1,09	4,49	7,35	1,62	57,41	26,65	6,82	1,98	62,10	10,56	30,13
Ceder (Chamaecyparis nootkatensis) .	4,89	0,43	2,47	3,11	2,55	13,41	1,59	5,25	7,87	3,42	53,86	31,32	7,30	1,78	62,68	11,06	26,25
Rotholz (Sequoia sempervirens) .	9,68	0,21	7,36	9,86	1,07	20,00	1,08	5,21	7,80	2,75	48,45	34,21	7,40	2,09	78,81	2,95	18,24
Fichte (Pseudotsuga taxifolia) . . .		0,38	3,54	6,50	1,02	16,11	1,04	4,95	6,02	4,41	61,47		5,34	1,20			
Lärche (Larix occidentalis) . .		0,23	10,61	12,59	0,81	22,14	0,71	5,03	10,80	2,81	57,80		8,94	1,19			
Ulme (Picea canadensis . .		0,31	1,12	2,14	1,36	11,57	1,59	5,30	10,39	3,55	61,85		9,63	0,72			
Eiche (Quercus densiflora . . .	3,66	0,83	4,10	5,60	0,80	23,96	5,23	5,74	19,59		58,03	24,85	22,82		56,77	19,92	23,03
Balsaholz (Ochroma lagopus) . . .	6,47	2,12	1,77	2,79	1,23	20,37	5,80	5,68	17,65	0,86	54,15	26,50	19,99	1,35	75,64	0,27	24,08
Hickory (Hicoria ovata)	8,49	0,69	4,78	5,57	0,63	19,04	2,51	5,63	18,82	0,80	56,22	23,44	21,89	1,41	76,32	2,82	20,35
Eucalyptus (Eucalyptus globulus) . .	6,58	0,24	4,67	6,98	0,56	18,57	1,85	6,73	20,09	2,33	57,62	25,07	20,96	2,46	68,86	0,70	31,10

Zucker und die wasserlösliche organische Substanz bestimmt werden. Dann wird mit Alkohol extrahiert und zur Bestimmung der Hemicellulosen mit 2%iger siedender Salzsäure behandelt, worauf die Zucker im Hydrolysate reduktrometrisch ermittelt werden. Zur Bestimmung der Cellulose wird der Rückstand dann zweieinhalb Stunden mit 80%iger Schwefelsäure behandelt und darauf nach dem Verdünnen eine Stunde auf 120° erhitzt. Die reduzierenden Bestandteile dieses Hydrolysates werden auf Cellulose umgerechnet und der endliche Rückstand als Lignin abgewogen. So können nach WAKSMAN die wichtigsten Gruppen des Pflanzenmaterials, die etwa 88—95% des Gesamtanteils ausmachen, bestimmt werden. Der Forscher hat diese Methode bei seinen Arbeiten in nützlicher Weise anwenden können, wobei er natürlich auf eine scharfe Unterscheidung zwischen Hemicellulosen und Cellulose und eine Aufteilung der ersteren in Pentosane und Hexosane verzichten muß.

Zur *technischen Darstellung* von Zellstoff kommen vornehmlich zwei Aufschlußverfahren in Frage, das alkalische mit Natronlaugen und das saure mit Calciumsulfitlaugen. Das erstere findet heutzutage vornehmlich unter dem Namen „Sulfatverfahren" Anwendung, in Wahrheit findet bei ihm die Kochung aber in einem Gemische von Natriumhydrat und -sulfid statt, welches durch Reduktion des zur Ergänzung zugesetzten Natriumsulfates im Laugenwiedergewinnungs-Prozesse aus ihm entsteht und die Entfernung des Lignins besonders erleichtert. Bei dieser Art der Zellstoffgewinnung, welche sich auch gut für Stroh eignet, das infolge seines Gehaltes an Kieselsäure nach dem Sulfitverfahren nicht aufschließbar ist, müssen die Laugen aus wirtschaftlichen Gründen wiedergewonnen werden. Man arbeitet unter einem hohen Überdruck und verbraucht z. B. auf 100 kg Fichtenholz 16—17 und auf 100 kg der harzreicheren Kiefer 18—22 kg Ätznatron. Die Wiedergewinnung kann durch Verdampfen, Verkohlen im Drehofen und Kaustifizieren mit Ätzkalk oder auch unter Zwischenschaltung einer von RINMANN[1]

[1] Vgl. HÄGGLUND: S. 213.

angegebenen Plattenverkohlung vorgenommen werden, bei der in Analogie zur Holzdestillation aus den niedergeschlagenen Destillaten ein Gemisch von Methylalkohol, Aceton und höher siedenden Ketonen gewonnen wird[1]. Auf die Anwendung des alkalischen Aufschlusses zur Verdaulichmachung von Stroh kommen wir noch zurück.

Die Natronzellstoffe finden hauptsächlich für Pappe, aber auch für Papier Anwendung, sie sind jedoch für feinere Zwecke, z. B. für die Kunstseideindustrie wegen ihres geringen Reinheitsgrades unverwendbar.

Die ausgedehnteste Anwendung findet die Calcium-Sulfitlauge. Die schweflige Säure besitzt die Eigenschaft, sich mit dem Lignin zur löslichen Ligninsulfosäure umzusetzen, eine Erkenntnis von grundsätzlicher Bedeutung, die wir dem auch heute noch nicht genug anerkannten deutschen Forscher TOLLENS verdanken[2]. Aber erst durch die Gegenwart von Kalk gewinnt das Verfahren seine technische Bedeutung, da schweflige Säure allein oder auch Schwefelsäure, wenn sie versehentlich beim Kochprozeß entsteht, sehr leicht in der sogenannten „Schwarzkochung" unter Zersetzungserscheinungen zur Schwarzfärbung des Zellstoffes führen kann. Auf die Einzelheiten des Sulfitverfahrens, möge es nach der alten MITSCHERLICHschen Vorschrift mit Laugen von etwa 3—4% gesamtschwefliger Säure, 1—2% gebundener schwefliger Säure und 1—2% Kalk bei 2 Atmosphären im langen Kochprozeß oder in kurzer Kochdauer bei 5—6 Atmosphären nach RITTER-KELLNER durchgeführt werden, können wir hier nicht eingehen[3]. Ein großer Nachteil des Verfahrens ist, daß bei ihm an die 60% der mit dem Holze eingebrachten organischen Substanz in die Ablauge geht, welche meist ungenutzt wegfließt. Alle bisher vorgeschlagenen Verwendungslaugen haben sich als unwirtschaftlich erwiesen[4]

---

[1] Vgl. HEUSER: Papierfabrikant **21**, 325 (1923).

[2] TOLLENS u. LINDSEY: Liebigs Ann. **267**, 341 (1892).

[3] Vgl. Technik und Praxis der Papierfabrikation, herausgegeben von E. HEUSER. — DIECKMANN: Sulfitzellstoff, Berlin 1923. — HÄGGLUND: Natronzellstoff, Berlin 1926.

[4] Vgl. JAKIMOFF: Bumasch. Prom. 8—9, 9 (1929) ref. Cellulosechem. **11**, 208 (1930).

bis auf die Gewinnung von *Sulfitspiritus*, bei der wenigstens die in Lösung vorhandenen vergärbaren Zucker ausgenutzt werden[1], was besonders für Länder wie Schweden, die arm an sonstigen Alkoholgrundstoffen sind, von Bedeutung ist.

Zur *Beurteilung eines Zellstoffes* auf seine Güte für technische Zwecke bedient man sich vornehmlich der Bestimmung seines Gehaltes an α-Cellulose, d. h. desjenigen Anteils, der mit 17,5%iger Natronlauge nicht in Lösung geht; hierfür sind besondere Standardmethoden ausgearbeitet worden[2]. Dieses Bestimmungsverfahren beruht auf der Erkenntnis, daß bei technischen Verwendungszwecken, z. B. bei der Herstellung von Viscose, nur der Alkaliunlösliche Teil ausgenutzt wird; deshalb kann aber der in so starker Natronlauge lösliche Anteil vom wissenschaftlichen Standpunkte aus doch als Cellulose ansprechbar sein. Wenigstens hat HESS[3] nachgewiesen, daß seine Drehwertskurve in Kupferamminlösung mit der reiner Cellulose übereinstimmen kann.

Die *Inkrustationssubstanz*[4] oder das *Lignin* macht, wie aus unseren Tabellen ersichtlich, etwa den vierten Teil der Holzsubstanz, in Stroharten den fünften Teil und weniger, in manchen Pflanzen wie z. B. im Heidekraut aber weit mehr, über ein Drittel, der organischen Substanz aus. Wir bestimmen sie am besten durch Aufschluß mit überkonzentrierter Salzsäure nach WILLSTÄTTER und bezeichnen den Rückstand als WILLSTÄTTER-Lignin.

Mit dem Lignin können wir uns nur vorübergehend beschäftigen, doch ist es neuerdings nicht nur in den genannten Büchern über Holz und von HESS als Begleiter der Cellulose, sondern auch in zwei Monographien behandelt worden, von denen besonders die von FUCHS wertvoll und erschöpfend ist[5]. Das Lignin läßt

[1] HÄGGLUND, E.: Die Sulfitlauge und ihre Verarbeitung auf Alkohol. 2. Aufl. Braunschweig, 1921.

[2] Vgl. JENTGEN: Kunststoffe **1**, 165 (1911). — SCHWALBE-SIEBER S. 221; COREY u. GRAY: Journ. ind. eng. Chem. **16**, 853, 1130 (1924); SCHWALBE: Papierfabrikant **26**, 189 (1928).

[3] HESS u. LJUBITSCH: Liebigs Ann. **466**, 1 (1928).

[4] Vgl. die Zusammenfassung bei RIEFENSTAHL: Ztschr. angew. Chem. **37**, 169 (1924).

[5] FUCHS, WALTER: Die Chemie des Lignins, Berlin 1926. — KÜRSCHNER, K.: Zur Chemie der Ligninkörper, Stuttgart 1925.

sich aus seiner alkalischen Lösung durch Säuren als Ligninsäure niederschlagen, mit kochendem Phenol extrahieren und nach Verdampfen dieses als Phenollignin gewinnen, man kann es aus seinem Methoxylgehalte errechnen, durch zahlreiche Farbenreaktionen erkennen und man hat versucht, es durch eine große Zahl chemischer Umsetzungen zu studieren und seine Konstitution aufzuklären. Bisher ist man noch nicht soweit gelangt, es mit Sicherheit in eine besondere Körperklasse einzuordnen, wenn auch die Beweise, daß es aromatischer Natur sei, sich zu verdichten scheinen.

Sicherlich sind die Inkrustationssubstanzen verschiedener Naturstoffe vielfach voneinander verschieden, ja sie mögen Gemische in sich sein, aber es ist immerhin auffallend, daß sie in elementaranalytischer Beziehung mit einem Gehalte von etwa 64% C, 6% H, 30% O und 21% OCH_3 nicht allzusehr voneinander abweichen und vielfache gemeinsame Reaktionen zeigen. Vgl. die nachstehende Tabelle[1]:

Tabelle 8.

Nr.	Bezeichnung	C	H	O_3	OCH_3	C:H	C:O	C:H	C:O
1	Genuines Lignin	63,1	5,9	31,0	21,5	1:1,12	1:0,35	1:0,98	1:0,42
2	Lignin WILLST.	64,4	5,9	29,8	14,4	1:1,09	1:0,34	1:1,01	1:0,37
3	Lignin KÖNIG .	68,8	5,0	26,3	15,3	1:0,87	1:0,29	1:0,76	1:0,31
4	Ligninsäure . .	61,6	5,6	33,3	14,3	1:1,06	1:0,40	1:1	1:0,44
5	Ligninsulfonsäure	66,3	6,4	27,3	14,8	1:1,16	1:0,29	1:1,07	1:0,33
6	Primärlignin. .	63,2	6,5	30,3	21,0	1:1,23	1:0,35	1:1,12	1:0,41
7	$C_6H_{10}O_5$ . . .	44,4	6,2	49,4		1:1,67	1:0,84		
8	(CH_2CO) . . .	57,1	4,8	38,1		1:1,01	1:0,5		
9	$C_6H_6O_2$	65,5	5,5	29,0		1:1,01	1:0,33		
10	$C_5H_4O_2$	62,5	4,2	33,3		1:0,81	1:0,4		

Für das Konstitutionsproblem des Lignins ist die Beobachtung verwandt worden, daß es beim Verschmelzen mit Kalilauge ver-

[1] FUCHS: S. 179.

hältnismäßig viel Protokatechusäure und Brenzkatechin[1] liefert, wie aus der folgenden Tabelle hervorgeht[2]:

Tabelle 9.

Dauer der Schmelze in Min. bei der charakt. Temperatur	Dauer i. ganz. i. Min.	Ätherextrakt	Protokatechusäure roh	Protokatechusäure rein	Brenzkatechin roh	Brenzkatechin rein	Oxalsäure	Ligninsäure	Bemerkung
75; 240—250°	75	—	15,6	8,8	1,3	—	13,9	29,4	Luft, Nickeltiegel
35; 240—280°	95	29,2	—	11,1	—	—	14,4	—	dgl.
45; 240—280°	90	—	19,1	—	2,9	—	15,9	29,3	dgl.
65; 240—270°	125	28,2	0,0	0,0	23,1	21,2	20,0	—	Wasserstoff, Eisentiegel
65; 240—295°	70	—	15,7	12,2	3,8	1,0	0,3	25,5	Wasserstoff, Nickeltiegel
95; 240—285°	190	—	18,7	3,8	9,2	4,4	0,3	38,3	Stickstoff, Nickeltiegel

Nach neueren Untersuchungen[3] ist jedoch anzunehmen, daß eine so hohe Ausbeute an Protokatechusäure auf eine fehlerhafte Bestimmung, insbesondere die schwierige Abtrennung von Oxalsäure, zurückzuführen ist. Unter Berücksichtigung der unvermeidlichen Verluste können nur 9—10% als tatsächlich bei der Kalischmelze von Willstätter-Lignin entstehend angenommen werden. Immerhin wird auch von Freudenberg ein wirklicher viel höherer Gehalt an Brenzkatechin-Derivaten im Lignin für möglich gehalten. Dieser Befund von 1,2-Dioxyphenolen ist als Begründung für die aromatische Natur der Inkrustationssubstanz herangezogen worden, dafür spricht auch die Abscheidung von Vanillin[4].

[1] Vgl. Klason: Ber. **53**, 706 (1920). — Heuser u. Winsvold: Ber. **56**, 902 (1923).

[2] Fuchs: S. 148.

[3] Freudenberg, Harder u. Markert: Ber. **61**, 1760 (1928).

[4] Kürschner: Journ. prakt. Chem. **118**, 238 (1928).

Viel Beachtung hat die Auffassung von KLASON gefunden, welche im Lignin einen Abkömmling des Coniferylaldehyds sieht[1], der dem Vanillin nahesteht, später hat KLASON das Lignin als ein Kondensationsprodukt aus zwei Molekülen Coniferylaldehyd erklärt[2].

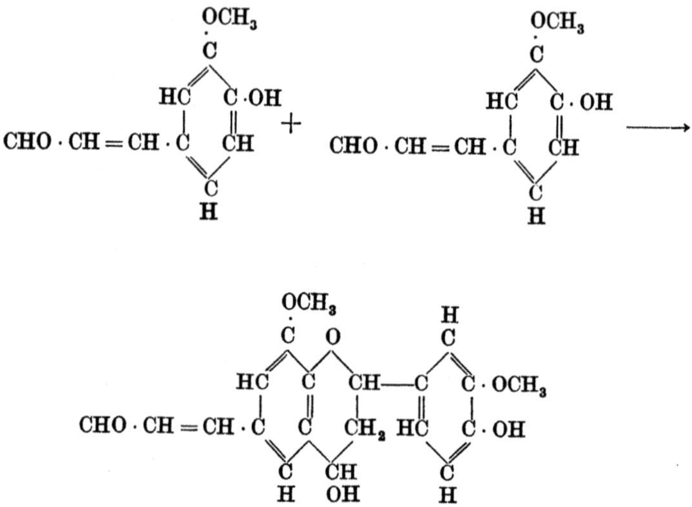

oder

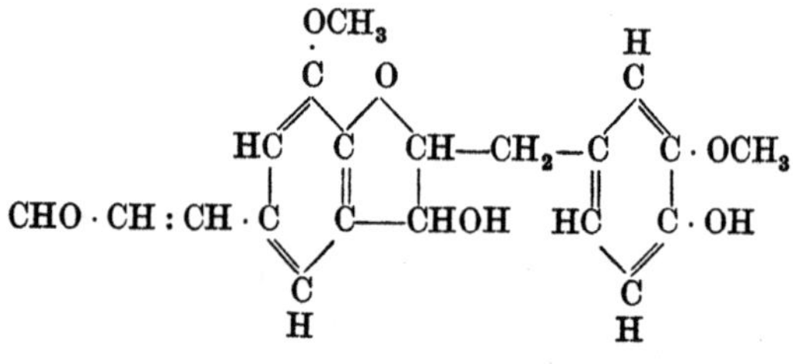

Eine derartige Formulierung nach dem Flavontypus hätte den Vorteil, die Verwandschaft mit den Gerbstoffen zu erklären.

[1] Für die Einzelheiten vgl. FUCHS: S. 281. — HÄGGLUND: S. 137.
[2] KLASON, P.: Ber. 58, 375 (1925).

Ähnliche Schlüsse hat Holmberg[1] aus der Untersuchung des Lactons der Ligninsulfosäure gezogen.

Die Abstammung von den Kohlenhydraten deuten andere Auffassungen vom Ligninmolekül. So haben Willstätter und Kalb[2] die Resultate zu erklären versucht, die sie bei der energischen Reduktion von Lignin mit Jodwasserstoffsäure erhalten haben. Hierher gehört auch, daß beim energischen Kochen von Willstätter-Lignin mit starker Salzsäure aus ihm größere Mengen Furfurol abgespalten werden konnten[3].

Viel Interesse verdient die Ligninformel, welche Schrauth[4] vorgeschlagen hat: er weist auf die Beziehung zu bicyclischen hydroaromatischen Verbindungen hin und bringt das Verhalten des Lignins bei der Reduktion mit Jodwasserstoffsäure, seine Eigenschaft sich in Phenol zu lösen, mit dem gleichartigen spezifischen Verhalten substituierter Tetrahydrobenzolringe in Zusammenhang. Es handelt sich nach seiner Ansicht dabei nicht nur um Pentosen, sondern auch um Hexosen. Insbesondere Glucose dürfte imstande sein, ein Anhydrid von folgendem Typus zu bilden.

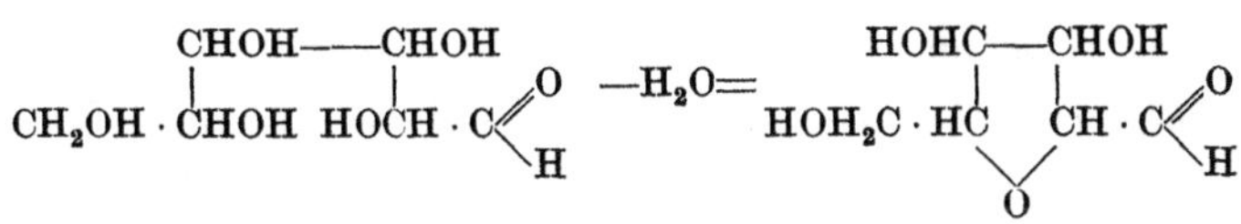

Drei solche Anhydride würden unter weiterer Wasserabspaltung miteinander in folgender Weise reagieren: (s. S. 120.)

Dieses Kondensationsprodukt sollte darauf in der Pflanze zu Lignin reduziert werden. Eine Modifikation der Schrauthschen Vorschläge durch Jonas, die auf der Auffassung aufgebaut ist, daß am Aufbau des Lignins Furankerne einen besonderen Anteil

---

[1] Holmberg: Ber. **54**, 2389, 2406 (1921).

[2] Willstätter u. Kalb: Ber. **55**, 2637 (1922).

[3] Ungar: Dissert. Zürich 1914; Hägglund: Ber. **56**, 1866 (1923); Biochem. Ztschr. **147**, 73 (1924).

[4] Schrauth: Ztschr. angew. Chem. **36**, 149 (1923). — Vgl. Fuchs: S. 284.

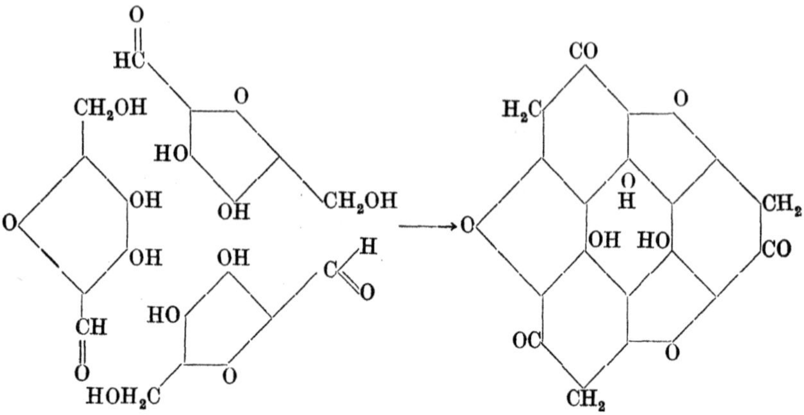

haben, bringt uns der Abstammung von Kohlenhydraten noch näher[1].

Weitergehend sind die Anschauungen, die FREUDENBERG über die aromatische Natur des Lignins entwickelt hat[2]. Aus Versuchen bei der Bromierung von Methyl-Lignin, polymerisiertem Conyferylalkohol usw. zieht er den Schluß, daß das Lignin-Methoxyl aromatisch gebunden sei. Ferner wurde beobachtet, daß der Brechungsindex des Lignins nahe bei dem des polymeren Coniferylalkohols liegt. Auf Grund weiterer optischer Untersuchungen gelangte FREUDENBERG zu folgendem Bilde vom Aufbau des Lignins: Das Lignin durchsetzt die Holzmembran nach allen drei Dimensionen netzwerkartig. „Bleistäbe von Bleistiftdicke und allen Längen bis zu mehreren Dezimetern werden möglichst unregelmäßig verbogen, sowie an einer oder mehreren willkürlich gewählten Stellen in größter Unordnung miteinander verlötet. So entsteht ein 3-dimensionales Gebilde von großer innerer Oberfläche und erheblicher Starrheit. Wenn die einzelnen Bleistäbe Kettenmoleküle bedeuten, die ursprünglich selbständig gewachsen, dann aber an einzelnen Stellen durch Valenz-Bindungen der weiter unten beschriebenen Art verknüpft worden

[1] JONAS: Wochenbl. f. Papierfabr. **56**, 83 (1925); Papierfabr. **26**, 221 (1928).

[2] FREUDENBERG u. Mitarbeiter: Ber. **62**, 1554, 1814 (1929).

sind, so erklärt sich die Formerhaltung trotz Entfernung der Kohlehydrate. Für die Konstitution des Lignins ergibt sich, daß kettenförmige Moleküle, die sehr verschiedener Länge sein können, eine geeignete Grundlage der Betrachtung bilden. Sie müssen an beliebigen Stellen Gruppen enthalten, die zur Kondensation, Polymerisation oder sonst einer festen Verknüpfung untereinander befähigt sind." Die Elementaranalyse des vorstehend beschriebenen Lignins liefert 64,6% C, 5,7% H, 17% OCH_3 und 1,2% OCH_2; durch vollständige Methylierung steigt der OCH_3-Gehalt auf 29%. Diese Daten sind mit den Formeln I und II zu vereinbaren,

I.

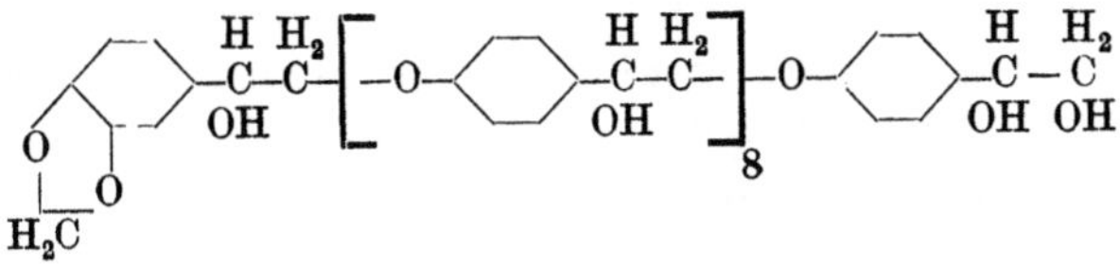

II.

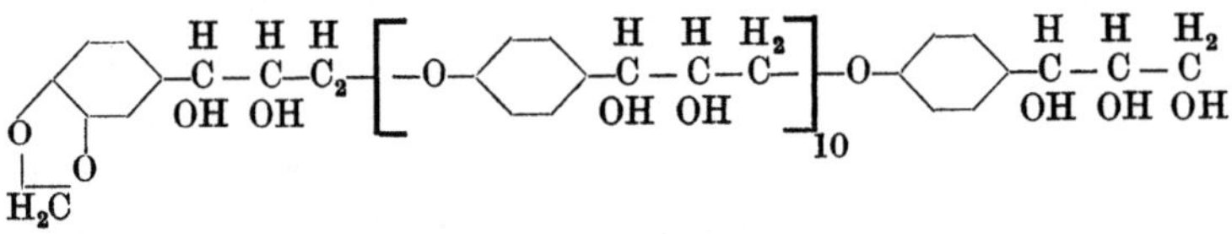

die beide den Erkenntnissen Rechnung tragen, daß im Lignin Vanillin- und Piperonyl-Komponenten im Verhältnis 10:1 (Verhältnis Methoxyl:Formaldehyd!) und auf jeden Benzolkern etwa ein sekundäres aliphatisches Hydroxyl (Umsetzung des Toluolsulfolignins mit Hydrazin!) enthalten sind. In beiden Verbindungstypen können durch Verlust von Wasser an den Enden Aldehyde, in den Ketten ungesättigte Gruppen entstehen, die bei II Enol-Natur haben oder in Ketongruppen übergehen. Für den Angriff durch schweflige Säure stehen alsdann Doppelbindungen und Carbonyle zur Verfügung; auch die „Ligninacetate"[1] lassen sich so erklären. Vor allem erlauben die Formeln, den bekannten Unterschied zwischen dem noch im Holz befindlichen unverän-

[1] HÄGGLUND u. URBAN: Cellulosechemie 8, 69 (1927); 9, 49 (1928).

derten und dem durch chemische Eingriffe halbwegs oder ganz isolierten Lignin zu deuten, der hauptsächlich im Verhalten gegen schweflige Säure auffällt. Wenn angenommen wird, daß im Holz Ketten nach Art I und II vorliegen, so können sie direkt oder nach Verlust von Wasser mit SO_2 reagieren. Wenn aber durch Säuren oder Alkalien Holzbestandteile entfernt worden sind, so können die teilweise freigelegten Ketten ohne nennenswerte Veränderung ihrer Lage an einzelnen oder mehreren Stellen durch Kondensation oder Polymerisation miteinander reagieren. Die so entstehenden äußerst hochmolekularen Gebilde werden durch schweflige Säure nur langsam angegriffen.“ Diese Formulierung erweitert die von KLASON zuerst begründete und in neueren Abhandlungen erforschte Auffassung von der aromatischen Natur des Lignins, wenn auch KLASON[1] dem FREUDENBERGschen Schluß, daß ein freies Phenol-Hydroxyl im Lignin nicht vorhanden sein kann, noch nicht endgültig zustimmt.

Bei vorsichtiger Nitrierung mit Stickstoffdioxyd tritt als einziges Spaltungsprodukt Methylalkohol auf, wobei das Verhältnis von eingetretenem Stickstoff zu ursprünglich vorhandenem aromatischem Methoxyl nahezu 1:1 sein kann. Es findet dabei Substitution und keine Anlagerung an Doppelbindungen statt, was besonders daraus hervorgeht, daß Nitro-lignin sich bromieren läßt, während andererseits Brom-methyl-lignin nitriert werden kann. wobei in beiden Fällen Stickstoff zu Brom im entsprechenden Zahlenverhältnis steht.

Das Lignin reagiert bei diesen Reaktionen wie auch bei der Merkurierung mit der Vollständigkeit eines Permutoids durch, wobei einigermaßen stöchiometrische Verhältnisse herrschen. Derartige Reaktionen sind in der Ligninchemie selten, weil hierfür nur Reagenzien in Frage kommen, die die aliphatischen Zwischenketten nicht zertrümmern. Denn hierbei erfolgt, wie z. B. bei Oxydationsreaktionen eine Freilegung der 4-Hydroxylgruppe des Benzolkerns und der Eingriff geht auf diese über. Außerdem lassen sich nur einige Reaktionen der aliphatischen Kette, und zwar

[1] KLASON: Ber. 62, 2523 (1929).

Umsetzungen sekundärer Hydroxyle wie die Methylierung und Acetylierung oder Toluol-Sulfonierung stöchiometrisch durchführen.

Die große Kompliziertheit der Ligninchemie kommt noch dadurch zum Ausdruck, daß die Bauelemente untereinander nicht gleich sind, wofür Einzelheiten im Original angeführt werden. Man sieht aber, daß hier immerhin Ansätze vorhanden sind, um die Inkrustationssubstanz anschaulicher als im vergangenen erscheinen zu lassen[1].

Eine besondere Meinung über die Zusammensetzung inkrustenhaltiger Naturprodukte hat ERICH SCHMIDT vertreten auf Grund seines ausgezeichneten Aufschlußverfahrens mit Chlordioxyd[2] und Natriumsulfit, welches für wissenschaftliche Zwecke wegen der Schonung der Kohlenhydratbestandteile inkrustierter Polysaccharide allen anderen Verfahren vorzuziehen ist; er sondert eine Skelettsubstanz ab, die auch noch reich an Hemicellulosen ist, und er bezeichnet als Lignin alle diejenigen Anteile, die nach seinem Verfahren in Lösung gehen. Deshalb zählt er der Inkrustationssubstanz wasserlösliche Pentosane zu. Mit dieser Auffassung haben sich besonders HEUSER[3], CLEVE-VON EULER[4] und FUCHS nicht einverstanden erklärt, doch handelt es sich hierbei mehr um eine Definitionsfrage; wichtiger ist, daß HEUSER[3] beim Vergleich der Chlor- und Chlordioxydmethode praktisch zu demselben Reincellulosegehalt aus Holz gelangte, wenn man in beiden Fällen nach dem Aufschluß die Pentosane und Hexosane in Abzug bringt. Aber auch wir sind der Meinung, daß es besser ist, die beim Chlordioxydverfahren in Lösung gehenden Kohlenhydrate nicht unter den Ligninbegriff einzuordnen.

Von besonderem Interesse ist das *Verknüpfungsproblem*[5] zwischen den Polysacchariden und den Inkrusten. Als energischster Vertreter der Anschauung, daß die Inkrusten aus den Cambial-

---

[1] FREUDENBERG u. DÜRR: Ber. 63, 2713 (1930).

[2] SCHMIDT u. BAUMANN: Ber. 54, 1860 (1921). — SCHMIDT u. Mitarbeiter: Ber. 57, 1834 (1924); 58, 1394 (1925).

[3] HEUSER u. MERLAU: Cellulosechem. 4, 101 (1923).

[4] CLEVE V. EULER: Cellulosechem. 4, 109 (1923).

[5] Vgl FUCHS: S. 289.

saftbestandteilen der Pflanzen erst nachträglich eingelagert und rein kolloidchemisch an die Polysaccharide gebunden sind, ist WISLICENUS zu nennen[1]; er begründet sie mehr botanisch als chemisch.

Ganz abgesehen davon, daß uns die scharfe Trennung zwischen einem kolloidchemischen und einem organisch-chemischen Phänomen überhaupt nicht sehr glücklich erscheint, glauben wir aus dem folgenden gewisse Beweise für die chemische Beziehung zwischen dem Lignin und den Kohlenhydraten ableiten zu können; auch FUCHS hat ganz recht, wenn er bemerkt, daß im Falle einer rein adsorptiven Bindung der Inkrusten an die Polysaccharide des Holzes, diese ja wieder durch bloße Elution aufhebbar sein müßte, was nicht der Fall ist.

So zieht auch SCHMIDT[2] aus der Beobachtung, daß die z. B. in der Skelettsubstanz der Buche bis zu annähernd 13% vorhandene polymere Glucuronsäure trotz ihrer relativ stark sauren Eigenschaften durch schwache Alkalien nicht auszulaugen ist, den Schluß ihrer esterartigen Verkettung in der pflanzlichen Zellmembran.

Sehen wir das Problem rein chemisch an, so können wir mit HAWORTH[3] auf die nachstehend formulierten Reaktionsfolgen hinweisen,

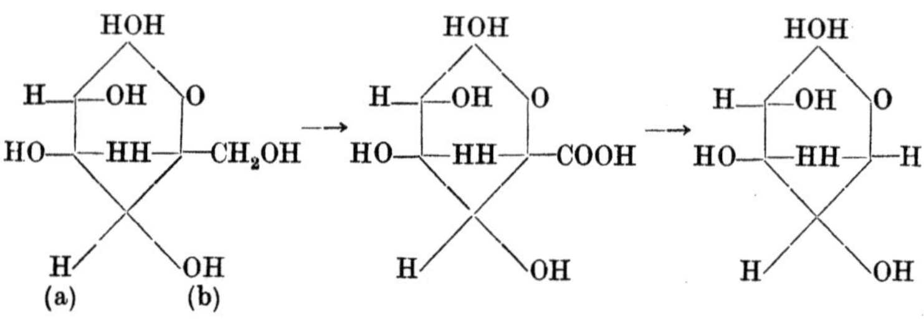

d-Glucose d-Glucuronsäure l-Xylose

---

[1] WISLICENUS: Kolloidzeitschr. **6**, 17, 87 (1910); **27**, 209 (1921); Cellulosechem. **6**, 45 (1925).

[2] SCHMIDT: Naturw. **14**, 1282 (1926). — SCHMIDT, MEINEL u. ZINTL: Ber. **60**, 503 (1927).

[3] HAWORTH, Helv. chim. Acta **11**, 534 (1928).

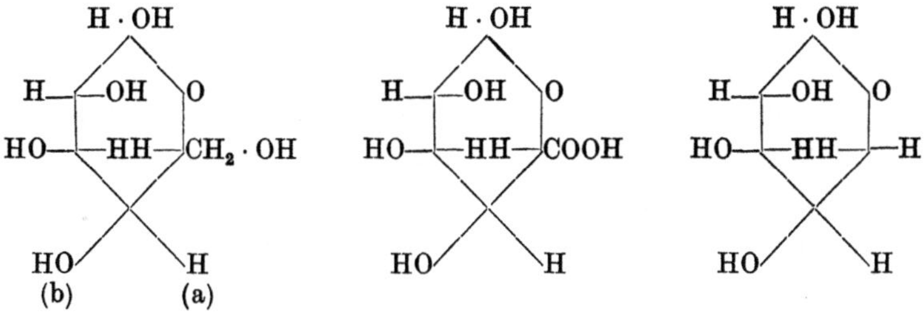

d-Galaktose d-Galakturonsäure d-Arabinose

aus denen die Bildung der Xylose aus der Glucose auf dem Wege über die Glucuronsäure und der Arabinose aus der Galaktose durch Vermittlung der Galakturonsäure hervorgeht, wobei noch besonders darauf hinzuweisen ist, daß die Bildung der Xylose durch Decarboxylierung aus der Glucuronsäure auf biochemischem Wege durch Fäulnisbakterien schon vor langer Zeit beobachtet worden ist[1]. Dieses erklärt, warum die Xylose einen so bedeutenden Anteil der Hemicellulosen des Holzes ausmacht, während andererseits Galaktose und Arabinose gemeinsam am Aufbau der Gummisubstanz beteiligt sind. Ins hellste Licht aber werden diese Beziehungen durch die Beobachtung gerückt, daß Glucuronsäure im Stroh[2] und Glucuronsäureanhydride in der Holzsubstanz vorkommen[3], während nach den grundlegenden Untersuchungen von Felix Ehrlich[4] Galakturonsäureanhydride den Hauptbestandteil der Pektinstoffe bilden. Erinnern wir uns weiter, daß nach den im ersten Teile erläuterten Prinzipien die natürlichen Zucker in ihrer γ-Form, welche, wie wir zeigen werden, in den komplexen Polysacchariden besonders bedeutungsvoll ist, als Furanderivate erscheinen, so ist die Beziehung der Inkrustationssubstanz zu denjenigen Assimilaten der Kohlensäure, die zur Bildung von Stärke Veranlassung geben können, hergestellt. Aus diesen gene-

---

[1] Salkowski u. Neuberg: Zeitschr. f. physiol. Chem. **36**, 261 (1902); **37**, 464 (1903).

[2] Schwalbe u. Feldtmann: Ber. **58**, 1534 (1925).

[3] Schmidt u. Vocke: Ber. **59**, 1585 (1926).

[4] Ehrlich: Zusammenfassung, Ztschr. angew. Chem. **40**, 1305 (1927); Cellulosechem. **11**, 140, 161 (1930).

tischen Zusammenhängen zwischen der Cellulose, den Hemicellulosen, den Poly-uronsäuren und einem aus Furanringen aufgebauten Lichenin ziehen wir den Schluß, daß alle diese Bestandteile der inkrustenhaltigen Naturprodukte in einer chemischen Reaktionsfolge gebildet werden und deshalb auch durch chemische Bindungen und nicht nur rein adsorptiv miteinander zusammenhängen.

Ehrlich hat aus seinen Untersuchungen über die Pektinstoffe, auf deren Ergebnis wir noch zurückkommen, den Schluß gezogen, daß die Polysaccharidsäuren Hauptbestandteile nicht allein der Pektinstoffe, sondern überhaupt der Zellmembranen der Pflanzen sind. Deshalb leitet er die Entstehung des Lignins durch Umwandlung aus den Bausteinen der Pektinstoffe im Verlaufe des Wachstums der Pflanzen her. Schon von Fellenberg[1] hat darauf hingewiesen, daß Pektin hauptsächlich in frischen grünen Pflanzen vorkommt, in denen nur wenig oder gar kein Lignin zu finden ist, daß dagegen in verholzten Pflanzenteilen das Pektin gegenüber dem überwiegend vorhandenen Lignin an Menge fast ganz zurücktritt. Fuchs[2] betont gleichfalls, daß die Pektinsubstanzen mit dem Beginne des Verholzungsprozesses verschwinden und dem Lignin weichen. Die Ligninbildung ist nach ihm mit dem Entwicklungsang von den Algen über die Moose zu den höheren Landpflanzen verknüpft, also mit der Landnahme durch die Pflanze, d. h. der Umwandlung von Meerbewohnern in Landbewohner; er zeigte, daß das Lignin der Moose methoxylarm ist und über ein Lignin mittleren Methoxylgehaltes bei den Bärlappen zum methoxylreichen Lignin der höheren Landpflanzen führt. Die Auffindung ungesättigter Zuckerkomplexe im Holze[3] bringt er mit seiner Theorie der Ligninbildung zusammen.

Als eine besondere Stütze für die chemische Verknüpfung der Cellulose mit ihren Begleitstoffen kann die kürzlich von E. Schmidt bekanntgegebene ganzzahlige Beziehung der Cellulose zu dem

---

[1] v. Fellenberg: Mitteil. Schweizer Gesundheitsamt 5, 172, 225 (1914); Biochem. Ztschr. 85, 45, 118 (1918).

[2] Fuchs: Biochem. Ztschr. 180, 30 (1927).

[3] Fuchs: Ber. 60, 776 (1927).

schwer löslichen Xylan in der Skelettsubstanz der Rotbuche angesehen werden[1]. Es gelang nachzuweisen, daß die Skelettsubstanz durch Behandeln mit 0,04—0,2%iger Natronlauge die polymere Uronsäure zusammen mit einem leicht löslichen Xylan quantitativ verliert, während im Rückstand Xylan zu Cellulose im Verhältnis 1:3 zurückbleiben. Diese strenge Gesetzmäßigkeit im Aufbau eines Teiles des Holzes ist unabhängig von Alter, Zeit der Fällung des Baumes und ferner davon, ob Kern- oder Splintholz untersucht wird. Das leichtlösliche Xylan wird als eine besondere Komponente der Skelettsubstanz betrachtet. Neuestens wurde als weitere ganzzahlige Beziehung noch erkannt, daß in der Skelettsubstanz von Fagus auf ein Xyloseanhydrid im schwerlöslichen Xylan eine Acetylgruppe esterartig verknüpft ist[2]. Schließlich hat MARCUSSON[3] das Lignin mit der Oxycellulose in Beziehung gebracht, deren Gehalt an Glucuronsäure wir bereits kennengelernt haben; er fand diese Säure auch in Huminsäuren, im Torf und in der Braunkohle, im Lignit von holzartiger Struktur bis zu 7,4% auf, d. h. in Abwandlungsprodukten des Holzes, deren Genese wir noch streifen werden. Die Entstehung der einzelnen Zellwandkomponenten aus den Assimilaten der Kohlensäure, die ihren Niederschlag in Polymerisationsprodukten der Hexosen, deren Uronsäuren, der Pentosen und ihrer kondensierten furanartigen Reduktionsprodukte in verschiedenen Teilen der pflanzlichen Zellmembran findet, erklärt sehr wohl deren örtlich differenzierte Verteilung. Demgegenüber erscheint der Schluß, den LÜDTKE[4] aus dem Auftreten der Chlorzinkjodreaktion bei zermahlener Holzsubstanz gezogen hat, daß nämlich zwischen Cellulose und Lignin keine chemische Bindung bestehe, wenig bedeutungsvoll[5], besonders wenn man sich erinnert, daß ja schon Cellulose allein durch Vermahlen verschleimt und abgebaut werden kann.

---

[1] SCHMIDT u. Mitarbeiter: Cellulosechemie **11**, 49, 73 (1930).

[2] SCHMIDT u. Mitarbeiter: Naturw. **18**, 734 (1930); Cellulosechem. **12**, 62 (1931).

[3] MARCUSSON: Ztschr. angew. Chem. **39**, 898 (1926); **40**, 48 (1927).

[4] LÜDTKE: Ber. **61**, 465 (1928); Liebigs Ann. **466**, 27 (1928).

[5] Vgl. auch MEYER u. MARK: Ber. **61**, 593 (1928).

III. Cellulose: Bakterieller Abbau und seine Rolle im Erdboden[1].

Die Funktion, welche die Cellulose im Körper der Pflanzen zu vollziehen hat, bringt es mit sich, daß sie gegen die Angriffe, die im gewöhnlichen Stoffwechsel vorkommen, widerstandsfähig sein muß. Ihrer schweren Angreifbarkeit durch chemische Agenzien entspricht auch eine bedeutende Widerstandsfähigkeit gegenüber den physiologisch wirksamen Angriffsmöglichkeiten. Bisher konnte der Beweis nicht erbracht werden, daß die Cellulose durch die Fermente des Körpers höherer Tiere und Pflanzen gelöst werden kann[2]; und sie würde sich auf der Erdoberfläche anhäufen, wenn nicht gewissen niederen Organismen die Fähigkeit zur Cellulosezerstörung zukäme. Ihnen gelingt die Auflösung der Cellulose unter verschiedenen Bedingungen der Außenwelt, bei Luftzutritt und bei Luftabschluß, bei niederer und bei höherer Temperatur und mit ihrer Hilfe kann die Cellulose auch im Körper der Pflanzenfresser, wie wir im vierten Kapitel sehen werden, einer Ausnutzung als Nährstoff zugeführt werden.

Aber auch die Aufarbeitung durch Mikroorganismen steht in mancher Beziehung im Gegensatz zu der anderer, leichter löslicher organischer Substanzen. Denn die Schwerlöslichkeit bringt es mit sich, daß die Cellulose nicht wie andere Substanzen durch Verschwemmung auf geringe Konzentrationen verdünnt werden und in der Tiefe der Ackerkrume verschwinden kann und daß die sie zersetzenden Mikroorganismen ausschließlich in direkter Berührung mit diesem ihrem Nährmaterial zu gedeihen imstande sind. Daraus ergibt sich die fernere Schlußfolgerung, daß auch andere aus dem Abbau der Cellulose Nutzen ziehende Mikroorganismen,

---

[1] Vgl. A. C. Thaysen u. H. J. Bunker: The Microbiology of Cellulose, Hemicelluloses, Pectin and Gums. London 1927. — S. A. Waksmann: Principles of Soil Microbiology. Baltimore 1928.

[2] Ellenberger u. Mitarbeiter: Ztschr. physiol. Chem. **96**, 236 (1915).— v. Hoesslin u. Lesser: Ztschr. Biol. **54**, 47 (1910).

wenn sie nicht die Endprodukte, sondern die Zwischenprodukte des Abbaues der Cellulosezersetzer ausnutzen, in direktem und stofflichem Zusammenhang mit dem in Frage stehenden Vorgang sich entwickeln müssen. Daß gerade ein derartiges Ineinandergreifen verschiedener Prozesse beim Zerfall der Cellulose eine Rolle spielt, wird aus mehreren im speziellen zu machenden Angaben noch hervorgehen.

1. Verschiedene Arten der Cellulose zersetzenden Mikroorganismen.

Eines der Charakteristica biologischer Reaktionen im Gegensatze zu rein chemischen ist, daß sie sich, dem Bedürfnis der Lebewesen angepaßt, nahe dem Neutralpunkte der Lösungen vollziehen, daß die Grenze, in der sie nach der sauren oder alkalischen Richtung hiervon abweichen können, sehr eng gezogen ist. So steht es auch mit dem Abbau der Cellulose durch Mikroorganismen, der weit eher bei neutraler oder schwach alkalischer Reaktion denn bei saurer vor sich geht; deshalb bedarf es in den meisten Fällen des energischen Celluloseabbaus einer Neutralisation der als Endprodukte gebildeten Säuren, die z. B. im Erdboden durch die in der Landwirtschaft häufig geübte Kalkung gefördert werden kann, während der Organismus des Wiederkäuers dasselbe durch den ständigen Zufluß des stark alkalischen Speichels zu dem speziell für die Cellulosegärung bestimmten Magen, dem Pansen, erreicht.

Bis jetzt können wir sechs verschiedene Arten der Cellulosezersetzung durch Mikroorganismen unterscheiden, die sich nach dem Bedürfnis der Temperatur, von niederen zu höheren Wärmegraden aufsteigend, wie folgt klassifizieren lassen:

1. Die Zersetzung der Cellulose durch mycelbildende Pilze und Protozoen.
2. Die Zersetzung der Cellulose durch aerobe Bakterien.
3. Die Zersetzung der Cellulose durch Bakterien bei gleichzeitiger Denitrifikation des Salpeters.

4. Die Zersetzung der Cellulose durch Methangärungsbakterien.

5. Die Zersetzung der Cellulose durch die Wasserstoffgärungsbakterien.

6. Die Zersetzung der Cellulose durch thermophile Bakterien.

Will man sich eine Mikroorganismenart isolieren, welche eine spezielle Eigenschaft besitzen soll, wie z. B. die gerade die Cellulose zu zersetzen, so bedient man sich zuerst der sog. Anhäufungsmethode, d. h. man schafft künstlich Bedingungen, welche vornehmlich denjenigen Mikroorganismen die Lebensmöglichkeit bieten, die die gewünschte und besondere Eigenschaft besitzen. Im gegebenen Falle würde man sich also eine Nährlösung herstellen, welche frei von anderer organischer Substanz ist und in der demnach die Cellulose als einzige Kohlenstoffquelle vorkommt. Beimpft man eine derartige Nährlösung, die naturgemäß auch noch eine Stickstoffquelle und die nötigen Nährsalze enthalten muß, mit irgendeinem Substrate, in dem man in der Natur Cellulosezersetzung zu vermuten Ursache hat, so gelingt es, gerade die gewünschten Mikroorganismen zur Entwicklung zu bringen. Man kann sie dann durch Überimpfung auf immer demselben Nährsubstrat in einem gewissen Reinheitsgrade anhäufen, der zwar noch keine Garantie dafür bietet, daß etwa alle anderen Mikroorganismen unterdrückt und eine Reinkultur der Cellulosebakterien erzielt worden ist, der aber immerhin Nebenzersetzungen so ziemlich ausscheidet und als Hauptprozeß den des Celluloseabbaues erkennen läßt. Naturgemäß wäre es das wünschenswerteste, von dieser vorgereinigten Kultur in allen Fällen zu einer wirklichen Reinkultur der Cellulosezersetzer fortzuschreiten; jedoch ist das mit Ausnahme der Cellulose zersetzenden Schimmelpilze, welche im Gegensatze zu den Cellulose abbauenden Bakterien auch auf Zuckerlösungen gedeihen, nur bei einigen aeroben Arten gelungen, da Cellulose selbst als Reinkulturmedium ein sehr ungeeignetes Material ist.

Ein jeder hat schon mit einem Stecken in den Boden eines sumpfigen Gewässers hineingestochen und dabei die aufperlenden Gasblasen beobachtet, welche wegen ihres Ursprungs den Namen Sumpfgas erhalten haben. Sie verdanken, wie allgemein bekannt, ihre Entstehung einer Cellulosegärung: Zweige, Laub und ähnliches fein verteiltes Material wird unter dem Einflusse dieser Vergärung energisch verbrannt, während andererseits Baumstämme von einer genügenden Dicke an derselben Lagerstätte Jahrhunderte alt werden und bis zur Versteinerung ruhen können, ohne der Cellulosegärung zu verfallen. Diese Gegenüberstellung soll unsere Aufmerksamkeit auf die Tatsache lenken, daß die mechanische Form bei der bakteriellen Vergärung der Cellulose eine wichtige Rolle spielt. Die Angriffskraft der in der Tiefe eines Teiches vorhandenen Infektionsmasse genügt, um den Bakterien das Einschleichen in das Laub und die Zweige zu ermöglichen, dem Baumstamme ist sie nicht gewachsen. Dem einzelnen Cellulosebakterium gegenüber, und von einem solchen müssen wir bei der Reinkultur doch ausgehen, verhält sich nun die isolierte Cellulosefaser, sei es als Baumwolle oder als Filtrierpapier, wie der Baumstamm im Teiche, es bringt nicht die nötige Fermentkraft mit, um sich die schwerlösliche Cellulose zu erschließen. So gelang es in ausgedehnten Versuchen nicht[1], einzelne nach der Burrischen Tuschemethode ausgesonderte Cellulosebakterien auf Celluloseaufschwemmungen zur Gärung zu bringen. Der amerikanische Forscher Kellermann[2] hat die Schwierigkeiten dadurch zu beheben versucht, daß er mit fein verteilter, z. B. aus Kupferoxydammoniak ausgefällter Cellulose arbeitete. Er stellt mit ihrer Hilfe Cellulose-Agarplatten her, auf denen er die mutmaßlichen Cellulosezersetzer zum Wachstum gebracht haben will. Bei der Übertragung verwendet er jedoch Zuckerlösungen, auf denen nach alten Erfahrungen Cellulosebakterien überhaupt nicht gedeihen können. Der Beweis, daß die Kellermannschen Bakterien überhaupt imstande sind, Cellulose zu zerstören, wurde bisher nicht erbracht. Die von den amerikanischen Forschern beobachteten Aufhellungszonen auf

[1] Pringsheim u. Lichtenstein: Ztrbl. Bakteriol. II, **60**, 309 (1924).

[2] Kellermann u. McBeth: Ztrbl. Bakteriol. II, **34**, 485 (1912). — Kellermann, McBeth u. Scales: ebenda **39**, 502 (1913/14).

der Platte sind wahrscheinlich durch Agar-zersetzende Bakterien und deren saure, kalklösende Ausscheidungsprodukte zu erklären, die oft mit den Cellulosebakterien vergemeinschaftet in der Natur vorkommen.

Omelianski[1] ist den Kellermannschen Behauptungen entgegengetreten, wir haben das gleiche bezüglich einer Arbeit von Löhnis und Lochhead[2] getan[3]. Die von Löhnis aus Washington übersandten, von ihm isolierten Cellulosebakterienkulturen waren bei unserer Prüfung nicht imstande, Cellulose anzugreifen[4].

Inzwischen wurden viele Vorschläge zur Gewinnung von Reinkulturen der Cellulose-zersetzenden Bakterien gemacht und von verschiedenen Forschern der Anspruch erhoben, das wirklich schwierige Problem gelöst zu haben[5]. Zu den beachtenswertesten gehören die von Bojanowsky[6] und Werner[7]. Bojanowsky schlug vor, den Agar als Erstarrungsmittel auf der Platte durch Kieselsäuregallerte zu ersetzen: in der Tat kann man auf einer solchen Cellulose-Kieselsäureregel-Platte Kulturen erhalten, wenn man von einer in energischer Gärung befindlichen Omelianski-Kultur ausgeht. Man schleppt aber dann immer, wie eigene Versuche mit Dr. Eva Stege und Dr. G. Otto zeigten, Verunreinigung in die Abimpfung mit, die sich der Cellulosebakteriengärung beimengen. — Werner reinigte Cellulosebakterien aus dem Darm der Ameisenlarve nach dem Prinzip der negativen Platte. Man verfährt danach so, daß man eine durch vielfache Umimpfung vorgereinigte Cellulosekultur in genügender Verdünnung mit einem Nähragar zusammenbringt, der gewöhnlichen Saprophyten ein gutes Wachstum ermöglicht, und dann Platten gießt. Nach geeigneter Bebrütung werden die Kolonien der Begleitbakterien herausgeschnitten und die Kolonien-freien Agarpartien auf einen selek-

[1] Omelianski: Ztrbl. Bakteriol. II, **36**, 472 (1913).
[2] Löhnis u. Lochhead: Ztrbl. Bakteriol. II, **37**, 490 (1913).
[3] Pringsheim: Angew. Botanik **2**, 217 (1920).
[4] Pringsheim u. Lichtenstein: Ztrbl. Bakteriol. II, **60**, 309 (1924).
[5] Z. B. Primm: Wisconsin Agric. Exp. Station Bull. **1914**, 240. — Sack: Ztrbl. Bakteriol. II, **62**, 77 (1924).
[6] Bojanowsky, Ztrbl. Bakteriol. II, **64**, 222 (1925).
[7] Werner: Ztrbl. Bakteriol. II, **67**, 297 (1926).

tiven Cellulosenährboden verimpft. WERNER gelangte auf diesem Wege zu Cellulosebakterienkulturen, die zwar vergärten, aber noch nicht ganz frei von Begleitbakterien waren. Der Gedanke von WERNER schien sehr ansprechend und wurde von uns auf aus Pferdemist oder Grabenmoder bei 37° oder 60° isolierte Kulturen übertragen und mit der Cellulose-Kieselsäureplatte kombiniert. Die Versuche wurden ein Jahr lang fortgesetzt; aber immer wenn die Vorreinigung durch die negative Platte eine genügende war, bekamen wir entweder gar keine Kolonien auf der Platte oder nur solche, die sich nicht mehr abimpfen ließen. Das Problem war auch durch Verwendung leichter als Baumwolle fermentierbarer Cellulosepräparate, z. B. von Viscosefäden, nicht zu lösen. Manches spricht in unseren Versuchen somit dafür, daß die Begleitbakterien für die anaerobe Cellulosezersetzung unerläßlich sind, aber der negative Beweis ist natürlich kein endgültiger.

Andererseits scheint die Isolierung von Reinkulturen aerober Cellulosebakterien nun doch gelungen zu sein. In einer bemerkenswerten und bisher wohl zu wenig beachteten Arbeit[1] wurde die Isolierung einer Spirille — Spirochaeta cytophaga — beschrieben, die Cellulose energisch zersetzt und nach neueren Feststellungen[2] nur noch mit einem Kokkus verunreinigt war. WINOGRADSKY[2], der ja auf dem Gebiete der Kultur saprophytischer Bakterien schon die größten Lorbeeren geerntet hat und dessen Angaben man daher Vertrauen schenken kann, hat sich neuerdings eingehend mit diesem Gegenstande beschäftigt und hierbei wieder seine Kieselsäureplatte zur Anwendung gebracht, die er bei einer p_H von oberhalb 7 mit Filtrierpapier bedeckte. Beim Verteilen von Erdbodenkrumen auf der Papierfläche gab sich das Angehen der Kulturen durch fleckige Färbung des Papiers zu erkennen, aus denen der Erreger einer bestimmten Färbung aus der Spontankultur abgetrennt und durch öftere Abimpfung in Reinkultur zu züchten war. Die so erhaltenen „Reinkulturen“ verdienen ihren Namen so weit, als sie wenigstens in

[1] HUTCHINSON u. CLAYTON: Journ. Agric. Sci. **9**, 143 (1919).
[2] WINOGRADSKY: Ann. de l'Institut Pasteur **43**, 549 (1929).

dem stark selektiven Milieu der Kieselsäureplatte homogen erscheinen. Hierbei hatte WINOGRADSKY häufig das Glück, bei der Cytophaga HUTCHINSONI von Anfang an auf kokkenfreie Kolonien zu stoßen, die sich dann beliebig oft abimpfen ließen. Die Cellulose wird durch sie unter eigelber Färbung außerordentlich rasch, z. B. in 13 Tagen, bis zu 80% in eine schleimige Masse verwandelt. Die Cytophaga hat eine extreme Spezifität für Cellulose, während andere Kohlenhydrate geradezu antiseptisch wirken.

WINOGRADSKY isolierte des weiteren mit seiner Methodik eine große Anzahl von Bakterienstämmen, die er in drei Klassen einteilt, zu denen sich mit großer Schnelligkeit vermehrende Cellvibrioarten mit Eigenbewegung und andere Formen gehören, über deren Morphologie man sich aus dem mit Photogrammen ausgestatteten Original informieren kann.

Ferner wurde in dem Laboratorium von WAKSMAN eine Untersuchung ausgeführt[1], derzufolge in einer Salpeter-haltigen Nährflüssigkeit von schwach alkalischer Reaktion im Mittel bei p_H gleich 7,5 ein Anreicherungsmedium gefunden wurde, das bei besonders niedriger Stickstoffkonzentration (0,5 g $NaNO_3$ je L.) bei 28° schon in anderthalb bis drei Tagen Cellulosezersetzung zu beobachten gestattet. Das bemerkenswerteste hierbei war, daß die Weiterentwicklung schon mit wenigen, ja mit einer Zelle gelang. So konnten nach der Verdünnungsmethode Reinkulturen isoliert werden, und zwar streng aerobe, die nur auf Cellulose gedeihen, andererseits solche, die auch auf Stärkeagar wachsen und schließlich sollen sogar fakultativ anaerobe Cellulosezersetzer dabei gewesen sein, welche auf allen gewöhnlichen Nährmedien wachsen können.

Wir hoffen somit, daß die schwierige Isolierung wenigstens einiger Cellulose-zersetzender Bakterienstämme nun wirklich gelungen ist und daß ihr die chemische Auswertung nun sehr bald folgen wird.

---

[1] DUBOS: Journ. Bacteriol. **15**, 223 (1928).

a) Cellulose zersetzende Mycelpilze und Protozoen.

Wenn man nach dem Vorschlage von G. van Iterson[1] Filtrierpapierscheiben mit einer durch einbasisches Kaliumphosphat ganz schwach sauren Nährsalzlösung angefeuchtet der Infektion durch die aus der Luft niederfallenden Sporen aussetzt und in feuchtem Zustande bei 24° hält, so beobachtet man nach 2—3 Wochen die Entwicklung einer sehr verschiedenartigen Pilzflora. Man kann sie auf Nährgelatine oder Nähragar übertragen und erhält so prächtige Kulturen zahlreicher Pilzformen, unter denen sich besonders schwarze Sporen bildende Arten durch üppiges Wachstum auszeichnen. Die systematische Bestimmung aller dieser Arten ist bisher nicht in Angriff genommen worden, jedoch vermag nach ausgedehnten eigenen Versuchen die Mehrzahl dieser die Cellulose nur in beschränktem Maße anzugreifen. Der Angriff der Cellulose ist bei ihnen nur wenig energisch, während sich andererseits unter ihnen solche vom Habitus des Hausschwammes vorfinden, die dann bald tiefgreifende Wirkungen auf die Cellulose entfalten[2]. Sie gedeihen in einer für die Holzzersetzer charakteristischen Weise auch auf Papier, das äußerlich trocken aussieht, wobei feine Wassertröpfchen zwischen ihrem Mycel hervorquellen. Dieses Wasser sollen sie sich selbst aus der Cellulose abspalten. So gelingt es in der Tat, auch Merulius- und Polyporusarten, also die als Hausschwamm bezeichneten Formen, auf Filtrierpapier zum Wachstum zu bringen, wobei unter günstigen Versuchsbedingungen, die bei diesen empfindlichen Formen schwer zu fixieren sind, in einigen Wochen eine vollkommene Aufzehrung des Papiers erfolgen kann.

Über die Produkte des Stoffwechsels solcher Pilze bei der Cellulosezersetzung sind wir nicht unterrichtet; die Hauptprodukte dürften aber Wasser und Kohlensäure, also die Endprodukte einer kompletten Verbrennung sein, welche bei dem hier geforderten völligen Luftzutritt stets der überwiegende Teil der Oxydations-

---

[1] van Iterson jr.: Verslagen der Koninglijke Akademie van Wetenschappen te Amsterdam 1903. Deel XI, 807; Ztrbl. Bakteriol. II, 11, 689 (1904).

[2] Vgl. Schwalbe u. af Ekenstam: Cellulosechem. 8, 13 (1927).

produkte durch Mycelpilze sind. Ein derartiger Zerfall der Cellulose spielt in die Zersetzung des Holzes in Gebäuden und im Walde hinein, er dürfte aber weniger Bedeutung für die Cellulosezersetzung im Boden haben, welche von den verschiedensten Arten von Cellulose-zersetzenden Bakterien in noch energischerer Weise übernommen wird.

Die verschiedenen Arten Cellulose, Hemicellulosen, Pektin- und Gummistoffe zersetzender Actinomyceten und Eumyceten sind in dem genannten Werk von THAYSEN-BUNKER (vergl. S. 65—158) eingehend morphologisch klassifiziert und besprochen worden, aber die Klarlegung ihrer physiologischen Beteiligung an den genannten Naturprozessen steht noch aus.

b) Cellulosezersetzung durch Invertebraten Protozoen, Insekten und Würmer.

Es ist seit langer Zeit bekannt, daß ein Teil der pflanzlichen Cellulose verdaut wird, sobald er in den Darmkanal von pflanzenfressenden Insekten und anderen Tieren gelangt. Die Frage blieb jedoch offen, wie dieser Prozeß vor sich geht, durch die verdauenden Säfte, die im tierischen Körper abgesondert werden, durch die Awesenheit von Enzymen in den Nahrungsstoffen oder schließlich durch die Tätigkeit von Mikroorganismen, die im Verdauungskanal der Tiere leben.

In vielen Fällen konnte endgültig festgestellt werden, daß die Verdauung der Cellulose beim Tier durch symbiotische Tätigkeit eines im Verdauungstraktus des Tieres lebenden Cellulose-zersetzenden Bakteriums bewirkt wird. WERNER[1] hat dies bei den Larven des Insektes *Potosia cuprea* Fbr. und andere Forscher bei anderen Tieren festgestellt. In einigen Fällen wie z. B. bei *Helix*, *Torredo* usw. wurde ein definitiv Cellulose zersetzendes Enzym in den Verdauungsäften des Tieres gefunden, jedoch besitzt das Enzym in den meisten Fällen mehr die Eigenschaften einer *Cytase* mit der Fähigkeit auf Hemicellulosen einzuwirken als einer *Cellulase*, die imstande wäre, energisch native Cellulosen zu hydro-

[1] WERNER: Ztrbl. Bakteriol. II **67**, 297 (1926).

lysieren. Da, wo der Anspruch gemacht worden ist, daß eine *Cellulase* aufgefunden wurde[1], bleibt die Beweisführung vorläufig unbefriedigend und bedarf noch weiterer Bestätigung. In manchen Fällen kann der Träger der Symbiose im Verdauungstraktus des Tieres eine Protozoe sein. CLEVELAND[2] hat gezeigt, daß dieses bei Termiten zutrifft. Diese Termiten können bei einer Cellulose-Diät auf unbeschränkte Zeit am Leben gehalten werden. Wenn dagegen die in den Därmen der Termiten vorhandenen Protozoen getötet werden, was entweder durch 24stündige Bebrütung bei 36° C oder durch Behandlung mit Sauerstoff erfolgt, so sterben die Termiten innerhalb von 10 bis 20 Tagen selbst bei Fütterung mit ihrer normalen Diät ab. Wenn sie aber mit von Pilzen zersetztem Holz oder Cellulose gefüttert werden, so leben sie unbegrenzt weiter. Impft man den Termiten, denen man die Protozoen entzogen hat, wieder Protozoen ein, dann gewinnen sie ihre Fähigkeit zur Holzverdauung zurück und bleiben am Leben.

Nicht alle in den Termiten vorhandenen Protozoen, wie Reticulitermes flavipes, verdauen Holz; einige von ihnen scheinen sich von den Holz zersetzenden Protozoen oder von deren Wirt zu nähren. Die Beziehung zwischen diesen Protozoen wie Trichonympha und Pyrsonympha und ihrem Wirte Reticulitermes flavipes muß demnach als eine symbiotische angesehen werden. Unter den vier Familien der Termiten beherbergen drei in allen Arten — nämlich Calotermitida, Rhinotermitida und Mastotermitida — große Mengen von Darm-Protozoen. Es sei hier erwähnt, daß in den Eingeweiden aller Termiten auch eine große Zahl von Spirochäten leben, die möglicherweise einen größeren Anteil an der Verdauung der Cellulose haben als die Protozoen. CLEVELAND jedoch behauptet, daß er imstande war, durch Fütterung der Termiten mit einer mit 5%iger wäßriger Lösung von Fuchsinsäure befeuchteten Cellulose die Spirochäten aus ihnen zu entfernen, ohne die Protozoen oder die Termiten zu schädigen und ohne ihre Fähigkeit zur Celluloseverdauung einzuschränken.

---

[1] BOYNTON u. MILLER: Journ. Biol. Chem. **75**, 613 (1927).
[2] CLEVELAND: Biol. Bull. **46**, 177 (1924); **54**, 231 (1928).

Für die Verdauung der Cellulose durch Mollusken genügt es, die Ergebnisse von DORE und MILLER zu zitieren[1], die fanden, daß nach der Verdauung von Holz durch *Torredo navalis* das Holz 80% seiner Cellulose, 15—56% seiner Hemicellulosen einschließlich 11—40% seiner Furfurol ergebenden Substanzen verloren hatte. Diese Ergebnisse sind in der folgenden Tabelle zusammengestellt.

Tabelle 10. Zusammensetzung von Holz- und Bohrspänen des Schiffwurms.

Auf der Basis des ursprünglichen Holzes.

Substanz	Holz per 100	Bohr-späne 1 per 56,1	Bohr-späne 2 per 54,7	Holz-späne per 100	Bohr-späne per 50,9
Hemicellulosen	6,02	3,62	5,10	14,23	6,20
Cellulose	54,74	11,79	10,99	47,45	10,96
Lignin	30,60	30,60	30,60	27,84	27,84
Pentosan	5,37	3,32	3,22	5,90	4,26

DORE und MILLER sind geneigt anzunehmen, daß wir es mit Cellulose-spaltenden Enzymen zu tun haben, wie sie von BIERRY[2] und anderen im *Helix* aufgefunden wurden.

c) Die Zersetzung der Cellulose durch aerobe Bakterien.

Um einen Zerfall der Cellulose durch luftbedürftige Bakterien einzuleiten, bedient man sich einer Aufschwemmung von Filtrierpapier in einer 1 cm Tiefe nicht überschreitenden, durch zweibasisches Kaliumphosphat schwach alkalischen Nährlösung, die man mit Grabenmoder oder Erde beimpft. VAN ITERSON[3] hat diese Art von Bakterien morphologisch untersucht, während die Natur der bei diesem Zerfall gebildeten Körper noch ganz unerforscht ist. Man kann sich davon überzeugen, daß dieser Celluloseabbau schon bei Zimmertemperatur unter der Wirkung einer sehr verschiedenartig zusammengesetzten Mikroorganismenflora mit

[1] DORE u. MILLER: Univ. Californ. Publ. Zool. **22**, 383 (1923).
[2] BIERRY: Compt. rend. Soc. Biol. **76**, 710 (1914).
[3] VAN ITERSON: Ztrbl. Bakteriol. II, **11**, 689 (1904).

ziemlicher Schnelligkeit in Gang kommt und das Papier ohne sichtbare Gasabgabe in einen gelb- bis rotgefärbten Schleim zerfallen läßt, der mitunter durch das Auftreten von im Lichte grünen Organismen am Ende des Abbauprozesses die Färbung dieser Algen oder Flagellaten annimmt. Die Entwirrung der hierbei in Funktion tretenden Prozesse bedarf noch einer botanisch-systematischen Vorarbeit, auf der sich die chemische Präzisierung des Stoffumsatzes dieser Erscheinung aufbauen muß; fraglos muß auch dieser Prozeß in der Natur seine Bedeutung haben, vielleicht eine ebenso große wie die jetzt zu besprechende Cellulosezersetzung unter Luftabschluß[1].

d) Die Zersetzung der Cellulose durch Bakterien bei gleichzeitiger Denitrifikation des Salpeters.

Wenn auch die Zersetzung der Cellulose durch denitrifizierende Bakterien unter Luftabschluß vor sich geht, so kann doch von einem wahrhaft anaeroben Prozeß keine Rede sein: denn der Vorgang stellt weit eher eine Übertragung des im Salpeter gebundenen Sauerstoffes auf das Kohlenwasserstoffmaterial der Cellulose als ein Leben ohne Sauerstoff dar. Bei der sich auf diese Weise vollziehenden Verbrennung der Cellulose wird die Energie frei, welche zur Reduktion des Salpeters zu freiem Stickstoff notwendig ist, ein Vorgang, der sich durch kräftiges Aufschäumen der Nährlösung augenfällig kundgibt. Beimpft man eine Celluloseaufschwemmung in einer salpeterhaltigen Nährlösung mit Grabenmoder oder Erde, so tritt die Denitrifikation im Laufe einer Woche in Kraft; sie wird dann durch die infolge der Umwandlung des Salpeters in Carbonat einsetzende Alkalisierung gehemmt, was jedoch fraglos im Boden durch andere Prozesse, wie Säurebildung oder Adsorption, verhindert wird, soweit dies bei der großen Verdünnung überhaupt in Frage kommt.

Auf die Bedeutung der Cellulose als Energiematerial für die Denitrifikation werden wir im folgenden noch zu sprechen

---

[1] Vgl. LÖHNIS u. LOCHHEAD: Ztrbl. Bakteriol. II, 58, 430 (1923) mit Literatur.

kommen; hier sei nur angeführt, daß auch die Stoffwechselprodukte dieses Vorganges noch nicht erforscht sind, jedenfalls dürften Kohlensäure und Wasser die Hauptprodukte des Abbaues sein.

e) Die Zersetzung der Cellulose durch Methanbakterien.

Jedermann kennt die sog. Sumpfgärung, die in stillstehenden Gewässern eine Rolle spielt und sich durch Aufsteigen von Blasen bemerkbar macht; das bei diesem Prozeß entweichende Gas stellt ein Gemisch von Kohlensäure und Sumpfgas dar und verdankt seine Entstehung der Cellulosezersetzung.

Beimpft man eine Celluloseaufschwemmung, welche an Stelle von Salpeter Ammonsalze oder organisch gebundenen Stickstoff in Form von Eiweißabbauprodukten enthält, in tiefer Schicht, z. B. in einer völlig gefüllten Flasche mit Grabenmoder, so setzt bei Temperaturen, die oberhalb 30° liegen, in kürzerer oder längerer Zeit, nach Maßgabe der zufälligen Zusammensetzung des Impfmaterials, meist aber nach drei Wochen energischer Cellulosezerfall unter starker Gasabgabe ein. Impft man aus dieser Celluloseaufschwemmung in eine von gleicher Zusammensetzung über und wiederholt man diese Überimpfung mehrere Male, so gelangt man, wie Olemanski[1] feststellte, zu einer reinen Methangärung, bei welcher neben Methan und Kohlensäure Fettsäuren, vornehmlich Buttersäure und daneben geringere Mengen von Ameisensäure, Essigsäure und Propionsäure gebildet werden. So entstanden in einem von Omelianski untersuchten Falle 43,5% Kohlensäure, 6,5% Methan und 50% Fettsäuren. Naturgemäß wird der Zerfall der Cellulose durch die Säurebildung bald angehalten, wenn man nicht durch Zusatz von kohlensaurem Kalk für die Abstumpfung der Säuren sorgt. Aber auch dann verläuft der Abbau der Cellulose verhältnismäßig langsam und es kann wochen- ja monatelang dauern, bis 5 oder 10 g Filtrierpapier, in 1 Liter Nährflüssigkeit aufgeschwemmt, vollkommen gelöst sind. Neuberg hat nachgewiesen, daß der bakterielle Abbau der Cellulose wie andere bak-

[1] Lafar: Handb. d. techn. Mikologie 3, 245, Jena (1904/06).

terielle Gärungen, bei denen niedere Fettsäuren entstehen, über den Acetaldehyd führt[1].

f) Die Zersetzung der Cellulose durch die Wasserstoffgärungsbakterien.

Bei der eben geschilderten Zersetzung der Cellulose handelt es sich im Zustande der ersten Beimpfung fast immer um eine Mischgärung von Methan und Wasserstoff bildenden, Cellulose zersetzenden Bakterien. Wie OMELIANSKI angegeben hat, wird durch bloßes Überimpfen die Wasserstoffgärung unterdrückt, während man durch Erhitzen des Impfmaterials während 10 Minuten auf 80° die resistenteren Wasserstoffgärungsbakterien begünstigen und durch mehrfache Wiederholung dieser Maßnahme vor der Überimpfung schließlich zu einer reinen Wasserstoffgärung gelangen kann. Bei dieser wird neben Kohlensäure nur Wasserstoff und kein Methan mehr gebildet, während sich das hierbei entstehende Fettsäuregemisch aus denselben Säuren zusammensetzt. In einem Falle wurden, wie wiederum OMELIANSKI angibt, neben 4% Wasserstoff und 29% Kohlensäure 67% Fettsäure gebildet. Naturgemäß kommt auch diese Gärung durch die Säureanhäufung bald zum Stillstand und auch in Gegenwart von kohlensaurem Kalk bedarf es zur Lösung der Cellulose einer längeren Zeit.

g) Die Zersetzung der Cellulose durch thermophile Bakterien.

Weit schneller gelingt die Lösung der Cellulose durch die thermophilen Cellulosezersetzer, die man in der gleichen Nährlösung anhäufen kann, wenn man die Temperatur nicht zwischen 30 und 40°, sondern zwischen 55 und 60° hält. MACFAYDEN und BLAXALL[2] haben diesen Vorgang, bei dem man in ebensoviel Tagen dasselbe wie bei den vorgenannten Gärungen in ebensoviel

---

[1] NEUBERG u. COHN: Biochem. Ztschr. **139**, 527 (1923). — NEUBERG, Naturwiss. **11**, 657 (1923).

[2] MACFAYDEN u. BLAXALL: Transact. of the Jenner Inst. of Prevent. Med. Ser. **II**, 182 (1899).

Wochen erreichen kann, näher untersucht; am besten impft man mit Pferde- oder Kuhmist, woraufhin schon nach drei Tagen eine energische Zersetzung eintritt. Bei dieser Gärung soll auch Methan entstehen können, während PRINGSHEIM[1] neben Kohlensäure nur Wasserstoff auffand; es wurden 45% Fettsäuren gebildet, die in diesem besonderen Falle keine Buttersäure, sondern nur Essigsäure und Ameisensäure und zwar fünfmal soviel Essigsäure als Ameisensäure enthielten. Diese Ergebnisse wurden von COOLHAAS[2] bestätigt, der auch eine aerobe thermophile Cellulosebakterienkultur isolierte. Es sind auch andere Thermophile bekanntgegeben worden, die gleichzeitig Buttersäure zu bilden imstande sind[3]. Der Anspruch von FRED[4], derartige Bakterien in Reinkultur isoliert zu haben, wird von THAYSEN-BUNKER nicht anerkannt. Eine thermophile Art von dem besonders hohen Temperatur-Optimum von 68° wurde kürzlich auf Baumwollfäden gefunden und beschrieben[5].

2. Der bakterielle Abbau der Cellulose in der Bedeutung für den Ackerboden.

Vor allen in die Erdkruste gelangenden organischen Substanzen ist die Cellulose durch die Masse ausgezeichnet. Schon aus diesem Grunde muß ihre Zersetzung in der Natur unser Interesse in hohem Maße in Anspruch nehmen. Es ist klar, daß der Abbau der Cellulose, für den, wie wir gesehen haben, ebenso wie für die weitere Verwendung aller anderen organischen Abfallstoffe im Kreislauf der Elemente durch die Mikroorganismen gesorgt wird, von eingreifender Bedeutung für die verschiedensten Umsetzungen im Boden sein muß. Denn diese Zersetzung wird auch die anderen Umsetzungen im Boden beeinflussen und im besonderen in den Stickstoffhaushalt der Natur eingreifen.

---

[1] PRINGSHEIM: Ztrbl. Bakteriol. II, 38, 513 (1913).

[2] COOLHAAS: Ztrbl. Bakteriol. II 76, 38 (1928).

[3] KROULIK: Ztrbl. Bakteriol. II, 36, 339 (1913). — LANGWELL u. HIND: Wochenschr. f. Brauerei 40, 123 (1923); Journ. inst. brew. 19, 302 (1923).

[4] FRED, PETERSON u. VILJOEN: Abstr. of bacteriology 8, 11 (1924).

[5] SURANER: Naturwiss. 16, 808 (1928).

Bekanntlich bedarf der Acker, wenn er eine genügende Ernte tragen soll, bei intensiver Wirtschaft einer Düngung mit Kali, Phosphorsäure und Stickstoff.

Während nun Kali und Phosphorsäure, wenn sie als Düngemittel in den Boden gelangen, der Pflanze zugute kommen müssen, wenigstens soweit sie nicht durch Verschwemmung verlorengehen, ist der Stickstoff einer anderen Gefahr ausgesetzt. Im Boden finden sich so gut wie immer denitrifizierende Bakterien, welche die Fähigkeit besitzen, den Salpeter zu freiem Stickstoff zu reduzieren, woraufhin er in die Atmosphäre entweichen und somit seiner nutzbringenden Wirkung entzogen werden kann.

Da nun im Boden auch die nitrifizierenden Bakterien ihre Tätigkeit entfalten, welche den in Form von Ammoniaksalzen, z. B. von Ammonsulfat, in den Boden als Düngemittel gebrachten Stickstoff in Salpeter umwandeln, da andererseits auch der aus Tier- und Pflanzenresten als Eiweiß oder Eiweißabbauprodukte in den Boden gelangende Stickstoff zuerst in Ammoniumsalze umgewandelt wird, so kann schließlich der gesamte Stickstoffgehalt des Bodens in Salpeter umgewandelt werden. In dieser Form wird er am besten von den Pflanzen aufgenommen, andererseits aber auch den Gefahren der Denitrifikation ausgesetzt.

Zur Reduktion des Salpeters bedürfen die denitrifiziernden Bakterien nun der Zufuhr von Energie und diese verschaffen sie sich, indem sie ein energiereiches organisches Material, wie z. B. den Zucker, verbrennen. Zucker jedoch und andere lösliche, für diesen Zweck ausnutzbare organische Substanz werden sich im Boden nur in verhältnismäßig geringer Menge ansammeln. Wir haben jedoch schon gesehen, daß auch die Cellulose denitrifizierenden Bakterien, welche das Polysaccharid hierbei zersetzen, als Energiematerial dienen können. In der Tat beobachtet man, daß Boden, der einen genügenden Feuchtigkeitsgehalt besitzt, nach der Beigabe von Cellulose nur noch ein sehr geschwächtes Pflanzenwachstum gestattet.

Für den Stickstoffhaushalt des Bodens spielt nun aber ein anderes, dem vorgenannten konträres, Phänomen eine bedeutsame Rolle: wir meinen die Stickstoffassimilation, welche fast ausschließlich von Bakterien bewirkt wird. Schalten wir die in Symbiose mit den Leguminosen lebenden Knöllchenbakterien aus, so bedürfen die frei im Boden lebenden Stickstoff-bindenden Bakterien, um diese Funktion zu vollziehen, gleichfalls der Zufuhr von Energie. Diese kann ihnen wiederum durch die Verbrennung energiereicher organischer Substanz geliefert werden, wofür z. B. wieder löslicher Zucker in Frage kommt; aber für den Zucker und ähnliche lösliche Substanzen gilt auch hier wieder das Vorgesagte, sie spielen ihrer Masse nach im Vergleich zur Cellulose nur eine untergeordnete Rolle.

Keine der bisher bekanntgewordenen Arten Cellulose-lösender Bakterien besitzt die Fähigkeit, den atmosphärischen Stickstoff zu binden. Es ist jedoch gezeigt worden[1], daß bei einer gleichzeitigen Beimpfung einer Celluloseaufschwemmung in stickstofffreier Nährlösung mit den Methan- oder Wasserstoffgärungsbakterien und Stickstoffbindenden Bakterien eine Wirkung auf die Cellulose möglich ist, bei welcher die Stickstoff-bindenden Bakterien den Cellulose-lösenden Bakterien die nötige Stickstoffversorgung bieten, während die Cellulose-lösenden Bakterien den Stickstoff-bindenden Bakterien das nötige Energiematerial zur Verfügung stellen. Wir müssen uns im letzteren Falle vorstellen, daß sich die Stickstoff-bindenden Bakterien auf den intermediär durch die Cellulosebakterien gebildeten Zucker, dessen Entstehung wir beim fermentativen Abbau der Cellulose beschrieben haben, stürzen und ihn ihrerseits verbrennen, ehe er den Cellulosebakterien ganz zum Opfer fällt. Die Tatsache, daß sich an der Verbrennung der Cellulose in stickstofffreier oder stickstoffarmer Nährlösung mehrere Arten von Bakterien beteiligen, wirkt nun dahin, daß diese Verbrennung eine weit vollkommenere ist, als die der Cellulose durch die Cellulosebakterien bei genügender Stickstoffversorgung.

So wurden in einem Falle aus 20 g Cellulose durch die Methangärungsbakterien 10 g Fettsäure gebildet, während andererseits bei der gleichzeitigen Wirkung von Methangärungs- und Stickstoffbindenden Bakterien nur 0,064 g Fettsäuren übrigblieben[2]. Die

[1] Pringsheim: Ztrbl. Bakteriol. II, **23**, 300 (1909); **26**, 221 (1910.)

[2] Pringsheim: Mitteilung d. deutsch. Landwirtschaftsges. **1913**, 26, 43.

Folge dieser besseren Ausnutzung des Energiematerials ist nun auch eine bessere Verwertung der Cellulose für die Stickstoffbindung im Vergleich zu löslichen Kohlenhydraten, derart, daß auf die Einheit der Energie-liefernden Substanz bei dem unlöslichen Polysaccharid zwei- bis dreimal soviel Stickstoff gebunden wird wie bei löslichem Zucker.

Aus dem Gesagten geht demnach hervor, daß sich um die Cellulose im Erdboden zwei konkurrierende Prozesse bewerben, einerseits die gefahrvolle Denitrifikation und andererseits die nutzbringende Stickstoffbindung. Unter gewöhnlichen Verhältnissen besteht die Gefahr, daß die Denitrifikation besonders in der kälteren Jahreszeit, in der der Boden reichlicher mit Wasser durchtränkt zu sein pflegt, die Oberhand gewinnt. In interessanten Versuchen hat ALFRED KOCH[1] zu zeigen vermocht, daß sich dieser gefahrvollen Wirkungsweise der Cellulose durch die Beimpfung des Bodens mit Mistbakterien entgegenarbeiten und auf diese Weise eine Stickstoffbindung in die Wege leiten läßt. Wir gewinnen durch diese Resultate einen neuen Beweis der großen Wichtigkeit der Düngung mit natürlichem Miste für den gedeihlichen Stickstoffumsatz unter Verwertung der in der Ackerkrume zurückbleibenden Pflanzenreste nach der Ernte bzw. bei der Mist- und Gründüngung. Von vornherein muß es merkwürdig erscheinen, daß eine Bakterienform, nämlich die Denitrifizienten, so leicht in ihrer Wirksamkeit durch andere, nämlich die Mistbakterien, gehemmt werden kann. Bringt man aber eine stark gärende Mistkultur und eine in starker Wirkung befindliche denitrifizierende Cellulosekultur zusammen, so hören beide Prozesse auf. Sie müssen sich demnach gegenseitig schädigen, sich antagonistisch verhalten, wie man zu sagen pflegt, was bei Mikroorganismen häufig der Fall ist. Bemerkenswert ist des weiteren noch, daß man die Cellulose-zersetzenden Mistbakterien nicht mit Salpeter als Stickstoffquelle ernähren kann; diese Art von Bakterien lassen die Nitrate also unangegriffen, sie vermeiden es also, diese den Pflanzen am besten zugängliche Form des gebundenen Stick-

[1] KOCH, LITZENDORFF, KRULL u. ALVES: Journ. f. Landwirtsch. 1907 355.

stoffs in Bindungen überzuführen, welche vom Eiweiß erst auf dem Umwege über das Ammoniak der Nitrifikation von neuem zugeführt werden müssen.

Bisher ist eine Ausnutzung der energischsten Form des Cellulosezersetzens, nämlich der thermophilen zur Stickstoffassimilation nicht Gegenstand der Untersuchung gewesen; sicher aber dürfte in der Natur auch in Kombination mit ihnen eine Stickstoffbindung möglich sein, da auch thermophile, Stickstoff assimilierende, Bakterien aufgefunden worden sind[1].

Zu den Polysacchariden, und zwar zu denjenigen, die wir als Hemicellulosen bezeichnen, gehört auch das Agar-Agar, das in den Membranen der Rotalgen gestapelt wird. Es ist die stark quellbare Wandsubstanz dieser meerbewohnenden Organismen, von denen sie auf photosynthetischem Wege gewonnen und in den Küstenmeeren in ungeheuren Mengen abgelagert wird. Aber gerade bei dieser starken Produktion ist der Ursprung der hierzu für die Algen nötigen Stickstoffquelle noch nicht ganz aufgeklärt. Bedenkt man nun, daß Stickstoff-bindende Bakterien gerade auf Meeresalgen häufig gefunden werden, so liegt der Gedanke nahe, daß hier eine gegenseitige Unterstützung mithilft, bei welcher die Algen den Bakterien das Energiematerial und die Bakterien den Algen die nötige Stickstoffquelle zur Aufspeicherung des Agar liefern. Dieses Zusammenwirken kann aber nur durch agarlösende Organismen vermittelt werden; denn die Stickstoffbinder können das Agar nicht direkt ausnutzen und die Agar-lösenden Bakterien assimilieren keinen Stickstoff. Die Bedingung für die mögliche Beschaffung des den Meeresorganismen mangelnden Stickstoffs auf diese Weise ist also eine Ausnutzung des Agar als Energiequelle zur Stickstoffbindung durch das Zusammenleben Agar-lösender und Stickstoff-bindender Bakterien.

Einer Anhäufung des Agar im Ozean wird nun in der Tat durch das Vorkommen Agar-lösender Bakterien im Meere vorgebeugt[2]. Beim Abbau durch das hier wirksame, Bacillus gelaticus genannte Bakterium in Kombination mit Stickstoff-bindenden

[1] Pringsheim: Ztrbl. Bakteriol. II, 31, 23 (1911).
[2] Gran: Bergens Museum Aarborg I, 1 (1902).

Bakterien wurde nun mit Agar als Energiequelle eine beträchtliche Stickstoffbildung beobachtet[1]. Inzwischen sind weitere Agarzersetzende Bakterien[2] und solche, die zugleich Agar und Cellulose angreifen sollen[3], isoliert worden.

Wir sehen also, daß der Stickstoffhaushalt des Meeres ebenso wie der des Landes durch die Polysaccharide stark beeinflußt werden kann und daß die Rolle der Cellulose im Boden im Meere das Agar-Agar und ähnliche Substanzen spielen dürften.

3. Die Entstehung von Humus und Kohle.

In den letzten Jahren ist die Abstammung der Humusstoffe des Erdbodens, des Torfes, ja der Kohle von den inkrustenhaltigen Naturprodukten eingehend diskutiert worden und man hat sie besonders mit der mikrobiellen Zersetzung der Cellulose und des Lignins in Zusammenhang gebracht. FRANZ FISCHER[4] ist soweit gegangen, die Ansicht zu vertreten, daß die Kohle unter Zersetzung der Cellulose aus dem resistenten Lignin entstehe, und daß sich das Lignin mit zunehmendem Alter des Torfes anreichere. Ganz abgesehen davon, daß eine derartige einseitig gerichtete Zersetzung eines Naturproduktes im biologischen Geschehen kaum eine Analogie findet, konnte gezeigt werden, daß die aus Holz isolierte Ligninsäure keineswegs Bakterien-resistent ist[5]. Ferner wurde von verschiedener Seite darauf aufmerksam gemacht, daß auch im Torf noch unzersetzte Cellulose vorhanden ist, nachdem jede mikrobielle Tätigkeit in ihm zum Stillstand gekommen ist. THAYSEN und BUNKER, die der Herstellung des Sauerfutters und der Umsetzung, welche die Polysaccharide dabei erleiden, ein besonderes Kapitel widmen, machen darauf aufmerksam, daß unter Bedingungen, die jedenfalls viel günstiger sind als die in einem Moore, auch hierbei immer noch unzersetzte Cellulose

---

1 PRINGSHEIM, H. u. E.: Ztrbl. Bakteriol. II, **26**, 227 (1910).
2 AOI: Ztrbl. Bakteriol. II, **63**, 30 (1924).
3 GRAY u. CHALMERS: Ann. of applied Biol. **11**, 324 (1924).
4 FISCHER, F.: Ztschr. angew. Chem. **34**, 217 (1921); Naturwiss. **9**, 958 (1921).
5 PRINGSHEIM u. FUCHS: Ber. **56**, 2095 (1923).

zurückbleibt. Ferner muß eingewandt werden, daß es zwei Arten der Holzzersetzung gibt: eine korrosive und eine destruktive[1]. Bei korrosiv-faulendem Holz nimmt der Ligningehalt mit fortschreitender Fäule stetig ab, während der Cellulosegehalt zunächst unverändert bleibt und erst im letzten Stadium der Zersetzung eine Verminderung erfährt, während die destruktiv wirkenden Holzzersetzer die Cellulose aus dem Verbande mit dem Lignin befreien und lösen[2]. Auch durch den Hausschwamm entsteht aus Kiefernholz ein Rückstand, der zwar zum großen Teil aus Lignin besteht, aber immerhin noch 15% Cellulose und 8% andere Kohlenhydrate enthält[3], andererseits wurden auch Pilze gefunden, durch deren Wirkung der Cellulosegehalt im vermoderten Holze um 15% zunahm, während der Ligningehalt um 30% abnahm[4]. HÄGGLUND sagt auf Seite 254 seines Buches: „Davon, daß es sich bei diesen Pilzen immer um eine Wirkung handelt, bei welcher ausschließlich das Lignin gelöst wird und die Cellulose nicht, kann offenbar keine Rede sein", und dann gibt er noch weitere Belege.

Ganz besonders interessant ist die Theorie, welche WAKSMAN[5] über die Entstehung des Humus aus Cellulose auf Grund umfangreicher Experimente geäußert hat. Nach ihm besteht der Bodenhumus einmal aus Bestandteilen des Pflanzenmaterials, welche der Zersetzung widerstehen, wie Lignin, Kutin usw. und weiterhin aus synthetischer Zellsubstanz der Mikroorganismen, welche auf den Kohlenhydraten und den Proteinen der inkrustenhaltigen Naturstoffe gelebt haben. Von diesen Zelleibern ist nur ein Teil zersetzlich, ein anderer widersteht dem Abbau durch eine neue Mikroorganismenflora, so daß er sich immer mehr anhäuft und als ein synthetischer Humus angesehen werden kann. WAKSMAN zieht diese Schlüsse aus dem Verhältnis zwischen Cellulose und Stickstoff in den Produkten der Cellulosezersetzung durch die

---

[1] FALCK: Ber. d. Dtsch. Bot- Ges. **44**, 652 (1926).

[2] FALCK u. HAAG: Ber. **60**, 225 (1927). — FALCK, Cellulosechem. **9**, 1 (1928); **11**, 198 (1930).

[3] SCHWALBE u. AF EKENSTAM: Cellulosechem. **8**, 13 (1927).

[4] JOHNSEN u. LEE: Paper trad. journ. **76**, 53 (1923).

[5] WAKSMAN: Cellulosechem. **8**, 97 (1927), dort weitere Literatur. — WAKSMAN u. REUSSER: Cellulosechem., **11**, 209 (1930).

Mikroorganismen des Bodens; er isolierte aus derartigen Ansätzen einen „Humus“ mit natürlichem Humus in verschiedener Beziehung ähnlichen Eigenschaften und einem gleichen Gehalte an alkalilöslicher Humussäure und dem entsprechenden Stickstoffgehalte von gegen 3%. Aus diesen Untersuchungen geht klar hervor, daß man bei der Entstehung des Torfes und weiterhin auch wohl der Kohle die Anhäufung der Mikroorganismenleiber berücksichtigen muß und daß es sich bei all diesen Vorgängen um gewiß sehr komplizierte und sicherlich nicht einseitig gerichtete Umsetzungen handelt.

An dieser Stelle sei auch an die wichtigen „Beiträge zur Theorie der Kohle-Entstehung“ von BERGIUS[1] erinnert, deren Schlußfolgerungen von Zersetzungsprozessen durch Mikroben ganz unabhängig sind. BERGIUS beschäftigte sich mit dem Inkohlungsprozeß von Cellulose und Lignin bei hohen Temperaturen, wobei er das Material zwecks besserer Wärmeübertragung in einem geeigneten Mineralöl suspendierte. Im ersten Teile der Reaktion findet lediglich Wasserabspaltung nach der Formel:

$$4\,(C_6H_{10}O_5)\,X = 2\,(C_{12}H_{10}O_5)\,X + 10\,H_2O$$

statt. Das erhaltene Inkohlungsprodukt nimmt schon an der Luft 2 Atome Sauerstoff auf, nach der Gleichung:

$$4\,C_6H_{10}O_5 + O_2 = \underbrace{C_{12}H_{10}O_5 + C_{12}H_8O_6}_{\text{Humussäuren}} + 11\,H_2O.$$

Die Reaktionsprodukte sind mit zwei von ODÉN aus Torf isolierten Humussäuren identisch, wodurch eine experimentelle Beziehung zwischen Cellulose und Humussäuren nachgewiesen ist. BERGIUS betrachtet die Umwandlung der Cellulose in Humussäure unter Wasseraustritt verbunden mit Oxydation als den ersten Teilprozeß auf dem Wege der natürlichen Kohlebildung aus pflanzlichen Stoffen.

Bei weiterer Erhitzung auf höhere Temperatur gelangt er nun bei der Cellulose zu einer unlöslichen β-Kohle und einer löslichen

[1] BERGIUS: Naturwiss. **16**, 1 (1928), ausführlich referiert Cellulosechem. **8**, 29 (1928), neuestens BERL, SCHMIDT u. KOCH: Zeitschr. f. angew. Chem. **43**, 1018 (1930), **44**, 329 (1931).

α-Kohle, von denen die letztere, was besonders bemerkenswert ist, auch durch Inkohlung des Fichtenholzlignins gewonnen werden kann. Er faßt seine Ergebnisse mit den folgenden Worten zusammen: „Die Hexose der Pflanzensäfte nimmt durch geeignete Enzyme 1 Mol. O auf unter Umwandlung in einen der Glucuronsäure nahestehenden Oxyzucker, der sich mit einem unveränderten Hexosemolekül zu einem ester- oder glucosidartigen Stoff $C_{12}H_{20}O_{11}$ verbindet. Dieser Körper, den bereits Erich Schmidt in den Algen angenommen hat, würde durch Abspaltung von 1 CO_2 und 1 H_2O in das Mooslignin $C_{11}H_{18}O_8$, dieses durch weitere Wasserabspaltung über die Zwischenstufe des Bärlapplignins $C_{11}H_{12}O_5$ in das echte Lignin $C_{11}H_{10}O_4$ übergehen können, das schließlich unter Austritt von CO_2 und H_2O die Endkohle $C_{10}H_8O$ ergäbe, also praktisch dieselbe Endkohle, welche aus Cellulose gewonnen werden kann. Diese Vorstellungen machen es auch verständlich, weshalb α-Kohle und β-Kohle aus Cellulose im Verhältnis 70:30, aus Lignin dagegen im Verhältnis 50:50 entstehen: der Grundkörper des Lignins entsteht aus zwei Hexosen unter Hinzutritt von 1 Mol. O, so daß beim Inkohlungsvorgang auf je 2 C-Gruppen 1 Mol. O mehr als in der Cellulose verfügbar ist, um Wasserstoff in Form von Wasser zu entfernen; es muß daher bei Inkohlung unter Luftabschluß aus Lignin eine etwas wasserstoffärmere Kohle entstehen als aus Cellulose. In der Natur sind in den oberen Torfmoorschichten Bedingungen gegeben, bei denen auch aus Cellulose unter primärer Bildung von Oxycellulose die Entstehung einer α-kohleärmeren Endkohle möglich ist.

Man kann sich somit folgendes Modell der Vorgänge aufbauen, die vom Assimilationsprodukt der Pflanze zur Kohle führen“: (s. d. Schema S. 151).

Die Umwandlung inkrustenhaltiger Naturstoffe in Humus, Torf und Kohle kann also jetzt auf biologischem wie auch auf rein chemischem Wege durch Druckerhitzung gedeutet werden. Welcher Erklärung der Vorrang gebührt, oder ob beide Möglichkeiten der Kohlebildung zusammenwirken, kann erst die zukünftige Entwicklung entscheiden.

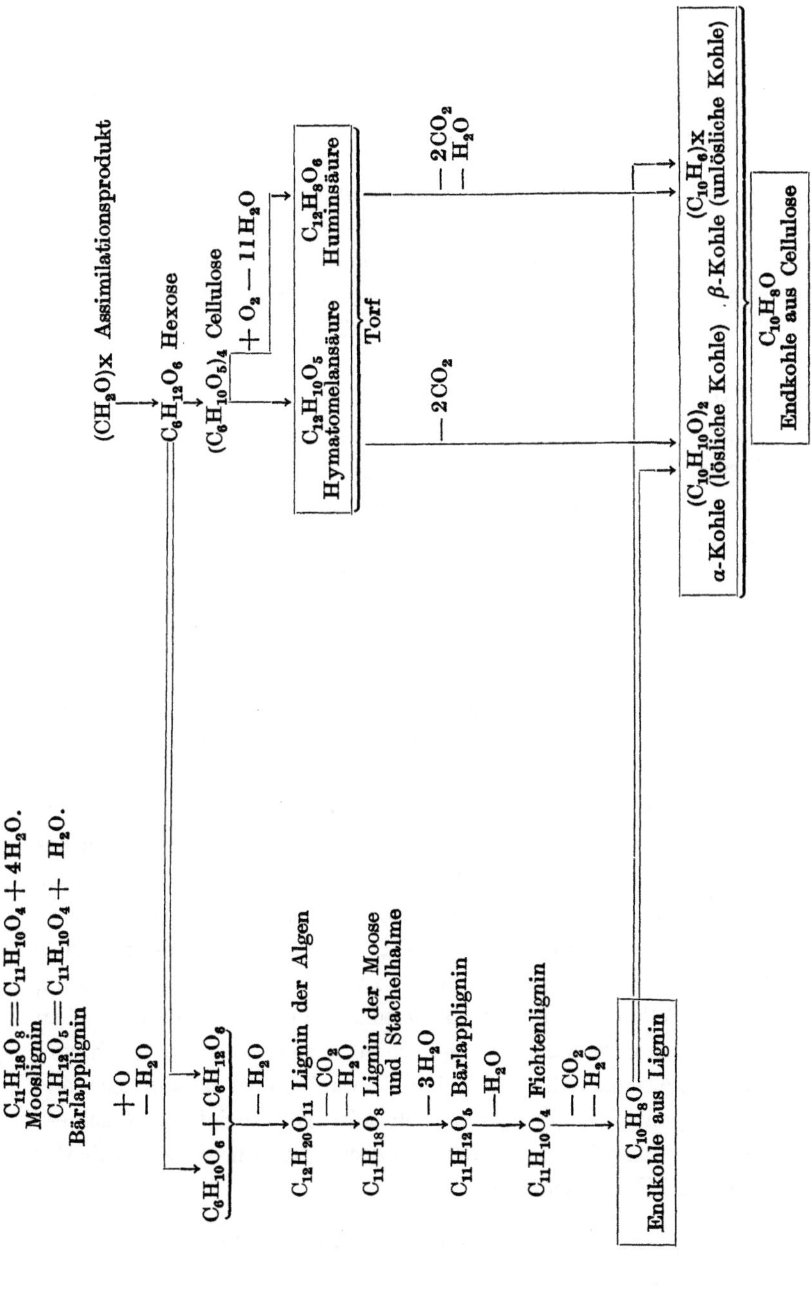
$C_{11}H_{18}O_8 = C_{11}H_{10}O_4 + 4H_2O$.
Mooslignin
$C_{11}H_{12}O_5 = C_{11}H_{10}O_4 + H_2O$.
Bärlapplignin
$(CH_2O)x$ Assimilationsprodukt
$C_6H_{12}O_6$ Hexose
$(C_6H_{10}O_5)_4$ Cellulose
$+ O_2 - 11 H_2O$
$C_{12}H_{10}O_5$
Hymatomelansäure
$C_{12}H_8O_6$
Huminsäure
Torf
$- 2CO_2$
$- 2CO_2$
$- H_2O$
$(C_{10}H_{10}O)_2$
α-Kohle (lösliche Kohle)
$(C_{10}H_6)x$
β-Kohle (unlösliche Kohle)
$C_{10}H_8O$
Endkohle aus Cellulose
$+ O$
$- H_2O$
$C_6H_{10}O_6 + C_6H_{12}O_6$
$- H_2O$
$C_{12}H_{20}O_{11}$ Lignin der Algen
$- CO_2$
$- H_2O$
$C_{11}H_{18}O_8$ Lignin der Moose und Stachelhalme
$- 3H_2O$
$C_{11}H_{12}O_5$ Bärlapplignin
$- H_2O$
$C_{11}H_{10}O_4$ Fichtenlignin
$- CO_2$
$- H_2O$
$C_{10}H_8O$
Endkohle aus Lignin

IV. Cellusose: Fermentativer Abbau und Verdaulichkeit cellulosehaltiger Naturprodukte.

Bei dem im vorigen Kapitel geschilderten Abbau der Cellulose handelt es sich nicht um einen rein fermentativen, d. h. um einen solchen, der ohne die Mitwirkung lebender Zellen vor sich geht, wenn auch anzunehmen ist, daß bei der Lösung der Cellulose die dem Körper der hierbei tätigen Mikroorganismen entstammenden Fermente wirksam sind. Von vornherein war es unter diesen Umständen nicht ohne weiteres klar, ob das große Molekül der Cellulose direkt in die genannten Abbauprodukte zerfällt oder ob diesem Zerfall eine hydrolytische Spaltung vorausgeht, wie das bei sonstigen Gärungserscheinungen meist beobachtet worden war. Da nun bis zum Jahre 1912 in der Natur noch kein celluloselösendes Ferment aufgefunden worden war, schien es das einzig mögliche, nach der *Cellulase* bei den celluloselösenden Mikroorganismen zu suchen. Der Gedankengang, welcher ihrer Auffindung zugrunde lag, war nun der folgende[1]:

Während nach allen bisherigen Erfahrungen die hydrolytischen Fermente durch Antiseptica in ihrer Wirkung nicht geschädigt oder jedenfalls nicht vollkommen gehemmt werden, wird die Wirkung der Buttersäure-Gärungsfermente durch Giftstoffe, welche die Mikroorganismen in kürzerer oder längerer Zeit zu töten imstande sind, schnell angehalten. Auf diese Weise mußte es deshalb gelingen, die im Körper der Cellulosebakterien vorhandenen Gärungsfermente abzutöten und die mutmaßlich vorhandenen Cellulosefermente so lange am Leben zu erhalten, bis ihre Wirkung auf die Cellulose durch die Isolierung der bei dem hydrolytischen Abbau sich bildenden Zwischenprodukte zu erkennen möglich war. Da es andererseits durch das enge Verwachsen der celluloselösenden Mikroorganismen mit diesem Polysaccharid aussichtslos erschien, eine Trennung dieser von der Cellulose auszuführen, so wurde der folgende Weg beschritten:

---

[1] PRINGSHEIM: Ztschr. physiol. Chem. 78, 266 (1912).

Nachdem man sich durch häufiges Überimpfen in den Besitz einer genügend vorgereinigten Cellulosebakterienkultur gesetzt hatte, wurde eine Cellulosegärung eingerichtet und abgewartet, bis sie in das Stadium ihrer höchsten Wirksamkeit getreten war, was durch energische Gasabgabe bemerkbar wurde. In diesem Zustande mußte der Zusatz eines geeigneten Antisepticums erfolgen, welches dazu geeignet war, nach kräftigem Umschütteln die Cellulosegärung ruckweise zum Stillstand zu bringen. Merkwürdigerweise erwies sich die Cellulosegärung verschiedenen antiseptischen Stoffen gegenüber außerordentlich resistent, so daß sie selbst nach längerem Schütteln, wenn auch nicht auf die Dauer, so doch vorübergehend, wieder in Gang kam, wodurch naturgemäß die selbst im besten Falle immer nur in geringer Menge angehäuften hydrolytischen Zwischenprodukte wiederum aus der Lösung verschwanden. Aus diesem Grunde erwiesen sich Toluol und Chloroform in den meisten Fällen als ungeeignet, ja die Gärung bestand selbst in 1%iger Phenollösung noch in fast ungeschwächtem Maße fort. Hieraus konnte der Schluß gezogen werden, daß das celluloselösende Ferment gegen Antiseptica im Verhältnis zu anderen Fermenten außerordentlich widerstandsfähig ist. Die Schwierigkeit wurde schließlich dadurch überwunden, daß man für 2 Liter Gärflüssigkeit 1 g Jodoform in 50 ccm Aceton gelöst anwandte und diese Lösung unter Schütteln in die stark gärende Cellulosekultur eingoß. Durch die Tatsache, daß die Lösung dann nach 24 Stunden Fehlingscher Lösung gegenüber eine schwache Reduktion zeigte, konnte auf die Anwesenheit hydrolytischer Abbauprodukte geschlossen werden. Nachdem die Beobachtung gemacht war, daß die Reduktion der Fehlingschen Lösung sich nach 48 Stunden nicht mehr vermehrte, wurde zum Nachweis der hydrolytischen Abbauprodukte geschritten.

Es verstand sich von selbst, daß unter den geschilderten Umständen nur ein verhältnismäßig geringer Abbau der Cellulose möglich war, weshalb größere Mengen der Gärflüssigkeit durch Eindampfen zwecks Isolierung der Zwischenprodukte konzentriert werden mußten. Diese aber konnten dann immer noch nicht in Substanz, sondern nur in Gestalt eines Derivates ausgeschieden werden. Dieses Derivat mußten die Osazone der Zucker sein. Hier kam es dem Nachweis sehr zugute, daß das Osazon des Traubenzuckers in Wasser sehr schwer löslich ist, während die Osazone der Di-saccharide eine genügende Wasserlöslichkeit zeigen, um sie von Glucosazon zu trennen.

Auf diese Weise ist es gelungen, den Nachweis zu führen, daß beim Abbau der Cellulose durch Mikroorganismen hydrolytische Abbauprodukte entstehen und daß hierbei neben dem Endprodukt der Hydrolyse, dem Traubenzucker, als Zwischenprodukt immer die Cellobiose gebildet wird.

Interessant ist ferner, daß die hydrolytischen Abbauprodukte der Cellulose sowohl bei celluloselösenden Schimmelpilzen wie bei den denitrifizierenden, den Methangärungs-, den Wasserstoffgärungs- und den thermophilen Cellulosebakterien die gleichen waren. Am leichtesten ließ sich der Abbau bei den thermophilen Cellulosebakterien nachweisen, weil hier die Anhäufung der Zwischenprodukte die stärkste war, was sich aus der verhältnismäßig großen Energie dieser Art des Cellulosezerfalls, die wir ja vorher schon geschildert haben, erklärt.

Das Temperaturoptimum der „Cellulase“ lag bei 46°, ihre Wirksamkeit ist jedoch über eine weite Temperaturspanne von 20—70° verteilt, so daß ihre Anspruchslosigkeit in dieser Richtung die der meisten anderen Fermente bei weitem übertrifft.

Naturgemäß muß beim Abbau der Cellulose neben der Cellulase das bekannte, die Cellobiose in zwei Moleküle Traubenzucker spaltende Ferment, die Cellobiase, wirksam sein. Da nun die Tötungsgrenze dieses Fermentes niedriger liegt, als die der Cellulase, so gelang es bei 67° den fermentativen Abbau der Cellulose bei der Cellobiose anzuhalten, ohne daß gleichzeitig Traubenzucker gebildet wurde.

Der Nachweis der Glucose beim mikrobiellen Abbau der Cellulose als Zwischenprodukt konnte nach der von mir geübten Methode neuerdings mit einem aus verrottetem Dung isolierten, fakultativ aeroben, thermophilen Bakterium bestätigt werden[1].

[1] Woodman u. Stewart: Journ. agricult. science 18, 713 (1928).

Verdaulichkeit.

Wir haben hervorgehoben, daß im tierischen Organismus bisher keine cellulosespaltenden Fermente aufgefunden werden konnten; es sind vielmehr die im Darm der Tiere lebenden Cellulosebakterien, welche auch hier den Celluloseabbau besorgen[1]. Als celluloseverdauende Tiere kommen besonders die Wiederkäuer in Frage, welche in ihrem Pansen ein spezielles Organ für die Cellulosevergärung und -verdauung besitzen, daneben aber auch andere Tierarten mit einem langen Darmtractus, wie z. B. das Pferd, während sich das Schwein mit seinem verhältnismäßig kurzen Darm mehr dem Zustand beim Menschen annähert. Bezüglich der Ausnutzung vgl. PINCUSSEN[2].

Der Mensch vermag die Cellulose gar nicht oder jedenfalls nur in der zarten Form, in der sie sich in gewissen Gemüsearten, wie in Spargelschößlingen, vorfindet, im beschränkten Umfange zu verdauen; die Cellulose stellt vielmehr bei entsprechender Abmessung eine für die Anregung der Peristaltik nützliche Belastung dar. Jedoch muß der zulässige Rohfasergehalt eines zur menschlichen Verdauung geeigneten Nahrungsmittels nach oben hin begrenzt sein. Im allgemeinen dürfte diese oberste Grenze zu 5% angegeben werden; dies entsprach etwa dem Gehalte des Kriegsbrotes bei einer 94%igen Ausmahlung an Weender-Rohfaser, wobei jedoch, wie wir alle wissen, dem menschlichen Darm schon das Menschenmögliche zugemutet wurde.

Die im Darm der celluloseverdauenden Tiere lebenden Cellulosebakterien vergären die Cellulose in ganz derselben Weise wie in vitro zu Gasen und Fettsäuren. SCHEUNERT[3] konnte die celluloselösende Kraft im Blinddarm vom Pferd, Schwein und Kaninchen auf Bakterien zurückführen. Einer neueren Angabe zufolge soll sich auch ein Mycelpilz, der Aspergillus cellulosae an der Darm-

---

[1] Vgl. SCHEUNERT: OPPENHEIMER, Handb. d. Biochem. Bd. V, 191, 205, Leipzig 1924.

[2] PINCUSSEN: OPPENHEIMER, Handb. d. Biochem. Bd. V, 295, Leipzig 1924.

[3] SCHEUNERT: Ztschr. physiol. Chem. 48, 9 (1906).

verdauung beteiligen[1]. Mme. J. KHOUVINE[2] isolierte aus der menschlichen Darmflora in 60% der Fälle den Bazillus Cellulosae n. sp. von außerordentlicher Sporenresistenz, der 40—50 minutenlanges Kochen aushielt. Er bildete die üblichen Gase und Säuren und vergor in 16 Tagen allein 1 g Cellulose, in Gegenwart anderer Bakterien über fünfmal soviel.

Nach der von ZUNTZ[3] aufgestellten Theorie über die Verwertung der Cellulose im tierischen Organismus kommen ausschließlich die Fettsäuren, die resorbiert werden, dem tierischen Organismus zugute, während nach unserer eigenen Anschauung der beim fermentativen Abbau der Cellulose nachweisbare, intermediär gebildete Zucker wenigstens teilweise vor der Vergärung in Fettsäuren resorbiert und ausgenutzt wird. Nach der ZUNTZschen Anschauung fallen auch lösliche Kohlenhydrate, wie der Rohrzucker und die Stärke, einer derartigen Vergärung zum Opfer, so daß auch hier in der Hauptsache nur die Fettsäuren und nicht der Zucker direkt als Energiequelle verwendet werden. Eine derartige Theorie der Celluloseverdauung, so wohl begründet sie auch durch umfangreiche Versuche sein mag, erscheint uns doch etwas zu gequält, auch THAYSEN-BUNKER, S. 217, haben sich inzwischen der neueren Auffassung, daß der Darm die intermediär gebildeten Kohlenhydrate abfängt, angeschlossen. Eins scheint jedenfalls sicher, daß die Cellulosebakterien der Vermittler für die Vorteile sind, die der tierische Organismus aus der Cellulose zieht; dieser braucht bei den auf die Celluloseverdauung eingestellten Tierarten nicht geringer zu sein, als der Nutzen, welcher ihnen aus Kohlenstoffquellen erwächst, die wie die Stärke und der Zucker für den Menschen selbst geeignet sind. In diesem Befunde liegt ein für die Volkswirtschaft wichtiger Wegweiser, der dahin zielt, die Nutztiere mit für den Menschen nutzlosem Material zu ernähren. Während des Krieges hat man den Ver-

---

[1] ELLENBERGER: Ztschr. physiol. Chem. **96**, 236 (1915). — HOPFFE: Ztrbl. Bakteriol. I. Abt., **83**, 531 (1919).

[2] KHOUVINE: Ann. Pasteur **37**, 1711 (1923).

[3] ZUNTZ: Archiv f. d. ges. Physiol. **49**, 477 (1891). — MARKOFF: Biochem. Ztschr. **57**, 1 (1913).

such gemacht, dem durch die Herstellung eines aufgeschlossenen, stark verdaulich gemachten Strohes Rechnung zu tragen; die zahlreichen im Zusammenhange damit angestellten Fütterungsversuche, wie auch die Ergebnisse der Praxis, haben uns in der Erkenntnis der Celluloseverdauung einen großen Schritt weitergebracht, weshalb wir auf sie am Schluß dieses Kapitels eingehen.

Will man die Verdaulichkeit einer rohfaserhaltigen Substanz kennenlernen, so kommt für die Beurteilung vornehmlich der Fütterungsversuch in Frage: Man bestimmt den Rohfasergehalt des Futters und nach der gleichen Methode die mit dem Kot ausgeschiedene Rohfaser und kommt hierbei, wenn man genügend Erfahrung hat, die Versuchsperioden richtig einteilt, der Füllung des Darmes vor Beginn und nach Abschluß der Versuchsreihe genügend Rechnung trägt, zu einigermaßen verläßlichen Resultaten. Man bestimmt hierbei also, wie gesagt wurde, die Verdaulichkeit der Rohfaser, die der stickstofffreien Extraktivstoffe, des Rohproteins und des Rohfettes; diese Daten sagen aber, und das muß hervorgehoben werden, noch nichts über die Ausnutzungsquote, denn der unverdauliche Teil der Rohfaser bewirkt eine Depression in der Ausnutzung der verdauten Anteile, wodurch eine gewisse Menge an Energie verlorengeht. Zu einem einwandfreien, wissenschaftlichen Ergebnis kann man aus diesen Gründen nur im Respirationsversuch gelangen, der jedoch für die große Praxis viel zu umfangreich und kostspielig ist.

Kellner[1] hat deshalb, gestützt auf ein sehr reiches Versuchsmaterial eine Methode zur Ermittlung des Stärkewertes von Rauhfutterarten angegeben, wobei wir unter Stärkewert die prozentuale Ausnutzung im Vergleich zu der vollverdaulichen Stärke verstehen. Er schlägt vor, bei einem Gehalte des frischen Futters von 16% und mehr Rohfaser für jedes Prozent dieser Bestandteile einen Abzug von 0,58 Teilen Stärkewert zu machen, während bei einem Gehalte von 4% Rohfaser und weniger dieser Abzug 0,29 Teile beträgt. Für die dazwischenliegenden Rohfasergehalte sind entsprechende dazwischenliegende Stärkewerte in Abzug zu bringen.

---

[1] Kellner: Grundzüge der Fütterungslehre, 5. Aufl., herausgegeben von Fingerling, Berlin 1916, S. 199.

Auf diese Weise trägt er der Verdauungsdepression durch die unverdaute Rohfaser Rechnung.

Die große Zahl der an rohfaserhaltigen Futtermitteln ausgeführten Versuchsmethoden beruht auf der Bestimmung der Rohfaser nach der Methode von HENNEBERG und STOHMANN. Sie besteht darin, daß das zu untersuchende Material zuerst mit 1,5%iger Schwefelsäure gekocht und wieder ausgewaschen wird. Nach dem Trocknen erhält man dann den Gehalt an Rohfaser. Diese Methode hat den Vorzug großer Einfachheit. Sie hat bisher bei allen Fütterungsversuchen, bei denen die Verdaulichkeit der Rohfaser bestimmt werden soll, Anwendung gefunden und es ist fraglich, ob sie aus dieser gebieterischen Stellung in Kürze wird verdrängt werden können; denn auf ihr beruhen die überaus zahlreichen und wertvollen Verdaulichkeitszahlen, welche die Grundlage für die von KELLNER begründete Fütterungslehre rohfaserhaltiger Materialien bilden. Ehe diese Methode für diesen Zweck durch eine andere ersetzt werden kann, müßte nicht nur eine annähernd ebenso einfache Cellulosebestimmungsmethode gefunden, sondern auch all die zahlreichen von KELLNER und seinen Nachfolgern angestellten Fütterungsversuche müßten wiederholt und ihr Ergebnis auf eine exaktere Cellulosebestimmungsmethode aufgebaut werden. Damit wird es jedoch noch gute Wege haben: einmal kann die Forderung nach dem Ersatz der WEENDER-Methode durch eine genauere und auch nur annähernd so einfache vorläufig nicht erfüllt werden[1] und fernerhin wird es unter allen Umständen schwer sein, die große Arbeit, die in den KELLNERschen Verdauungszahlen niedergelegt ist, in absehbarer Zeit noch einmal zu leisten.

Bei Ausnutzungsversuchen bestimmt man nach der WEENDER-Methode getrennt die Verdauung der Rohfaser und der stickstofffreien Extraktivstoffe. So hat sich nach und nach die Anschauung befestigt, der Wert eines Futtermittels sei gering bei hohem Gehalt an WEENDER-Rohfaser und groß bei hohem Gehalt von stickstofffreien Extraktivstoffen. In dieser Annahme muß jedoch

[1] Vgl. THOMAS u. KAMPFHAMMER: Pflügers Archiv **201**, 6 (1924).

ein Wandel vollzogen werden: denn in die stickstofffreien Extraktivstoffe gehen nicht nur die durch verdünnte Schwefelsäure löslichen, verdaulichen Substanzen wie Stärke, Inulin und ein Teil der Pentosane, sondern durch die Behandlung mit Natronlauge auch ein großer Teil der Ligninsubstanzen über, welche nicht nur unverdaulich sind, sondern die sogar eine Verdauungsdepression ausüben. Auf Grund dieser Analysenmethode allein kann man also ohne einen Fütterungsversuch zu gar keinem Urteil über den Wert eines Rauhfutters gelangen.

SEMMLER und PRINGSHEIM[1] haben deshalb geprüft, ob man den Futterwert auf Grund der im vorigen Kapitel beschriebenen „Gesamtanalyse" beurteilen könne; doch lieferten auch diese Resultate keinen genügenden Einblick. Wir haben der im zweiten Kapitel auf S. 111 angeführten Tabelle neben den Analysenzahlen den Stärkewert beigefügt; betrachtet man diese Angaben, so findet man z. B. zwischen Sommer- und Winterhalmstroh keinen genügenden Unterschied in der Zusammensetzung, der uns den doppelten Stärkewert des Sommerhalmstrohs gegenüber dem Winterhalmstroh vorauszusagen gestattete. Der hohe Ligningehalt des Heidemehls und des Heus hindert nicht eine verhältnismäßig günstige Verwertung, wie sie in den Stärkewerten von über 30 zum Ausdruck kommt, während andererseits der niedrige Ligningehalt von nicht ganz 15% der Maiskolben keine Erklärung für den geringen Stärkewert von wenig über 20 gibt.

Günstiger für die Behandlung des Futterwertes nach der Gesamtanalyse liegen die Verhältnisse, wenn es sich um vorher mit Alkalien behandelte, sog. „aufgeschlossene", cellulosehaltige Naturprodukte handelt; es hängt das damit zusammen, daß die Verdaulichkeit der Rohfaser der Rauhfutterstoffe von der Fähigkeit der Cellulosebakterien, an die Cellulose heranzukommen, bedingt ist, da sie, wie wir durch experimentelle Erfahrung wissen, nur in direktem örtlichem Zusammenhang mit der Cellulose zu leben imstande sind. Dieses Herankommen an die Cellulose wird den Bakterien einerseits durch die Verkieselung, wie z. B. im

[1] SEMMLER u. PRINGSHEIM: Landw. Versuchsstationen **94**, 85 (1919).

Stroh, im Reisstroh usw. und andererseits durch die Inkrustierung erschwert. Diese Inkrustierung kann nun nicht nur quantitativ durch den Ligningehalt zum Ausdruck kommen, sondern sie kann auch qualitativ verschieden sein. Im allgemeinen läßt sich sagen, daß die Qualität der Inkrustierung mit zunehmendem Alter der Pflanzen wächst, daß also die Inkrusten älterer Pflanzen, offenbar durch chemische, uns noch unbekannte Veränderungen in der Ligninsubstanz fester an der Rohfaser haften und demnach den Bakterien den Weg zur Cellulose energischer als die jüngerer verschließen. So kommt es zustande, daß das Winterhalmstroh schwerer verdaulich als das Sommenhalmstroh ist und Holz trotz seines nicht so wesentlich höheren Ligningehaltes so unverdaulich ist, daß es sogar einen negativen Stärkewert, also keinen Nutzwert, sondern eine Verdauungsdepression hervorruft.

Verdaulichmachung.

Vor zwölf Jahren haben wir unter dem Eindrucke der Kriegsarbeit und in der möglichen Erwartung, daß das sog. Aufschließungsverfahren von Stroh von weltwirtschaftlicher Bedeutung werden könnte, den verschiedenen Methoden ein eigenes Kapitel gewidmet. Heute müssen wir uns kürzer fassen, denn das Verfahren hat seine praktische Bedeutung verloren. Die ausgiebige Erfahrung der Kriegspraxis hat zwar den sicheren Beweis geliefert, daß das aufgeschlossene Stroh als Energiequelle für Zugvieh vorzüglich geeignet ist, daß man damit Wiederkäuer und besonders auch Pferde in einem ausgezeichneten Ernährungszustand erhalten kann, aber verschiedene Umstände sind dem Aufschlußprozeß nicht günstig gewesen. Selbst wenn wir von den Hemmungen absehen, welche einer Umgestaltung der in der konservativen Landwirtschaft eingebürgerten Verfahren immer im Wege stehen müssen, so sind es vornehmlich wohl zwei Faktoren, die die umfangreichen Bestrebungen zur Einführung des aufgeschlossenen Strohes in die von der Zwangswirtschaft befreite Praxis gehemmt haben. Das aufgeschlossene Stroh ist naturgemäß im feuchten Zustande, so wie es bei dem Verfahren anfällt, nicht haltbar; durch Pressen kann es im allgemeinen nur auf 25% Trokkensubstanz gebracht werden; um den Rest des Wassers zu verdampfen, sind große Kohlenmengen notwendig. Bei diesem Trocknungsprozeß gehen aber des weiteren auch gewisse Geschmackstoffe verloren, so daß der getrocknete Strohzellstoff von den Tieren nur ungern oder gar nicht angenommen wird. Aus diesem Grunde hat man während des Krieges eine innige Mischung mit Melasse vorgenommen und das sog. Strohkraftfutter erzeugt, aber auch diese Methode ist kostspielig, die Melasse ist schwer zu beschaffen, da sie anderweitig für Futterzwecke verwendet, entzuckert oder auch vergoren wird. Die Summation dieser Umstände hat die völlige Einstellung der Fabrikation von aufgeschlossenem Stroh in der Technik nach sich gezogen. Die Hoffnung, die Rentabilität des Verfahrens durch eine Verkochung der eingedickten Aufschlußlaugen zu retten, wobei die Natronlauge oder, was besser wäre, Soda wiedergewonnen wird, hat das Verfahren nicht retten können. Aussichtsreicher erscheint vielleicht ein schon in Holland geübtes Verfahren[1], bei dem die Ablaugen durch eine Bakteriengärung vergast und die brennbaren Gärgase als Kraftquelle benutzt werden. Eine neue Entwicklung wäre möglich, wenn man zur Verbesserung des Geschmacks an Stelle von Melasse die beim Aufschluß von Holz durch überkonzentrierte Salzsäure gewinnbaren Zuckerlaugen verwerten könnte, besonders aber wenn es gelänge, diese vorerst durch irgendwelche Methoden, z. B. durch Züchtung geeigneter Pilze auf ihnen, zur Umwandlung von Ammoniak in gut verdauliche Eiweißstickstoffe zu benutzen[2].

Für die Verwertung des aufgeschlossenen Strohes bliebe vorläufig also nur die Naßfütterung, die jedoch an Ort und Stelle erfolgen muß. Dies bedingt bei der Einschränkung des Zugviehes in großen Zentren eine Verteilung der Kraftstrohfabrikation über das flache Land. Der Landwirt dürfte jedoch im allgemeinen den Betrieb einer chemischen Anlage, sei sie auch noch so klein und einfach, schon wegen der Verwendung von Ätzlaugen scheuen. Wir sind jedoch der Meinung, daß da, wo einigermaßen geschultes

---

[1] Patent Kessener 290126, Kl. 120 Gv.

[2] Vgl. Pringsheim u. Lichtenstein: Cellulosechem. 1, 29 (1920).

Personal, z. B. in der Verbindung mit einer Brennerei oder Zuckerfabrik vorhanden ist, sich eine Kraftstrohanlage immer noch bewähren würde, besonders da man, wenn Abdampf vorhanden ist, an Stelle von Ätznatron mit demselben Vorteil die besser zu transportierende und harmlosere Soda verwerten kann.

Wenn wir im folgenden in Kürze noch auf das Aufschließungsverfahren eingehen, so geschieht das jedoch vornehmlich wegen der theoretischen Erkenntnis, die wir aus der Verfütterung solchen Materials gewonnen haben. Für eine ausführlichere Darstellung möge auf die erste Auflage, auch auf die Schrift: HANS MAGNUS. Theorie und Praxis der Strohaufschließung (Paul Parey, Berlin 1919), wie auf die kürzlich erschienene Zusammenfassung von HONCAMP[1] verwiesen sein.

Die wissenschaftliche Grundlage für die Strohaufschließung durch Alkalien ist von KELLNER[2] gelegt worden. LEHMANN[3] stellte diese Versuche in mehr als 20 Jahren auf eine breitere praktische Grundlage, aber erst BECKMANN[4] wies darauf hin, daß man an ein Futterstroh nicht den Maßstab der Papier- oder Pappenfabrikation legen dürfe, daß man mit dem Stroh viel schonender umgehen müsse, um bei besserer Ausbeute mehr Cellulose und besonders auch verdauliche Pentosane[5] zu erhalten.

Man arbeitete ursprünglich mit 8 oder mehr Prozent Ätznatron, bezogen auf das Stroh, in rotierenden Druckkochern bei 4 bis 5 Atmosphären, ging dann auf Anregung von COLSMAN[6] zu einer Kochung im offenen Gefäß über. Das Ergebnis war etwa das gleiche, man erhielt ein gut aufgeschlossenes und hoch verdauliches Kraftstroh, bei welchem die Verdaulichkeit der Rohfaser von 32—37% im Stroh auf 70—75% im Kraftstroh und die der gesamten organischen Substanz von etwa 40% auf durchschnittlich

---

[1] HONCAMP: Cellulosechem. 8, 81 (1927).

[2] KELLNER: Landw. Versuchsstationen **53**, 302 (1899).

[3] LEHMANN: Denkschrift an das Kriegsamt, N.A. **1917**.

[4] BECKMANN: Sitzungsberichte der Preußischen Akademie der Wissenschaften, Phys.-Math. Klasse, S. 275; Ztschr. angew. Chem. **32**, 81 (1919).

[5] SCHIROKICH: Biochem. Ztschr. **55**, 370 (1913).

[6] COLSMAN: Denkschrift: Die Lösung der Futter- und Lebensmittelfrage im Krieg durch das „Kraftstroh-Landverfahren“, Juli 1916.

70% gesteigert wurde. Die Ausbeute bei diesem Verfahren betrug jedoch nur etwa 58%. Wurde jedoch nach der BECKMANNschen Vorschrift mit der achtfachen Menge 1½%iger Natronlauge bei gewöhnlicher Temperatur aufgeschlossen, so konnte 80% von gleich günstiger Verdaulichkeit gewonnen werden, eine Ausbeute und Verdaulichkeit, die nach unserem Vorschlage auch bei 3 Stunden langem Kochen mit 8% Soda erreicht werden konnte. Weit ungünstiger waren die Verdaulichkeitssteigerungen beim Behandeln

Tabelle 11. Strohaufschluß.

Analysen von Stroh und verschiedenen daraus hergestellten Kraftstrohsorten.

Rohstroh		1. Kraftstroh (8% NaOH unter Druck)	2. Kraftstroh (BECKMANN 8 Std. in der Kälte)	3. Kraftstroh (8% Soda, 3 Std. gekocht)
Asche	3,8	4,1	3,1	2,42
Rohprotein	2,7	0,9	2,3	2,0
Wachs und Harz	2,1	0,0	1,3	0,0
Cellulose	39,5	56,5	48,6	52,03
Pentosane	26,2	31,1	26,3	27,50
Lignin	24,0	10,0	16,3	16,99
Stärkewert		68,7	63,5	64,3[1]

Substanzverluste beim Aufschluß. In Prozent vom Stroh.

	1.	2.	3.
Ausbeute:	53%	79%	74%
Asche	1,6	1,3	3,13
Rohprotein	2,2	0,9	1,93
Wachs und Harz	2,1	1,1	2,34
Cellulose	9,6	1,1	0,44
Pentosane	9,7	5,4	4,27
Lignin	18,7	11,1	11,60
Gesamtverlust beim Aufschluß:	47%	21%	26%
Davon Verlust an Inkrusten (Lignin und Asche)	20,3	12,4	14,73
Folglich Gesamtverlust an organischer Substanz mit verdaulichem Nutzwert	26,7	8,6	11,27

[1] HONCAMP u. BAUMANN: Landw. Versuchsstationen **99**, 43 (1921).

des Strohes mit Ätzkalk, trotzdem auch hier eine nicht unbeträchtliche Verbesserung festzustellen war. In der vorstehenden Tabelle sind die wichtigsten Ergebnisse über den Strohaufschluß zusammengefaßt.

Im allgemeinen zeigt sich, daß sich die Verdaulichkeit der Rohfaser durch den Aufschluß außerordentlich steigern läßt, und daß sie sich durchschnittlich auf etwa 80% hält, während in der Verdaulichkeit der stickstofffreien Extraktivstoffe weit größere Schwankungen vorhanden sind. Nach dem früher Gesagten erscheint dies durchaus natürlich, denn die Verdaulichkeit der stickstofffreien Extraktivstoffe steht im umgekehrten Verhältnis zu dem im Kraftstroh noch vorhandenen Lignin, welches durch die verschiedenen Verfahren verschieden stark herausgelöst wird. Daraus ergibt sich, daß man auf Grund der 80%igen Verdaulichkeit der Rohfaser und der nach dem Ligningehalt zu schätzenden Verdaulichkeit der stickstofffreien Extraktivstoffe beim aufgeschlossenen Stroh den Futterwert rein aus der Analyse beurteilen kann.

Fragt man sich, worauf die große Verdaulichkeitssteigerung, die z. B. beim Behandeln von Stroh mit Säuren durchaus nicht eintritt[1], zurückzuführen ist, so war zuerst an die Möglichkeit zu denken, daß die Cellulose durch die Einwirkung der Alkalien, d. h. beim Übergang in die Hydratcellulose selbst leichter verdaulich wird. Doch konnte in einer Experimentalarbeit, bei welcher zum ersten Male die Gesamtanalyse nach dem früher beschriebenen Verfahren als experimentelles Hilfsmittel für Fütterungsversuche angewandt wurde[2], erwiesen werden, daß weder beim Hund, noch beim Hammel, noch beim Kaninchen die mit Natronlauge vorbehandelte Cellulose besser verdaut wurde als der reine Sulfitzellstoff.

Der Wert des Aufschlusses mit Alkalien beruht also neben der Entfernung der für die Verdauung hinderlichen Kieselsäure in einer Lockerung des Gefüges zwischen Rohfaser und Inkrustations-

[1] Vgl. Honcamp u. Blanck: Landw. Versuchsstationen **93**, 175 (1919).

[2] Thomas u. Pringsheim: Archiv. f. Anat. u. Physiol. (physiol. Abt.), **1918**, 25.

substanz, die in beträchtlichem Maße auch schon dann statthat, wenn, wie beim Kalkaufschluß, nur eine geringe Entfernung des Lignins erreicht wird. Auch diese Resultate sprechen für eine chemische Bindung des Lignins an die Kohlenhydrate, die Esterbindung wird offenbar durch Alkalien nicht aber durch Säuren gelöst. Diese Lockerung hängt in hohem Maße von qualitativen Eigenschaften der Inkrustationssubstanz ab: trotzdem im Holz nur wenige Prozente mehr Lignin als im Stroh vorhanden sind, kann die Holzfaser mit 8% Ätznatron nicht verdaulich gemacht werden, selbst 20% reichen dazu nicht aus und das Ziel läßt sich erst bei 25% unter Anwendung von Überdruck erreichen. Im Holz befindet sich die Ligninsubstanz nicht mehr in Gestalt einer in Soda löslichen Ligninsäure; das Fortschreiten des Inkrustationsprozesses muß es mit sich gebracht haben, daß die freie Säuregruppe in der Ligninsäure durch einen Veresterungsprozeß geschützt worden ist. Die Verseifung des Esters erfordert starke Natronlauge und hohen Druck und zieht so eine Abspaltung von Acetylgruppen mit sich, welche einen Teil der Natronlauge neutralisieren. Dadurch erklärt sich der Unterschied im Verhalten von Holz und Stroh beim Aufschlußprozeß und im weiteren Sinne das Wesen dieses auch heute noch für die Papierfabrikation wichtigen Verfahrens. Im Gegensatz dazu will RUBNER[1] die Schwerverdaulichkeit Lignin-haltiger Pflanzenstoffe nicht auf die Inkrustation sondern auf das spezielle Verhalten der verschiedenen Cellulosen zurückführen; im Holz wie überhaupt in stark verholzten Pflanzenteilen sei die Cellulose schwerer verdaulich als solche in jungen Geweben z. B. in Gemüsen. Wenn dieser Standpunkt auch sicher sehr übertrieben ist, so müssen die Abweichungen im Verdaulichkeitsgrade von Cellulosen verschiedenen Ursprungs, die ebenso wie die zu besprechende stark differenzierte Enzymfestigkeit vom micellaren Zustand abhängig ist, in den Stoffwechselversuchen gewiß mehr als im vergangenen beachtet werden.

---

[1] RUBNER: Naturwiss. **16**, 1011 (1928).

Fermentabbau der Reservecellulose.

Schon vor der geschilderten Auffindung echter cellulosespaltender Fermente in den Cellulosebakterien und Mycelpilzen wurde gelegentlich, besonders von botanischer Seite, der Anspruch ihres Vorkommens in Pflanzen erhoben, ohne daß jedoch zwischen echter Cellulose und den wesentlich leichter fermentierbaren Hemicellulosen in genügender Weise unterschieden worden war[1]. Auch hatte man der Isolierung der Spaltprodukte noch keine Aufmerksamkeit gewidmet.

Einen neuen Ansporn erhielt die Erforschung der enzymatischen Spaltung der Cellulose, als vor 8 Jahren KARRER und PRINGSHEIM etwa gleichzeitig das Studium der Fermente aufnahmen, welche das Lichenin abbauen. Wir haben die nahe Beziehung dieses von KARRER „Reservecellulose" genannten Polysaccharides zur echten Cellulose in chemischer Beziehung kennengelernt und gewinnen im folgenden durch ihr analoges Verhalten gegenüber Fermenten in ihre nahe Verwandtschaft einen noch tieferen Einblick.

Die Lichenase, wie das licheninspaltende Ferment genannt wird, wurde schon früher, z. B. in der Takadiastase[2], im Kaninchenpankreas[3], wie im Reiche der Invertebraten[4] nachgewiesen, aber auch hier sind die beim Abbau entstehenden Zucker nicht untersucht worden. Neuerdings wurde die Lichenase unter den Fermenten des Flußkrebs-Magensaftes aufgefunden und der dadurch aus Lichenin gebildete Zucker durch die Osazonreaktion von der Glucose verschieden befunden; da in diesem Medium keine Cellobiase vorhanden ist, entsteht vielleicht hier als Endprodukt der Fermentspaltung Cellobiose[5]. Für die Entwicklung der Enzymforschung ist jedoch das Vorkommen einer energisch wirkenden Lichenase im Magen-Darmkanal der Weinbergschnecke (Helix

---

[1] Literatur bei KARRER: Polymere Kohlehydrate, S. 109.
[2] SAIKI: Journ. biol. Chem. **2**, 251 (1906).
[3] v. CSCHERMAK: Biochem. Ztschr. **45**, 452 (1912).
[4] JEWELL u. LEWIS: Journ. biol. Chem. **33**, 161 (1918).
[5] KRÜGER u. GRAETZ: Zoolog. Jahrbücher **45**, 463, u. zwar 504 (1928).

pomatia)[1] und seine Auffindung in der keimenden Gerste[2] durch PRINGSHEIM von Bedeutung geworden. KARRER[3] fand es in vielen keimenden Samen, wie Weizen, Hafer, Mais, im Spinat, in Hyazinthenzwiebeln und anderen Pflanzen, und er rechnet es zu den verbreitetsten Fermenten des Pflanzenreichs.

Die licheninspaltenden Extrakte enthalten keine einheitlichen Enzyme, sondern Enzymgemenge, die das Polysaccharid quantitativ in Glucose aufspalten, wie dies sowohl für das Ferment des Gerstenmalzes[2] wie auch für das der Weinbergschnecke erwiesen wurde[4]. Die Wirkung der Pflanzenlichenase ist am stärksten bei einer Wasserstoffionenkonzentration von p_H 5 mit einer Optimalzone von etwa p_H 5 bis 7, die Schneckenlichenase ist gleichfalls bei schwach saurer Reaktion am wirksamsten mit einem breiten Optimalbereich von p_H 4,5 bis 5,9 und einem leichten Kulminationspunkt bei 5,28. Von den die Lichenase begleitenden anderen Fermenten interessiert uns die Cellobiase am meisten; im Gerstenmalzextrakt verliert sie im Laufe mehrerer Monate ihre Wirksamkeit, während das das Lichenin angreifende Teilferment noch eine genügende Aktivität zur Spaltung der Reservecellulose behält. Als das Ergebnis seiner alleinigen Wirksamkeit wurde die Cellobiose erwiesen[5], so daß also auch hier durch den enzymatischen Abbau wie bei der echten Cellulose dasselbe Disaccharid wie bei der Acetolyse erhalten wird. Das Disaccharid ließ sich durch sein Octacetat charakterisieren. Für die Aufklärung der Konstitution des Lichenins und damit auch für die der Cellulose ist von Bedeutung, daß die quantitative Umwandlung des Lichenins in Cellobiose durch das gealterte Cellobiase-freie Gerstenenzym erreicht wurde[6]. Dieser wichtige Befund konnte bisher

---

[1] BIEDERMANN u. Mitarbeiter: Pflügers Archiv **73**, 219 (1898); **75**, 1 (1899). — BIERY u. GIAJA: Compt. rend. Acad. Sciences **150**, 116 (1910); Biochem. Ztschr. **44**, 402 (1912).

[2] PRINGSHEIM u. SEIFERT: Zeitschr. physiol. Chem. **128**, 284 (1923).

[3] KARRER, STAUB, WEINHAGEN u. JOOS: Helv. chim. Acta **7**, 144 (1924).

[4] KARRER, JOOS u. STAUB: Helv. chim. Acta **6**, 800 (1923).

[5] PRINGSHEIM, u. LEIBOWITZ: Ztschr. physiol. Chem. **131**, 262 (1923).

[6] PRINGSHEIM, u. KUSENACK: Ztschr. physiol. Chem. **137**, 265 (1924).

nur durch indirekte Bestimmung, Reduktionsvermögen und Drehwert der Spaltungsflüssigkeit und nicht durch eine Isolierung der Cellobiose in Substanz gestützt werden. Die Lichenase in der Gerste wie in anderen Getreidearten, wie überhaupt in grünen Pflanzen ist von relativ geringer Wirkungskraft, einen Teil büßt sie noch bei der zur Entfernung der Cellobiase nötigen Alterung ein; es wurde deshalb der Versuch zur Trennung der beiden Fermente mit Hilfe der modernen kolloidchemischen Methoden gemacht[1] und in dem WILLSTÄTTERschen Metaaluminiumhydroxyd ein Adsorbens aufgefunden[2], welches eine Cellobiase-freie Lichenase zu gewinnen gestattet. Ihre Anreicherung stößt jedoch auf große Schwierigkeiten; neuerdings sind wir dazu gelangt[3], die Wirkung der Gerstenlichenase durch Adsorption und Elution etwa zu verdreifachen, was jedoch für die Isolierung von Spaltstücken ihrer Substrate noch nicht ausreicht.

Sehr viel wirksamer ist die Lichenase im Helixsaft. Durch mehrtägige Dialyse lassen sich verschiedene beigemengte andere Fermente entfernen[4], nicht jedoch die Cellobiase, so daß der Beweis, daß auch beim Abbau von Lichenin durch das Schneckenferment Cellobiose als Zwischenferment entsteht, hier noch nicht geführt werden konnte. Auch die Helixlichenase ließ sich bisher durch Adsorption, die durch verschiedene Arten von Aluminiumhydroxyd gelingt und nachherige Elution nicht anreichern, das wirksamste Enzympräparat ist der frisch gewonnene Darmsaft. Durch gewisse Adsorptionsverfahren, z. B. aus saurer Lösung, gelingt es bisweilen Lichenasepräparate zu erhalten, die die Cellobiase in einigen Wochen verlieren, ein besonderer Weg[5] gestattet eine Enzymabschwächung, bei der neben Glucose ein Trisaccharid entsteht[6], das als Osazon nachgewiesen und „Lichotriose" genannt wurde. Dieser Abbau erinnert sehr an den der Stärke durch

---

[1] PRINGSHEIM, GENIN u. PEREWOSKY: Biochem. Ztschr. **164**, 117 (1925).
[2] PRINGSHEIM u. BEISER: Biochem. Ztschr. **172**, 411 (1926).
[3] OTTO: Biochem. Ztschr. **209**, 276 (1929).
[4] Vgl. KARRER: S. 111.
[5] Vgl. KARRER: S. 123.
[6] KARRER u. LIER: Helv. chim. Acta **8**, 248 (1925).

eine abgeschwächte Malzamylase[1] oder die „Biolase“[2], auf die wir noch zurückkommen.

Karrer hat die Kinetik der Licheninspaltung durch das Schneckenferment eingehend studiert und festgestellt, daß sie nur im ersten Drittel dem Verlauf einer monomolekularen Reaktion entspricht, nachher aber längere Zeit nach der Schützschen Regel verläuft, d. h. die gespaltene Substratmenge wird proportional der Quadratwurzel aus der Spaltungszeit. Ferner ermittelte er, daß zwischen Enzymmenge und Spaltungszeit bei der Lichenasewirkung nicht wie bei den meisten Carbohydrasen umgekehrte Proportionalität besteht; nach ihm spalten kleinere Enzymmengen verhältnismäßig schneller als große, und zwar zwischen 10 und 40%iger Spaltung, die doppelte Enzymmenge nur etwa das 1,45fache desjenigen Licheninanteils, den die einfache Fermentmenge in derselben Zeit abbaut. Diese Gesetzmäßigkeiten beobachtete er an Reservecellulosen verschiedener Flechten und er leitete aus ihnen eine Methode zur Berechnung seiner Lichenaseeinheit ab, über die man sich in seinem Buche S. 115ff. informieren kann.

Bei der Ermittlung des kinetischen Verlaufes der Spaltung von Lichenin durch die Fermente des Gerstenmalzes[3] wurde jedoch festgestellt, daß bis zur 60%igen Spaltung monomolekularer Reaktionsverlauf herrscht, wenn einerseits für eine genügende Reinigung des Lichenins Sorge getragen und andererseits durch Erwärmen der Alterung des Lichenins in seiner Lösung vorgebeugt wird. Dann entspricht auch, wieder bis zur 60%igen Spaltung, einer Verdopplung der Fermentmenge eine Verdopplung der Spaltungsgeschwindigkeit. Unter einem gereinigten Lichenin verstehen wir hier entweder ein Licheninpräparat, das durch mehrfaches Zentrifugieren seiner heißen wäßrigen Lösung oder durch Bleichen mit Chlor nach Hess[4] völlig weiß erhalten wurde. Unter

---

[1] Ling u. Nanji: Journ. chem. Soc. London **123**, 2666 (1923); **127**, 629 (1925).
[2] Pringsheim u. Schapiro: Ber. **59**, 996 (1926).
[3] Pringsheim u. Baur: Ztschr. physiol. Chem. **173**, 188 (1928).
[4] Hess u. Friese: Liebigs Ann. **455**, 180 (1927).

den angeführten Kautelen läßt sich also ein kinetischer Verlauf der Licheninspaltung ermitteln, der eine Lichenaseeinheit wie bei anderen zuckerspaltenden Fermenten zu errechnen gestattet. Hierbei ist zu berücksichtigen, daß auch die Kinetik des Teilfermentes, der Gerstencellobiase, in ihrem Reaktionsverlauf dem der Lichenase entspricht. Es bleibt zu prüfen, ob diese einfachen Gesetzmäßigkeiten an Stelle der von KARRER aufgestellten komplizierteren nicht auch für die Fermente des Helixsaftes gültig sind, wenn auch hier der Reinheitsgrad des Substrates und sein Alterungszustand berücksichtigt wird. Nachstehend geben wir einen Hauptversuch, auf den sich unsere Befunde stützen, an:

Zusammenstellung der Lösungen:

Auf je 30 ccm 0,224%iger Licheninlösung + 2 ccm Citratpuffer setzten wir 2, 4, 8, 16 ccm Malzauszug an und ergänzten auf 100 ccm. Wir titrierten mit je 10 ccm.

ccm F.	Nach Stunden	mg Cu	% Gluc.	$K \cdot 10^3$	$K' = \frac{K}{m} \cdot 10^3$
2	1	0,7	4,3	19,0	9,5
	2	1,3	7,9	17,8	8,9
	4	2,5	15,2	17,9	8,9
	8	4,6	28,2	17,9	8,9
4	1	1,4	8,5	38,6	9,6
	2	2,5	15,2	35,8	8,9
	4	4,8	29,2	37,5	9,3
	8	8,1	50,8	38,5	9,8
8	1	2,6	16,1	75,7	9,4
	2	5,0	30,3	78,4	9,8
	4	7,9	49,3	73,7	9,2
16	1	4,7	28,8	147,5	9,2
	2	8,0	50,2	151,4	9,4

Man ersieht aus diesen Ergebnissen, welchen Einfluß der Verteilungszustand des Lichenins, worauf auch schon KARRER aufmerksam gemacht hat, auf die Wirksamkeit des Fermentes hat. Noch deutlicher zeigt sich das bei dem enzymatischen Abbau der Gerüstcellulose, auf den wir jetzt eingehen.

Fermentativer Abbau der Gerüstcellulose.

Im fermentativen Abbau der echten Cellulose hat KARRER[1] mit dem Darmsaft der Weinbergschnecke bisher die schönsten Ergebnisse erzielt, nach dem schon SEILLIÈRES[2] festgestellt hatte, daß dieser Saft, wenn auch nicht natürliche Cellulose, so doch aus Kupferoxydammoniak umgefällte Baumwolle wenigstens teilweise zu Glucose abbaut. KARRER fand, daß frisch dialysierte Säfte besonders wirksam sind, vornehmlich wenn möglichst konzentrierte Enzymlösungen, d. h. unverdünnte Darmsäfte, zur Anwendung kommen. Mit diesen gelingt es ohne Schwierigkeit Kupferseide und Viscoseseide praktisch vollständig zur Glucose abzubauen. Ebenso wirkt eine solche Fermentlösung, wenn sie auf eine nach von WEIMARN[3] durch Erhitzen in Calciumrhodanidlösung dispergierte Cellulose zum Ansatz gebracht wird. Auch Gersten-Cellulase spaltet mit Rhodanid oder Litiumchlorid dispergierte Cellulose, wenn auch nach den bisherigen Erfahrungen schwächer, etwa bis zu 25%[4]. Schwach greift Gersten-Cellulase auch die kolloidallösliche Cellulose nach GUIGNET an. Neuestens wird kurz mitgeteilt, daß sich durch ein hochwirksames Emulsinferment ein Abbau von Cellulose zu reduzierenden Zuckern erreichen läßt[5].

Aber auch native Cellulose wird von konzentrierten Helixsäften energisch fermentiert[6]; von nativer Cellulose wurde Baumwolle schwerer verzuckert als Filtrierpapier, die erstere zu 2, die letztere zu 7%, Mercerisation setzt die Enzymfestigkeit herab (10%), regenerierte Nitrocellulose verhält sich wie Cellulose (8%), regenerierte Kupferammin- und Xanthogenat-Cellulose werden viel leichter verzuckert (20—25%). Schließlich gelang aber auch die fast quantitative Verzuckerung von Filtrierpapier durch das

---

[1] KARRER: Ztschr. angew. Chem. **37**, 1003 (1924). — KARRER u. ILLING: Kolloid-Ztschr. **36** (Ergänzungsbd.) 91 (1925). — KARRER: Ebenda **52**, 304 (1930).

[2] SEILLIÈRES: C. r. Soc. de Biolog. **63**, 515 (1907).

[3] Vgl. STEINGROEVER: Cellulosechem. **8**, 37 (1927).

[4] PRINGSHEIM u. BAUR: Ztschr. physiol. Chem. **173**, 188 (1928).

[5] HELFERICH u. BREDERECK: Ztschr. physiol. Chem. **189**, 273 (1930).

[6] KARRER u. SCHUBERT: Helv. chim. Acta **8**, 797 (1925); **9**, 893 (1926).

Schneckenenzym, wenn 0,2 g des Substrates mit 15 ccm auf p_H:5,28 gepufferter Fermentlösung bei 37° während 14 Tagen angestellt wurde. Allerdings war es dazu nötig, jeweils die nicht gespaltenen Rückstände noch dreimal mit frischer Fermentlösung zusammenzubringen. Nach insgesamt viermaliger Ausführung des ganzen Prozesses wurde innerhalb von zweieinhalb Monaten 93% Spaltung erreicht[1].

Die Kinetik der Cellulosespaltung durch den Helixsaft aus regenerierter Kupferoxydammoniaklösung der Baumwolle entsprach den mit demselben Enzym beim Lichenin von KARRER ermittelten Regeln, und zwar sowohl bezüglich des zeitlichen Verlaufs wie in Relation zur Verdopplung der Enzymquantität[2].

Besonders interessant ist das Verhalten des Fermentes gegenüber Viscoseseiden verschiedener Herkunft, die teils eine große Enzymfestigkeit zeigen, teils sehr weitgehend (bis zu 100%) verzuckert werden können. Eine Beziehung zum Fadentiter oder zum Titer des Einzelfadens ließ sich nicht herstellen, noch war der wechselnde Schwefelgehalt von Einfluß. Dagegen zeigte der mikroskopische Vergleich der Fadenquerschnitte, daß eine gute Spaltbarkeit im allgemeinen bei wenig gelappten, eine schlechte bei stärker gelappten Umrissen auftritt. Die Ursache der verschiedenen Enzymfestigkeit ist also in der Fadenmembran und der Ausbildung der Oberfläche zu suchen. Einer leichten Spaltbarkeit entsprach eine bessere Anfärbbarkeit, die auch von der Oberflächenbeschaffenheit beeinflußt wird[3]. Diese Umstände hängen mit der Natur des zur Herstellung der Fäden benutzten Fällungsbades zusammen: saure Fällbäder geben Fasern mit glatten Umrissen und Spaltbarkeit bis zu 57%, stark salzhaltige Bäder solche mit gelappten Umrissen und geringer Spaltbarkeit von etwa 4%[4]. Die Spaltbarkeit einer Viscoseseide wird weiterhin erheblich durch eine Streckung[5] des Fadens zwischen Spinndüse

---

[1] KARRER u. SCHUBERT: Helv. chim. Acta 11, 229 (1928).
[2] KARRER u. ILLING: Helv. chim. Acta 8, 245 (1925).
[3] KARRER u. SCHUBERT: Helv. chim. Acta 9, 893 (1926).
[4] KARRER u. SCHUBERT: Helv. chim. Acta 10, 430 (1927).
[5] FAUST, KARRER u. SCHUBERT: Helv. chim. Acta 11, 231 (1928).

und Aufnahmeorgan beeinflußt. Gestreckte Fäden zeigen geringere Spaltbarkeit und eine schwache Verminderung der Anfärbbarkeit durch substantive Farbstoffe. Da der Streckvorgang eine Ausrichtung der Cellulosemicelle bewirkt, könnte vielleicht die große Enzymfestigkeit der nativen Cellulosefaser und des gestreckten Kunstseidefadens mit der Tatsache der „Micellendeformation“[1] im Zusammenhang gebracht werden.

Auch durch eine angereicherte Gerstencellulase ließen sich Viscosefäden, wenn auch in wesentlich geringerem Grade als durch Helixsaft spalten. Gewisse Unterschiede in der Enzymfestigkeit traten auch hierbei auf, doch konnten sie nicht in Parallelität zu den mit dem Schneckenferment beobachteten gebracht werden[2]. Die Abbaufähigkeit von Cellulose durch Schneckencellulase wird erhöht, wenn man die Cellulose vorher einer Mercerisation unterwirft[3], dagegen wird sie durch die Reife der Alkalicellulose, die für die Viscosität der Viscose von so ausschlaggebender Bedeutung ist, nicht beschleunigt, ebensowenig wie ein Unterschied im enzymatischen Verhalten von ungebleichtem und gebleichtem Zellstoff vorhanden ist. Dagegen zeigen sich Unterschiede im Grad des fermentativen Abbaus mercerisierter Cellulose, wenn die Mercerisation einmal unter Spannung, das andere Mal ohne Spannung vorgenommen wird. Im ersteren Falle nimmt die Enzymfestigkeit weniger ab, ganz in Analogie zum Ergebnis der Röntgenforschung, daß bei der Mercerisation unter Spannung Strukturveränderungen der Cellulosemicelle nicht in dem Maße auftreten, wie dies beim Fortlassen der Spannung der Fall ist[4].

---

[1] Faust: Cellulosechem. 8, 40 (1927).
[2] Pringsheim u. Thilo: Cellulosechem. **11**, 100 (1930).
[3] Karrer u. Schubert: Helv. chim. Acta **9**, 893 (1926).
[4] Faust u. Karrer: Helv. chim. Acta **12**, 414 (1929).

V. Stärke und Glykogen[1]: Vorkommen, Eigenschaften und chemischer Abbau.

Stärke.

Die Stärke, die in grünen Pflanzen fast ebenso verbreitet ist wie die Cellulose, muß als Nahrungsreserve angesehen werden; ihr Vorkommen in den Pflanzen ist, allgemein gesprochen, der Beweis dafür, daß die Pflanzen zur Zeit der Stärkebildung reichlicher mit Kohlenhydraten versorgt waren, als ihr Zuckerbedarf erforderte. Die Menge Stärke, welche in irgendeinem Pflanzenstoff zu irgendeiner bestimmten Zeit gefunden wird, ist durch die physiologische Tätigkeit dieses Pflanzengewebes bestimmt. Ein bestimmtes Gewebe kann zu gewissen Zeiten völlig frei von Stärke sein, während die Zellen desselben Gewebes zu anderer Zeit überreich mit Stärke angefüllt sein können.

Nicht in allen grünen Pflanzen ist Stärke vorhanden. MEYER[2] beobachtete, daß die Blätter bestimmter Gentianeen, Compositen, Umbelliferen und verschiedener monocotyledoner Pflanzen frei von Stärke sind. Wahrscheinlich ist die Fähigkeit, Stärke zu bilden, auch in vielen dieser Pflanzen vorhanden, es fehlen jedoch die für die Stärkebildung nötigen Bedingungen. MOLLIARD[3] fand, daß es möglich ist, Stärkebildung in vergrößerten Rettichwurzeln dadurch herbeizuführen, daß man die Pflanzen unter Reinkulturbedingungen zieht und sie mit einer hohen Konzentration von Glucose versorgt.

In jungen, in der Entwicklung begriffenen Blättern tritt die Stärke zuerst in den protoplasmischen Teilen ausgebildeter Struktur auf, die wir als die Träger des Chlorophylls *Chloroplasten*

---

[1] SAMEC: Kolloidchemie der Stärke. Dresden und Leipzig 1927. — WALTON: A Comprehensive Survey of Starch-Chemistry. New York 1928. — EYNON u. LANE: Starch: Its Chemistry, Technologie and Uses. Cambridge 1928.

[2] MEYER: Bot. Zeit. 44, 81, 105, 129, 145 (1886).

[3] MOLLIARD; Rev. gén. bot. 19, 241, 329, 357 (1907).

nennen. In diesen kommt die Stärke zuerst als winzig kleine Flecke vor, die dann unter der Einwirkung von Licht und anderen der Kohlenstoffassimilation oder Photosynthese günstigen Bedingungen größer werden. Die Beziehung der Stärke zum Prozesse der Photosynthese wurde zuerst von SACHS[1] 1862—65 aufgeklärt. Er stellte endgültig fest, daß Stärke nur dann in den Plastiden gebildet werde, wenn das Blatt dem Lichte ausgesetzt war, wenn die Pflanze dagegen in kohlensäurefreier Atmosphäre oder in der Dunkelheit gehalten wurde, so verschwand die Stärke nach und nach aus den Plastiden. SACHS kam zu dem Schluß, daß die Stärke das erste sichtbare Produkt der Photosynthese sei und neigte der Ansicht zu, daß sie aus Zucker gebildet würde.

Daß die Stärke in der Pflanze aus einem Zucker — wahrscheinlich einer Form der Glucose — gebildet wird, nimmt man zur Zeit allgemein an. Ob eine Glucose oder ein anderer Zucker das erste Kohlenhydrat der Photosynthese darstellt und wie der Vorgang des synthetischen Prozesses in der Pflanze abläuft, das sind immer noch ungelöste Probleme. Für eine kritische Würdigung der verschiedenen Theorien sei der Leser auf die Monographien von SPOEHR[2] und STILES[3] verwiesen.

Ausgehend von der Synthese eines Zuckers aus Formaldehyd durch BULTEROW, schlug BAEYER 1864 eine Theorie der Photosynthese vor, die durch ihre Einfachheit und gute Begründung viele Anhänger gewann. Er setzte voraus, daß die Reaktionsbedingungen die folgenden sein müßten:

$$(1)\quad CO_2 = CO + O$$
$$(2)\quad CO + H_2 = HCHO.$$

Der Formaldehyd würde dann über Zwischenstufen zu einem Zucker kondensiert. FENTON und andere haben dieser Auffassung später durch die Synthese von Formaldehyd aus Kohlendioxyd und Wasser eine Stütze verliehen.

Im Laufe der letzten Jahre sind noch verschiedene andere

[1] VON SACHS: Vorlesungen über Pflanzenphysiologie 1887, 296.
[2] SPOEHR: Photosynthesis. New York 1926.
[3] STILES: Photosynthesis. New York 1925.

Theorien aufgestellt worden, doch mußte der Formaldehydtheorie wegen der sorgfältigen Experimentalarbeiten von BALY wieder erneute Aufmerksamkeit zugewendet werden[1]. Nach diesen Forschungen wird das Formaldehyd aus CO_2 und H_2O durch die kurzen Wellen des Lichtes einer Quarz-Quecksilberdampflampe erzeugt und durch die Wirksamkeit der längeren Wellenlängen des Lichtes polymerisiert. Noch interessanter und von noch größerer Bedeutung für eine Lösung des Problems der Photosynthese in den Pflanzen ist die kürzlich erschienene Arbeit BALYS über die Synthese von Kohlenhydraten durch das Licht im sichtbaren Teile des Spektrums. Das Licht des sichtbaren Spektrums ist danach ausschließlich bei dem Prozeß der Photosynthese in Pflanzen wirksam. In diesen Untersuchungen wurde ein Erfolg erzielt, wenn die Entfaltung großer Oberflächenenergie durch die Verwendung besonders bereiteter wäßriger Suspensionen von Aluminiumpräparaten, Aluminiumhydroxyd oder Karbonate von Aluminium, Zink, Magnesium, Nickel oder Kobalt garantiert war und im Lichte einer Molybdän-Lampe gearbeitet wurde. Nach BALYS Ansicht wird das CO_2 zu CO reduziert, dieses reagiert mit Wasser zu aktivem Formaldehyd, der dann polymerisiert wird. IRVINE und FRANCIS[2] haben die aus Formaldehyd gewonnenen Zucker untersucht und darin Hexosen gefunden, in denen Aldosen vorherrschten.

Die BAEYERsche Theorie hat natürlich die Bestimmungsmethoden des Formaldehyds in grünen Pflanzen sehr befruchtet. Die früheren reichten nicht aus, jedoch hat kürzlich KLEIN[3] aus in der Assimilation begriffenen Blättern Formaldehyd isoliert und dabei festgestellt, daß in anderen, kein CO_2 assimilierenden Blättern Formaldehyd nicht vorhanden war. Nach Assimilationsversuchen in Formaldehyddämpfen[4] und aus den Ergebnissen

---

[1] BALY: Ind. Eng. Chem. **16**, 1016 (1924). — BALY u. Mitarbeiter: Journ. chem. Soc. London **119**, **1025**; Proc. Roy. Soc. London **116**, 197, 212 (1927). — BALY: Science N. S. **68**, **364** (1928).

[2] IRVINE u. FRANCIS: Ind. Eng. Chem. **16**, 1019 (1924).

[3] KLEIN u. WERNER: Biochem. Ztschr. **168**, **361** (1926).

[4] SABALITSCHKA u. WEIDLING: Biochem. Ztschr. **172**, 45; **176**, 210 (1926).

bei der direkten Versorgung von Pflanzen mit Formaldehyd in Lösung kann man nunmehr als wahrscheinlich annehmen, daß Formaldehyd von den grünen Pflanzen aufgenommen und Stärke daraus gebildet wird, sobald die Pflanze unter gewissen Dunkelheitsbedingungen gehalten wird.

Um den ersten Zucker aus der Photosynthese zu bestimmen, sind Versuche chemischer und physiologischer Art angestellt worden. Die Tatsache, daß das Verhältnis des verbrauchten Kohlendioxyds zum gebildeten Sauerstoff gleich eins ist, läßt vermuten, daß das Anfangsprodukt ein Kohlenhydrat ist. BROWN und MORRIS[1], DAVIS[2], PARKIN[3] und andere kamen zu der Schlußfolgerung, daß der erste Zucker Rohrzucker sei und daß aus dem Rohrzucker andere Kohlenhydrate gebildet werden können. Der Beweis für diese Schlußfolgerung gründet sich ausschließlich auf die relativen Konzentrationen von Rohrzucker und Hexosen in Blättern und Stämmen, er ist aber höchstens ein Indizienbeweis und die Daten können ebensowohl zugunsten der Ansicht gewertet werden, daß ein Hexosezucker der zuerst gebildete Zucker ist. Verhältnismäßig hohe Molekulargewichte sind charakteristisch für Reservesubstanzen; aber Rohrzucker kommt als Reservenahrung in der Rettichwurzel, der Zwiebelknolle, der Zuckerrübe und in den Geweben anderer Pflanzen vor. Im Zusammenhang hiermit ist die Beobachtung WEEVERS[4] von Bedeutung, daß Rohrzucker in den nicht chlorophyllhaltigen Zellen buntgefärbter Blätter gefunden wurde, während in den chlorophyllhaltigen Zellen sowohl Hexosen wie Rohrzucker vorhanden waren. Die Folgerung daraus ist, daß Rohrzucker aus den Hexosen gebildet wird.

Das Verschwinden der Stärke aus den Chloroplasten der Blätter wurde von SACHS erkannt. Die Stärke wird in den Plasten durch Amylase in Maltose umgewandelt und die letztere in Glucose gespalten. Maltose ist in Blättern in kaum nennenswerter Menge vorhanden. Von den Blättern wandern die Zucker in die wachsenden

[1] BROWN u. MORRIS: Journ. chem. Soc. London **63**, 604 (1893).
[2] DAVIS, DAISCH u. SAWYER: Journ. Agr. Sci. 255—326.
[3] PARKIN: Biochem. Journ. **6**, 1 (1922).
[4] WEEVERS: Kon. Akad. Wetensch. **27**, 1 (1924).

Spitzen und in andere Teile der Pflanzen, wo der Zucker in Stärke zurückverwandelt werden kann. Von DAVIS[1] wird die Ansicht vertreten, daß die wandernden Zucker Glucose und Fructose sind.

Als Reservesubstanz findet man die Stärke im Mark, Xylem-Parenchym, in den Markstrahlen des Holzes, in den Phloemgeweben und den Parenchymzellen der Rinde. Gewöhnlich wird die Stärke im Endosperm und den Samenlappen aufgespeichert, sie kann vorhanden sein in unreifen Früchten wie Äpfeln und Bananen und die Hauptmenge der Reservenahrung in Vorratsgebilden wie Knollen, Wurzeln und Körnern bilden. Der Prozentgehalt an Zucker und Stärke ist bei der Entwicklung von Maiskörnern sehr klar durch die folgenden von ANDRE[2] stammenden Zahlen angegeben:

Tabelle 12.

	Stärke	Rohrzucker	Glucose
Sogleich nach der Blüte . . .	27,9	12,2	13,6
Mehlige Körner	48,8	8,6	6,1
Gelbe Körner	54,2	5,8	2,7
	54,8	2,4	1,4
Reife Körner	64,2	0,03	0

Zu verschiedenen Zeiten sind im vergangenen Assimilationsversuche zur Bestimmung des ersten Produktes der Photosynthese gemacht worden [3], [4]. In einigen dieser Untersuchungen wurden ganze Pflanzen benutzt, in anderen abgelöste Blätter auf wäßriger Lösung der zu prüfenden Substanzen im Reagensglas schwimmend gehalten. Der Grundgedanke dieser Arbeitsrichtung ist, daß die organischen Verbindungen von der Pflanze aufgenommen werden und sich daraus Stärke bilden soll. Wenn die Stärke immer nur aus einer einzigen Substanz gebildet würde, so wäre der Beweis ziemlich einleuchtend, daß diese Sub-

[1] DAVIS u. SAWYER: Journ. Agr. Sci. 7, 618 (1916).

[2] DU SABLON: Traité de Physiologie végétal et agricole. Paris 1911, S. 34.

[3] SPOEHR: Photosynthesis. New York 1926.

[4] KNUDSON: Cornell Agr. Expt. Stat. Memoir 9 (1916).

stanz zumindest der Vorgänger der Stärke ist; es wurde aber festgestellt, daß Stärke aus einer ganzen Zahl verschiedener Substanzen, hauptsächlich Zuckern, aber auch aus Salzen bestimmter organischer Säuren und aus Glycerin erzeugt werden kann. Viele dieser Experimente haben keinen besonderen Wert, weil versäumt wurde, unter aseptischen Bedingungen zu arbeiten; ferner ist es bei den Versuchen mit den einzelnen Blättern schwer zu hindern, daß die im Blatte vorhandenen Zucker sich in Stärke umwandeln.

Beim vergleichenden Studium der Nutzbarmachung verschiedener Zucker durch Orchideenkeime machte KNUDSON[1] Beobachtungen über die Bildung von Stärke durch den Keimling. Der winzige Samen der Orchidee, der nur aus einem sehr kleinen Keim besteht, ist ungefähr den ersten Monat völlig saprophytisch. Von diesen Keimen wurden Reinkulturen gezogen und diese in Reagensgläsern oder auf einem wasserhaltigen Agarboden, der die nötigen Salze sowie die zu prüfenden Zucker enthielt, aseptisch gehalten. Bei diesen Experimenten trat das Wachstum des Keimes und Stärkebildung ein, wenn entweder Xylose, Glucose, Fructose, Mannose, Rohrzucker, Maltose oder Melizitose zugefügt wurde. Arabinose, Rhamnose, Mannit, Galaktose oder Lactose riefen kein Wachstum hervor und Stärke wurde nicht durch sie gebildet. In voraufgegangenen Experimenten[2] wurde des weiteren bemerkt, daß Stärke durch den Keim nur gebildet wurde, wenn die Glucosekonzentration 0,5%ig oder höher war. Temperatur und Konzentration sind wichtige Faktoren bei der Bildung von Stärke aus Zucker[3]. Es mag fernerhin noch festgestellt sein, daß jeder Faktor oder Gruppe von Faktoren, welche die Anhäufung von Zucker in der Pflanze gestatten, die Neigung zur Stärkebildung erhöht.

Es ist eine Tatsache von besonderer Bedeutung, daß Stärke sich nur in den lebenden Zellen der Pflanzen bildet. Im Blatte wird die Stärke in den Chloroplasten gebildet und unter ungewöhnlichen Bedingungen können die Chloroplasten mit Stärke voll-

[1] KNUDSON: Manuscript Cornell Univ. 1930.
[2] KNUDSON: Bot. Gaz. **73**, 1 (1922).
[3] CZAPEK: Ber. Deutsch. Bot. Ges. **19**, 120 (1911).

kommen übersättigt werden. In den Vorratsgebilden gibt es farblose Plasten, die man Amyloplasten nennt; dieselben sind die Urheber der Umwandlung von Zucker in Stärke. SCHIMPER[1] nimmt an, daß die Bildung exzentrischer Stärkekörnchen darauf zurückzuführen ist, daß ein Teil des Stärkekörnchens außerhalb der Plasten lag; der innerhalb der Plasten oder am Rande der Plasten befindliche Teil entwickelt sich, während der außerhalb gebliebene Teil wenig oder gar kein Wachstum zeigt.

Die Stärkekörner lagern sich in Gestalt von geschichteten Sphärokrystallen ab, die nach den Untersuchungen von ARTHUR MEYER[2] durch Apposition und nicht wie NÄGELI annahm, durch Intussuszeption entstehen, so daß der morphologische Aufbau der Stärkekörner ein Ausdruck der Wachstumsgeschichte dieser Gebilde ist. Die Folge davon ist, daß die Form und Schichtung der Stärkekörner eine für verschiedene Pflanzen charakteristische Eigenschaft darstellt, so daß man die Herkunft einer Stärkesorte durch mikroskopische Prüfung bestimmen kann. Selbst gewisse Varietäten ein und derselben Pflanzenart können sich durch bestimmte Eigentümlichkeiten ihrer Stärkekörner unterscheiden, und Bastarde zwischen zwei Formen besitzen Mittelbildungen. Das Verhalten der Stärkekörner im Polarisationsmikroskop ist schon früher als eine Stütze für die krystallinische Natur der Amylumkörner angesprochen worden. Bei Kreuzstellung der beiden Nicols erscheint in jedem Korn ein orthogonales Kreuz, dessen Arme mit den Schwingungsrichtungen in den Nicols zusammenfallen. Diese zuletzt noch von A. MEYER verteidigte Anschauung der krystallinischen Natur des Stärkekorns wurde durch die röntgenspektroskopischen Untersuchungen von HERZOG und JANCKE[3] definitiv bewiesen. In neuerer Zeit finden wir auch die Angabe, daß die Stärke nadelförmige Krystalle bilden kann; so soll fein vermahlene Weizenstärke einen wäßrigen Auszug liefern, der nach dem Versetzen mit Alkohol in mehreren Wochen Sphärokrystalle liefert, die aus getrennten, stark lichtbrechenden

[1] SCHIMPER: Bot. Ztg. **1880,** 881.
[2] MEYER: Untersuchungen über die Stärkekörner, S. 156. Jena 1895.
[3] HERZOG u. JANCKE: Ber. **53,** 2163 (1920).

Nadeln (1 μ dick, bis 25 μ lang) bestehen[1]. Auch Stärkekleister aus Kartoffel-, Weizen-, Mais- und Arrowrootstärke im Autoklaven auf 150—160° erhitzt lassen beim Abkühlen Nadeln entstehen[2].

Die Darstellung reiner Stärke kann unter Umständen im Laboratorium mit Schwierigkeiten und großem Substanzverlust verbunden sein. Doch stellt die Technik verschiedene Stärkearten in einer für die meisten Versuche ausreichenden Reinheit zur Verfügung[3]; die Stärke enthält bei einem durchschnittlichen Wassergehalt von 14—19% als Verunreinigung nur etwa ½—2% stickstoffhaltige Substanzen und 0,2—0,4% Asche, welche der Stärke ohne Veränderung ihrer Eigenschaften nicht ganz zu entziehen ist. Denn, wie wir sehen werden, ist ein gewisser Gehalt an Elektrolyten ein integrer Bestandteil der Stärke; Kartoffelstärke enthält z. B. auf 100 g 0,14—0,23 g P_2O_5. Aschenanalysen von Kartoffelstärke werden von SAMEC (S. 136) angegeben. In verschiedenen Stärkearten, besonders in denen von Gerste, Weizen und Reis, sind Hemicellulosen enthalten[4], welche von LING[5] Amylo-Hemicellulosen genannt werden. Sie werden von den Enzymen ungekeimter Gerste nicht gespalten und können so abgetrennt werden. Malzamylase hydrolysiert sie; sie sollen durch einen Gehalt an veresterter Kieselsäure ausgezeichnet sein[5]. Ferner sind in Stärkekörnern höhere Fettsäuren vorhanden[6]. Bei der Hydrolyse von Weizenstärke wurde ein gelber fettiger Körper in einer Ausbeute von 0,95% erhalten, der sich etwa aus 35% Palmitinsäure, 41% Ölsäure und 24% Linolsäure zusammensetzt.

Zur Reinigung der Handelsstärke wird das folgende Verfahren empfohlen: Man läßt 1%igen, vorher während 2—3 Stunden auf 130° erhitzten Stärkekleister gefrieren. Beim Schmelzen

[1] VAN DE SANDE-BAKHUYZEN: Proc. of the soc. f. exp. biol. and med. **23**, 506 (1926); C. **1927**, I, 265.

[2] ALSBERG u. GRIFFING: Proc. of the soc. f. exp. biol. and med. **23**, 728 (1927); C. **1927** (I, 2062).

[3] Vgl. R. O. HERZOG: Chem. Technologie der organischen Verbindungen. Heidelberg 1926.

[4] SCHRYVER u. Mitarb.: Biochem. Journ. **17**, 493, 497 (1923).

[5] LING u. NANJI: Journ. chem. Soc. London **127**, 652 (1925).

[6] TAYLOR u. LEHRMANN: Journ. Amer. chem. Soc. **48**, 1739 (1926). — LEHRMANN: Journ. Amer. chem. Soc. **51**, 2185 (1929); **52**, 808 (1930).

scheidet sich die Hauptmenge der Stärke als flockiger Bodensatz ab, während die Verunreinigungen gelöst bleiben. Diese Operation wiederholt man 3—5 mal, nur mit dem Unterschiede, daß man dann nur im Wasserbade und nicht unter Druck löst[1]. Doch muß beachtet werden, daß die Stärke beim Erhitzen im Wasser, besonders bei hohen Temperaturen, schon Veränderungen erleidet, auf die wir zu sprechen kommen. Ganz unverändert ist also die so gereinigte Stärke auf keinen Fall. Auch dürfte, wie wir gleich sehen werden, die Stärke dabei ihre Inhaltsubstanz nach und nach ganz verlieren.

Stärkekleister, Amylose und Amylopektin.

Sehr wichtig und interessant ist das Verhalten der Stärke gegenüber Wasser; in kaltem Wasser ist das natürliche Stärkekorn unlöslich, in der Wärme bildet sich unter Quellung, Trennung der verschiedenen Schichten und schließlichem Platzen des Korns der Stärkekleister. Am besten stellt man sich einen homogenen Stärkekleister ohne Knotenbildung so her, daß man mit wenig Wasser angerührte Stärke unter gutem Rühren in warmes Wasser von entsprechender Temperatur eintropfen läßt. Diese Temperatur muß bei verschiedenen Stärkesorten verschieden hoch gewählt werden[2]: (s. Tab. 13, S. 183.)

Zu hohe Temperatur ist im allgemeinen ungünstig, so erfolgt z. B. beim Eintragen der Stärke in kochendes Wasser immer Klumpenbildung; im allgemeinen ist es am bequemsten, die Stärke in Wasser einzutragen, welches in einem gut siedenden Wasserbade warm erhalten wird.

Die Quellungstemperatur wird nach Samec[3] am besten derart bestimmt, daß man in einer Suspension der zu untersuchenden Stärke das reelle Bild eines leuchtenden Glühfadens entwirft und dasselbe mittels eines Fernrohres beobachtet. Im Momente

---

[1] Malfitano u. Moschkoff: Compt. rend. Acad. Sciences **150**, 710 (1910); **151**, 817 (1910).
[2] Samec: Kolloidchemie der Stärke S. 169.
[3] Samec: Kolloidchem. Beih. **3**, 126 (1912).

der einsetzenden Quellung wird das ursprüngliche Bild des glühenden Fadens verschwommen.

Schon älteren Forschern, z. B. NÄGELI[1] war bekannt, daß die Stärke aus zwei verschiedenen Substanzen besteht, von denen die eine die Hüllsubstanz des Stärkekorns und die andere seinen Inhalt bildet. ARTHUR MEYER hat diese in seinen „Untersuchungen über Stärkekörner"[2] eingehend beschrieben. Man hat diese beiden Körper nacheinander mit verschiedenen Namen bezeichnet; ARTHUR MEYER hat sie z. B. α- und β-Amylose genannt. Die Rückkehr zu dieser Bezeichnung wäre für uns in Würdigung der Priorität des deutschen Forschers[3] sehr verlockend. Nach ARTHUR

Tabelle 13. Verkleisterungstemperaturen verschiedener Stärkearten in Wasser nach E. LIPPMANN.

Stärkeart	Beginn des deutlichen Aufquellens in Grad	Beginn der Verkleisterung in Grad	Temperatur völliger Verkleisterung in Grad
Gerste	37,5	57,5	62,5
Roggen	45,0	50,0	55,0
Kartoffel	46,2	58,7	62,5
Roßkastanie	52,5	56,25	58,75
Mais	50,0	55,0	62,5
Kastanien	52,5	58,75	62,5
Weizen	50,0	65,0	67,5
Hermodatteln	—	61,25	65,0
Reis	53,7	58,7	61,2
Jatropha utilissima	—	62,5	68,75
Arrowroot (Arum maculatum)	50,0	58,75	62,5
Zehrwurzel (Arum esculentum)	45,0	63,75	68,75
Arrowroot (Maranta arund.)	66,25	66,25	70,0
Sago (Sagus Rumphii)	—	66,25	70,0
Buchweizen	55,0	68,75	71,25
Eichel	57,5	77,5	87,5

[1] NÄGELI: „Die Stärkekörner". Zürich 1858.
[2] MEYER: Untersuchungen über die Stärkekörner. Jena 1895.
[3] Vgl. hierzu SHERMAN u. BAKER: Journ. Amer. chem. Soc. 38, 1885 (1916).

MEYER sind diese Verhältnisse am eingehendsten von MAQUENNE[1] und seinen Schülern untersucht worden, der die Hüllsubstanz als „*Amylopektin*" und die Inhaltsubstanz als „*Amylose*" bezeichnete, was sich eingebürgert hat.

Nach den Anschauungen MAQUENNES ist das Amylopektin für die Kleisterbildung allein verantwortlich. Der Kleister besteht demnach aus vollkommen gelöster Amylose, welche durch das kolloidal gelöste Amylopektin verdickt wird. MAQUENNE gibt an, daß 15—20% der Stärke aus Amylopektin und 80—85% aus der Amylose besteht. Nach seinen Angaben wird nur die Amylose durch Jod blau gefärbt, während das Amylopektin ungefärbt bleiben soll; nach den Angaben anderer Forscher, auf die wir zurückkommen, zeigt jedoch auch das Amylopektin eine und zwar violette Jodfärbung.

Beim Stehen eines Stärkekleisters in der Kälte findet nun die sog. *Rückbildung* statt, welche zu einer körnigen Ausscheidung der Amylose führt, die hierbei ähnliche Aggregate wie Stärke bildet. Deshalb wurde die rückgebildete „Amylose" auch „künstliche Stärke" genannt. Es handelt sich hierbei um einen umkehrbaren Vorgang, welcher durch höhere Temperaturen, von 60° aufwärts, verhindert wird und der durch ein im Malz vorhandenes Ferment, die sog. „Amylokoagulase" beschleunigt werden soll, jetzt nimmt man jedoch an, daß es sich um rein kolloidchemische Phänomene handelt.

Die „Amylose" bildet ein weißes Pulver, welches sich, wenn frei von Amylopektin, durch Dialyse gänzlich von Mineralstoffen befreien läßt. Die Rückbildung der Amylose kann in Analogie zum Verhalten anderer solvatierter Emulsoide als eine Änderung des Dispersitätsgrades aufgefaßt werden: Beim Altern einer Stärkelösung findet eine Dispersitätsverringerung, gleichzeitig aber auch eine Dehydratisierung der dispersen Phase statt. Die kolloiden Teilchen geben spontan einen Teil des in ihnen enthaltenen

[1] MAQUENNE u. Mitarbeiter: Compt. rend. Acad. Sciences **137**, 797, 1266 (1903); **138**, 49, 213, 375 (1904); **140**, 1303 (1905); **142**, 95, 124, 1059 (1906); Bull. Soc. chim. France [3] **29**, 1218 (1903); [3] **33**, 723 (1905); [3] **35**, S. I—XV (1906); Ann. de Chim. [8] **9**, 179 (1906).

Wassers ab und vereinigen sich gleichzeitig zu größeren Klumpen. Deshalb ist abgetrennte Amylose in Wasser schwer löslich, wenn man bei der Trocknung nicht ungemein vorsichtig ist.

Die Trennung der beiden Bestandteile muß unter allen Umständen eine schwierige Aufgabe sein. MAQUENNE hat das kolloidchemische Phänomen der Kleisterbildung richtig erkannt, aber wir glauben, daß es weder ihm noch seinen Nachfolgern[1] gelungen ist, mit Hilfe von Diastase die Stärke aufzuteilen. Auch die *Methode zur Darstellung des Amylopektins* von GATIN-GRUZEWSKA[2], welche auf der Sprengung der Stärkehülle durch Natronlauge beruht, führt offenbar nur sehr ungenügend zum Ziele. Allerdings wird hierbei ein sich mit Jod violett färbendes Präparat, aber nur in 40—45%iger Ausbeute erhalten[3], so daß danach jedenfalls kein Anhalt für das relative Mengenverhältnis der beiden Stärkebestandteile gewonnen werden kann. Viel zuverlässiger ist hierfür das Verhalten des Stärkekleisters bei der Elektrodialyse, wobei das Amylopektin zum positiven Pol wandert. Diese wichtigen Untersuchungen, welche wie SAMEC verdanken[4], zeigten, daß der Amylopektingehalt mit dem Ursprunge der Stärke sehr schwanken kann, während Kartoffel-, Tapioka- und Maranta-Stärke etwa 83% Amylopektin enthalten, ist im Weizen nur etwa 63, im Mais 76 und im Reis 80% vorhanden[5].

Eine Methode, die sich zur präparativen Darstellung von Amylose und Amylopektin eignet, wurde von LING angegeben[6]. Er beobachtete, daß sich das Amylopektin beim Ausfrieren eines 5%igen Stärkekleisters nach 12 Stunden in eine watteartige Masse verwandelt, die leicht filtrierbar ist, während sich die Amylose in der wäßrigen Lösung befindet. Aus ihr läßt sie sich nach dem Eindampfen mit Alkohol als weißes Pulver gewinnen, das in meinen Versuchen[7] 14% der Stärke ausmachte. Dieses Ergebnis

---

[1] ROUX: Bull. Soc. chim. France [3] **33**, 471 (1905).
[2] GATIN-GRUZEWSKA: Compt. rend. Acad. Sciences **146**, 540 (1908).
[3] PRINGSHEIM u. EISSLER: Ber. **44**, 2973 (1913).
[4] SAMEC u. HAERDTL: Kolloidchem. Beih. **12**, 283 (1920).
[5] SAMEC, MINAEFF u. RONCIN: Kolloidchem. Beih. **19**, 203 (1924).
[6] LING u. NANJI: Journ. chem. Soc. London **123**, 2666 (1923).
[7] PRINGSHEIM u. WOLFSOHN: Ber. **57**, 887 (1924).

(und siehe spätere) steht mit den Resultaten von SAMEC in guter Übereinstimmung, wenn man berücksichtigt, daß sich die gesamte Amylosenmenge nur recht schwer aus dem gallertigen Amylopektin extrahieren läßt. Um das Amylopektin frei von Amylose zu erhalten, behandele ich es im Verfolge eines Vorschlages von LING bei Zimmertemperatur mit einer mit Alkohol gefällten Amylase aus ungekeimter Gerste, durch welche die Amylose schneller als das Amylopektin gespalten wird. Unter Verzicht auf einen Teil des Amylopektins kommt man so in verhältnismäßig kurzem Arbeitsgange zu einem amylosefreien Präparat, das von Jod nicht mehr blau gefärbt wird.

Doch sind noch weitere Methoden zur Trennung der Stärkebestandteile angegeben worden[1]. So trennte SHERMAN[2] einen bei 85° erhaltenen 1%igen Kleister aus Kartoffelstärke durch Zentrifugieren, wobei die Ausbeute an Amylopektin-Gallerte allerdings etwas von der Erhitzungsdauer abhängig war; nach 2—4 Stunden erhielt er gegen 66% Amylopektin, was wieder eine leidliche Übereinstimmung mit den Resultaten von SAMEC bedeutet. Die ganze Trennungsfrage ist im Hinblick auf den Unterschied im konstitutionellen Aufbauprinzip zwischen Amylopektin und Amylose von großer Wichtigkeit. Wenn gelegentlich ganz andere Zahlen für den Gehalt der Stärke an Hüll- und Inhaltssubstanz angegeben werden, dann handelt es sich entweder nicht um Kartoffelstärke oder es wurden Trennungsmethoden herangezogen, die zu falschen Ergebnissen führten. Neuestens ist auch ein amerikanischer Forscher[3] durch systematisches Auslaugen von Stärkekörnern mit kaltem Wasser wieder zu demselben Ergebnis gelangt, daß das Verhältnis 17:83 für Amylose : Amylopektin das richtige bei Kartoffelstärke trifft.

Durch die Untersuchungen von SAMEC wissen wir, daß sich das Amylopektin von der Amylose durch seinen Gehalt an Phosphor unterscheidet. Es stellt einen Phosphorsäureester des Stärkekohlenhydrates mit einem durchschnittlichen P_2O_5-Gehalt von

[1] Vgl. SAMEC: Biochem. Ztschr. **205**, 104 (1929).
[2] SHERMAN u. BAKER: Journ. Amer. chem. Soc. **38**, 1885 (1916).
[3] BALDWIN: Journ. Amer. chem. Soc. **52**, 2907 (1930).

0,175% dar, der den Stärkelösungen die hohe innere Reibung verleiht. Der elektrodialytisch abscheidbare Anteil nimmt im Einklange mit der MAQUENNEschen Amylopektin-Theorie bei verschiedenen Stärkearten in derselben Reihenfolge ab, in welcher die innere Reibung von Stärke zu Stärke absinkt[1]. Nach FARGHER[2] ist die Konstante der Hydrolyse von Amylopektin größer als von Amylose; die Frage, ob die Ursache hierfür im Phosphorsäuregehalt gesucht werden muß, werden wir bei der Fermentkinetik nochmals berücksichtigen.

Nach den Beobachtungen von SAMEC und MAYER[3] hat die Amylose eine spezifische Drehung von 189° und eine mittlere Molatgröße von 80000, das Amylopektin dagegen eine Drehung von 195—196° und ungefähr 130—140000 Molatgröße. Wir werden diese Daten später berücksichtigen und sie zu den krystallisierten Stärkeabwandlungsprodukten in Vergleich setzen.

Bei andauerndem Kochen wie auch beim Erhitzen auf höhere Temperaturen unter Druck z. B. bei 138° erhält man eine homogene nicht opalescierende Lösung, da die Phosphorsäure allmählich abgespalten wird. Dagegen gelingt es weder durch Dialyse noch durch Behandeln mit Säuren oder Laugen in der Kälte, noch durch Einwirkung von Diastase eine phosphorfreie Stärke zu erhalten[4].

Eine interessante Erweiterung erfuhren diese Befunde durch die Wiedereinführung von Phosphorsäure nach der Methode von NEUBERG, die KERB[5] schon auf Stärke angewendet hatte, in das dephosphorylierte Amylopektin, die sog. Erythroamylose durch SAMEC und ANKA MAYER[6]. Das gewonnene Calciumsalz wurde durch Elektrodialyse zerlegt, wobei es sich auf der Anode als viscose Gallerte niederschlug. Es zeigte die Jodfärbung des Amylopektins und stellt ein Analogon dieses Körpers mit

[1] Vgl. SAMEC: S. 194.

[2] FARGHER u. PROBERT: Journ. Text. Inst. 18, T. 559 und zwar 569 (1927).

[3] SAMEC und MAYER: Kolloidchem. Beih. 13, 272 (1921).

[4] SAMEC: Kolloidchem. Beih. 6, 23 (1914).

[5] KERB: Biochem. Ztschr. 100, 3 (1919).

[6] SAMEC u. MAYER: Compt. rend. Acad. Sciences 173, 321 (1921).

höherem Phosphorgehalt von 2,19% P_2O_5 und abweichender Molekulargröße dar.

Auch die krystallinen stärkeähnlichen Polyamylosen lassen sich durch die Einführung von Phosphorsäureresten in analoger Weise in gallertbildende Substanzen verwandeln[1].

Die Inhaltsubstanz der Stärke kommt als sich mit Jod blau färbender Bestandteil des isländischen Mooses in wasserlöslicher Form ohne Vermengung mit der Hüllsubstanz neben dem Lichenin vor[2]. Auch die Pilzstärke des Aspergillus niger ließ sich als eine freie „Amylose" erweisen[3].

Jodstärke.

Über die *Jodreaktion der Stärke*[4] ist eine jahrzehntelange Diskussion zwischen Forschern mit verschiedener Auffassung geführt worden. Die Anschauung, daß die Jodstärke eine chemische Verbindung von Jod und Stärke sei, die von Mylius[5], Rouvier[6] und anderen vertreten wurde, ist durch Küster[7], Barger und Field[8] und Harrison[9] endgültig widerlegt worden. Diese Autoren wiesen überzeugend nach, daß die Jodstärke eine Adsorptionsverbindung bzw. eine feste Lösung von Jod in Stärke ist und ihre Bildung sich nach den Gesetzen der Adsorption vollzieht. Neue Versuche von Lottermoser[10] bestätigten die Feststellung von Mylius, daß zur Blaufärbung der Stärke durch Jod die Gegenwart von Jodionen notwendig ist, da sie, wenn auch sehr verschwindend, an der Adsorption beteiligt sind. Diese Feststellungen, die jedoch

---

[1] Pringsheim u. Goldstein: Ber. **56**, 1520 (1923).

[2] Pringsheim: Ber. **57**, 1581 (1924); Ztschr. physiol. Chem. **144**, 241 (1925).

[3] Schmidt: Biochem. Ztschr. **158**, 223 (1925).

[4] Vgl. Samec: S. 314.

[5] Mylius: Ztschr. physiol. Chem. **11**, 306 (1887); Ber. **20**, 688 (1887).

[6] Rouvier: Compt. rend. Acad. Sciences **114**, 128, 789, 1366 (1892); **117**, 281, 461 (1893); **118**, 743 (1894).

[7] Küster: Liebigs Ann. **283**, 360 (1894); Ber. **28**, 783 (1895).

[8] Barger u. Field: Journ. chem. Soc. London **101**, 1394 (1912).

[9] Harrison: Ztschr. Kolloidchem. **9**, 5 (1911); Journ. chem. Soc. London **26**, 252 (1911).

[10] Lottermoser: Ztschr. angew. Chem. **34**, 427 (1921); **37**, 84 (1924).

nicht ohne Widerspruch geblieben sind[1], werden durch Versuche BERGMANNS[2] über „Jodverbindungen einfacher 1,2 Cyclo-acetate vom Typus der Jodstärke" gestützt.

Wir werden beim Glykogen einen teilchenverkleinernden Abbau kennenlernen[3], welcher zu einem Trisaccharidanhydrid von gleicher spezifischer Drehung wie die des Glykogens führt, ohne daß die braune Jodfarbe des Glykogens dadurch aufgehoben wird. Analoge Versuche führten auch zu einer teilchenverkleinerten sich mit Jod aber noch blauenden „Amylose"[4]. Der Ballungszustand ist also nicht die Ursache der Jodfarbe. Die von KARRER[5] so scharf vertretene Anschauung, daß die Jodstärke nur in Beziehung zu dem Molekülhaufen und nicht zur Konstitution der einzelnen Moleküle zu betrachten sei, bedarf deshalb doch wohl einer Revision. Die Adsorption des Jod in der Stärke wäre letzten Endes zurückzuführen auf gewisse strukturell bedingte Affinitätsreste des Stärkemoleküls. Die Jodstärke wäre dann keine reine Adsorptionsverbindung. Eine Ergänzung gewinnt diese Anschauung durch die Beobachtung, daß auch die Polyamylosen neben der Aufnahme von fremdem Halogen, und zwar Jod sowohl wie Brom, eine beträchtliche Halogenid-Bindung zeigen[6]. Die Stärke spielt dem Jod gegenüber die Rolle eines Schutzkolloids; aus diesem Grunde wird die Jodreaktion gehindert einerseits durch die Gegenwart von Stoffen, welche das Jod in echte Lösung bringen, wie Alkalien und organische Lösungsmittel für Jod und andererseits durch andere Einflüsse, welche die Schutzwirkung der Stärke vermindern oder hemmen, z. B. Erwärmen. Wenn die indigoblaue Färbung mit Jodlösung als qualitativer Nachweis für Stärke in Frage kommt, so lassen sich Täuschungen am besten dadurch vermeiden, daß diese Färbung beim Erwärmen verschwindet und bei der Abkühlung wieder auftritt.

---

[1] VON EULER u. MYRBÄCK: Liebigs Ann. **428**, 18 (1921).
[2] BERGMANN: Ber. **57**, 753 (1924).
[3] PRINGSHEIM u. WILL: Ber. **61**, 2011 (1928).
[4] STEINGROEVER: Ber. **62**, 1352 (1929).
[5] KARRER: Polymere Kohlenhydrate. S. 26.
[6] PRINGSHEIM u. STEINGROEVER: Ber. **57**, 1579 (1924).

Samec u. Mayer[1] machten die bemerkenswerte Beobachtung, daß bei Vorhandensein der Amylo-amylosen (Amylosen Maquenne) neben den Erythroamylosen (vom Phosphorrest befreites Amylopektin) das Jod zuerst von den ersteren aufgenommen wird und erst nach der Absättigung dieser mit den Erythroamylosen in meßbare Beziehung tritt. Von besonderer Bedeutung ist, daß diesen Körpern ihre charakteristische Jodfarbe, den Erythroamylosen die violette, den Amylo-amylosen die blaue, auf Grund ihrer organischen Grundsubstanz und unabhängig von ihren kolloidchemischen Eigenschaften zukommen muß: denn bei der Phosphorylierung wurde aus der ursprünglich keine Gallerte bildenden Amylo-amylose ein doppelt so zäher Körper als aus der Erythroamylose erhalten; trotz aller Vorsicht erfolgte bei der Phosphorylierung eine partielle Desaggregation der Kolloide, wobei die Molatgröße der phosphorylierten Erythroamylose etwa auf die Hälfte des am nativen Amylopektin beobachteten Wertes sank, während die der Amylo-amylosen durch die Einführung des Phosphorsäurerestes sogar bis auf etwa den achten Teil zurückging. Trotzdem blieb die Jodfarbe spezifisch; sie ist also weder vom Assoziationsgrad noch von der Hydratation abhängig, sondern in Beziehung zur Grundsubstanz zu setzen[2].

So vertritt auch Krüger[3], gestützt auf die Untersuchung gefärbter Jodverbindungen basischer Salze seltener Erden den Standpunkt, daß die Verschiedenheit in der Jodfarbe der beiden Stärkebestandteile letzten Endes auf die Struktur der organischen Grundkörper dieser zurückzuführen ist.

Alkalistärke.

Die Stärke ist gegenüber Alkalien außerordentlich resistent, sie wird von ihnen selbst in der Hitze und sogar von starken Ätzalkalien nicht angegriffen, ein Verhalten, welches sie mit dem

[1] Samec u. Mayer: Kolloidchem. Beih. **13**, 272 (1921).

[2] Samec u. Mayer: Kolloidchem. Beih. **16**, 89 (1922). — Samec: ebenda **21**, 55 (1925). — Vgl. hierzu auch Pictet: Bericht für die X. Konferenz der Union Internationale de Chimie. Lüttich **1930**, 14.

[3] Krüger u. Tschirch: Ber. **63**, 826 (1930).

Glykogen und den anderen komplexen Polysacchariden teilt und das für verschiedene Zwecke, z. B. ihre zu besprechende Methylierung von Wichtigkeit ist. Unter den Einwirkungsprodukten der Alkalien auf Stärke verdient das *Stärkenatrium* unser Interesse. Es wurde schon von TOLLENS[1] gewonnen und neuerdings von KARRER[2], der die „lösliche Stärke von ZULKOWSKY[3]" verwandte, untersucht. Zu seiner Darstellung wird die Stärke in 10%iger, reiner sodafreier Natronlauge, gelöst und diese Lösung mit Alkohol gefällt. Nach dem Waschen mit Alkohol wird die Natrium-hydroxyd-Additionsverbindung in Wasser gelöst, nochmals mit Alkohol gefällt und getrocknet; sie soll dann die Zusammensetzung $(C_{12}H_{20}O_{10} \cdot NaOH)_x$ haben. Auf analoge Weise hat KARRER die Natrium-Additionsverbindungen der Polyamylosen hergestellt[4] und für sie das gleiche Verhältnis zwischen dem Zuckerrest und dem Alkalihydroxyd ermittelt. Doch ist die Zusammensetzung dieser Additionsverbindungen stark vom Dissoziationsgrade abhängig, so daß die Resultate von der Konzentration des Alkohols beeinflußt werden, den man zum Auswaschen der überschüssigen Ätzalkalien benötigt[5]. Dasselbe gilt von den Alkaliverbindungen anderer Polysaccharide, wie des Inulins und des Lichenins, weshalb wir auf die Schlüsse, die KARRER in konstitutioneller Beziehung aus dieser Körperklasse gezogen hat, nicht wieder zurückkommen. Bringt man Stärke, Inulin oder Lichenin in flüssigem Ammoniak gelöst mit metallischem Natrium oder Kalium zusammen, so erhält man überdies Alkalisubstitutions-Produkte von der Formel $(C_{10}H_9O_5)Na$ bzw. K, offenbar also wirkliche Alkoholate[6].

Lösliche Stärke.

In allen Fällen eines energischen Eingriffes in das Stärkemolekül geht diesem eine Umwandlung in die sog. *lösliche Stärke*

[1] PFEIFFER u. TOLLENS: Liebigs Ann. **210**, 285 (1881).
[2] KARRER: Helv. chim. Acta **4**, 811 (1921).
[3] ZULKOWSKY: Ber. **13**, 1398 (1880).
[4] KARRER: Helv. chim. Acta **5**, 134 (1922).
[5] PRINGSHEIM u. DERNIKOS: Ber. **55**, 1433 (1922).
[6] SCHMID u. BECKER: Ber. **58**, 1968 (1925).

voraus. Dieses Präparat entsteht schon dann, wenn man das Amylopektin seines Phosphorsäuregehaltes beraubt, also z. B. durch Druckerhitzen eines Stärkekleisters oder auch durch fermentative Dephosphorylierung, einen noch zu besprechenden Teilvorgang der Amylolyse. Immer aber dürfte die Umwandlung der nativen in die lösliche Stärke mit einer Molat-Verkleinerung verbunden sein. Die kolloidchemischen Veränderungen hierbei sind von SAMEC eingehend studiert worden[1].

Für den Chemiker hat die „lösliche Stärke“ als Indikator für die Jodtitration besonderes Interesse. Sie wird hierfür meist nach dem Verfahren von LINTNER[2] folgendermaßen hergestellt: Prima Kartoffelstärke wird mit 7,5%iger Salzsäure gemischt, so daß die Säure über der Stärke steht. Nach 7tägigem Stehen bei gewöhnlicher Temperatur oder 3tägigem Stehen bei 40° hat die Stärke die Fähigkeit zur Kleisterbildung verloren. Nach dem Auswaschen der Säure und Trocknen der Stärke an der Luft erhält man ein FEHLINGsche Lösung nur äußerst wenig reduzierendes Präparat. Es löst sich in heißem Wasser leicht und klar, und 2%ige Lösungen sind noch gut haltbar. Dieses Verfahren ist der Behandlung mit Säure in der Hitze, wobei leicht Dextrine entstehen, vorzuziehen[3], doch kann man lösliche Stärke auch auf vielfache andere Weise, durch Erhitzen mit Basen, durch Einwirkung von Natriumsuperoxyd[4], durch Oxydationsmittel oder auch durch Extraktion einer Stärke erhalten, die vorher in einer Kugelmühle fein vermahlen wurde[5]. Verschiedene dieser Verfahren haben technisches Interesse.

Die Methylierung der Stärke.

Die Methylierung der Stärke, die zuerst von DENHAM[6] in Angriff genommen wurde, läßt sich besser als mit Jodmethyl und Silber-

[1] Vgl. SAMEC: S. 212.
[2] LINTNER: Journ. prakt. Chem. **34**, 378 (1886).
[3] FORD: Journ. soc. chem. Ind. **23**, 1414, 1477 (1904).
[4] SYNIEWSKI: Ber. **30**, 2415 (1898).
[5] ALSBERG, GRIFFING u. FIELD: Journ. Amer. chem. Soc. **48**, 1299 (1926).
[6] DENHAM u. WOODHOUSE: Journ. chem. Soc. London **103**, 1735 (1913); **105**, 2357 (1914).

oxyd mit Dimethylsulfat und Natronlauge oder Barytwasser zur Ausführung bringen. KARRER[1], der sich zuerst eingehend mit der Methylostärke beschäftigte, erreichte bei wiederholter wechselseitiger Einwirkung von Methylsulfat und Alkalien einen Gehalt von 32,5% Methoxyl bei Kartoffel-, Weizen-, Reis- und Maisstärke. Dieses Präparat entsprach einer Besetzung von zwei der drei in der Stärkemolekel vorhandenen Hydroxyle durch den Methylrest. Es diente KARRER zum Studium seiner wäßrigen Auflösung, welche sich als ultrafiltrierbar und optisch leer erwies, er bestimmte an ihr in Wasser und Phenol das Gewicht der Primärteilchen und fand es zu 1000 bis 1300, woraus er den Schluß zog, daß die Stärke-Elementarmolekel ein kleineres Molekulargewicht als 2000 hat und nur aus einigen Glucoseresten aufgebaut sein kann. Da diese gewiß wichtigen Beobachtungen durch sehr viel weitergehende inzwischen überholt sind, kommen wir auf sie bei der Konstitutionsbetrachtung nicht wieder zurück.

Inzwischen hat sich IRVINE eingehend mit der Methylierung der Stärke beschäftigt[2] und die Beobachtung gemacht, daß eine wiederholte Anwendung von Methylsulfat und Alkali die Dimethylstärke zuerst in ein Produkt mit 75% Methoxyl überführt. In diesem Stadium der Methylierung zeigt die Reaktion eine ausgesprochene Neigung zum Stillstand. Hier entfallen auf neun vorhandene Hydroxylgruppen sieben methylierte, woraus IRVINE Schlüsse auf die molekulare Konstitution der Stärke gezogen hat. Durch Änderung des Methylierungsverfahrens derart, daß die Methylostärke von einem Methoxylgehalt von 35—36% zuerst der Einwirkung von Thionylchlorid und Natriummethoxyl unterzogen und dann mit Silberoxyd und Jodmethyl weiter methyliert wurde, gelangte IRVINE schließlich zu einer Trimethylstärke von 43,7% im Vergleich zu 45,5% des theoretischen Methoxylgehaltes. HAWORTH[3] ist kürzlich in sehr glatter Reaktionsfolge zur Trimethyl-

---

[1] KARRER u. NÄGELI: Helv. chim. Acta **3**, 620 (1920); **4**, 185 (1921). KARRER und HURWITZ: Helv. chim. Acta **4**, 678 (1921)

[2] IRVINE u. MACDONALD: Journ. chem. Soc. London **126**, 1502 (1926), bei WALTON: S. 16.

[3] HAWORTH, HIRST u. WEBB: Journ. chem. Soc. London **1928**, 2681.

stärke mit 45% Methoxyl gelangt. Er verwendet für diesen Zweck eine Triacetylstärke, deren spezielle Art der Darstellung wir beschreiben werden und methyliert diese in Acetonlösung, wobei er bei der ersten Methylierung mit Dimethylsulfat und Natronlauge 36%, nach zwei weiteren 40% und in drei nachfolgenden 44% in annähernd 90%iger Ausbeute der Theorie der angewandten Stärke gewann. Er betont, daß er keinen besonderen Einschnitt in der Methylaufnahme bei 36% Methoxyl beobachten konnte. Besonders bedeutungsvoll für die Konstitutionsfrage ist, daß sich die in so hoher Ausbeute gewonnene Trimethylstärke annähernd quantitativ in die gut charakterisierte 2, 3, 6-Trimethylglucose umwandeln ließ.

Von anderen Stärkeäthern kann vielleicht die mit Hilfe von Chloressigsäure gewinnbare Stärkeglykolsäure[1] und der Äther des Triphenylcarbinols[2] von Interesse sein.

Die Acetylierung der Stärke.

Ähnlich wie die Cellulose läßt sich die Stärke ohne tiefgreifende Veränderung acetylieren, so daß bei der Verseifung, was die Jodfärbung, die Resistenz gegen FEHLINGsche Lösung, wie das Verhalten gegenüber Fermenten angeht, von der Stärke nicht unterscheidbare Produkte entstehen. Andererseits kann die Acetylierung auch in eine Acetolyse übergehen, wobei schließlich acetylierte Zuckerabbau-Produkte gewonnen werden können.

Schon PREGL[3], der zum ersten Male Stärke acetylierte, hat beide Probleme einer Lösung zuzuführen gesucht. Mit wenig Schwefelsäure als Katalysator gewann er ein Acetat, welches ein sich mit Jod blau färbendes Verseifungsprodukt von der spezifischen Drehung + 191,5° zurückzugewinnen gestattete; mit mehr Schwefelsäure, 2 ccm auf 5 g Stärke, erhielt er jedoch ein abgebautes Acetat, in dem nach seinen Molekulargewichtsbestimmungen nur noch drei unter sich gebundene Glucosereste in

---

[1] CHOWDHURY: Biochem. Ztschr. **148**, 76 (1924).
[2] HELFERICH u. KÜSTER: Ber. **57**, 587 (1924).
[3] PREGL: Monatsh. Chem. **22**, 1049 (1901).

acetylierter Form vorhanden waren. Das daraus gewonnene Verseifungsprodukt reduzierte 12,5% so stark wie Glucose und färbte sich mit Jod braunrot. Ein diesem sehr ähnliches Acetat und Verseifungsprodukt haben PRINGSHEIM und EISSLER[1] durch Acetolyse der „β-Hexaamylose" wie von „ZULKOWSKY-Stärke" mit Schwefelsäure gewonnen und das so erhaltene Trisaccharid „Isotriamylose" genannt. Später konnte PRINGSHEIM[2] so unter Verminderung der Schwefelsäurekonzentration aus Amylopektin das Acetat des „Trihexosans" und aus Amylose das des „Dihexosans" gewinnen, auf die wir zurückkommen.

Die Gewinnung hochmolekularer Stärkeacetate wurde durch eine Beobachtung von PRINGSHEIM[3] eingeleitet, der zeigte, daß lösliche Stärke mit Pyridin und Essigsäureanhydrid acetyliert werden kann, wobei die Spaltbarkeit des Verseifungsproduktes durch Diastase erhalten bleibt. Später machte zuerst BERGMANN[4] die Beobachtung, daß die getrennten Stärkebestandteile mit diesem Acetylierungsgemisch in Triacetate überführbar sind, er beschäftigte sich besonders mit dem Acetat der Amylose und deutet auf eine Vorbehandlung des Amylopektins mit Barythydrat hin, welche dieses für die Acetylierung geeignet macht. Nach eigenen Versuchen[5] läßt sich die Acetylierung des Amylopektins auch direkt erreichen, wenn man es in einem richtigen Quellungszustand mit Pyridin und Essigsäureanhydrid behandelt. Die Stärke selbst muß jedoch für diese Operation erst vorbereitet werden, was dadurch geschehen kann, daß man einen Stärkekleister mit Alkohol fällt, das alkoholfeuchte Produkt kurze Zeit an der Luft trocknet und es dann vor der Verhornung mit der Acetylierungsmischung zusammenbringt. Man erhält so auch aus Amylopektin und Stärke Acetate, die keinen oder nur einen sehr geringen Phosphorsäuregehalt zeigen. Im Gegensatz zum Amyloseacetat sind sie, wie übrigens auch das später zu besprechende Glykogenacetat,

[1] PRINGSHEIM u. EISSLER: Ber. **46**, 2959 (1913).
[2] PRINGSHEIM u. WOLFSOHN: Ber. **57**, 887 (1924).
[3] PRINGSHEIM u. LASSMANN: Ber. **55**, 1409 (1922).
[4] BERGMANN u. KNEHE: Liebigs Ann. **452**, 141 (1927).
[5] STEINGROEVER: Ber. **62**, 1352 (1929).

dann in Chloroform meist unlöslich[1]. Ganz hat man das nicht in der Hand, denn wenn die Reaktion energischer wird[2], ist sie mit einer Verkleinerung des Ballungszustandes verbunden, welche die Chloroformlöslichkeit mit sich bringt. So kommt auch dem Stärkeacetat, welches HAWORTH[3] neuestens bereitet hat, leichte Chloroform-, ja Acetonlöslichkeit zu. Er verwendet gleichfalls mit Alkohol gefällten Stärkekleister in feingepulverter Form, übergießt ihn mit sechsmal seinem Gewicht an Eisessig, durch den während einiger Sekunden Chlorgas geleitet war, rührt die Mischung 30 Minuten bei 20° und fügt schließlich 20 Teile Essigsäureanhydrid mit einem dem Chlorgehalt des Eisessigs entsprechenden Zusatz von schwefliger Säure bei. Dann läßt er 60 Minuten bei Zimmertemperatur stehen, erhitzt dann unter Rühren auf 55° und setzt das fort, bis nach 4 Stunden eine klare Lösung erhalten wurde. Die Aufarbeitung geschah dann in der üblichen Weise. Mit größerer Sicherheit läßt die Acetylierung der Stärke sich durchführen, wenn man an Stelle der unsicheren Dosierung von Chlor und schwefliger Säure Sulforylchlorid verwendet, das man 3—4 Tage mit dem Essigsäureanhydrid zusammenlassen muß, ehe die Acetylierung damit begonnen wird[4]. Sicher ist die Teilchenverkleinerung bei diesem Vorgange besonders groß und Forscher, die wie FREUDENBERG[5] die wasserlösliche Methylocellulose nicht mehr für ein Derivat der echten Cellulose halten, werden das Präparat von HAWORTH schwerlich noch für ein Stärkeacetat ansprechen. Es ist jedoch bemerkenswert, daß das Amyloseacetat von BERGMANN, unsere Acetate der Stärke und der Stärkebestandteile und des Glykogens, wie auch die acetylierte Stärke von HAWORTH alle das gleiche Drehungsvermögen zeigen.

Zu krystallisierten Acetylierungsabbauprodukten ist man bei der Stärke nur bei der Verwendung halogenhaltiger Acetylierungsgemische gelangt. So zeigte schon SKRAUP[6] mit MENTER, daß beim

---

[1] FRIESE u. SMITH: Ber. **61**, 1975 (1928).
[2] BRIGL u. SCHINLE: Ber. **61**, 1999 (1928).
[3] HAWORTH, HIRST u. WEBB: Journ. chem. Soc. London **1928**, 2681.
[4] PRINGSHEIM u. SALLENTIEN: Unveröffentlichte Versuche.
[5] FREUDENBERG u. BRAUN: Liebigs Ann. **460**, 288 (1927).
[6] SKRAUP u. MENTER: Monatsh. Chem. **26**, 1415 (1905).

Behandeln von Stärke mit durch Chlorwasserstoff gesättigtem Essigsäureanhydrid nach 4 Monaten Acetylchlorglucose entsteht, während sich nach 2 Monaten ein Stoff von der Zusammensetzung der Acetylchlormaltose isolieren ließ; aber erst die Gewinnung der weit beständigeren Bromacetylprodukte gestattete es, die Reaktion befriedigend in die Hand zu bekommen. Das gelang KARRER und NAEGELI[1] durch die Anwendung von Acetylbromid in Gegenwart geringer Mengen Eisessig[2]: so erhielten sie *Aceto-brom-Maltose*, verwandelten diese durch Schütteln mit Silberkarbonat in die gut krystallisierte *Heptacetyl-Maltose* und identifizierten endlich die daraus durch Verseifung gewonnene Maltose. Ein Teil der Reaktion geht über die Maltosestufe weg; verwendet man nach den Angaben von BERGMANN und BECK[3] mit Bromwasserstoff gesättigtes Essigsäureanhydrid, so kann man den Stärkeabbau zu einer Darstellungsmethode der wichtigen *Acetobromglucose* gestalten.

Von der Stärke sind auch noch verschiedene andere Ester erhalten worden, von denen vielleicht die mit höheren Fettsäuren[4], wie z. B. der Stearinsäure, einiges Interesse beanspruchen. Schwefelsäureester der Stärke wurden von SAMEC[5] durch Sulfurylierung mit Sulfurylchlorid erhalten und charakterisiert.

Hitzeabbau der Stärke.

Lufttrockene Stärke gibt ihr Wasser erst bei 130° ab, nicht ohne daß jedoch schon eine gewisse Zersetzung stattfindet. Beim trockenen Erhitzen beginnt sie sich bei 150—160° gelb zu färben, wobei sich schon in Wasser lösliche Produkte, zuerst lösliche Stärke, dann Dextrine bilden. So wird beim Rösten, in Gegenwart geringer Säuremengen, das technische Dextrin hergestellt, das als Klebstoff und für andere Zwecke Verwendung findet. Ebenso wie die Cellulose liefert die Stärke bei der trockenen Destillation

[1] KARRER u. NAEGELI: Helv. chim. Acta 4, 264 (1921).
[2] KARRER u. Mitarbeiter: Hev. chim. Acta 4, 678 (1921).
[3] BERGMANN u. BECK: Ber. 54, 1575 (1921).
[4] KARRER u. ZEGA: Helv. chim. Acta 5, 882 (1923).
[5] SAMEC: Monatsh. Chem. 53/54, 852 (1929).

im Vakuum das Lävoglucosan[1]. Zur Darstellung dieses interessanten Präparates eignet sich z. B. Kartoffelstärke, die man am besten zuerst anfeuchtet und unter Anschluß mehrerer Wasserstrahlpumpen möglichst schnell unter starker Wärmezufuhr überdestilliert[2]. Bei der trockenen Destillation von Stärke und Cellulose ohne Anwendung eines Vakuums wurde bei Versuchen im größeren Maßstabe in kleiner Ausbeute das sog. „Maltol" erhalten[3], dessen Konstitution noch nicht ganz aufgeklärt ist, das aber eine genauere Untersuchung verdient.

Von großer Wichtigkeit ist der Abbau der Stärke geworden, den PICTET[4] im Ausbau der Versuche von ZULKOWSKY zur Gewinnung löslicher Stärke unternommen hat. ZULKOWSKY[5] gewann durch Erhitzen von Stärke in Glycerin auf 190° eine lösliche phosphorsäurefreie Stärke, welche noch die blaue Jodstärkefärbung gibt, nicht reduziert und für wissenschaftliche Versuche vielfach geeignet befunden wurde. PICTET treibt die Temperatur langsam höher auf 200—210° und beobachtet dabei, daß die Jodfärbung von Blau in Violett umschlägt, dann rot wird und nach 45 Minuten langem Erhitzen verschwindet. Wird die Reaktion in dem Momente der stärksten Rotfärbung unterbrochen und dann mit Alkohol gefällt und gereinigt, so läßt sich ein Präparat von der Molekulargröße eines Hexahexosans gewinnen, während bei weiterem Erhitzen nach dem Verschwinden der Jodfärbung ein Körper erhalten werden kann, dessen Molekularumfang nach der Kryoskopie in Wasser dem eines Trihexosans entspricht. Die zu diesem Absatz gehörige Literatur mit den Drehungskonstanten und der Darstellungsart der Hexosane aus Stärke findet sich in nachstehendem Schema (S. 199f.).

Dieses Trihexosan ist ein für die Stärkechemie außerordentlich wichtiger Körper. Bereitet man es nach unseren Versuchen durch

---

[1] PICTET u. SARASIN: Helv. chim. Acta 1, 87 (1918).

[2] Vgl. PRINGSHEIM u. STEINGROEVER, HOUBEN-WEYL: Handb. der organ. Arbeitsmethoden III. Aufl., Bd. 3.

[3] ERDMANN u. SCHÄFER: Ber. 43, 2398 (1910).

[4] PICTET: bei Walton S. 2.

[5] ZULKOWSKY: Ber. 13, 1388 (1880).

Hexosane aus Stärke.

	$[\alpha]_D$ Wasser	
Lösl. Stärke	+ 189° (186—220°)	Pictet: Helv. chim. Acta **9**, 33 (1926).
Hexahexosan	+ 173° [1]	Castan u. Pictet: Helv. chim. Acta **8**, 946 (1925).
Tetrahexosan	+ 163° [6]	Pictet u. Salzmann: Helv. chim. Acta **8**, 948 (1925).
Trihexosan	+ 162° [1]	Pictet u. Jahn: Helv. chim. Acta **5**, 640 (1922).
	+ 164° [1]	Kuhn u. Ziese: Ber. **59**, 2314 (1926).
	+ 154° [1]	Pictet: Helv. chim. Acta **9**, 33 (1926).
	+ 166° [2]	Pringsheim u. Wolfsohn: Ber. **57**, 887 (1924).
	+ 164° [3]	Sjöberg: Ber. **57**, 1231 (1924).
	+ 167° [7]	Pringsheim: Ber. **57**, 1581 (1924).
Dihexosan (Pringsheim)	+ 155° [4]	Pringsheim u. Wolfsohn: Ber. **57**, 887 (1924).
	+ 155° [5]	Sjöberg: Ber. **57**, 1251 (1924).
	+ 154° [8]	Pringsheim: Ber. **57**, 1581 (1924).
	+ 154° [9]	Sjöberg: Ztschr. physiol. Chem. **163**, 223 (1927).
Dihexosan (Pictet)	+ 136° [6]	Pictet u. Salzmann: Helv. chim. Acta **7**, 934 (1924).
α-Glucosan	+ 70°	Pictet u. Castan: Helv. chim. Acta **3**, 645 (1920).
Dextrinosan	+ 151° [10]	Pictet u. Vogel: Helv. chim. Acta **12**, 700 (1929).
Iso-trihexosan	+ 167° [11]	

[1] Beim Glycerinerhitzen von Stärke.
[2] Beim Glycerinerhitzen von Amylopektin.
[3] Als Restkörper beim Amylopektin.
[4] Beim Glycerinerhitzen von Amylose.
[5] Als Restkörper von Amylose.
[6] Durch Emulsinspaltung von Trihexosan.
[7] Durch Glycerinerhitzen von Glykogen.
[8] Durch Glycerinerhitzen von Isolichenin.
[9] Durch Sacch. Sake aus Stärke.
[10] Beim Erhitzen von Iso-trihexosan in Glycerin auf 240°.
[11] Beim Erhitzen von Stärke mit nur der dreifachen Glycerinmenge auf 220°.

	$[\alpha]_D$ Wasser.		
Amylobiose	+ 110°	durch Salzsäure aus Amylose, Isolichenin u. Polyamylosen	PRINGSHEIM: Ber. 57, 1581 (1924) und PRINGSHEIM u. STEINGROEVER: Ber. 59, 100 (1926).
	+ 111°	durch Sacch. Sake aus Stärke	SJÖBERG: Ztschr. physiol. Chem. 162, 223 (1927)
Amylotriose	+ 124°	durch Salzsäure aus Amylopektin und Glykogen	PRINGSHEIM: Ber. 57, 1581 (1924)

	$[\alpha]_D$ Chloroform.	
Trihexosanacetat	+ 152°	PRINGSHEIM u. LEIBOWITZ: Ber. 58, 2908 (1925).
Dihexosanacetat	+ 151°	
α-Amylobioseacetat	+ 121°	
α-Amylotrioseacetat	+ 127°	
Diamyloseacetat	+ 107°	LEIBOWITZ u. SILMANN: Ber. 58, 1889 (1925).
Triamyloseacetat	+ 120°	

Glycerinerhitzen von Amylopektin oder Glykogen[1], dessen Kohlenhydratbestandteile wir mit denen des Amylopektins für identisch halten, so zeigt es eine um ein paar Grade höhere Drehung, und zwar deshalb, weil ihm bei der Verwendung von Stärke eine gewisse Menge des niedriger drehenden Dihexosans beigemengt ist, das wir beim Glycerinerhitzen der abgetrennten Stärkeamylose allein erhalten konnten. Man gewinnt es auch beim Erhitzen der Flechtenstärke, des Isolichenins, in Glycerin. Besonders wichtig ist nun, daß, wie wir später sehen werden, das Trihexosan als Restkörper beim sogenannten fermentativen Grenzabbau der Stärke entsteht[2], daß es als solches nach SJÖBERG[3] auch aus dem Amylopektin gewinnbar ist, während das Dihexosan nach diesem Forscher als Restkörper der Stärkeinhaltsubstanz auftritt. Er gewann es ferner noch bei der Spaltung der Stärke durch den Saccharomyces Sake[4].

---

[1] PRINGSHEIM u. WOLFSOHN: Ber. 57, 887 (1924). — PRINGSHEIM: Ber. 57, 1581 (1924).

[2] PRINGSHEIM u. BEISER: Biochem. Ztschr. 148, 336 (1924).

[3] SJÖBERG: Ber. 57, 1251 (1924).

[4] SJÖBERG: Ztschr. physiol. Chem. 162, 223 (1927).

Unsere Zusammenstellung zeigt, daß das Trihexosan und Dihexosan verschiedenen Ursprungs alle die gleiche Drehung zeigen mit Ausnahme einer neueren Angabe von PICTET[1], der wir jedoch keine große Bedeutung beimessen, trotzdem sie PICTET zu einer Betrachtung über die Konstitution der löslichen Stärke geführt hat, zumal dieser Forscher selbst zeigen konnte, daß bei weiterer Fortsetzung der Erhitzung, wie er sie auch zur Gewinnung seines um 9° niedriger drehenden Trihexosans verwandte, ein Glycerin-Additionsprodukt des von ihm studierten viel niedriger drehenden α-Glucosans erhalten werden kann[2].

Auf indirektem Wege erhielt PICTET das Tetrahexosan und ein anderes, um mehr als 20° niedriger drehendes Dihexosan, nämlich mit Hilfe der fermentativen Spaltung des Trihexosans durch Emulsin[3]. Beim Erhitzen mit nur drei Teilen Glycerin auf 220° gewann PICTET[4] aus Stärke das Isotrihexosan, das dieselbe Jodfarbe wie Stärke zeigt und in wäßriger Lösung zu einem schwer löslichen Polysaccharid aggregiert, das mit Amylose Ähnlichkeit hat. Durch stärkeres Erhitzen wird daraus bei 240° ein Biosan erhalten, dem der Name Dextrinosan gegeben wurde, weil es durch kalte konzentrierte Salzsäure in ein Disaccharid Dextrinose umgewandelt werden soll, das auch zu zwei Drittel neben Glucose aus dem Isotrihexosan entstehen kann. Auch das Isotrihexosan weicht um etwa 36° im Drehwert von der Stärke ab, weshalb es nicht als ihr Bauelement aufgefaßt werden kann; wir kommen deshalb im Konstitutionskapitel auf den Körper in diesem Sinne nicht mehr zurück.

Das Trihexosan wurde auch in der Natur aufgefunden: es findet sich zu etwa 65% im Dextrin der Maiskeimlinge[5]. Durch desaggregierenden Abbau gewannen wir[6] aus dem Acetat der Stärkeamylose ein wasserlösliches Diamylan von blauer Jodfärbung, das in Wasser zuerst den Verteilungszustand eines

[1] PICTET: Helv. chim. Acta **9**, 33 (1926).
[2] PICTET u. SALZMANN: Helv. chim. Acta **10**, 276 (1926).
[3] PICTET u. SALZMANN: Helv. chim. Acta **8**, 948 (1925).
[4] PICTET u. VOGEL: Helv. chim. Acta **12**, 700 (1929).
[5] LINK: Journ. Amer. chem. Soc. **51**, 2506 (1929).
[6] STEINGROEVER: Ber. **62**, 1352 (1929).

Dihexoseanhydrides zeigte und dann durch Ballung in kolloidale Amylose zurückging.

Stärkeabbau durch Säuren.

Säuren spalten die Stärke in der Hitze quantitativ in Traubenzucker; dieser Abbau geht schon mit verdünnten Säuren verhältnismäßig leicht und jedenfalls außerordentlich viel leichter als der der Cellulose vor sich. So bildet z. B. eine 2%ige Salzsäurelösung schon nach 1½ Stunden in der Hitze 95% und eine 10%ige Lösung bereits nach 2 Minuten 92,6% Glucose. Am Anfang erfolgt die Hydrolyse durch Säuren schneller als am Ende und die Menge des gebildeten Zuckers ist etwa proportional der Einwirkungsdauer, bis etwa die Hälfte der Stärke umgewandelt ist. Die Umsetzung wächst mit der Temperatur und der Konzentration der Säuren und folgt den Gesetzen des chemischen Gleichgewichts. Als Zwischenprodukte treten Dextrine auf, auf welche wir zurückkommen.

Der Abbau der Stärke durch Säuren hat große technische Bedeutung, da auf diese Weise der Stärkezucker hergestellt wird, welcher meist in Form eines wasserhellen gebleichten Sirups in den Handel kommt. In Deutschland geht man von Kartoffelstärke aus; besonders bedeutungsvoll ist die Herstellung von Stärkezucker in Amerika aus Mais geworden, wo auch krystallisierte Glucose im großen Fabrikbetriebe gewonnen wird. Der Stärkezucker findet besonders Verwendung zur Herstellung von Bonbons, zur Konservierung von Früchten, als Honigersatz und als alkoholliefernder Zusatz zum Biere, soweit letzteres nicht, wie in Deutschland, durch die Gesetzgebung behindert wird.

Ein andersartiger Abbau der Stärke läßt sich durch kalte konzentrierte Salzsäure erreichen. Hierbei entsteht aus der Stärke-Amylose ein Disaccharid, die Amylobiose und aus dem Amylopektin, wie auch aus dem Glykogen, ein Trisaccharid, die Amylotriose[1]. Die Amylobiose ist auch durch die Einwirkung kalter konzentrierter Salzsäure auf die später zu besprechenden Polyamylosen erhalten worden[2]. Wir formulieren aus später nach Be-

[1] Pringsheim: Ber. **57**, 1581 (1924).

[2] Pringsheim u. Leibowitz: Ber. **57**, 884, 1581 (1924). — Pringsheim u. Steingroever: Ber. **59**, 1001 (1926).

sprechung der fermentativen Umsetzungen dieser Zucker näher zu erörternden Gründen die Amylobiose als 5-α-Glucosido-glucose ⟨1,4⟩ mit einem amylenoxydischen Glucosido- und einem butylenoxydischen Glucoseteil. Dieser letztere kehrt in der Amylotriose zweimal wieder, so daß dieses Trisaccharid als 5-α-Glucosido ⟨1,5⟩ 4-α-Glucosido ⟨1,4⟩-glucose ⟨1,4⟩ entsprechend den nachstehehenden beiden Formeln zu formulieren wäre.

Amylobiose

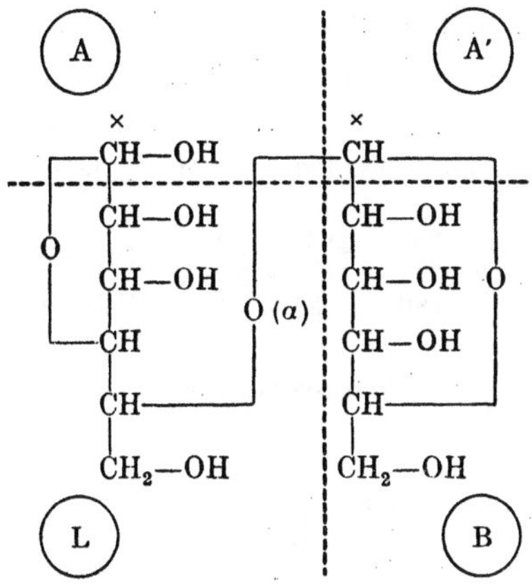

Amylotriose

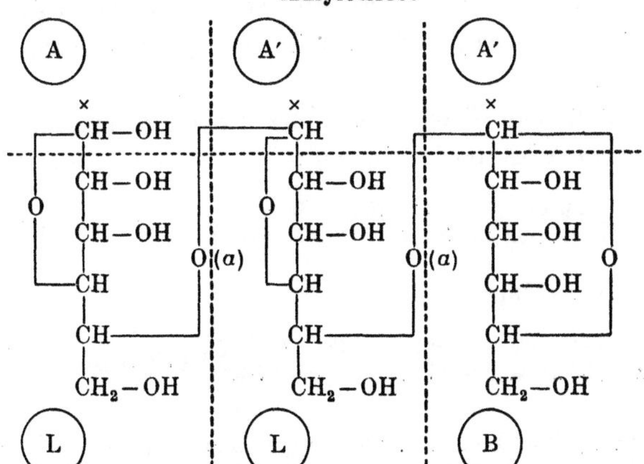

Eine Begründung finden diese Formeln durch die Beziehung der Amylobiose zum Dihexosan und der Amylotriose zum Trihexosan, aus denen die respektiven Zucker durch Wasseraufnahme entstehen, und zwar durch Hydrolyse der in den beiden Ringzuckern enthaltenen β-Bindungen.

Die vier genannten Stärkeabbau-Produkte lassen sich nämlich mit Hilfe der HUDSONschen Regeln zueinander in eine konstitutionelle Beziehung bringen[1]. Zerlegt man nämlich die Zuckermoleküle in der Amylobiose in das glucosidische C-Atom und seinen Anhang (A bzw. A')und den Rest des Zuckermoleküls, d. h. die Summe der anderen Asymmetrie-Zentren mit den ihnen zugehörigen Gruppen (B, B' bzw. L), so ergeben sich für M, das molekulare Drehungsvermögen, die folgenden Beziehungen:

$$\left.\begin{array}{l} M_{\text{Amylotriose}} = 504 \times 124^0 = 62700 \\ M_{\text{Amylobiose}} = 342 \times 110^0 = 37600 \end{array}\right\} \text{Differenz} = 25100,$$
$$\left.\begin{array}{l} M_{\text{Glucose}} = 180 \times 53^0 = 9500 \end{array}\right\} \text{Differenz} = 28100,$$

und in noch besserer Übereinstimmung bei der Anwendung auf die α-Acetate:

$$\left.\begin{array}{l} M_{\alpha\text{-Acetyl-amylotriose}} = 966 \times 128^0 = 123600 \\ M_{\alpha\text{-Acetyl-amylobiose}} = 678 \times 121^0 = 82000 \end{array}\right\} \text{Differenz} = 41600,$$
$$\left.\begin{array}{l} M_{\alpha\text{-Acetyl-glucose}} = 390 \times 102^0 = 39800 \end{array}\right\} \text{Differenz} = 42200.$$

Aus der Übereinstimmung der Rechnungen darf man schließen, daß der in der Amylobiose vorkommende γ-Glucoserest sich in der Amylotriose zweimal, und zwar in der gleichen Konfiguration wiederholt.

Überträgt man diese Berechnungen auf die Hexosane, so ergibt sich zunächst die Beziehung:

$$\left.\begin{array}{l} M_{\text{Trihexosan}} = 486 \times 166^0 = 80600 \\ M_{\text{Dihexosan}} = 324 \times 155^0 = 50200 \end{array}\right\} \text{Differenz} = 30400$$

und für die Acetate

$$\left.\begin{array}{l} M_{\text{Acetyl-trihexosan}} = 864 \times 151^0 = 130400 \\ M_{\text{Acetyl-dihexosan}} = 576 \times 152^0 = 87600 \end{array}\right\} \text{Differenz} = 42800,$$

[1] HUDSON, PRINGSHEIM u. LEIBOWITZ: Journ. Amer. chem. Soc. 48, 288 (1926). — PRINGSHEIM u. LEIBOWITZ: Ber. 58, 2808 (1925).

woraus hervorgeht, daß wir uns das Trihexosan aus dem Dihexosan durch Einschieben wieder desselben γ-glucosidischen Bruchstückes A + L entstanden denken können.

Formulieren wir nun die Hexosane symmetrisch entsprechend nachstehenden Formeln und nehmen wir im Dihexosan eine

Dihexosan

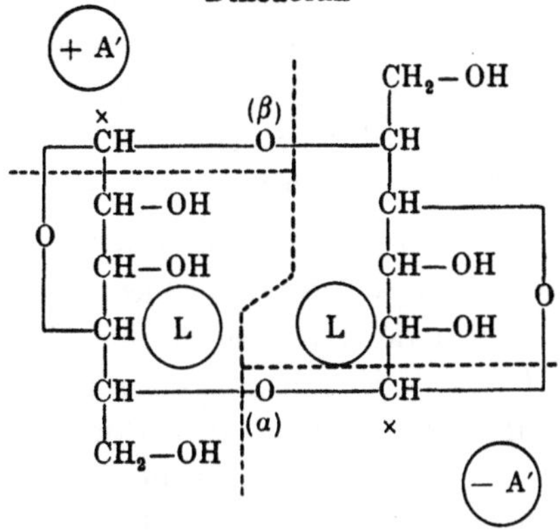

Trihexosan

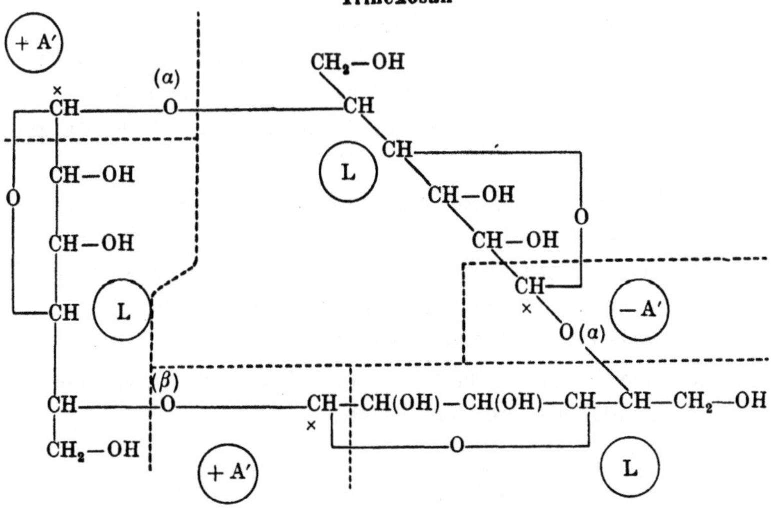

Amylobiosebindung (+ A′) und eine ihr konfigurativ entgegengesetzte an, so ergibt sich eine Beziehung, mit Hilfe deren sich die molekulare Drehung des Bruchstückes L zu 25100 ermitteln läßt und — unter Heranziehung der Amylobiose und Glucose — auch die Molekulardrehung des an der Amylobiosebindung beteiligten glucosidischen C-Atoms mit 3000.

Ausschließlich aus diesen beiden Bruchstücken soll sich nun laut unserer Formel das Molekül des Trihexosans aufbauen, wobei die nach dieser Gleichung berechnete Molekulardrehung des Trihexosans tatsächlich eine gute Übereinstimmung mit dem experimentellen Werte von 80600 nämlich 78300 ergibt.

Eine besondere Stütze erfahren diese Berechnungen dadurch, daß sie sich in Beziehung zu den später eingehend zu besprechenden krystallisierten Polyamylosen aus Stärke, dem Disaccharid Diamylose und dem Trisaccharid Triamylose, bringen lassen. Es ist nämlich die Differenz der Molekulardrehungen von Tri- und Diamylose, und zwar der freien Zucker mit 29500 wie der Acetate mit 42000 gleich der Differenz bei Amylobiose und Amylotriose bzw. Di- und Trihexosan.

Weitere Berechnungen ergeben nun, daß unser γ-Glucose-Bruchstück nicht nur die Diamylose zur Triamylose erweitert, sondern daß es auch zweimal in der Triamylose vorhanden ist[1]. Zieht man nämlich von der Molekulardrehung der Diamylose 44200 die des γ-Glucose-Bruchstücks 28000 ab, so erhält man als Differenz die molekulare Drehung des unbekannten Bruchstückes der Diamylose = 16200.

Macht man nun die Annahme, daß in der Triamylose zweimal das γ-Glucose-Bruchstück und einmal das unbekannte Bruchstück der Diamylose vorhanden ist, so kommt man zu 72200, während sich die molekulare Drehung der Triamylose nach den experimentellen Daten zu 73400 errechnet.

Dieselbe Rechnung läßt sich mit den Acetaten ausführen: berechnet 104300, gefunden 101500.

---

[1] PRINGSHEIM u. MEYERSOHN: Ber. **60**, 1709 (1927).

Aus diesen Berechnungen ergibt sich des weiteren, daß in der Diamylose die Konfiguration der Amylobiose-Bindung (+ A′) 1 mal und dieselbe Konfiguration in der Triamylose zweimal vorhanden ist, genau wie einerseits in der Amylobiose und im Dihexosan und andererseits in der Amylotriose und im Trihexosan, so daß sich die Polyamylosen von den vorgenannten Zuckern in dem Reste (L — A′) unterscheiden, also in demjenigen Teile des Moleküls, an welchem bei den Hexosanen die α-Amylasen (Pankreas-Amylase) angreifen. Die Beziehung zur Fermentchemie erörtern wir im übernächsten Kapitel.

Nachstehendes Schema wird den Überblick des chemischen Abbaus der Stärke erleichtern.

Stärke

Chemischer Abbau

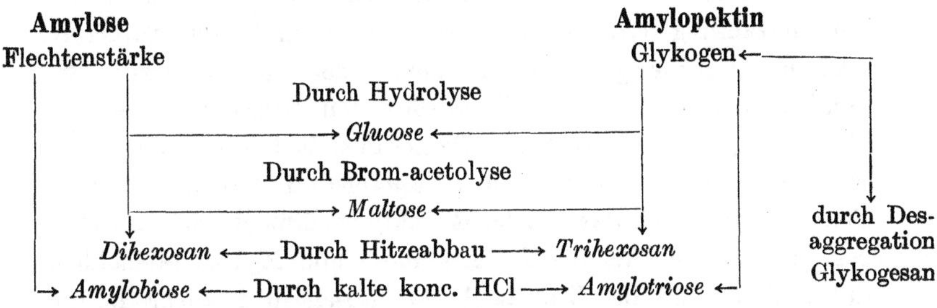

In unserer Zusammenstellung ist zum Ausdruck gebracht, daß sich die angegebenen Reaktionen auch mit Flechtenstärke und Glykogen ausführen lassen[1]; im nächsten Kapitel gehen wir auf das Glykogen ein.

Für die *quantitative Bestimmung* der Stärke sind zahlreiche und auf verschiedenen Prinzipien beruhende Verfahren angegeben worden[2]. Schon daraus kann der Schluß gezogen werden, daß die Bestimmung der Stärke besonders bei Gegenwart anderer Kohlenhydrate keine ganz einfache Sache ist; am schwierigsten

[1] PRINGSHEIM: Ber. **57**, 1581 (1924).

[2] Zusammengestellt von SCHUBERT: Österr.-Ungar. Ztschr. f. Zuckerindustrie u. Landwirtsch. **39**, 411 (1910). Abgedruckt im Handbuch d. biochem. Arbeitsmethoden Bd. VI, S. 4 (1912).

wird sie bei Anwesenheit des der Stärke nahe verwandten Glykogens. Die Grundlagen, nach denen hier verfahren wird, bieten manches Interessante, weswegen sie hier erläutert werden sollen[1]. Eine ältere Methode von MAERCKER beruht darauf, daß man die Stärke durch Zusatz von Malzauszug in Lösung bringt, sie dann durch Kochen mit Salzsäure vollkommen hydrolysiert und die gebildete Glucose durch ihre Reduktionskraft gegenüber FEHLINGscher Lösung bestimmt. Aus einer Tabelle ermittelt man dann die dem ausgeschiedenen Kupfer entsprechende Menge Stärke. Es ist klar, daß man bei Gegenwart anderer reduzierender Zucker zu hohe Werte erhalten muß. Aus diesem Grunde bestimmt LINTNER in der Lösung gleichzeitig die Pentosane nach der früher erwähnten TOLLENSschen Phloroglucinmethode und zieht diese von dem gefundenen Stärkewert ab. Er kommt hierbei zu demselben Resultat, wenn er die mit Äther entfettete Substanz zuerst mit Malzauszug hydrolysiert oder wenn er direkt mit Salzsäure oder nach vorheriger Löslichmachung der Stärke, durch Behandeln mit Wasser unter Überdruck, mit Salzsäure invertiert. Die durch die Gegenwart von Pentosanen bedingte Fehlerquelle wird also unter der Voraussetzung ausgeschaltet, daß die gebildeten Pentosen praktisch das gleiche Reduktionsvermögen wie die Glucose zeigen. Da das bei der Arabinose und Xylose tatsächlich der Fall ist und da diese beiden Pentosen in Naturprodukten hauptsächlich in Frage kommen, ist dieses Verfahren eins der zuverlässigsten.

Schwieriger zu handhaben und gute Werte nur bei peinlicher Einhaltung der Vorschrift liefernd, ist die *direkte* Stärkebestimmungsmethode von BAUMERT und BODE, welche auf der Unlöslichkeit der Stärke in verdünntem, etwa 60%igem Alkohol beruht; doch hat dieses Verfahren den Vorteil, daß es in gewissen Abänderungen auch in Gegenwart von großen Mengen Proteinsubstanz und in einer anderen Modifikation bei gleichzeitiger Anwesenheit von Glykogen Anwendung finden kann. Hier wird

[1] Für die spezielle Ausführung vgl. ZEMPLÉN: Handbuch der biochemischen Arbeitsmethoden. Bd. VI, S. 3 (1912).

die Stärke in der feingesiebten Substanz mit Wasser unter Überdruck in Lösung gebracht und dann bei Gegenwart geringer Mengen von Natronlauge mit Alkohol wieder ausgefällt, auf einem Asbestfilterrohr gesammelt, gewaschen, getrocknet und gewogen. Nach der Veraschung ermittelt man auf diese Weise den Stärkegehalt. Die Bestimmungsmethode in Gegenwart von Glykogen beruht auf der Löslichkeit dieses Polysaccharides in hochprozentigem Alkohol, in welchem die Stärke unlöslich ist.

Auch durch *Polarisation* kann man nach einem ebenfalls von LINTNER angegebenen Verfahren die Stärke dadurch bestimmen, daß Gersten-, Roggen-, Weizen-, Mais-, Reis- und Kartoffelstärke, in der Kälte durch Salzsäure in Lösung gebracht, nach 30 Minuten ein spezifisches Drehungsvermögen von durchschnittlich 203° zeigen. Wenn man die so gelöste Stärke durch Zugabe von Phosphorwolframsäure von gleichzeitig vorhandenen Eiweißstoffen befreit, so erhält man blanke Filtrate, deren Drehung man im Polarisationsapparat mit Sicherheit ermitteln kann.

Zum Schluß sei noch eine physiologische Methode erwähnt, welche darauf beruht, daß die vorher verkleisterte Stärke mit Hilfe eines verzuckernden Pilzes in gärungsfähigen Zucker umgewandelt wird, welcher dann, durch Hefe vergoren, eine bestimmte Alkoholmenge liefert. Aus dieser kann man auf die vorhandene Stärkemenge zurückrechnen.

Zusammenfassend läßt sich wohl sagen, daß für rohere Zwecke das MAERCKERsche Verfahren, für feinere dessen Modifikation nach LINTNER angewandt zu werden verdient, mit denen noch am ehesten das LINTNERsche Polarisationsverfahren in Konkurrenz zu treten bestimmt ist. Die direkte Stärkebestimmungsmethode wird man wohl nur dann anwenden, wenn man durch die Gegenwart großer Proteinmengen oder durch die Anwesenheit von Glykogen dazu gezwungen ist.

Eine beachtenswerte Methode beruht auf der Bestimmung des Brechungsindex löslich gemachter und bis zum Verschwinden der Jodreaktion verzuckerter Stärke[1]. Ein Gramm angewandte

[1] LALIN: Ztschr. f. d. ges. Brauereiwesen **32**, 231 (1909). — KLUGE: Allg. Ztschr. f. Bierbrauerei u. Malzfabrikation **41**, 28/29 (1913).

Stärke entspricht nach der Verzuckerung 4 Teilen Refraktometer-Skala; bei Vergleichsversuchen mit anderen Methoden wurde gute Übereinstimmung erzielt.

Glykogen.

Das im Jahre 1856 von CLAUDE BERNARD in der Leber entdeckte Glykogen kann gewissermaßen als tierische Stärke bezeichnet werden, da es im Tierreich außerordentlich verbreitet ist und hier die Rolle des Kohlenhydrat-Reservematerials übernimmt; es fehlt fast in keiner tierischen Zelle und häuft sich bei der Mast besonders in der Leber an. Nächst der Leber findet es sich am meisten in den Muskeln. Angaben über den Glykogengehalt verschiedener Organe verschiedener warmblütiger wie auch kaltblütiger Tiere nach den Arbeiten von CREMER, PFLÜGER und anderen sind tabellarisch bei OPPENHEIMER[1] zusammengestellt. Auch in den Crustacaeen ist es verbreitet[2]; besonders eingehend ist sein Vorkommen unter verschiedenen Lebensbedingungen im Körper der Frösche untersucht worden, ferner ist bemerkenswert sein Vorkommen in den Austern bis zu 10%, wie auch in den preiswerten Miesmuscheln, aus denen es für Versuchszwecke gewonnen wird.

Ein Polysaccharid ganz analoger Eigenschaften, das sich von der Stärke durch seine Jodfarbe wie durch seine Wasserlöslichkeit ohne Kleisterbildung unterscheidet, findet sich aber auch in pflanzlichen Organismen, besonders in Pilzen, z. B. Champignons, vor allem aber häuft es sich bei Zuckerüberschuß unter auch sonst günstigen Ernährungsbedingungen in der Hefezelle an. Die Hefe kann mehr als 32% der Trockensubstanz an Glykogen enthalten.

Das tierische Glykogen wird vorzüglich aus der Leber von Kaninchen oder Hunden gewonnen[3], die man zu dem Zwecke besonders gemästet hat. Am besten ist es für diesen Zweck, die

---

[1] OPPENHEIMER: Handb. d. Bioch. Bd. VI, S. 310, Jena 1926.
[2] OPPENHEIMER: Handb. d. Bioch. Bd. IV, S. 650.
[3] PFLÜGER: Das Glykogen. 2. Aufl., S. 29 (1905).

Tiere erst hungern zu lassen und sie dann energisch und eventuell künstlich mit Hilfe der Schlundsonde mit Glucose zu füttern; so gelingt es, Lebern zu erhalten, die annähernd zu zwei Drittel aus Glykogen bestehen[1]. Methodisch ist hervorzuheben, daß man sich die außerordentliche Resistenz des Glykogens gegenüber starker Kalilauge zunutze macht, die es einem gestattet, die anderen Bestandteile der Leber, z. B. das Eiweiß, der Hauptsache nach durch mehrstündiges Erhitzen in 60%iger Kalilauge zu zerstören. Das Glykogen läßt sich dann nach einigen Vorreinigungen mit Alkohol ausfällen[2]. Kleinere Mengen Leberglykogen lassen sich verhältnismäßig einfach nach einer schon von Brücke angegebenen Methode aus Kaninchenlebern gewinnen, deren gekochten Extrakt man mit Hilfe von Salzsäure und Jodquecksilber-Jodkalium (1,35 g HgJ_2, 5 g KJ in 100 ccm Wasser) von den Eiweißstoffen befreit und dann mit Alkohol fällt. Die meisten käuflichen Glykogenpräparate sind nach eigenen Erfahrungen sehr unrein, besonders stark eiweißhaltig und lohnen kaum die Reinigung. Als sehr viel besser erwies sich kürzlich ein Miesmuschel-Glykogen von E. Merck, welches schon durch Lösen in Wasser und Fällen mit Alkohol genügend zu reinigen war.

Das tierische wie das pflanzliche Glykogen ist ein weißes amorphes Pulver, das sich in Wasser zu einer opalescierenden Flüssigkeit löst, Fehlingsche Lösung nicht reduziert und mit Jod ebenso wie Stärke eine beim Erwärmen verblassende und beim Abkühlen wieder zurückkehrende Färbung zeigt. Die Opalescenz verschiedener Glykogenpräparate, wie auch die Intensität der Jodfärbung kann verschieden groß sein. Von Claude Bernard[3] wird angegeben, daß das Muskelglykogen rein violett, das Leberglykogen kastanienbraun sei. Auch Lohmann[4] schreibt, daß die Farbe des Muskelglykogens viel rotstichiger als beim Leberglykogen ist[5]. Auch dem Hefeglykogen wird eine mehr ins Violett gehende

[1] Schöndorff: Pflügers Archiv 99, 201 (1903).
[2] Vgl. Oppenheimer: Die Methode der Fermente S. 282. Leipzig 1927.
[3] Bernard: Compt. rend. Acad. Sciences 44, 578 (1857).
[4] Oppenheimer: Methoden der Fermente I, 237. Leipzig 1928.
[5] Vgl. auch Thannhauser u. Markowicz, Klin. Wochenschr. 4, 2093 (1926).

Farbe nachgerühmt[1]. NORRIS[2] bestimmte nachstehende Beziehung zwischen Opalescenz und Jodfärbung:

Tabelle 14.

	Relative Opalescenz	Relative Stärke der Jodfärbung
Glykogen aus Kaninchenleber . . .	4,5	4,7
„ „ Hundeleber	1,7	2,6
„ „ Austern	1,5	1,0
„ „ Hefe	1,0	1,5

Worauf diese Unterschiede beruhen, ist vorläufig völlig unklar, denn wir werden im nachstehenden sehen, daß keine Beziehung zwischen der Jodfärbung und der Teilchengröße des Glykogens besteht. Wahrscheinlich spielt der verschiedene Elektrolytgehalt verschiedener Glykogenpräparate eine Rolle.

Die Zusammensetzung des getrockneten Glykogens entspricht wieder der Formel $C_6H_{10}O_5$, doch nimmt es an der Luft leicht Wasser an, und zwar so, daß eine Analyse des lufttrockenen Glykogens im allgemeinen 10% Wasser anzeigt, was einer Zusammensetzung von $C_6H_{10}O_5 + H_2O$ entspricht[3]. Beim Kochen mit Säuren wird das Glykogen quantitativ in Traubenzucker aufgespalten[4]; die besten Resultate wurden neuerdings mit 11%iger Salzsäure bei einhalbstündigem Erhitzen im Wasserbade erzielt[5]. Die spezifische Drehung wird in wäßriger Lösung nicht immer ganz gleich hoch angegeben. Ich halte die Zahl von + 196 — 197°, welche GATIN-GRUSZEWSKA[6] für reines Glykogen ermittelte, für die richtige und nehme an, daß der etwas höhere Wert für Hefe-Glykogen von + 199°[7] innerhalb der Fehlergrenzen

[1] CLAUTRIAU: Mémoires courronées par l'Acad. royale Bruxelles 1895.
[2] NORRIS: Biochem. Journ. 7, 26 (1913).
[3] MEIER u. MEYERHOF: Biochem. Ztschr. 150, 233 (1924).
[4] GATIN-GRUSZEWSKA: Pflügers Archiv 102, 569 (1904). — GREBE: ebenda 121, 604 (1908).
[5] WINTERSTEIN u. HIRSCHBERG: Biochem. Ztschr. 159, 351 (1925).
[6] GATIN-GRUSZEWSKA: Pflügers Archiv 102, 569 (1904).
[7] CREMER: Münch. med. Wschr. 41, 525 (1894).

übereinstimmt. Angaben, die über 200° liegen, stellen Ausnahmen dar, wie solche auch für das Amylopektin beobachtet wurden[1].

Ebenso wie die Stärke ist das natürliche Glykogen ein Phosphorsäureester, und zwar enthält es wesentlich mehr Phosphorsäure als das pflanzliche Polysaccharid. Die Bedeutung des Glykogens nicht nur als Kohlenhydrat- sondern auch als Phosphor-Reservesubstanz für den Organismus ist deshalb besonders hervorzuheben, wissen wir doch, daß die wesentlichen Umsetzungen des Kohlenhydratstoffwechsels über die phosphorylierten Zucker führen.

Wie die Stärke durch Elektrodialyse in ein Gel, das phosphorhaltige Amylopektin, und ein Sol, die phosphorfreie Amylose, zerlegbar ist, so läßt sich auch das Glykogen nach den interessanten Untersuchungen von SAMEC[2] aufteilen. Beim Glykogen werden aber nur 20% in Gallertform abgeschieden, während 80% in Lösung bleiben. Der Phosphorgehalt von Sol und Gel kehrt sich hier im Vergleich zur Stärke gerade um, wie nachstehende Tabelle zeigt:

Kartoffelstärke	20%	Sol	(Amylose)	0, % P_2O_5
	80%	Gel	(Amylopektin)	0,175% P_2O_5
Glykogen	80%	Sol		0,721% P_2O_5
	20%	Gel		0,135% P_2O_5.

Während sich die Amylose, wie wir sahen, durch Phosphorylierung in eine Gallerte umwandeln läßt, stellt das mehr als viermal so stark wie Amylopektin phosphorylierte Glykogen-Sol keinen quellbaren Körper dar. Ob hieran die Verschiedenheit der Kationen in den Elektrolyten der beiden Polysaccharide schuld hat, ist bisher noch nicht genügend erforscht. Nach neueren Untersuchungen soll Leber-Glykogen sehr leicht altern, z. B. schon beim Erhitzen auf 105°. Die weiße Farbe wird daher bräunlich, die Viscosität steigt an, die Löslichkeit wird geringer und es bildet sich eine gelatinöse Masse[3].

---

[1] STEINGROEVER: Ber. **62**, 1352 (1929).
[2] SAMEC u. ISAJEVIČ: Compt. rend. Acad. Sciences **176**, 1419 (1923).
[3] SAHYUN u. ALSBERG: Journ. biol. chem. **89**, 33 (1930).

Die auffallende Übereinstimmung des Glykogens mit dem Amylopektin im elektrolytfreien Zustande, die Ähnlichkeit der Jodfarbe, der mittleren Molatgrößen, besonders aber die Ergebnisse des chemischen Abbaus haben dazu geführt, Amylopektin und Glykogen als identische Polysaccharide anzusprechen[1] und sie in einen gewissen Gegensatz zur Amylose bzw. dem Isolichenin zu stellen, worauf wir später noch zurückkommen.

Die Resistenz gegenüber Alkalien haben wir bereits hervorgehoben; nach KARRER[2] soll das Natriumhydroxyd-Glykogen dieselbe Zusammensetzung wie die Natriumhydroxydstärke $C_{12}H_{20}O_{10} \cdot NaOH$ haben. In flüssigem Ammoniak gelöstes Glykogen setzt sich mit Natrium zu einem schwach gelblichen Niederschlag, einer Mono-Natriumverbindung des Glykogens $C_6H_9O_5Na$ um[3].

Bei der Methylierung verhält sich das Glykogen ganz analog der Stärke, d. h. nach 1—2 Methylierungsstufen wird ein Dimethylglykogen gebildet[4], doch läßt sich der Methoxylgehalt allmählich steigern und erreicht mit 37% eine Methylierungsstufe[5], der wir in charakteristischer Weise auch bei der Stärke begegnet sind. Nach den neueren bei der Stärke beschriebenen Methoden, ausgehend vom Triacetat, kann eine Vollmethylierung des Glykogens und eine quantitative Aufspaltung des Trimethylglykogens in 2, 3, 6-Trimethylglucose erreicht werden[6]. Ein Glykogentriacetat wurde beim Acetylieren mit Pyridin und Essigsäureanhydrid gewonnen[7]; nach dem Verseifen wird das Glykogen unverändert, d. h. mit der gleichen Drehung und Opalescenz, derselben Jodfarbe und Fermentspaltbarkeit zurückgewonnen. Bei der Bromacetolyse wandelt es sich ganz wie die Stärke in Acetobrom-Maltose um[8].

---

[1] PRINGSHEIM u. GOLDSTEIN: Ber. **55**, 1446 (1922). — PRINGSHEIM: Ber. **57**, 1581 (1924).
[2] KARRER: Helv. chim. Acta **4**, 994 (1921).
[3] SCHMID, WASCHKAU u. LUDWIG: Monatsh. Chem. **49**, 107 (1928).
[4] KARRER: Helv. chim. Acta **4**, 994 (1921).
[5] MACBETH u. MACKAY: Journ. chem. Soc. London **125**, 1513 (1924).
[6] HAWORTH, HIRST u. WEBB: Journ. chem. Soc. London **1929**, 2480.
[7] PRINGSHEIM u. LASSMANN: Ber. **55**, 1409 (1922).
[8] KARRER u. NÄGELI: Helv. chim. Acta **4**, 263 (1921).

Der Hitzeabbau des Glykogens in Glycerin liefert das Trihexosan, welches im speziellen Falle in krystallinischen Nadeln gewonnen werden konnte, deren Drehung mit den Trihexosanpräparaten anderen Ursprungs, z. B. aus Amylopektin übereinstimmte[1]. Durch kalte konzentrierte Salzsäure wird ebenso wie aus Amylopektin die Amylotriose gewonnen[2], welches Trisaccharid auch aus Glykogen durch die Fermente des Muskelextrakts entsteht[3].

Vor kurzem wurde nun gezeigt, daß sich das Glykogenacetat in Chloroformlösung bei eintägigem Kochen in Gegenwart von 0,2% Benzolsulfosäure zu einem Acetat von vermindertem Acetylgehalt desaggregieren läßt, das nach der Verseifung ein *Glykogesan* von unveränderter Drehung und paralleler Fermentspaltbarkeit und nach MEYERHOF einen dem Glykogen entsprechenden glykolytischen Abbau liefert[4]. Hierfür geben wir folgendes Beispiel an:

Kinetik der Fermentspaltung von

	I. Glykogen		II. Glykogesan.	
Zeit	mg Cu	Spaltung in % Maltose	mg Cu	Spaltung in % Maltose
3′	0,74	32,2	0,71	31,0
1 Std.	0,90	39,6	0,86	37,8
$2^1/_2$ „	1,11	47,1	1,14	48,6
5 „	1,18	50,5	1,23	52,7
8 „	1,28	55,2	1,35	57,6

Als Ferment fand eine nach WILLSTÄTTER aus gefärbtem Schweine-Pankreas isolierte von Trypsin und Lipase befreite Maltase-freie Amylase Anwendung, welche in Gegenwart von Kochsalz und Phosphatpuffer $p_H = 6{,}8$ verwandt wurde. Die Titration wurde nach der Halbmikro-Methode von MICHAELIS (Biochem Zeitschr **59**, 169 [1914]) ausgeführt.

---

[1] PRINGSHEIM: Ber. **57**, 1581 (und zwar bearbeitet von A. BEISER), 1591 (1924).

[2] PRINGSHEIM: Ber. **57**, 1581, u. zwar 1592 (1924).

[3] LOHMANN: Biochem. Ztschr. **178**, 444 (1926).

[4] PRINGSHEIM u. WILL: Ber. **61**, 2011 (1928).

Auch bei der Glykolyse verhielt sich das Glykogesan quantitativ gleich dem Glykogen sowohl bezüglich der Endwirkung wie auch der Zeitumsatzgröße.

Dieses Produkt ist in Wasser ohne Opalescenz löslich, zeigt aber die unveränderte Jodfarbe des Glykogens und liefert bei der Kryoskopie in Wasser Werte von 3 mal $C_6H_{10}O_5$, während es beim Siedepunkt des Wassers in den kolloiddispersen Lösungszustand zurückkehrt. Das Glykogesanacetat jedoch zeigt in Eisessig scharf den Verteilungszustand eines Glucoseanhydrid-Acetates. Auf dieses bedeutungsvolle Verhalten gehen wir im Konstitutionskapitel ein. In sehr verdünnten Lösungen soll auch das Glykogenacetat einen Verteilungszustand zeigen, der als niedriger als einem Biose-anhydridacetat zugehörig, angegeben wird[1].

Die Messung der Micelgrößen von Glykogenpräparaten in Wasser ergaben hohe Werte; die letzten Angaben von Samec[2] waren ungefähr gleich hoch wie bei Stärke um 114000. Andererseits fand Schmid[3] in flüssigem Ammoniak eine Molekulargröße, die nach genügender Zeit zur Dispergierung leidliche Übereinstimmung mit der Glucoseanhydridstufe zeigte; und soeben fand Herzog[4], daß sich Glykogen in Resorcin molekular löst und in diesem Medium eine Teilchengröße von 4 mal $C_6H_{10}O_5$ gibt, die jedoch noch nachgeprüft werden soll.

In geschmolzenem Acetamid zeigt Glykogen nach der Kryoskopie einen $C_6H_{10}O_5$ entsprechenden Verteilungszustand[5]. Das aus dem Acetamid durch Alkohol ausgefällte Glykogesan zeigte unveränderte elementare Zusammensetzung, die dem Glykogen entsprechende spezifische Drehung in Wasser und die Neigung, sowohl in wäßriger Lösung als auch im festen Zustande durch Ballung seine Teilchengröße, gemessen durch Kryoskopie in Wasser, so zu vermehren, daß schließlich der kolloiddisperse

---

[1] Hess u. Stahn: Liebigs Ann. **455**, 115 (1927).
[2] Samec u. Isajevič: Compt. rend. Acad. Sciences. **176**, 1419 (1923).
[3] Schmid, Ludwig u. Pietsch: Monatsh. Chem. **49**, 118 (1928).
[4] Herzog u. Reich: Ber. **62**, 495 (1929).
[5] Reilly, Pringsheim u. Donovan: Ber. **63**, 1093, 3210 (1930).

Zustand des ursprünglichen Glykogens wieder zurückgewonnen wurde. Sein Verhalten ist dem des später zu schildernden Inulans ganz analog, nur ist sein Bestreben zur Reassoziation größer, so daß die ersten nach dem Reinigungsverfahren ausführbaren Molekulargewichtsbestimungen von vornherein nach einem Tage schon einen höheren Wert als einmal C_6 nämlich 250 lieferten. In einem Falle wurde nach dem Lagern im lufttrockenen Zustande nach einer Woche 350 bis 400, nach einem Monat etwa 600, in einem anderen Falle schon nach vier Tagen 600, nach einer Woche 800, nach zwei Wochen etwa 1300, nach drei Wochen 1600, also schon kaum noch meßbares Molekulargewicht gefunden.

Dasselbe Abbau-Phänomen läßt sich auch durch Lösen in Formamid erreichen, wobei die Wirkung intensiver ist, denn hier konnte kurz nach der Darstellung ein Molekulargewicht in Wasser von 185 gemessen werden, das sich dann am zweiten Tage verdoppelt hatte. Die kleinen Ursachen, welche im einzelnen den Gang der Ballung beeinflussen, sind noch nicht ganz durchsichtig.

Der überaus wichtige *quantitative Nachweis des Glykogens*, der an Hand der bedeutungsvollen Versuche über die Glykolyse und die Resynthese der Kohlenhydrate im Muskel eingehend auch im Mikroverfahren ausgearbeitet wurde, ist vor kurzem in ausgezeichneter Weise von LOHMANN beschrieben worden[1]. Die Bestimmung des Glykogens nach PFLÜGER[2] beruht auf der Abtrennung des Glykogens, nachfolgender Hydrolyse und Zuckerbestimmung nach BERTRAND, wobei verschiedene Mikromodifikationen, z. B. die von MOECKEL[3] oder MICHAELIS[4] in Frage kommen.

---

1 LOHMANN: Oppenheimer Method. d. Fermente, Leipzig **1926**, 1236.
2 ABDERHALDEN: Handb. d. bioch. Arbeitsmeth. **II**, 1040 (1910).
3 MOECKEL u. FRANK: Ztschr. physiol. Chem. **65**, 323; **69**, 85 (1910).
4 MICHAELIS: Biochem. Ztschr. **59**, 166 (1914).

VI. Stärke und Glykogen: Fermentativer Abbau.

Der fermentative Abbau der Stärke ist sowohl aus rein wissenschaftlichen Gründen wie wegen seiner großen Bedeutung für die Ernährung, bei der Verdauung, beim Brotbacken, bei der Darstellung alkoholischer Getränke wie auch für die technische Spiritusgewinnung eines der interessantesten Kapitel der Polysaccharidchemie. Berücksichtigt man die Tatsache, daß sich der Mensch seit den Urzeiten der empirischen Anwendung des sogenannten diastatischen Abbaus bedient hat, zieht man ferner in Betracht, welch ausgedehnte wissenschaftliche Arbeit seit den ersten Untersuchungen zu Beginn des neunzehnten Jahrhunderts[1] hier zum Teil von sehr bedeutenden Forschern geleistet worden ist, so müßte man über den heutigen, immer noch recht problematischen Stand unserer Kenntnisse etwas enttäuscht sein, wenn nicht eben die komplexe Natur der Stärke selbst einer Aufklärung ihres fermentativen Abbaus die größten Schwierigkeiten in den Weg legte. Die Förderung, welche die Chemie der Enzyme besonders in den letzten zehn Jahren erfahren hat, wirkte ihrerseits auf die Entwicklung der Stärkechemie zurück. Das Gebiet ist kürzlich in umfangreichen Kompendien auch in seiner historischen Entwicklung eingehend dargestellt worden[2]. Für alle Einzelheiten müssen wir auf diese verweisen. Vergleicht man die Darstellung in diesen bedeutenden Werken, so treten selbst in der Beurteilung der prinzipiellen Auffassung der einzelnen Phasen des fermentativen Stärkeabbaus, z. B. bezüglich der Zahl der beteiligten Fermente, nicht unbedeutende Unterschiede hervor. So bin auch ich gezwungen, schon der Klarheit wegen, hier meinen eigenen Standpunkt zu vertreten und die Übersichtlichkeit nicht durch einen zu häufigen Hinweis auf das Problematische zu schwächen

---

[1] Vgl. WALTON: A Comprehensive Survey of Starch Chemistry. New York 1928.

[2] OPPENHEIMER-KUHN: Die Fermente und ihre Wirkungen. Leipzig 1925; Lehrbuch der Enzyme. Leipzig 1927. — v. EULER: Chemie der Enzyme II. Teil, 1. Abschnitt. München 1928.

Früher wurde das Stärke-Ferment meist als *Diastase* bezeichnet, ein Ausdruck, der jetzt besser für die Gesamtheit der am Stärkeabbau beteiligten Fermente Verwendung findet, während man *Amylasen* die die Kohlenhydrat-Bestandteile der Stärke abbauenden Enzyme nennen soll. Zuerst muß die Frage erörtert werden, ob es sich hier um spezifisch auf das Substrat eingestellte Fermente handelt oder ob etwa sonstwie in der Natur vorkommende Polysaccharid-spaltende Carbohydrasen oder gar die einfachen Glucosidasen für die Amylasen eintreten können. Diese mögliche Annahme glauben wir jedoch mit Sicherheit verneinen zu können: Nach den bisherigen Erfahrungen bauen die Amylasen spezifisch die Stärke und das Glykogen wie einige auf dem Wege der Amylolyse liegende Abbauprodukte ab. Das Glykogen haben wir ja in seinem Zuckerteil mit dem Amylopektin identisch befunden.

Amylasen finden sich in großer Verbreitung im pflanzlichen und tierischen Organismus, wie auch in Mikroorganismen. Wir beschäftigen uns hier mit ihren bestuntersuchten typischen Vertretern, vornehmlich mit der schon 1785 von Irvine im Malz beobachteten, 1815 von Kirchhoff etwas besser charakterisierten Amylase, die nach den Feststellungen der französischen Chemiker Saussure, Payen und Persoz und Dubrunfaut einen anderen Zucker als Glucose aus der Stärke bildet, der dann um 1875 durch O'Sullivan und Schulze als Maltose charakterisiert wurde. Die *Malzamylase* häuft sich bei der Keimung der Gerste an und spielt, wie allgemein bekannt ist, im Spiritusgewerbe eine überragende Rolle; ein analoges, wenn auch meist weniger wirksames Ferment findet sich in vielen Stärke führenden Pflanzen[1]. 1831 beobachtete Leuchs die Stärke-lösende Wirkung des *Speichels* und 1845 entdeckten Bouchardat und Sandras die Fähigkeit des *Pankreassaftes*, Stärke zu verzuckern. Seitdem sind die Speichel- und die Pankreas-Amylase die bestuntersuchten einschlägigen tierischen Fermente; aber auch in anderen Organen wie im Darm, in der Leber, in der Niere usw., ja im Blute, findet

[1] Vgl. die Kompendien, z. B. Czapek: Biochemie der Pflanzen Bd. I, 427. Jena 1913. — Sjöberg: Biochem. Ztschr. **133**, 28 (1923).

sich das Stärke-abbauende Enzym. Unter den Amylasen mikrobiellen Ursprungs sind vornehmlich die der Mycelpilze eingehender untersucht worden; sie finden bei der Bereitung des japanischen alkoholischen Getränkes Sake, wie auch für die technische Verzuckerung der Stärke zur Spiritusdarstellung[1] Verwendung. Das von TAKAMINE dargestellte, so außerordentlich enzymreiche, nach ihm Taka-Diastase genannte Pilz-Trockenpräparat aus Aspergillus Orycae wird heute meist für Studienzwecke angewandt; aber auch Algen und Bakterien und andere Mikroorganismen sind oft reich an Amylasen[2].

Zur Darstellung von Amylasepräparaten für wissenschaftliche Zwecke bedient man sich jetzt meist nachstehender Verfahren: Eine aktive *Malzamylase* bereitet man durch ein- bis zweitägige Extraktion von feingemahlenem Gerstenmalz bei Eisschranktemperatur mit kaltem Wasser in Gegenwart von Toluol z. B. in den von EULER[3] gegebenen Mengenverhältnissen. Für die meisten Zwecke, besonders aber dann, wenn man direkt in der fermentierten Lösung die Reduktionskraft amylolytischer Spaltprodukte bestimmen will, ist es notwendig, die reduzierenden Bestandteile des Malzextraktes durch Dialyse zu entfernen. Diese Operation ist nicht nur stets mit einem Verlust an Amylase verbunden, sondern sie ist auch in sonstiger Beziehung recht unbefriedigend. Gleichgültig ob man als Dialysierschlauch Pergamentpapier, sogenannte Fischblase — in Wirklichkeit Schweineblinddarm — oder Kollodiumsäckchen verwendet, ja selbst bei Anwendung eines rotierenden Dialysators, z. B. nach GUTBIER, immer sind die Ergebnisse wechselvoll und die Dialyse nimmt viel Zeit, manchmal bis zu einer Woche in Anspruch, weil die letzten Anteile der reduzierenden Bestandteile besonders schwer zu entfernen sind. Nach unseren Erfahrungen stellt die Verwendung von Cellophan als Dialysiermembran einen gewissen Fortschritt dar. Aber bisher gibt es kein Verfahren, um die Amylase in einer undialysierten Lösung in geeigneter Weise anzureichern. Bei

---

[1] Vgl. GALLE: Ztschr. angew. Chem. **36**, 17 (1923).

[2] Vgl. Biochemisches Handlexikon II, S. 127. Berlin 1911.

[3] v. EULER u. SVANBERG: Ztschr. physiol. Chem. **112**, 193 (1920).

Adsorptionsversuchen, die sich nach dem Vorgange von EULER[1] mit Kaolin ausführen lassen, gehen nach meinen Erfahrungen[2] auch reduzierende Stoffe in die Eluate, welche die Malzamylase enthalten, über. Ein einfaches Verfahren zur Verstärkung der Fermente des Gerstenmalzes ist die Entfernung eines Teiles des Wassers durch Vakuumdestillation bei möglichst niederer Temperatur z. B. bei 30°[3], noch besser in einem Apparat von GAEDE-STRAUB[4]. Aber auch hier muß die Dialyse vorausgeschickt werden, da die nach dem Eindampfen dialysierten und meist stark geflockten Malzauszüge wenig wirksam sind[5]. Eine Verbesserung der Methodik nach der einen oder der anderen Richtung wäre hier sehr zu begrüßen.

Eine Reinigung und Anreicherung der Malzamylase wurde schon vor Jahren von SHERMAN[6] mit Erfolg ausgeführt, doch lassen sich die Ergebnisse nicht annähernd mit denen von WILLSTÄTTER an der Pankreas-Amylase erzielten vergleichen[7]. Gerade bei der Anwendung des Malzfermentes muß man auf die gelegentliche Anwesenheit der Malzmaltase[8] achtgeben, die man von der Amylase durch Adsorption und Elution in alkoholischer Lösung bei wiederholtem Wechsel der Acidität[9] oder auch auf Grund ihrer verschiedenen Löslichkeit in Glycerin[10] trennen kann. Nach der Glycerinextraktion ändern sich die adsorptiven Verhältnisse der Malzamylase, sie wird von Kaolin nicht mehr aufgenommen aber durch Aluminiumhydroxyd adsorbiert. Durch Elution kann

---

[1] v. EULER: Chemie der Enzyme, 1. Teil. S. 188. München 1920.
[2] PRINGSHEIM, GENIN u. PEREWOSKY: Biochem. Ztschr. **164**, 117 (1925).
[3] OTTO: Biochem. Ztschr. **209**, 276 (1929).
[4] GAEDE u. STRAUB: Biochem. Ztschr. **165**, 247 (1915).
[5] PRINGSHEIM u. THILO: Cellulosechem. **11**, 100 (1930).
[6] SHERMAN u. Mitarbeiter: Journ. Amer. chem. Soc. **35**, 1617, 1790 (1913); **37**, 643, 1305 (1915).
[7] LUERS u. SELLNER: Wochenschr. f. Brauerei **42**, 97 (1925). — Vgl. auch GLIMM u. SOMMER: Biochem. Ztschr. **188**, 290 (1927).
[8] PRINGSHEIM u. LEIBOWITZ: Biochem. Ztschr. **161**, 456 (1925).
[9] PRINGSHEIM, GENIN u. PEREWOSKY: Biochem. Ztschr. **164**, 117 (1925).
[10] PRINGSHEIM u. THILO: Biochem. Ztschr. **201**, 99 (1928).

man dann eine reduktions- und maltasefreie etwas angereicherte Malzamylase gewinnen[1].

Speichelamylase läßt sich besonders mit Hilfe eines Schwämmchens leicht gewinnen[2]. Die Schwankungen im Gehalte des menschlichen Speichels sind ziemlich unregelmäßig, der Nachmittagsspeichel ist jedoch stärker als der am Morgen gesammelte[3]. Die Speichelamylase ist gut durch Tonerde adsorbierbar[4]; das mit Aluminiumhydroxyd B gewonnene Adsorbat läßt sich mit einer 1%igen Lösung von sekundärem Natriumphosphat eluieren, wobei eine gewisse Anreicherung erzielt wurde[5]. Man arbeitet so jedenfalls mit einer viel reineren Speichelamylase als bei der direkten Verwendung des Speichels.

Die Pankreasamylase wurde zuerst erfolgreich von SHERMAN gereinigt[6]; diese Ergebnisse wurden in neuerer Zeit von WILLSTÄTTER wesentlich übertroffen[7]. Aus der mit Aceton gehärteten Pankreasdrüse wurde ein Glycerinextrakt gewonnen, welcher neben der Amylase die Lipase und das Trypsin enthielt. Die beiden letzteren Fermente lassen sich durch Adsorption entfernen und die Amylase aus der Restlösung bei Gegenwart von mindestens 50% Alkohol durch Adsorption mit Tonerdehydrat und Elution mit Ammoniak anreichern und außerordentlich verstärken. Die Fermentlösung ist dann maltasefrei. Diese Versuche wurden von uns mit bestem Erfolge wiederholt[8].

Diese typischen Vertreter der Amylasen zeigen charakteristische und verschiedene Aciditätsoptima ihrer Wirkung, die allerdings durch den Zustand der Lösung, z. B. die Art der Pufferung mit Phosphat oder Citrat, wie durch die Begleitstoffe beeinflußbar sind. Doch liegt bisher kein Grund zu der Annahme

---

[1] PRINGSHEIM u. BORCHARDT: unveröffentlichte Versuche.
[2] PRINGSHEIM u. GORODISKI: Biochem. Ztschr. **140**, 175 (1923).
[3] PRINGSHEIM u. BEISER: Biochem. Ztschr. **148**, 336 (1924).
[4] MYRBÄCK: Ztschr. physiol. Chem. **159**, 1 (1926).
[5] PRINGSHEIM, BONDI u. THILO: Biochem. Ztschr. **197**, 143 (1928).
[6] SHERMAN u. Mitarbeiter: Journ. Amer. chem. Soc. 1911—1920.
[7] WILLSTÄTTER, WALDSCHMIDT-LEITZ u. HESSE: Ztschr. physiol. Chem **126**, 143 (1923); **142**, 14 (1925).
[8] PRINGSHEIM u. Mitarbeiter: Biochem. Ztschr. **197**, 143; **203**, 88 (1928).

vor, daß sich diese Unterschiede gegebenenfalls prinzipiell ausgleichen lassen würden, daß sie also unspezifisch sind. Folgende Zahlen enthalten die Durchschnittswerte

Malzamylase	$p_H = 4,6$ bis $5,2$
Takaamylase	$p_H = 4,8$
Emulsinamylase	$p_H = 5,3$
Kartoffelamylase	$p_H = 6,8$
Pankreasamylase	$p_H = 6,8$ bis $7,1$
Leber- und Speichelamylase	$p_H = 6,1$ bis $6,9$

Bei den tierischen Amylasen ist eine Verschiebung in der sauren Richtung bis zu $p_H = 5,5$ z. B. durch Acetatpuffer möglich. Die elektrolytfreie Speichelamylase hat ein Aciditätsoptimum von 6. Diese Aciditätsbedingungen sind unabhängig von der Art der Messung des Stärkeabbaus, sie gelten sowohl für die Verflüssigung wie für die Verzuckerung. Die Kartoffelamylase ähnelt den tierischen Fermenten nicht nur bezüglich ihres Wasserstoffoptimums, sondern auch in ihrem Verhalten gegenüber Neutralsalzen[1]. Nach neuen Untersuchungen sich läßt erweisen, sie sicher in der Hauptsache die sonstigen Eigenschaften der Pankreas- im Gegensatz zur Malzamylase besitzt[2].

Während die Malzamylase von den Elektrolyten unabhängig zu sein scheint, werden Speichel- und Pankreasamylase durch erschöpfende Dialyse völlig unwirksam. Kochsalzzusatz stellt die Aktivität wieder her und schon geringe Konzentrationen, z. B. eine Normalität von 3 Tausendstel bis 3 Hundertstel bewirkt maximale Aktivierung. Doch läßt sich eine strikte Unterscheidung der tierischen Amylasen von den pflanzlichen auf dieser Grundlage nicht durchführen, denn die Kartoffelamylase verhält sich wie die tierische[1], während andererseits nach Myrbäck[3] auch die *salzfreie* Speichelamylase durch eine Verschiebung des Aciditätsoptimums nach $p_H = 6$ immerhin 40% der Aktivität der Chloridamylase bei deren Optimalbedingungen von $p_H = 6,7$ erreichte. Die Chlorionen lassen sich auch durch Bromate, Jodate, Nitrate

---

[1] Haehn u. Schweigart: Biochem. Ztschr. **143**, 516 (1923).
[2] Pringsheim u. Borchardt: Unveröffentlichte Versuche.
[3] Myrbäck: Ztschr. physiol. Chem. **159**, 1 (1926).

usw. ersetzen, wobei jeder einzelnen dieser Amylase-Komplexverbindungen besondere Eigenschaften zugeschrieben werden.

Der Einfluß der *Temperatur* auf die Wirkung der Amylasen hängt sehr von verschiedenen Bedingungen des Milieus ab, so daß sich ein absolutes Temperaturoptimum nicht gut angeben läßt; nicht nur die Anwesenheit von Elektrolyten, sondern vor allem auch die von Stärke und ihren Abbauprodukten[1], welche die Stabilität der Fermente bei steigender Temperatur erhöhen, ist hier von Einfluß. Die Optimaltemperaturen entsprechen also je nach der Reaktionsdauer den Temperaturen, bei denen die Zerstörungstemperaturen gerade noch nicht erreicht sind, sie liegen z. B. in einer Stunde beim Malz etwa bei 45°, bei Speichel etwa bei 40° usw. Doch ist bekannt, daß die Amylasen für kurze Zeit auch noch bei höheren Temperaturen, ja bis zu 70° wirksam sind, wobei unter Umständen andere als die normalen Spaltprodukte entstehen, wovon wir noch sprechen werden. Wenn man von Tötungstemperatur spricht, so versteht man darunter den Rückgang der Aktivität auf die Hälfte, was für Malzamylase bei 54—56° in einer Stunde zutrifft[2]. Für wissenschaftliche Zwecke arbeitet man im allgemeinen bei 37°.

Die Fermente wirken auf die nativen Stärkekörner nur sehr langsam ein. Deshalb werden rohe Stärken vom Menschen zu 97,3% unverdaut ausgeschieden, verkleisterte zu 99% verdaut[3]. Eine außerordentliche Beschleunigung erfährt der Enzymabbau, wenn durch eine Dispergierung eine vergrößerte Oberfläche geboten wird, wie das durch die Verkleisterung der Stärke erfolgt. Sehr rasch nach der Zugabe einer Amylase beobachtet man eine Verflüssigung, bald verschwindet die blaue Jodfarbe und nach und nach verstärkt sich die Zuckerbildung. Demnach kann man den amylolytischen Abbau mit Hilfe der drei genannten Kriterien verfolgen, doch mißt man in jedem der drei Fälle im Grunde

---

[1] Hizume: Biochem. Ztschr. **146**, 52 (1924).

[2] Kendall u. Sherman: Journ. Amer. chem. Soc. **32**, 1087 (1910). — Cook: Journ. biol. Chem. **65**, 135 (1916). — Ernström: Ztschr. physiol. Chem. **119**, 190 (1922).

[3] Thomas: Archiv f. Physiol. **1916**, 6.

genommen etwas Verschiedenes. Um die Verflüssigung zu messen hat OHLSSON[1] eine zweckmäßige Methode angegeben, bei der er die Aufsteigedauer einer Glaskugel im Stärkekolloid mißt. WAKSMAN[2] bestimmt das Verschwinden der Stärke bei dem Zeitpunkt, bei welchem die Stärkelösung durchsichtig wird; er wendet hierzu Stärke an, die Neutralrot adsorbiert hat. Das Verschwinden der blauen Jodfarbe wird meist nach der Methode von WOHLGEMUT[3] bestimmt, bei der eine wachsende Menge Enzymlösung mit der gleichen Menge Stärke zusammengebracht und der Punkt nach Zugabe von Jodlösung ermittelt wird, bei dem die blaue Farbe gerade noch bestehen bleibt. Zur Zuckerbestimmung kann man die BERTRANDsche Reduktionsmethode wie auch die WILLSTÄTTER-SCHUDELsche Jodmethode verwenden, die nach JOSEPHSON[4] übereinstimmende Resultate geben. Eine neue und wohl sehr genaue Methode wurde von RONA[5] angegeben; sie eignet sich besonders für den Glykogenabbau und mißt auf nephelometrischem Wege den restierenden Glykogengehalt nach dem ihm genau proportionalen Trübungsgrad.

Wir müssen jetzt zur *Mehrenzymtheorie* der Stärke Stellung nehmen: Wir wissen, daß das Amylopektin seine verkleisternden Eigenschaften seinem Elektrolytgehalt verdankt. Die Verflüssigung eines Stärkekleisters ist also ohne Frage auf die Anwesenheit einer besonderen *Amylophosphatase* zurückzuführen. Läßt sich die Aktivität dieses Ferments im Vergleich zu der des verzuckernden durch äußere Faktoren verschieben, wird z. B. das zuckerbildende Ferment durch Erhitzen geschädigt, während das verflüssigende unbeeinflußt bleibt[6] oder lassen sich diese beiden Prinzipien durch anorganische Paralysatoren[7] verschiedenartig

[1] OHLSSON: Ztschr. physiol. Chem. **119**, 1 (1922).
[2] WAKSMAN: Journ. Amer. chem. soc. **42**, 293 (1920).
[3] WOHLGEMUT: Biochem. Ztschr. **9**, 1 (1908); Grundriß der Fermentmethoden, Berlin 1913. — Vgl. auch SHERMAN, KENDALL u. CLARK: Journ. Amer. chem. Soc. **32**, 1073 (1910).
[4] JOSEPHSON: Ber. **55**, 1758 (1923).
[5] RONA u. VAN EVEYK: Biochem. Ztschr. **149**, 174 (1924).
[6] POTTEVIN: Ann. Inst. Pasteur **13**, 665 (1899).
[7] OHLSSON: Ztschr. physiol. Chem. **117**, 91 (1921); **216**, 29 (1923).

beeinflussen, so kann das eigentlich noch nicht als ein Beweis für eine Zweienzymtheorie[1] des Stärkeabbaus herangezogen werden, wenn man darunter, was richtig wäre, den Zerfall des Polysaccharids an sich, also seines Kohlenhydratanteils versteht. Das Zuckerkolloid selbst erfährt nun auf dem Wege zu seinem endlichen Spaltstück, der Maltose, wahrscheinlich zwei Eingriffe: eine Teilchenverkleinerung bis zu einem nichtreduzierenden, auf enzymatischem Wege verzuckerbaren Bauelement und die Aufsprengung dieser zu reduzierenden Abbauprodukten. Diese beiden Teilreaktionen greifen, sich je nach den äußeren Bedingungen wechselseitig kreuzend, in bisher unentwirrbarer Weise ineinander. Diesem Geschehen verdanken die Mischdextrine, denen soviel und zum großen Teil verlustreiche Arbeit gewidmet worden ist, ihr Entstehen. Im vorstehenden Kapitel erfuhren wir, daß man eine Teilchenzerschlagung des Stärkekolloids mit rein chemischen Methoden erreichen und der Isolierung des Stärke-Bauelements von unveränderter spezifischer Drehung und unbeeinflußter Jodfarbe schon sehr nahe kommen kann. Ich glaube, daß sich dieses wichtige Problem der stärkechemischen Forschung einer endlichen Lösung wird zuführen lassen. Bisher ist jedoch kein Anhalt dafür vorhanden, daß dieses Ziel auch mit Hilfe der Amylasen erreichbar wäre, mit anderen Worten, daß die Abtrennung eines biologischen Katalysators gelungen wäre, der ohne verzuckernde Eigenschaften oder wenigstens ohne einen vorbereitenden Umbau der Stärke das Kolloid zu desaggregieren imstande wäre. Schon KUHN[2] hat darauf hingewiesen, daß die Lösung der Glucosidbindung der erste und einzige enzymatische Akt des Stärkeabbaus und die Desassoziation seine notwendige Folgeerscheinung sein kann. Wenn der konstitutionelle und konfigurative Zustand des Stärke-Bauelements die Ursache für den Übergang in den hochmolekularen Ballungszustand in sich schließt, dann muß naturgemäß die successive Hydrolyse auch parallel die Fähigkeit zur Ballung herabsetzen und schließlich vernichten. Wir kommen also mit einer einheitlichen Amylase

[1] Vgl. die historische Entwicklung bei OHLSSON: Ztschr. physiol. Chem. **189**, 18 (1930).

[2] KUHN: Liebigs Ann. **443**, 1 (1925).

bzw. mit mehreren spezifisch verschiedenen derartigen Einzelfermenten, auf die wir zurückkommen, aus. Hier werden wir auch der beiden Komponenten der Malzamylase gedenken, von denen die eine, die Dextrinogenamylase, Stärke schnell zu Dextrinen abbaut, wobei gleichzeitig nun eine relativ geringe Menge Maltose entsteht, während die andere, die Saccharogenamylase, große Mengen Maltose bildet, ohne daß der Stärkelösung die Eigenschaft, Jod blau zu färben, verloren geht[1]. Aber beide Amylasen sind imstande, unabhängig voneinander auf Stärke zu wirken, sie sind nicht aufeinander angewiesen und bilden demnach nicht Komponenten eines Zweienzymsystems der Amylolyse.

Sehr kurz können wir die früher noch aufgeführte *Amylo-Koagulase*[2], ein Ferment mit synthetischen Eigenschaften, welches die „Retrogradation“ der Stärke beschleunigen soll, abtun. Ein besonderes derartiges Ferment gibt es offenbar nicht; die Ausflockung der Amylose aus dem Stärkekleister, die für sich ohne die Gegenwart ihres Schutzkolloids, des Amylopektins, im Wasser schwer löslich ist, in Gestalt der sogenannten „künstlichen Stärke“ beruht offenbar auf der Verflüssigung durch den Malzextrakt. Dies wird besonders begünstigt, wenn die verzuckernde Komponente, d. h. also die Saccharogenamylase, durch Erhitzen auf 70° stärker als die dextrinierende geschädigt wird, worauf nach OHLSSON gerade die Befreiung der letzteren von der ersteren Amylasenkomponente des Malzes beruht.

Bei der Anwendung maltasefreier Amylasen ist die *Maltose* das Endprodukt der Stärkeverzuckerung. Jedoch ist seit langem bekannt, daß hierbei nicht die theoretische Maltosemenge, d. h. etwa 105%, aus der Stärke entsteht, sondern daß die Verzuckerung an einem Grenzwert meistens bei 75—80%iger Maltosebildung stehenbleibt. Hierfür sind die verschiedensten Erklärungsversuche beigebracht worden: Am nächstliegendsten war der Gedanke, daß es sich um eine Gleichgewichtsreaktion handele und daß der gebildete Zucker den Fortschritt der Verzuckerung hemme. In

[1] OHLSSON: C. r. de la soc. Biolog. **87**, 1183 (1922); Ztschr. physiol. Chem. **189**, 17 (1930).

[2] FERNBACH u. WOLFF: Ann. Inst. Pasteur **18**, 165 (1904).

der Tat konnte eine Hemmung der *Amylolyse durch Maltose und Glucose,* bei der Kartoffelamylose allerdings auch durch Rohrzucker und Fructose beobachtet werden[1]. Andererseits aber kommt der enzymatische Abbau durch den Zusatz neuer Stärke wieder in Gang[2]. Auch konnte SJÖBERG[3] zeigen, daß Maltosezusatz zwar die Zuckerbildung verlangsamt aber keinen Einfluß auf die total entstehende Menge der Maltose hat. Auch eine Inaktivierung der Amylase ist nicht die Ursache der Hemmung, da das Ferment nach der Verzuckerung durch Adsorption im aktiven Zustande zurückgewonnen werden kann[4]. Die Erklärung für die Vortäuschung dieses falschen Gleichgewichts wurde nun durch die Entdeckung eines besonderen Aktivators, des sogenannten *Komplements der Amylasen* gegeben[5]. Es wurde gezeigt, daß beim Grenzabbau ein *Grenzdextrin* zurückbleibt, welches sich mit dem früher besprochenen Stärke-Trihexosan als identisch erwies. Dieser amylotische Restkörper wird erst nach der Aktivierung der Amalysen durch ihre Komplemente verzuckert. Ein derartiger Aktivator wurde in frischer mit Toluol verflüssigter Hefe aufgefunden. Er beschleunigt hauptsächlich den jenseits des Grenzabbaus liegenden Teil der Stärkeverzuckerung[6]. Die hier obwaltenden Verhältnisse sind mit der „Neuschaffung" von Fermenten durch Aktivatoren z. B. bei Eiweißstoffen verglichen worden[7]: ebenso wie das Papain durch die Blausäure und das Trypsin durch die Enterokinase, also durch den Zutritt ihrer Aktivatoren zu zwei *neuen* Fermenten gemacht werden können, deren spezifischer Wirkungsbereich erweitert ist, genau so wird das Spaltungsvermögen der kompletierten Amylasen auf die Restkörper der Stärke-Grenzverzuckerung ausgedehnt. Man kann dieses Phänomen, wie das KUHN[8] in seiner großen Stärkearbeit getan hat,

[1] WOHL u. GLIMM: Biochem. Ztschr. **27**, 349 (1910). — LUERS u. WASMUND: Fermentforsch. **5**, 169 (1921).
[2] MORITZ u. GLENDIMMING: Journ. chem. Soc. London **61**, 689 (1892).
[3] SJÖBERG u. ERIKSSOHN: Ztschr. physiol. Chem. **139**, 118 (1924).
[4] GLIMM u. SOMMER: Biochem. Ztschr. **188**, 290 (1927).
[5] PRINGSHEIM u. FUCHS: Ber. **56**, 1762 (1923).
[6] PRINGSHEIM u. SCHMALZ: Biochem. Ztschr. **142**, 108 (1923).
[7] PRINGSHEIM: Ztschr. angew. Chem. **39**, 1454 (1926).
[8] KUHN: Liebigs Ann. **443**, 1 (1925).

auch durch Affinitätserweiterung des Ferments durch das Komplement erklären. Die Untersuchungen über das Komplement sind inzwischen von verschiedenen Seiten, besonders auch von KUHN, bestätigt worden[1].

Wie so manche andere Fermente sind auch die Amylasen an ihren natürlichen Fundstätten mit ihrem Aktivator vergemeinschaftet; so ließ sich das Komplement dem Gerstenmalzauszug durch Dialyse entziehen[2]. Die wechselvolle Versorgung der natürlichen Amylasen mit dem Aktivator bringt es mit sich, daß der Grenzabbau nicht immer genau bei der gleichen Stufe haltmacht, wodurch auch erklärlich wird, daß nach den älteren Beobachtungen von MAQUENNE gelegentlich Stärke durch Malzfermente allein quantitativ in Maltose umgewandelt werden kann. Ich habe gleichfalls derartige Beobachtungen, und zwar mit verschiedenen Amylasen gemacht. Aber alle bisher untersuchten Amylasen, die Malz-, Pankreas- und die Speichelamylase werden durch die Zugabe des Komplementes zur quantitativen Verzuckerung jenseits ihres Grenzabbaus befähigt. So kann man Stärke so weit verzuckern, daß die gebildete Maltose direkt, d. h. ohne die vorher stets geübte Trennung von den Grenzdextrinen durch Extraktion mit Alkohol, zur Krystallisation gebracht werden kann.

Diese Beobachtungen sind auch für die *Technik der Spiritusgewinnung* von Wichtigkeit: Man will hier die Stärke möglichst vollständig in Alkohol umwandeln, wozu die durch Hefe direkt unvergärbare Stärke und deren Dextrine, darunter das Grenzdextrin, in Maltose umgewandelt werden müssen. Dies geschieht aber erst von dem Momente an, wo die Hefe zur noch aktiven Amylase zugegeben wird. Man versteht, warum der Brenner so großen Wert darauf legt, seine Amylase intakt zu erhalten, bis er die Hefe zusetzt, man begreift, warum an Stelle der naheliegenden Sterilisation durch Erhitzen die zeitraubende und zuckerver-

[1] SJÖBERG: Ztschr. physiol. Chem. **159**, 468 (1925). — LUERS u. WINNINGER: Ztschr. f. d. ges. Brauereiwesen **48**, 35 (1925). — DE HOOP u. VAN LAER: Biochem. Ztschr. **155**, 255 (1925) und andere.

[2] PRINGSHEIM u. BEISER: Biochem. Ztschr. **148**, 336 (1924).

brauchende Milchsäuregärung eingeführt worden ist, um den schädigenden Einfluß von gärungshemmenden Nebenerscheinungen, wie z. B. die Buttersäuregärung, zu verhindern. Auf Grund der Entdeckung des Komplementes der Amylasen ergibt sich so eine geeignete Theorie der Nachverzuckerung.

Das Hefekomplement stammt offenbar aus den Eiweißstoffen der Hefe. Durch Pepsinverdauung ließ sich die aktivierende Wirkung der Hefe sehr verstärken. Während das Komplement durch das Hefeeiweiß aus der mit Toluol verflüssigten Hefe mitgerissen wurde, konnten aus den pepsinverdauten Hefe-Autolysaten klar filtrierbare, ja mit kolloidalem Eisenhydroxyd klärbare Lösungen gewonnen werden, aus denen der Aktivator durch Adsorption nicht herauszunehmen war. In einer solchen Lösung trat bei längerem Erhitzen keine Schwächung ein, während der Glührückstand unwirksam war. Eine Salzaktivierung liegt also nicht vor. Mit Hilfe der pepsinverdauten Hefe gelang die Aktivierung der Grenzdextrinspaltung in vorzüglicher Weise[1]. Merkwürdigerweise wird durch die Pepsinverdauung der Wirkungsbereich des Komplementes auf die Amylasen noch mehr erweitert und auch der diesseits des Grenzabbaus liegende Teil der Amylolyse beschleunigt[2]. Nach alledem ist die Annahme berechtigt, daß das Hefekomplement während der Autolyse beim proteolytischen Abbau aus den Eiweißstoffen der Hefe hervorgeht. Auch andere Eiweißstoffe, z. B. Hühnereiweiß und Casein, wirken nach der Verdauung als Aktivator der Stärkeverzuckerung. Die unverdauten Eiweißstoffe hatten keine Komplementwirkung, die pepsinverdauten eine deutliche[3]. Wendet man, wie Bondi in eingehenden Versuchen gezeigt hat[4], als Stärke verzuckerndes Ferment eine nach Willstätter[5] vom typischen Ferment befreite Pankreasamylase an, so zeigt sich, daß der wirksamste Aktivator aus Eieralbumin zu gewinnen war, wenn nach der Pepsinver-

[1] Pringsheim u. Otto: Biochem. Ztschr. **173**, 399 (1926).
[2] Pringsheim u. Winter: Biochem. Ztschr. **177**, 406 (1926).
[3] Pringsheim, Bondi u. Thilo: Biochem. Ztschr. **197**, 143 (1928).
[4] Bondi: Biochem. Ztschr. **203**, 88 (1928).
[5] Willstätter, Waldschmidt-Leitz u. Hesse: Ztschr. physiol. Chem. **126**, 143 (1923).

dauung eine weitere Verdauung mit aktiviertem Trypsin vorgenommen wurde. Danach scheint es nicht mehr ausgeschlossen, die individuelle Peptidkette aufzufinden, welche als Aktivator dienen kann. Die MAQUENNEsche Angabe[1], daß durch Neutralisation des Malzauszuges nicht nur eine Beschleunigung des diastatischen Abbaus sondern auch 100%ige Maltosebildung möglich sei, die weitere Beobachtung der Selbstaktivierung vom Malzextrakt bei längerer Einwirkung auf die Stärke mit demselben Endergebnis, dürfte demnach auf eine enzymatische Freilegung des Komplementes zurückzuführen sein.

Nach neueren Untersuchungen folgt die *Kinetik der Amylolyse* unter Einsetzung von 750 mg Maltose aus 1 g Stärke, d. h. dem Grenzabbau, bis zur Verzuckerung von etwa 40% der Formel für die monomolekulare Reaktion[2]. Die berechneten Reaktionskonstanten sind auch der Enzymkonzentration annähernd proportional; eine analoge Beziehung besteht auch in bezug auf die Substratkonzentrationen immer unter Einhaltung der optimalen p_H bei genügender Verdünnung bis zur halben theoretischen Maltosebildung. Ob die weiter zurückliegenden Arbeiten[3], welche ein Ansteigen der Konstante der monomolekularen Formel erkennen ließen, ausschließlich auf die nicht genügende Einhaltung der Versuchsbedingungen, z. B. der Acidität oder auf das Ineinandergreifen mehrerer Reaktionen bei der Amylolyse zurückzuführen waren, kann nicht mehr definitiv entschieden werden.

Die Einhaltung der monomolekularen Reaktionskonstante im ersten Teil des fermentativen Stärkeabbaus ermöglicht eine quantitative Messung der Amylasen. EULER[4] schlägt zur Angabe der Verzuckerungsfähigkeit von Amylasepräparaten die Be-

---

[1] MAQUENNE u. ROUX: Compt. rend. Acad. Sciences **142**, 124 (1906). — MAQUENNE: Bull. [3] **35**, I—XV (1906).

[2] VAN LAER: Bull. Akad. roy Belg. **1910—13**. — VAN LAER: Bull Soc. chim. Belg. **29**, 214 (1920). — SHERMAN u. Mitarbeiter: Journ. Amer. chem. Soc. **41**, 1866 (1919); **43**, 2461 (1921); **45**, 1960 (1923). — v. EULER u. SVANBERG: Ztschr. physiol. Chem. **112**, 193 (1921). — WILLSTÄTTER, WALDSCHMIDT-LEITZ u. HESSE: Ztschr. physiol. Chem. **126**, 143 (1923).

[3] BROWN u. GLENDINNING: Journ. chem. Soc. London **81**, 388 (1902). — HENRI: Lois Générales de l'action des Diastases. Thèse Paris 1903.

[4] v. EULER u. SVANBERG: Ztschr. physiol. Chem. **112**, 193 (1921).

stimmung des Reaktionskoeffizienten bei 37° und optimaler Acidität mit löslicher Stärke nach LINTNER vor in Konzentrationen von 0,72—2,8% und mit Enzymkonzentrationen, welche hierbei Reaktionskoeffizienten zwischen 0,004 und 0,08 ergeben, und zwar nach der Gleichung:

$$\mathrm{Sf} = \frac{\mathrm{k} \cdot \mathrm{g\ Maltose}}{\mathrm{g\ Präparat}} .$$

Hierbei bedeutet k den Reaktionskoeffizienten, g die g Maltose. WILLSTÄTTER nennt Amylaseeinheit das Hundertfache derjenigen Enzymmenge, die für die Konstante der monomolekularen Reaktion = 0,01 ergibt; der Amylasewert ist die Zahl der Amylaseeinheiten in cg eines Trockenpräparates, z. B. von Pankreasamylase. Zwischen der Standardisierung von EULER und WILLSTÄTTER besteht natürlich eine Beziehung, und zwar so, daß ein Amylasewert = Sf = 0,05333[1] ist.

Wie schon von SHERMAN beobachtet und auch von mir bestätigt wurde, wird die Stärkeamylose scheller als das Amylopektin verzuckert, welches sich hierbei bezüglich seiner geringen Reaktionskonstante dem Glykogen analog verhält. Die Beobachtung lehrt, daß phosphorylierte Saccharide Carbohydrasen gegenüber widerstandsfähiger sind als elektrolytfreie. SAMEC[2] hat dies für den speziellen Fall der Stärke bestätigt und festgestellt, daß sich bei der Amylolyse mit gewissen Präparaten wie Maltin und Taka-Diastase der Phosphor im unverzuckerten Dextrin anreichert und für die Hemmung der diastatischen Hydrolyse mit verantwortlich zu machen sei. Ob diese Phosphorstapelung ein Wesensinhalt der Amylolyse oder nur eine ungenügende Versorgung der speziellen Diastasen mit der Amylo-Phosphatase bedeutet, muß noch dahingestellt bleiben.

In ein neues Stadium sind unsere Anschauungen über den enzymatischen Abbau der Stärke durch die Beobachtung getreten, daß es spezifisch verschiedene Amylasen gibt. Nachdem FRIED-

[1] Vgl. WILLSTÄTTER u. Mitarbeiter: Ztschr. physiol. Chem. **126**, 157 (1923).

[2] SAMEC: Biochem. Ztschr. **186**, 337 (1927).

RICHS[1] bereits die Anschauung entwickelt hatte, daß in der Stärke neben α-glucosidischen auch β-glucosidische Bindungen vorhanden sind, zeigte KUHN[2], daß durch Malzamylase die Gesamtmenge der Maltose in β-Form in Freiheit gesetzt wird, während im Gegensatze dazu die durch Taka- und Pankreasamylase aus den Kohlenhydraten der Stärke gebildete Maltose in statu nascendi α-Struktur besitzt. Durch die beiden nachstehenden, der Berichte-Arbeit

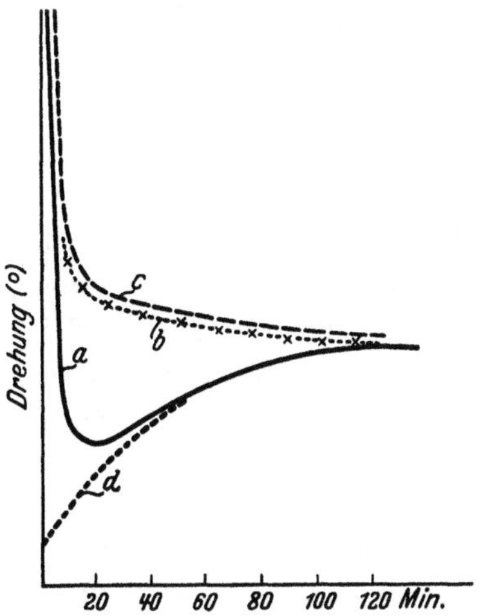

Abb. 3. Malz-Amylase.

——— direkte polarimetr. Beobacht.
×···×···× polarimetr. nach Sodazusatz
— — — — Reduktionsvermögen (Jodverbrauch) auf Drehung umgerechnet
·············· Mutarotation der β-Maltose.

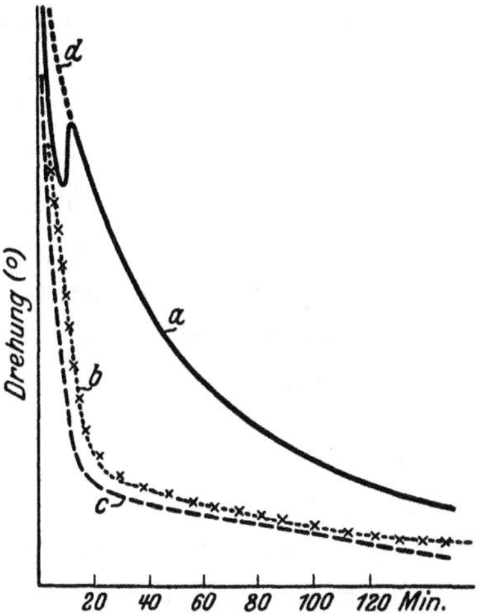

Abb. 4. Pankreas-Amylase.

——— direkte polarimetr. Beobacht.
×···×···× polarimetr. nach Sodazusatz
— — — — Reduktionsvermögen auf Drehung umgerechnet
·············· Mutarotation der α-Maltose.

von KUHN entnommenen Kurventafeln (Abb. 3 u. 4) wird dies Verhalten der verschiedenen Amylasen, die von KUHN α- und β-Amylasen genannt werden, verdeutlicht. Man sieht aus ihnen, wie die beobachtete Drehwertskurve durch Sodazusatz, welcher die Mutaratation der beiden Maltoseformen mit unmeßbarer Geschwindig-

[1] v. FRIEDRICHS: Ark. Kemi, Mineral. Geol. **5**, Nr. 2 (1913). — Vgl. EULER u. HELLEBERG: Ztschr. physiol. Chem. **139**, 24 (1924).

[2] KUHN: Ber. **57**, 1965 (1924); Liebigs Ann. **443**, 1 (1925).

keit zum Abschluß bringt, der Mutarotationskurve der beiden Maltoseformen sehr nahegelegt wird, während die Drehwertskurve bei direkter polarimetrischer Beobachtung bei der Malzamylase unter und bei der Pankreasamylase über den Mutarotationskurven liegt. Es sei hier gleich bemerkt, daß die Bezeichnung α- und β-Amylasen nicht in Bezug zu setzen ist zu den Benennungen α- und β-Glucosidasen, welche die Lösungsprinzipien α- und β-glucosidischer Bindungen charakterisieren, sondern daß in unserem Falle nur eine Beziehung besteht zur Freilegung der beiden mutameren Formen der Maltose. Ob durch die von KUHN beobachteten Umkehrungen bei der Bildung der α-glucosidischen Maltose auch im Falle der Malz- oder β-Amylase ein Beweis für normale β-glucosidische Bindungen im Stärkemolekül erbracht ist, wäre eine andere Frage, auf die wir noch zurückkommen. Wir schieben hier gleichzeitig die Bemerkung ein, daß die von KUHN[1] in dem wichtigen Fermentpräparat der bitteren Mandel, dem Emulsin, aufgefundene Amylase mit den β-glucosidischen Carbohydrasen, die hierin so besonders wirksam sind, nichts zu tun hat, sondern nur die unwesentliche Beimengung einer Amylase bedeutet[2]. Die von mir[3] aus dem chemischen Abbau der Stärke gezogene Schlußfolgerung, daß in der Stärke besondere labile Sauerstoffbrücken vorhanden sein müssen, fand kurz darauf durch die Enzymstudien KUHNs die gewünschte Bestätigung. In seiner großen Stärkearbeit bemerkt KUHN, daß die Annahme einer WALDENschen Umlagerung für die von ihm auf stereochemischer Grundlage nachgewiesenen Umwandlungen bei der Amylolyse nicht ausreichen, sondern daß als Erklärung für sie nicht nur eine räumliche Verschiebung an einem Asymmetriezentrum, sondern auch strukturchemische Umlagerungen an den *labilen Zuckerresten* des Stärkemoleküls herangezogen werden müssen.

Bestätigt und erweitert wurden die Untersuchungen KUHNs durch die von uns schon erwähnten sehr bemerkenswerten Ar-

---

[1] KUHN: Ztschr. physiol. Chem. **135**, 12 (1923/24).

[2] Vgl. auch JOSEPHSON: Ber. **58**, 2726 (1925); **59**, 821 (1926).

[3] PRINGSHEIM: Ber. **57**, 1581 (1924).

beiten von OHLSSON[1], der an die von BOURQUELOT[2] begründete Hypothese anknüpft, daß die Veränderung der Malzamylase beim Erwärmen auf die Anwesenheit mehrerer Enzyme zurückzuführen sei. Der Hauptsache nach ist im Gerstenmalz die mit der β-Amylase identische *Saccharogenamylase* vorhanden, daneben aber findet sich in geringerer Menge auch die mit den tierischen Amylasen übereinstimmende α-Dextrinogenamylase. Sie lassen sich voneinander trennen, und zwar kann die Dextrinogenamylase in saurer Lösung so zerstört werden, daß noch 70—80% der Saccharogenamylase erhalten bleibt, während andererseits durch 15 Minuten langes Erhitzen auf 70° bei $p_H = 6$—7 eine völlige Vernichtung der β-Amylase unter 75%iger Erhaltung des α-Enzyms möglich ist. Wir konnten diese Ergebnisse inzwischen bestätigen. Die Verschiedenheit in der Art des Angriffs des Stärkesubstrates, die OHLSSON dadurch bewies, daß er die Fermentspaltung unter gleichzeitiger Dialyse vor sich gehen ließ, und die schon durch die Benennung der beiden Amylasen zum Ausdruck gebracht wird, haben wir schon erwähnt. Mit den beiden voneinander getrennten Komponenten der Malzamylase wurde das von KUHN entdeckte mutarotative Verhalten der aus der Stärke entbundenen Maltose bestätigt, das für das Konstitutionsproblem der Stärke von so großer Bedeutung ist. Auch die Aktivitätskurven der beiden Amylasen besitzen Optimalzonen bei verschiedener Acidität, die verzuckernde stärker im sauren Gebiet als die dextrinierende, die letztere ganz analog dem Verhalten der tierischen und Pilzamylase.

Von besonderer Bedeutung ist nun, daß wir in der im vorigen Kapitel beschriebenen *Amylobiose* ein spezifisches Substrat in den Händen haben, welches die Unterscheidung zwischen den α- und β-Amylasen gestattet. Nur die β-Amylase ist nämlich zur enzymatischen Hydrolyse dieses Disaccharids befähigt, welches von den Vertretern der α-Amylasen, der Pankreas- und

---

[1] OHLSSON: Ztschr. physiol. Chem. **189**, 17 (1930).

[2] BOURQUELOT: Compt. rend. Acad. Sciences **104**, 576 (1887); Ann. de l'Inst. Pasteur **1**, 337 (1887).

Speichelamylase nicht angegriffen wird[1]. Wie schon vorher bemerkt, ist die Wirkung der β-Amylasen auf die Stärke, welche wir nach ihrem spezifischem Substrat auch *Amylobiase* nennen können, nicht als Beweis für die Anwesenheit normaler β-glucosidischer Bindungen, wie solche durch die Fermente des Emulsins, Kefirs usw. im Milchzucker, der Cellobiose und anderen Disacchariden gelöst werden, anzusehen.

Die Frage nach der Anwesenheit solcher β-Bindungen in der Stärke wurde jedoch schon im Anschluß an die sogenannte von LINTNER[2] aus der Stärke angeblich isolierte *Isomaltose*[3] diskutiert. Als sicher steht jetzt fest, daß ein derartiges Disaccharid aus Stärke mit der von EMIL FISCHER durch starke Salzsäure aus Glucose gewonnenen Isomaltose, die der Hauptsache nach aus Gentiobiose besteht[4], nichts zu tun hat. Wir folgen daher einem Vorschlage von SYNIEWSKI[5], indem wir bei dem Disaccharid aus Stärke von einer *Dextrinose* sprechen. Für das Auftreten dieses β-glucosidischen Disaccharids beim diastatischen Abbau ist in letzter Zeit besonders LING eingetreten. Liest man jedoch die zusammenfassende Darstellung dieses Stärkeforschers[6], so wird man von der Existenz eines solchen Zuckers nicht überzeugt. Die angegebene spezifische Drehung kommt der der Maltose außerordentlich nahe, die etwas geringere Reduktionskraft ist ebensowenig überzeugend wie der Unterschied, welchen der Schmelzpunkt des Osazons von dem des Maltosazons zeigen soll, man weiß zu genau, welche Rolle Verunreinigungen bei solchen Präparaten spielen. Die Hauptunterscheidung der Dextrinose von der Maltose sollte ihre β-glucosidische Natur sein, sie wird jedoch von gewöhnlicher Hefe, die nur in Ausnahmefällen β-glucosidische Fermente enthält, vergoren und deshalb von LING aus ihrem Gemisch mit Maltose durch Gärung mit Saazhefe oder gewöhnlicher Obergärhefe ge-

---

[1] PRINGSHEIM u. LEIBOWITZ: Ber. **57**, 884 (1924); **59**, 991 (1926).
[2] LINTNER u. DÜLL: Ber. **26**, 2533 (1893).
[3] Bezüglich der Literatur vgl. A. GEORG: Sur l'Isomaltose, Diss. Genf 1926.
[4] BERLIN: Journ. Amer. chem. Soc. **48**, 1107 (1926).
[5] SYNIEWSKI: Liebigs Ann. **324**, 212 (1902).
[6] LING in WALTON: A Compr. Survey of Starch-Chemistry. New York (1928).

wonnen, welch letztere aber auch noch imstande sein soll, die Dextrinose langsam anzugreifen. Besonders auffallend ist die von verschiedenen Seiten[1] bestätigte Angabe, daß aus der Dextrinose beim Acetylieren krystallisierte Octacetylmaltose entsteht. Soeben ist PICTET[1] wieder für die Dextrinose eingetreten, die er als krystallinisch und mit den Eigenschaften des von SYNIEWSKI beim fermentativen Abbau der Stärke gewonnenen Zuckers identisch bezeichnet; er gewinnt ihn auf einem Umwege und geht dabei von dem von uns im 5. Kapitel erwähnten sogenannten Iso-Trihexosan aus, das er durch Hydrolyse mit verdünnter Oxalsäurelösung spaltet. Diese neue und interessante Darstellungsmethode der Dextrinose macht das vielumstrittene Disaccharid leichter zugänglich, wodurch seine eingehendere Prüfung im besonderen gegenüber der Wirkung spezifischer Fermente ermöglicht werden wird. Ein abschließendes Urteil über die sogenannte „Isomaltose-Frage" kann heute nicht gefällt werden, selbst die Entstehung eines derartigen β-glucosidischen Disaccharids unter gewissen Modifikationen der Amylolyse, die, wie wir sehen werden, in verschiedene Richtungen gedrängt werden kann, oder auf dem von PICTET eingeschlagenen Umwege, wäre noch kein Beweis für das Vorkommen normaler β-glucosidischer Bindungen in der Stärke. Die labilen Sauerstoffbrücken in diesem Polysaccharid geben leicht Anlaß zu Isomerisationen, so daß auch die Gewinnung des Lävoglucosans bei der trockenen Destillation der Stärke keinen Beweis in dieser Richtung in sich schließt. Denn wenn auch KARRER[2] gezeigt hat, daß nur die β-, nicht aber die α-Glucose zur Anhydrierung zum β-Glucosan befähigt ist, so wissen wir nicht, welche Umsetzungen in der schmelzenden Stärke dieser Reaktion vorausgehen. Die Hemmungsversuche, welche KUHN an einer aus Münchener Darrmalz gewonnenen Amylaselösung mit α- und β-Glucose ausführte, ließen einen Unterschied zwischen α- und β-Hemmung überhaupt nicht mit Sicherheit erkennen und wenn man sich der Irrwege erinnert, zu denen gerade diese Versuchsrichtung bei der Unterscheidung verschiedener Saccharasen ge-

[1] PICTET u. VOGEL: Helv. chim. Acta **12**, 707 (1929).
[2] KARRER: Helv. chim. Acta **3**, 258 (1920).

führt hat, so wird man ihr keine große Bedeutung beimessen. Die Annahme β-glucosidischer Bindungen in der Stärke im Sinne des Vorhandenseins eines β-glucosidischen Bruchstückes, das dem im β-Methylglucosid entspräche, ist demnach bisher unbewiesen.

Gestützt auf die Ergebnisse KUHNS haben PRINGSHEIM und LEIBOWITZ[1] Malz- und Pankreasamylase bei der Amylolyse kombiniert und durch die Vergemeinschaftung der α- und β-Amylasen direkte Glucosebildung, in einigen Fällen sogar in theoretischer Ausbeute, aus der Stärke erzielt. Diese Versuche wurden mit gleichem Ergebnis auch auf die beiden getrennten Stärkebestandteile übertragen[2], wobei als Kontrolle die den kombinierten Fermenten entsprechenden Einzelfermente, und zwar in gleichen oder größeren Mengen verwandt wurden, ohne daß Glucosebildung beobachtet werden konnte. Diese Ergebnisse wurden jedoch zuerst von RONA[3] angezweifelt, der sie auf die nicht genügende Ausschaltung der Maltase zurückführt. Die von RONA zum Nachweis der Glucose neben der Maltose herangezogene Methodik, Vergärung durch eine Colibakterienkultur, die frei von Maltase gewesen sein soll, und manometrische Messung der gebildeten Gärgase, wird aber von JACOBSOHN[4] einer scharfen Kritik unterzogen; er bestätigte die auch schon früher von anderen erwiesene Anwesenheit der Disaccharase in den Colibakterien mit der von RONA verwandten Methode. Auch SJÖBERG gibt kurz an[5], daß er die Bildung von Glucose bei der Kombination der Amylasen nicht erreichen konnte. Die genaueren Versuchsbedingungen, besonders das Optimum der Relation der beiden Fermente, bei dem am meisten Glucose gebildet wird, sind bisher noch nicht genügend festgelegt worden. Dadurch sind die Versuche noch mit einer gewissen Unsicherheit behaftet und der weitere Schluß[6], daß die Speichelamylase von der Pankreasamylase spezifisch verschieden ist, unsicher

[1] PRINGSHEIM u. LEIBOWITZ: Ber. 58, 1262 (1925).
[2] PRINGSHEIM u. LEIBOWITZ: Ber. 59, 991 (1926).
[3] RONA, NACHMANNSOHN u. NICOLAI: Biochem. Ztschr. **187**, 328 (1927). — RONA u. HEFTER: Biochem. Ztschr. **217**, 113 (1930).
[4] JACOBSOHN: Biochem. Ztschr. **220**, 461 (1930).
[5] Vgl. v. EULER: Chemie der Enzyme II, 1, S. 346.
[6] PRINGSHEIM u. LEIBOWITZ: Ber. 59, 991 (1926).

gemacht: er war gezogen worden aus der Beobachtung, daß einerseits die Kombination dieser Fermente Glucose liefert, während sich andererseits die Speichelamylase von der Malzamylase dadurch unterscheiden läßt, daß sie im Gegensatze zur letzteren die Amylobiose nicht spaltet.

Für die direkte Glucosebildung aus Stärke sprechen noch verschiedene andere Resultate. So hat LING, wie er in der genannten Zusammenfassung[1] angibt, die Beobachtungen von BROWN und MILLAR[2] bestätigt, daß nämlich durch Malzamylase, die vorher auf Temperaturen oberhalb 50° erhitzt worden war, Glucose direkt aus Kartoffelstärke in beträchtlicher Menge gebildet werden kann. Auch GOTTSCHALK[3] fand, daß die Fermente des Saccharomyces Ludwigii, der nach einer von uns bestätigten Angabe maltasefrei ist, direkt Glucose aus Stärke bilden. Dasselbe geschieht bei 37° durch das technische Fermentpräparat „Biolase"[4] der Firma Kalle & Co., welches zur Entschlichtung von Geweben in den Handel gebracht wird. Der Ursprung dieses Präparates wurde bisher nicht bekanntgegeben. Wir nahmen aus gewissen Eigenschaften an, daß es sich um die Diastase des Bacillus mesenthericus vulgatus oder subtilis handele. Doch wurde kürzlich angegeben[5], daß es aus Lupinensamen stammt.

Die „Biolase" wandelt andererseits bei der hohen Temperatur von 70° nur einen Teil der Stärke in Glucose um, während der Rest als ein Trisaccharid erscheint, das Ähnlichkeit mit der sogenannten β-Glucosidomaltose besitzt, welche LING und NANJI[6] durch eine mit Alkohol gefällte Malzamylase gleichfalls bei 70° aus Amylopektin gewonnen haben. Das Trisaccharid spaltet unter dem Einflusse von Hefeauszug ein Molekül Glucose ab. Seine sonstige Konstitution ist noch unbekannt, doch ist wahrscheinlich, daß wenigstens ein Glucoserest in ihm eine furoide Sauerstoffbrücke enthält.

---

[1] Bei WALTON: Starch Chemistry **1928**.

[2] BROWN u. MILLAR: Journ. chem. Soc. London **75**, 315 (1899).

[3] GOTTSCHALK: Ztschr. physiol. Chem. **152**, 132 (1926).

[4] PRINGSHEIM u. SCHAPIRO: Ber. **59**, 996 (1926).

[5] WREDE: Der Papierfabrikant **27**, 197 (1929).

[6] LING u. NANJI: Journ. chem. Soc. London **123**, 2666 (1923); **127**, 629 (1925).

Von besonderem Interesse ist die Beobachtung, daß der Saccharomyces Sake beim Wachstum auf Stärkelösungen die bis dato nur auf chemischem Wege gewonnene Amylobiose bildet[1], die so zu einem biologischen Abbauprodukt der Stärke wird. Sie steht in naher Beziehung zum Dihexosan, welches hierbei gleichfalls entsteht[1].

Die wichtigste Beobachtung ist jedoch die der Identität des beim amylolytischen Abbau zurückbleibenden Grenzdextrins mit dem früher beschriebenen Trihexosan[2]. Dieses Trihexosan entsteht als Restkörper aus dem Amylopektin, während die Amylose, wie wir schon früher bemerkten, schneller und gleich quantitativ in Maltose aufgespalten wird. Wichtig ist die Feststellung, daß dasselbe Grenzdextrin auch mit Pankreas- und Speichelamylase gebildet wird, woraus schon hervorgeht, daß es kein direkter Bestandteil der Stärkemolekel, sondern ein Stabilisierungsprodukt des Stärkeabbaus darstellt. Diese Versuche wurden von Sjöberg bestätigt[3]. Er machte eine weitere interessante Beobachtung, daß nämlich bei der Einwirkung einer besonders geeigneten, offenbar sehr Komplement-armen Malzamylase auch aus der Stärke-Inhaltssubstanz ein Restkörper gewonnen werden kann, der sich mit dem Dihexosan als identisch erwies. Dies ist ein neuer Beweis für die strukturelle Verschiedenheit der Stärkebestandteile. Das Glykogen liefert jedoch der Erwartung entsprechend Trihexosan. Auch die Amylotriose wurde auf biologischem Wege gewonnen: Sie entsteht nach Lohmann[4] durch die Fermente des Muskelsaftes aus dem Glykogen.

Die Glykolyse dieses Polysaccharids führt bekanntlich zur Milchsäure; auch die Stärke wie die einzelnen Stärkebestandteile werden durch den Muskelsaft in analoger Weise umgewandelt. Mit meinen Präparaten wurde von Meyerhof[5] gezeigt, daß auch

---

[1] Sjöberg: Ztschr. physiol. Chem. **162**, 223 (1927).

[2] Pringsheim u. Beiser: Biochem. Ztschr. **148**, 336 (1924).

[3] Sjöberg: Ber. **57**, 1251 (1924).

[4] Meyerhof: Naturwiss. **14**, 196 (1926). — Lohmann: Biochem. Ztschr. **178**, 444 (1926).

[5] Meyerhof: Naturwiss. **14**, 197 (1926); Biochem. Ztschr. **178**, 462, und zwar 464 (1927).

das Di- und das Trihexosan der Umwandlung in Milchsäure durch das isolierte Muskelferment zugänglich waren. Ein genauer Vergleich der Umsatzgrößen bei verschiedenen Konzentrationen lehrt, daß die Glykolysen-Geschwindigkeiten für die genannten Stoffe jedenfalls in mittleren Konzentrationen gleich sind. MEYERHOF schreibt darüber: „Die Gleichheit der Wirkung dieser Substanzen, die auch gegenüber beliebig veränderten oder geschwächten Fermentlösungen bestehen blieb, stützt aufs stärkste die Annahme PRINGSHEIMS, daß das bei der chemischen Zerlegung und fermentativen Aufspaltung des Glykogens entstehende Trihexosan sich direkt aus dem Grundkörper der Polysaccharide bildet, so daß im Falle der genannten Verbindungen es *dasselbe* Substrat wird, das durch das glykolytische Ferment angegriffen ist:" Das Verhalten der Hexosane bildet einen auffälligen Unterschied gegenüber den Zuckern, die aus ihnen bei der Aufspaltung unter Wassereintritt entstehen, der Amylobiose und der Amylotriose, die ebenso wie die Polyamylosen nicht glykolysiert werden. Auch der „aktivierte" Muskelextrakt[1], durch den die Glucose rasch in Milchsäure gespalten wird, greift diese Präparate nicht an. Neuerdings fand MEYERHOF noch, daß auch das Desaggregationsprodukt des Glykogens, das Glykogesan, glykolysierbar ist[2]. Interessanter aber als die Glykolyse des mit dem Glykogen strukturidentischen Glykogesans ist die der von der Stärke sicher strukturell verschiedenen Hexosane, auf deren Wandlung durch Amylasen in Maltose wir jetzt noch eingehen.

Die nachstehende Übersicht (s. S. 242) soll die Vorgänge beim enzymatischen Abbau der Stärke erleichtern.

Wie schon angeführt, werden Di- und Trihexosan in Gegenwart von Komplement sowohl von α- wie von β-Amylasen quantitativ in Maltose umgewandelt, während die Amylobiose diese Überführung nur durch die Malzamylase erleidet. Die von mir beschriebene enzymatische Umwandlung eines Disaccharides in ein anderes, wie auch die quantitative Maltosebildung aus den Tri-

[1] MEYERHOF: Naturwiss. **14**, 756 (1926).
[2] Vgl. PRINGSHEIM u. WILL: Ber. **61**, 2011 (1928).

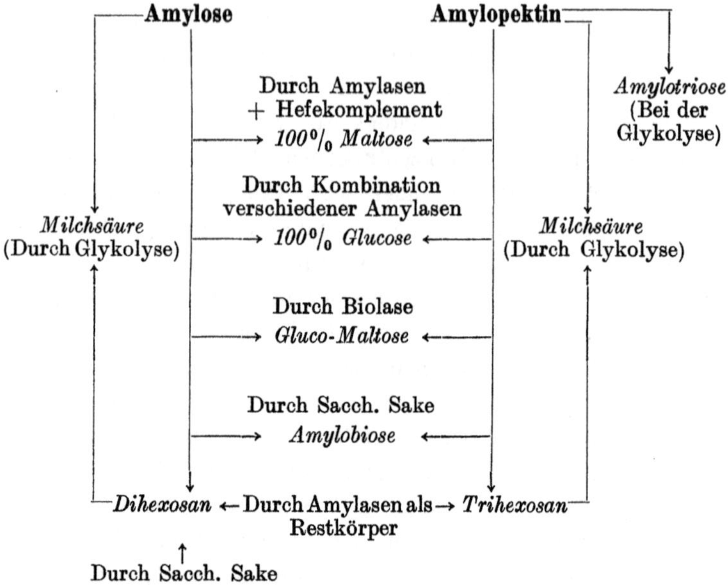

sacchariden, Trihexosan und Amylotriose, stellen eine in der Chemie der Enzyme prinzipiell neuartige Erscheinung dar[1].

Der Mechanismus dieser Reaktion läßt sich an Hand der früher von uns erörterten Formeln leicht erklären. Gehen wir zuerst vom Dihexosan mit seinen beiden labilen furoiden Glucoseresten und zwei verschiedenen interglucosidischen Bindungen, die wir

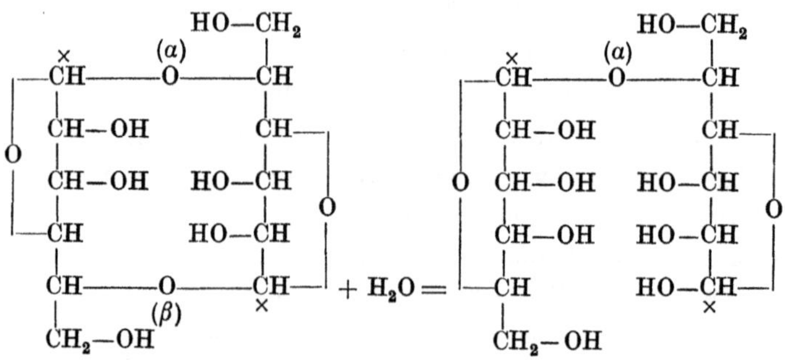

Dihexosan Amylobiose

[1] PRINGSHEIM: Ber. **57**, 1581 1926).

als α- und β-Bindungen im Sinne der α- und β-Amylasen bezeichnen, aus, so können wir uns durch hydrolytische Spaltung unter Wasseranlagerung an die β-Bindung die Amylobiose entsprechend vorstehender Formel (S. 242) entstanden denken.

Bei dieser Reaktion wird die Bindung des linksgezeichneten Glucoserestes am fünften Kohlenstoffatom, welche im Dihexosan am rechtsstehenden Glucoserest verfestigt war, freigegeben und von der intraglucosidischen Sauerstoffbrücke besetzt, wodurch eine normale amylenoxydische Glucosidogruppe entsteht. Der Glucoseteil der Amylobiose bleibt jedoch furoid, da in ihm das fünfte Kohlenstoffatom noch durch den genannten Glucosidorest besetzt und so für die eigene Sauerstoffbrücke nicht zugänglich ist. Diese Umwandlung, bei der wir uns intermediär ein unbeständiges Radikal entstanden denken, wird durch das nachstehende Formelbild verdeutlicht.

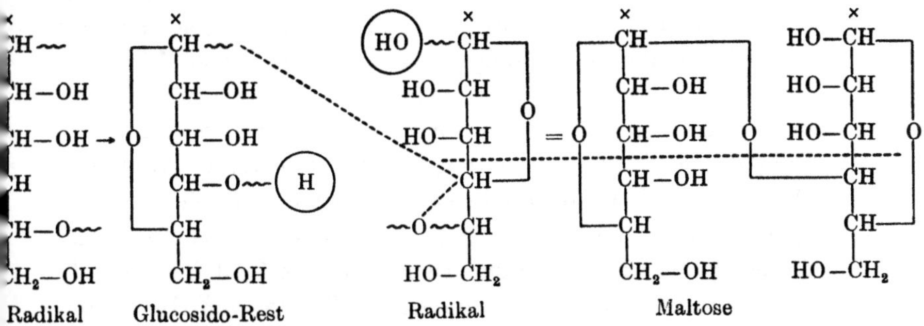

Tritt nun unter dem Einflusse der β-Amylase eine Sprengung der Amylobiosebindung ein, so wandelt sich die 5-Glucosidoglucose ⟨1,4⟩, d. h. die Amylobiose, in die 4-Glucosido-glucose ⟨1,5⟩, die Maltose, dadurch um, daß bei der Loslösung des labilen Glucoserestes aus der Amylobiose intermediär wieder dasselbe Radikal entsteht, welches im Momente seiner Befreiung von der interglucosidischen Bindung in den stabilen Glucoserest mit pyroider Sauerstoffbrücke umgewandelt wird, während seine vorher besetzte 4-Stellung für den Eingriff der Glucosidogruppe frei wird, so mit ihm zusammentritt und die Maltose bildet. Die

16*

Übergänge werden beim Studium unseres Formelbildes deutlich werden. In ganz analoger Weise kann man sich die quantitative Umwandlung der beiden Trisaccharide, Trihexosan und Amylotriose erklären, man braucht sich nur vorzustellen, daß in ihnen zwei Glucosereste in der geschilderten Weise Maltose bilden und der dritte mit einem labilen Glucoserest eines zweiten Moleküls des Trisaccharids zur Maltose zusammentritt, während die beiden restierenden sich nach entsprechender Umlagerung zur Maltose kondensieren. Es handelt sich also bei diesen Reaktionen um eine synthetische Bildung der Maltose aus intermediär entstehenden Spaltstücken mit freien Valenzen.

Diese Maltosesynthese hat nichts zu tun mit der schon längst bekannten reversiblen Katalyse durch Fermente, welche an ein Gleichgewicht gebunden ist und die wir an dem Beispiel der Reversionssynthese der Maltose aus normaler Glucose unter dem Einflusse der Hefemaltase nach CROFT-HILL beschrieben haben. Unser Vorgang ist unabhängig von der Konzentration und geht schon in verdünnten Lösungen quantitativ vor sich. Nicht die Maltosesynthese wird hierbei enzymatisch katalysiert, es handelt sich bei der Kondensation zur Maltose um einen rein chemischen Vorgang, das Enzym bewirkt nur die Hydrolyse und setzt auf diese Weise die Spaltstücke mit freien Valenzen in Freiheit, die dann spontan miteinander zusammentreten. So kommt es auch, daß die geschilderten Umwandlungen in kurzer Zeit, d. h. innerhalb der Zeitgrenzen, welche für die normale Wirkung von Hydrolysen erforderlich sind, in 1—2 Tagen vor sich gehen, während für die Reversionssynthesen bekanntlich Wochen und Monate erforderlich sind. Ähnliche Umwandlungen unter Sauerstoffbrücken-Verschiebungen dürften auch für die Überführung der verschiedenen Polyamylosen ineinander, besonders für den wechselseitigen Übergang der α-Diamylose in die β-Triamylose-Reihe verantwortlich sein, da wir gesehen haben, daß auch in diesen Polysacchariden dieselben furoiden Glucosereste wie in den Hexosanen verfestigt sind.

Diese von mir vorgeschlagene Erklärung wird durch eine analoge Neigung zur Kondensation bei Sacchariden mit labiler

Sauerstoffbrücke gestützt: So gibt IRVINE[1] an, daß Tetramethyl-γ-Galaktose spontan durch Selbstkondensation in ein Disaccharid übergeht. PICTET beobachtete, daß Glucosan mit seiner Äthylen-Sauerstoffbrücke sich leicht mit Lävulosan zu einem disaccharidartigen Ringzucker, dem Isosaccharosan kondensiert[2], verschiedene der von uns geschilderten Disaccharid-Synthesen von PICTET sind auf die Neigung von Anhydroglucosen mit labiler Sauerstoffbrücke zur Vereinigung mit einem anderen Zuckerrest zurückzuführen. BERGMANN[3] wies auf die Rolle besonderer Sauerstoffbrücken für die Polymerisationsfähigkeit der Oxyketone, die in ihrer Cycloform den Zuckern ähnlich konstituiert sind, hin.

Die beste Bestätigung jedoch erfährt meine Anschauung über die Maltosebildung aus Stärke als Kondensation eines Glucoseradikals durch eine interessante Entdeckung von NEUBERG und LEIBOWITZ[4]: Diese Forscher fanden, daß Massenkulturen des Milchsäurebakteriums B. DELBRÜCKI in Gegenwart von Toluol oder Chloroform — zwecks Zurückdrängung der eigentlichen Gärung und Entfaltung einer möglichst reinen Phosphatasewirkung — Hexose-di-phosphorsäure-Ester bei gleichzeitiger Abspaltung von Phosphorsäure zu einem Mono-Phosphorsäure-Ester eines *Disaccharids* kondensieren. Auch diese Biosynthese vollzieht sich in verdünnter wäßriger Lösung mit großer Schnelligkeit, also nicht im Sinne einer Reversionskatalyse, sondern durch die Freilegung reaktionsfähiger Glykosylreste, die sich im Entstehungszustande zu einem Disaccharid vereinigen und stabilisieren. Im Hexosediphosphat liegt der 1,6-Diphosphorsäure-Ester der butylenoxydischen γ-Fructose vor[5], so daß die Abspaltung der Phosphorsäure in 6-Stellung diese für den Oxo-Cyclus der normalen Fructose freigibt, wobei die Valenz in 5-Stellung für die Kondensation zur Verfügung steht. NEUBERG schreibt darüber: „Man vermag die Entstehung des Disaccharid-

[1] IRVINE: Journ. chem. Soc. London **123**, 898 (1923).
[2] PICTET u. STRICKER: Helv. chim. Acta **7**, 708 (1924).
[3] BERGMANN u. LUDEWIG: Liebigs Ann. **436**, 173 (1924).
[4] NEUBERG u. LEIBOWITZ: Biochem. Ztschr. **193**, 237 (1928).
[5] MORGAN: Biochem. Journ. **21**, 675 (1927). — LEVENE u. RAYMOND: Journ.-biol. Chem. **80**, 633 (1928).

monophosphorsäure-Esters insofern in eine Analogie zur Maltosebildung zu bringen, als bei der Dephosphorylierung des Hexose-di-phosphats zwei labile Gebilde auftreten können, eine vollkommene dephosphorylierte am-Hexose und eine monophosphorylierte am-Hexose, die in status nascendi sich disaccharidisch zusammenschließen.“

Macht man nach dem Gesagten die vielseitig gestützte Annahme, daß in der Stärke und den Hexosanen, vermutlich auch in den Polyamylosen, gar keine normalen Maltosebindungen vorhanden sind, so kommt man zu dem Schlusse, daß die Entstehung von Aceto-Brom-Maltose[1] durch die Einwirkung von Acetylbromid auf diese Körper sich in analoger Weise auf rein chemischem Wege vollziehen kann. Als weitere Stütze möge die von EULER und MYRBÄCK[2] beobachtete viel größere Reaktionsfähigkeit der aus Glykogen durch Muskelenzyme gebildeten Kohlenhydrate im Vergleich zur normalen Glucose und Fructose dienen. Ferner geben EULER und NILSSON[3] an, daß die unmittelbar aus Glykogen enzymatisch durch Amylase entstehende Glucoseform bedeutend schneller als normale Glucose, und zwar sowohl als α- und β-Glucose vergoren wird. EULER[4] schließt sich demnach der Annahme, daß in der Stärke und im Glykogen keine Maltosebindungen vorhanden seien, an und stellt sich gleichfalls auf den Standpunkt, daß α- und β-Glucosidasen die genannten Polyosen nicht angreifen. Für die hier wirksamen Enzyme, die später als Glucosidasen 1,4 usw. je nach der Weite der Sauerstoffbrücken ihrer Zuckersubstrate zu bezeichnen wären, schlägt er vorläufig den Namen Bioglucosidasen vor. Über die synthetische Wirkung dieser Fermente wissen wir noch sehr wenig; ihr Studium wird dadurch erschwert, daß die freien Bioglucosen unbeständig sind und in Lösung neben den stabilen Zuckern wenn überhaupt nur in sehr geringer Konzentration vorhanden sind. So haben sich auch die

---

[1] Vgl. KARRER u. Mitarbeiter: Helv. chim. Acta **4**, 678 (1921).
[2] v. EULER u. MYRBÄCK: Sv. Kem. Tidskrift **36**, 295 (1924). — v. EULER: Biokatalysatoren. Stuttgart **1930**, 21.
[3] v. EULER u. NILSSON: Ztschr. physiol. Chem. **148**, 211 (1925).
[4] v. EULER u. MYRBÄCK: Sv. Kem. Tidskrift **37**, 137 (1925).

Angaben über die labile Form des Blutzuckers, die für seine konstitutionelle Beziehung zum Glykogen herangezogen wurden[1], nicht experimentell bestätigen lassen. Aber es läßt sich nicht widerlegen, daß ein geringer Prozentsatz des Blutzuckers in der für die Glykogensynthese geeigneten reaktionsfähigen Form vorhanden ist, in die er wahrscheinlich unter Beihilfe des Pankreashormons, Insulin, versetzt wird. Dies würde genügen, um die Glykogensynthese durch Nachschub neuer Bioglucose in Gang zu halten. Jedenfalls ist die Bildung des Glykogens aus normaler pyroider Glucose unverständlich und es ist kein Wunder, daß von SJÖBERG nach den Angaben von EULER[2] auch mit starken Amylasepräparaten keine enzymatische Reversion der Glykogenhydrolyse beobachtet werden konnte. Dagegen ist die Angabe von CREMER[3], daß in einigen Fällen im Hefepreßsaft bei Zusatz von 10% „gärfähigem Zucker" Glykogenreaktion eintritt, nicht widerlegt. Vielleicht ist in der Hefe, in der ja MEYERHOF einen Aktivator entdeckte, der den Traubenzucker Glykogen-reif machen kann, auch ein Prinzip vorhanden, daß aus gewöhnlicher Glucose die für die Glykogensynthese nötige Bioglucose schafft.

[1] PRINGSHEIM: Biochem. Ztschr. **156**, 109 (1925).
[2] v. EULER u. MYRBÄCK: Sv. Kem. Tidskrift **37**, 137 (1925).
[3] CREMER: Ber. **32**, 2062 (1899).

VII. Dextrine[1]: Charakteristik, Gewinnung und Eigenschaften.

Als Dextrine werden die beim Stärkeabbau entstehenden Zwischenprodukte bezeichnet, gleichgültig ob die dextrinartigen Körper auf rein chemischem oder fermentativem Wege entstehen. Der Name Dextrine wird auch gelegentlich für die intermediär beim Zerfall anderer Polysaccharide, z. B. des Glykogens oder der Cellulose, entstehenden Stoffe gebraucht.

Legen wir unserer Anschauung über den Aufbau der Stärke die Annahme langgestreckter ringgeschlossener Kettenmoleküle (vergl. Kap. X) zugrunde, so lassen sich die ineinandergreifenden Phasen des Stärkeabbaus durch ein Wechselspiel zweier prinzipiell verschiedener Abbaureaktionen erklären: Einerseits erfolgt die Zerkleinerung der Stärkemicelle durch Schließung kleinerer Ringe und andererseits tritt eine Sprengung von Anhydro-Sauerstoffbrücken unter Freilegung von Carbonylgruppen ein. Tatsächlich spricht alles dafür, daß diese Abbaureaktionen sich vielfach kreuzend nebeneinander verlaufen. So können die verschiedenartigsten Bruchstücke des Stärkemoleküls, und zwar solche von hohem Molatgewicht und wenig reduzierenden Beimengungen, andererseits solche von kleinerem Molatgewicht und vielen reduzierenden Beimengungen und alle denkbaren Zwischenstufen dieser beiden Grenzfälle entstehen, wodurch sich eine schier unabsehbare Fülle verschiedener theoretischer Möglichkeiten ergibt, die sich nun auch in der Praxis durch die große Zahl und verwirrenden Eigenschaften der in der Literatur beschriebenen Dextrine widerspiegelt.

Es ist von lange her Gewohnheit, die Dextrine nach ihrer Jodfärbung einzuteilen und gleichzeitig ihre Löslichkeit in Alkohol verschiedener Konzentrationen als Unterscheidungsmerkmal heranzuziehen. Eine Umgrenzung dieser Eigenschaften entnehmen wir z. B. den Vorschlägen von Pottevin[2]:

---

[1] Die Gesamtliteratur vgl. bei Walton: A Comprehensive Survey of Starch Chemistry. New York 1928.

[2] Pottevin: Ann. Inst. Pasteur **13**, 665 (1899).

Amylodextrine mit Jod blau, löslich in 25%igem, gefällt durch 40%igen Alkohol;

Erythrodextrine mit Jod rotbraun, löslich in 55%igem, gefällt durch 65%igen Alkohol;

Achroodextrine mit Jod farblos, löslich in 70%igem Alkohol.

Wenn man aber bedenkt, daß nach unseren Untersuchungen eine Desaggregation der Stärkemicelle ohne Veränderung der Jodfarbe möglich ist, falls man nur dafür Sorge trägt, eine Hydrolyse zu vermeiden, so ersieht man sofort, wie willkürlich eine derartige Einteilung ist. Immerhin erscheint es aus praktischen Gründen empfehlenswert sie beizubehalten, trotzdem viel dafür spricht, daß die Zwischentönungen zwischen Blau und farblos auf Mischfärbungen zurückzuführen sind, kann man doch intensive Rotfärbung, wie sie manchen Erythrodextrinen zukommt, schon durch Zusatz von $\frac{1}{2}$% Amylodextrin zum Achroodextrin erreichen. Aus diesem Grunde ist die Existenz der Erythrodextrine gelegentlich auch geleugnet worden, doch geht aus den Zähigkeitsmessungen von W. Biltz[1] hervor, daß die Sonderstellung der Erythrodextrine doch eine Berechtigung hat; er fand die mittleren Molatgrößen für Amylodextrine über 10000, für Erythrodextrine zwischen 6200 und 7000 und für Achroodextrine bei 3700. Doch wurden für Achroodextrine und Erythrodextrine auch ganz abweichende, zum Teil niedrigere, zum Teil höhere Werte festgestellt.

Da es sich nicht verlohnt, die verschiedenen Dextrine nach den älteren Angaben alle aufzuzählen und die Art ihrer Darstellung und ihre Eigenschaften genau zu beschreiben, wurden die hauptsächlichsten mit der wichtigsten Literatur in nachstehender Tabelle zusammengefaßt (Tab. 15, s. S. 250).

In neuerer Zeit hat sich Samec[2] eingehend vom kolloidchemischen Standpunkte aus mit dem diastatischen Abbau beschäftigt und dabei bemerkenswerte Resultate erzielt, die allerdings in Kürze nur schwer wiederzugeben sind. Da das Bild der Amylo-

[1] Biltz: Ber. **46**, 1532 (1913).
[2] Samec: Kolloidchem. Beih. **10**, 289 (1919).

Tabelle 15.

	Darstellung	Eigenschaften	Färbung mit Jod	$[\alpha]_D$	Reduktionsvermögen
α-Amylodextrin[1]	Durch Diastase aus ungekeimter Gerste bei 50° und Umfällen mit Alkohol	Wenig löslich i. kalt., leichter lösl. in heißem Wasser. Schneeweißes Pulver	Rein blau	+ 190—195°	R = 0,56—2% R-Maltose
Erythrodextrin I[2]	Durch Diastase bis zur rotbraunen Jodreaktion und Umfällen mit Alkohol. Beim Erhitzen mit 5%iger Oxalsäurelösung und Fraktionieren mit Alkohol	Aus heißem Alkohol in Sphärokrystallen. Sehr leicht löslich in Wasser, unlöslich in 60%igem Alkohol	Rein rotbraun	+ 196°	R = 1—3% R-Maltose
Erythrodextrin II[3]	Nach Abscheidung des Erythrodextrin I aus der Mutterlauge mit Alkohol	Aus heißem Wasser leichte Bildung von Sphärokrystallen. Leicht löslich in heißem, schwer in kaltem Wasser	In verdünnter Lösung rotbraun, mit konz. Jodlösung besonders bei Gegenwart von Schwefelsäure, rein blau	+ 194°	R = ca. 8% R-Maltose
Achroodextrin I[2] (Grenzdextrin I)[4]	Mit Diastase bis zum Verschwinden der Jodreaktion und Fraktionieren mit Alkohol. Durch Hydrolyse mit 1%iger Oxalsäure, Ausfrieren des Amylodextrins und Fraktionieren mit Alkohol	Aus heißen alkoholischen Lösungen in Sphärokrystallen. Sehr zerfließlich, sehr leicht löslich in kaltem Wasser	Keine Färbung	+ 192°	R = ca. 10% R-Maltose
Maltodextrin[5] [6]	Durch Einwirken eines auf 78° erhitzten Malzauszuges auf Stärkelösung, die d. Erhitzen eines Kleisters auf 140° erhalten wurde, bis z. Verschwinden der Jodreaktion und Fraktionieren mit Alkohol	Amorphes, schwach gelbliches Pulver, leicht löslich in heißem Alkohol von 80% Tr.	Keine Färbung	+ 181—183°	R = 26—43% R-Maltose
Beständiges Dextrin[6] [7]	12—15%iger Kleister wird mit Grünmalz verzuckert, bis $[\alpha]_D$ = 150° und mit R-Maltose = 80 ist. Dann mit Alkohol fraktioniert u. zwischendurch mit Hefe vergoren	Weiße, amorphe, gummiartige Masse, in Wasser löslich, durch 80%igen Alkohol gefällt	Keine Färbung	+ 195—195,7°	R = 5,7-5,9% R-Maltose

[1] Baker: Journ. chem. Soc. London **81**, 1177 (1902).
[2] Lintner u. Düll: Ber. **26**, 2533 (1893).
[3] Lintner u. Düll: Ber. **28**, 1527 (1895).
[4] Syniewski: Liebigs Ann. **309**, 301 (1899).
[5] Brown u. Morris: Journ. chem. Soc. London **47**, 527 (1887).
[6] Brown u. Millar: Journ. chem. Soc. London **75**, 286 (1899).
[7] Brown u. Heron: Journ. chem. Soc. London **35**, 596 (1879).

lyse um so vollständiger sein wird, je mehr Eigenschaften gleichzeitig im Reaktionsgemisch Stärke, Diastase ermittelt werden, kombiniert SAMEC die folgenden an den Abbauprodukten ausgeführten Beobachtungen zu einem einheitlichen Bilde der Stärkehydrolyse. 1. Bestimmung des jeweiligen Dispersionsgrades bzw. des mittleren Molekular (Molat-Molekülaggregat)-Gewichts nach der osmotischen Methode unter Benutzung von Kollodiummembranen. 2. Da letztere bei der von SAMEC benutzten Herstellungsweise für Dextrine mit dem Molekulargewicht etwa um 2000 permeabel sind, so ermöglichte ihm diese Art der Druckmessung gleichzeitig eine Trennung der gelösten Stoffe in einen durch die Kollodiummembrane dialysablen und nicht dialysablen Anteil. 3. Bestimmung der Gefrierpunktserniedrigung und 4. der bei der Gärung entwickelten Kohlensäure im dialysablen Anteil. 5. Jodfarbe. 6. Optisches Drehungsvermögen. 7. Spezifische Leitfähigkeit. 8. Reduktionsvermögen. Alle diese Ergebnisse wurden in Tabellen zusammengestellt und schließlich in folgendem Schema vereinigt (Tab. 16, s. S. 252).

Dazu macht SAMEC die folgenden Bemerkungen: Unter dem Einflusse des Fermentes zerfällt das Stärkemolekül in mindestens zwei ungleich große Bruchstücke, von denen das eine der Stärke sehr nahe steht, das andere (dialysable) aber noch derart aufgebaut ist, daß es eine rein blaue Jodfarbe liefert. In der Konstitution der Stärke und dieser Dextrine besteht anscheinend kein sehr großer Unterschied, da beide Stoffe in der optischen Drehung voneinander nicht wesentlich abweichen.

Das gebildete dialysable Abbauprodukt zeigt bereits ein deutliches Reduktionsvermögen. In der Folge werden vom kolloidalen Stärkerest immer wieder hochmolekulare Bruchstücke abgespalten, welche dialysabel sind und eine blaue Jodfarbe liefern. Nachdem das Molatgewicht des kolloidalen Restes unter 20000 gesunken ist, geben die abgespaltenen Dextrine nunmehr eine rote und bei weiterem Abbau des kolloidalen Restes keine Jodfarbe mehr.

Die anfangs auftretenden dialysablen Dextrine werden gleichfalls weiter zerlegt, und zwar unter Bildung von Erythrodextrinen

Tabelle 16.

Stärke 117000.

3 Min.	*Kolloider Rest* M = 106000 blaue Jodfarbe keine Asymmetrieänderung	+		*Amylodextrin* M < 2000 blaue Jodfarbe Reduktionsvermögen keine Asymmetrieänderung
10 Min.	*Kolloider Rest* M = 72000 blaue Jodfarbe keine Asymmetrieänderung	+	*Amylodextrin* M < 2000 blaue Jodfarbe Reduktionsvermögen keine Asymmetrieänderung	
30 Min.	*Kolloider Rest* M = 26000 blaue Jodfarbe	+	*Amylodextrin* M < 2000 blaue Jodfarbe Reduktionsvermögen keine Asymmetrieänderung	*Erythrodextrin* + *Zucker* rote Jodfarbe Reduktionsvermögen Symmetrieänderung
1 Std.	*Koll. Rest* M = 19000 blaue Jodfarbe	+ *Amylodextrin* ? + *Erythrodextrin*	*Erythrodextrin* + *Zucker* rote Jodfarbe Reduktionsvermögen Symmetrieänderung	
2 Std.	*Koll. Rest* M = 11400 blaue Jodfarbe	+ *Erythrodextrin* + *Achroodextrin*	*Achroodextrin* + ? keine Jodfarbe geringe Symmetrieänderung Reduktionsvermögen	
4 Std.	*Koll. Rest* M = 9160 blaue Jodfarbe	+ *Achroodextrin* keine Jodfarbe geringe Symmetrieänderung	*Achroodextrin* keine Jodfarbe geringe Symmetrieänderung	

und Zucker; die Erythrodextrine gehen schließlich in Achroodextrine über.

Das SAMECsche Abbauschema bildet eine weitgehende Ergänzung der von MOREAU[1] aufgestellten Theorie, derzufolge die Stärke in Amylodextrin und Zucker, das Amylodextrin in Erythrodextrin und Zucker und dieser wieder in Achroodextrin und Zucker zerfällt; doch erstreckt es sich bis in den kolloidalen Rest.

Was uns an den SAMECschen Feststellungen wohl das wichtigste erscheint und mit meinen Beobachtungen übereinstimmt, ist die Konstatierung der Tatsache, daß noch Dextrine von einem Molatgewicht unter 2000 blaue Jodfarbe geben können und daß für die Änderung der Jodfarbe neben der Verschiedenheit des Dispersionsgrades auch eine Aufspaltung von Sauerstoffringen verantwortlich zu machen ist. SAMEC trägt dem dadurch Rechnung, daß er die elektrolytfreien Stärkedesintegrationsprodukte in folgendes Schema einordnet:

	blaue Jodreaktion	*rote Jodreaktion*	*keine Jodreaktion*
Nicht reduzierend	Amyloamylosen	Erythroamylosen	Achrooamylosen
Reduzierend . .	Amylodextrine	Erythrodextrine	Achroodextrine
Sauer	Amylodextrinsäuren	Erythrodextrinsäuren	Achroodextrinsäuren

Schon dadurch wird angedeutet, daß jede dieser Gruppen Individuen verschiedener Molekulargröße umfaßt. Der Übergang aus der Reihe der Amylosen in die Dextrinreihe würde durch die Öffnung von Aldehydgruppen erfolgen; eine Oxydation der Dextrine bzw. eine oxydative Hydrolyse der Stärke würde zu den Dextrinsäuren führen. Ein solches Schema hat viel für sich, zumal es sich von der Erythrostufe an, wie wir sehen werden, auf das Glykogen übertragen läßt und sich selbst im Abbau der Cellulose, natürlich ohne Einbeziehung der Jodreaktion, widerspiegelt[2].

---

[1] MOREAU: Wochenschr, f. Brauerei 22, 37, 49, 72 (1905).
[2] Ausführlichere Tabellen finden sich bei SAMEC: Kolloidchemie der Stärke S. 466—69. Dresden und Leipzig 1927.

Biltz[1] verdanken wir die Bestimmung der Molatgröße verschiedener Dextrine, auch von Handelsdextrinen, die er durch den osmotischen Druck zu ermitteln suchte. Bezüglich einer detaillierten kolloidchemischen Charakteristik des diastatischen Stärkeabbaus sei auf die Zusammenstellung bei Samec[2] verwiesen.

Nach dem Gesagten kann es nicht wundernehmen, daß die einzelnen Dextrine von verschiedenen Autoren immer wieder anders beschrieben werden. Wenn es gelingt, einzelne Eigenschaften wie z. B. die Drehung und das Reduktionsvermögen zu reproduzieren, dann kann z. B. das Molatgewicht abweichen; Samec[3], der sich in seiner neunzehnten Mitteilung über Pflanzenkolloide wieder mit den Dextrinen beschäftigte, fand so bei der Charakteristik der Dextrine von Lintner und Düll[4] für das Amylodextrin ein Molatgewicht von 36800 und für das Erythrodextrin 10670, während die entsprechenden Zahlen für Amylodextrin nach Lintner 17000 bis 17900, nach Biltz 20500 bis 22200 und für das Erythrodextrin nach Lintner 5000—6000 und nach Biltz 3000—6800 sind. Bei den Achroodextrinen verschwinden diese Differenzen fast völlig. Das Amylodextrin ließ sich nach Samec elektrodialytisch in zwei Phasen zerteilen, von denen die Solphase, trotzdem sie viel weiter desaggregiert ist als die Bestandteile der Gelphase, sich mit Jod noch blau färbt, während die Gelsubstanzen mit dem Amylopektin die Fähigkeit, bei Jodüberschuß eine rote Farbe anzunehmen, noch teilten. Diese neuesten Feststellungen stehen aber ganz in Übereinstimmung zu unseren vorherigen Erörterungen über die Jodfärbung der Dextrine.

Am besten von allen diesen Stoffen ist vielleicht das leicht in Sphärokrystallen zu erhaltende, schon 1874 von Nägeli entdeckte „*Grenzdextrin*" charakterisiert worden, dem schon Brown und Morris[5] eine ausführliche Untersuchung widmeten. In neuerer Zeit wurde es von Klason und Sjöberg[6] bearbeitet.

---

[1] Biltz: Ztschr. physikal. Chem. **83**, 706 (1903).
[2] Samec: Kolloidchemie d. Stärke S. 54. Leipzig 1927.
[3] Samec: Biochem. Ztschr. **187**, 120 (1927).
[4] Lintner u. Düll: Ber. **26**, 2533 (1893).
[5] Brown u. Morris: Journ. chem. Soc. London **54**, 449 (1889).
[6] Klason u. Sjöberg: Ber. **59**, 40 (1926), hier auch die weitere Literatur.

Sie stellten es wieder durch drei Monate lange Einwirkung 11%iger Salzsäure auf Stärke dar, befreiten es von der noch anhaftenden, Jod bläuenden Amylose und fraktionierten mit Methylalkohol, bis es die höchst erreichbare Drehung + 196° aufwies. Nach Fortnahme löslicher Teile mit kaltem Wasser wird die Löslichkeit etwa 2,5 Teile auf 100 Teile Lösung. Dann läßt sich das Amylodextrin aus Wasser umkrystallisieren, bei gewöhnlicher Temperatur bilden sich Sphärokrystalle und die Reduktionskraft bleibt konstant. Charakteristisch ist, daß die Grenzdextrinmasse über Nacht an freier Luft unter Aufnahme von Krystallwasser wie Gips zu einer harten Masse gesteht. KLASON und SJÖBERG fanden das Molekulargewicht nach der Gefrierpunktsmethode in Übereinstimmung mit BROWN entsprechend der Formel $(C_{12}H_{20}O_{10})_8\,H_2O$. Sehr interessant ist die neue Beobachtung dieser Forscher, daß sich aus diesem Dextrin mit Malzamylase als unverzuckerbarer Rest das von uns früher beschriebene Dihexosan abscheiden läßt. Da das Dihexosan ein Abwandlungsprodukt der Stärke-Inhaltssubstanz, der Amylose, ist, wird der Schluß gezogen, daß das beschriebene Dextrin ein Amylosedextrin im Gegensatz zu den Amylopektin-Dextrinen darstellt, weshalb ihm der Name Amylose-octa-dextrin gegeben wird.

Vor vier Jahren haben LING und NANJI[1] Untersuchungen und Erörterungen über die der Maltose am nächsten stehenden Dextrine, die Maltodextrine, vorgetragen, welche SAMEC[2] in seinem Buche übernommen hat. Wir begnügen uns hier mit dem Hinweis auf diese gewiß interessanten Theorien in der Hoffnung, daß die experimentellen Ergebnisse durch die Nachprüfung von anderer Seite bald eine Bestätigung erfahren werden.

Krystallisierte Dextrine. Polyamylosen.

Im Jahre 1904 hat SCHARDINGER in Wien einen neuartigen Stärkeabbau entdeckt, der zu Stärkeabbauprodukten von besonderen Eigenschaften führte, mit denen wir uns eingehend zu be-

[1] LING u. NANJI: Journ. chem. Soc. London **127**, 636 (1925).

[2] SAMEC: Kolloidchemie der Stärke S. 462.

schäftigen haben, da diese Körper in vielfacher Beziehung Modelle für die komplexen Polysaccharide darstellen. Da sie und ihre Abbauprodukte besonders schön krystallisieren, lassen sich prinzipielle Fragen der Polysaccharidchemie mit ihrer Hilfe experimentell schärfer als mit den kolloiden Polyosen beantworten.

SCHARDINGER verwandte zur Gewinnung der von ihm *krystallisierte Dextrine* genannten Produkte ein von ihm neu aufgefundenes Bakterium[1]; er fand die neue Art zuerst in einer Rottegrube, glaubte, daß es sich um einen Rottebazillus handelte und nannte ihn *Bacillus macerans*. An dieser Mikroorganismenart entdeckte SCHARDINGER zum ersten Male die Fähigkeit zur Acetonbildung; man hat die Acetongärung technisch ausgenutzt, andere Bakterien herangezogen, die nebenbei Alkohole wie Äthylpropyl- und Butyalkohol bilden. Die Bildung von Isopropyl- und normalem Butyalkohol aus Kartoffeln wurde von mir zum ersten Male schon vor 25 Jahren beschrieben[2].

Daraus hat sich nach und nach eine Industrie zur Gewinnung neuer Lösungsmittel entwickelt, die besonders in Amerika einen großen Umfang angenommen hat.

Zur Darstellung der krystallisierten Dextrine beimpft man einen 5%igen Stärkekleister am besten mit Kartoffelkeil-Kulturen des Bacillus macerans und beobachtet bei geeigneten Temperaturen zwischen 37 und 48° schon innerhalb von 24 Stunden Verflüssigung; gleichzeitig setzt Gärung unter starker Gasabgabe ein; anfangs tritt ein angenehmer obstartiger Geruch auf, der nach ein paar Tagen einem Säuregeruch Platz macht; innerhalb von 6 Tagen bis einer Woche ist der Hauptgärprozeß vollendet, er schreitet dann nur mit größter Langsamkeit und ohne lohnende Steigerung der Ausbeute an den zu gewinnenden Produkten fort. Die Verschiebung der Wasserstoffionenkonzentration durch die Wirksamkeit des Bazillus ist sehr gering[3], in der unbeimpften Stärke-

[1] SCHARDINGER: Wien. klin. Wschr. **1904**, Nr. 8; Ztrbl. Bakteriol. II, **14**, 772 (1905); **19**, 161 (1907); **22**, 98 (1909); **29**, 188 (1911).

[2] PRINGSHEIM: Ztrbl. Bakteriol. II, **15**, 319 (1905); Biochem. Ztschr. **10**, 490 (1908); **16**, 243 (1909).

[3] v. EULER u. SVANBERG: Biochem. Ztschr. **128**, 323 (1922).

lösung wurde $p_H = 5,75$, nach sechstägiger Gärung $p_H = 6,00$ gemessen. Das Optimum des Wachstums lag für den Bacillus macerans bei $p_H = 6,8$, bei der Aciditätsverschiebung in saurer Richtung wurde zwischen p_H 5—6 ein steiler Abfall der Wachstumsgeschwindigkeit beobachtet. Bei Kartoffelstärke tritt fast vollkommene Lösung ein, während bei Weizen- und in stärkerem Maße bei Reis- und Maranthastärke eine ziemlich starke Ausflockung erfolgt, die hierbei entstehende nicht krystallinische Substanz wurde noch nicht näher untersucht. Voraussichtlich ist sie auf die Beimengung von Hemicellulosen in der Stärke zurückzuführen, die vom Bacillus macerans nicht angegriffen werden.

Schardinger gewann aus der so vergorenen Stärke zwei Hauptprodukte, die er näher untersuchte und ein Nebenprodukt, dem er weniger Aufmerksamkeit schenkte. Er verdankte die Isolierung dieser Körper der Beobachtung, daß sie aus der etwa auf den fünften Teil eingedampften Gärflüssigkeit durch den Zusatz organischer Lösungsmittel wie Chloroform und Äther ausgefällt werden können. Später[1] wurde die Beobachtung gemacht, daß diese Ausfällung auch mit Benzol, Toluol, Xylol, Brom- und Nitrobenzol und besonders reichlich mit Petroläther gelingt. Die besten Resultate erzielt man nach Beobachtungen von Dr. Lange, Elberfeld, aber mit Trichloräthylen. Man gewinnt so einen krystallinischen Brei, den man in nicht zu wenig Wasser auflöst und durch Kochen vom organischen Fällungsmittel befreit. Dann fällt zuerst ein feinpulveriger, schwer filtrierbarer Niederschlag, der am besten durch Zentrifugieren abgetrennt wird und den Schardinger als „Schlamm“ bezeichnete und dann bei weiterem Einengen ein schön krystallinisches Produkt, das Schardinger *Dextrin β* nannte, während das von ihm *Dextrin α* genannte Hauptprodukt der Stärkespaltung aus dem Filtrat mit Alkohol gefällt werden kann. Es nimmt gleichfalls bald krystallinische Struktur an. Auch der „Schlamm“ verwandelt sich beim Umkrystallisieren aus verdünntem Alkohol in sechsseitige, schön und charakteristisch krystallisierende Tafeln. Wenn es auch richtig ist, daß die Gä-

[1] Pringsheim u. Eissler: Ber. **46**, 2959 (1913).

rungsreaktionen gegenüber der Hydrolyse bzw. Depolymerisation der Stärke nur verschwindend klein sind, so schreitet doch der Abbau nur zu einem Bruchteil so weit fort, daß krystallisable Substanzen gewonnen werden. Das Maximum der Ausbeute an krystallisierten Dextrinen war wohl 25% der angewandten Stärke; um gute Ausbeuten zu erhalten, muß man den Bacillus vor der Degeneration bewahren, was durch Umzüchtung z. B. auf Mohrrüben geschehen kann.

Bei der Vergärung der nach der Methode von GATIN-GRUSZEWSKA getrennten Stärkebestandteile durch den Bacillus macerans wurde eine relativ größere Ausbeute an Dextrin β aus dem Amylopektin und eine vergleichsweise kleinere aus der Amylose erhalten[1]. Auch das Glykogen läßt sich zu den krystallisierten Dextrinen vergären[2], auch hier war entsprechend der Identität des Glykogens mit dem Amylopektin die relative Ausbeute an Dextrin β groß. Wir haben hierauf neben anderem in einer besonderen Abhandlung auch auf diese Beziehung des α- und β-Dextrins zur Inhalts- und Hüllsubstanz des Stärkekorns aufmerksam gemacht[3]. Die ganze Körperklasse bezeichneten wir als *Polyamylosen* und nennen die einzelnen Vertreter Di-, Tri-, Tetra- und Hexaamylose.

Aus den beiden Hauptdextrinen habe ich durch acetylierenden Abbau mit Chlorzink als Katalysator zwei neue Körper gewonnen[4] und festgestellt, daß dem Dextrin α die Molekulargröße $(C_6H_{10}O_5)_4$ und dem aus ihm hervorgegangenen Produkt die Zusammensetzung $(C_6H_{10}O_5)_2$ zukommt. Aus der Molekulargewichtsbestimmung des Acetylierungsproduktes des Dextrin β wurde ermittelt, daß dem daraus durch Verseifung gewinnbaren Individuum die Zusammensetzung $(C_6H_{10}O_5)_3$ zukommt. Daraus wurde der Schluß gezogen, daß es aus einem Körper von doppeltem Molekulargewicht hervorgegangen ist. In der Tat konnte bald darauf durch osmometrische Messung an dem in Wasser nur wenig lös-

---

[1] PRINGSHEIM u. EISSLER: Ber. **46**, 2959 (1913).
[2] PRINGSHEIM u. LICHTENSTEIN: Ber. **49**, 364 (1916).
[3] PRINGSHEIM u. GOLDSTEIN: Ber. **55**, 1446 (1922).
[4] PRINGSHEIM u. LANGHANS: Ber. **45**, 2533 (1912).

lichen Dextrin β der Beweis geliefert werden[1], daß sein Molekulargewicht richtig als $(C_6H_{10}O_5)_6$ angenommen worden war. Bald darauf wurde gezeigt[2], daß auch das dritte bei der Vergärung der Stärke direkt gewonnene Produkt, der sog. Schlamm, bei derselben Art der Acetylierung in den Körper von der Zusammensetzung $(C_6H_{10}O_5)_2$ übergeht. Neuerdings ließ sich der Abbau der Tetra- und α-Hexaamylose in Diamylose auch durch Erhitzen ihrer Acetate in siedendem Naphthalin erreichen[3], was als Modellversuch für die Anwendung der Hitzedesaggregation auf natürliche komplexe Polysaccharide von Bedeutung ist. In demselben Sinne kann auch die Umwandlung der Tetraamylose in die Diamylose durch Benzolsulfosäurekochung ihres Acetates und nachherige Verseifung verwandt werden[4].

Inzwischen konnte gezeigt werden, daß die Tetraamylose beim Acetylieren mit Pyridin und Essigsäureanhydrid ihre Molekulargröße nicht ändert. Auf dieser Grundlage ließ sich aus dem acetylierten Schlamm ein Molekulargewicht ableiten: Es wurde ebenfalls zu $(C_6H_{10}O_5)_6$ gefunden[5] und der Schlamm dementsprechend α-Hexaamylose genannt. Daraus ergibt sich die Einteilung in zwei Reihen entsprechend nachstehender Zusammenstellung: (s. S. 260.)

Schon SCHARDINGER hatte festgestellt, daß das Dextrin α bei Jodzusatz aus konzentrierter Lösung in metallglänzenden grünen Nadeln, das Dextrin β in rotbraunen Prismen krystallisiert. Entsprechende Jodprodukte und analoge Bromadditionsprodukte kommen, wie in der Tabelle (S. 260) zusammengefaßt ist, auch den Abbauprodukten der Di- und Triamylose zu, während sich der Schlamm durch die Art seines Jodproduktes als zur α-Reihe zugehörig erweist. Interessant ist die Feststellung, daß bei gleichzeitiger Anwesenheit von Tetraamylose und β-Hexaamylose das Jod quantitativ zuerst an den Vertreter der β-Reihe geht[6],

---

[1] BILTZ u. TRUTHE: Ber. **46**, 1377 (1913).
[2] PRINGSHEIM u. EISSLER: Ber. **46**, 2959 (1913).
[3] PRINGSHEIM u. MEYERSOHN: Ber. **60**, 1909 (1927).
[4] PRINGSHEIM u. WIENER: Unveröffentlichte Versuche.
[5] PRINGSHEIM u. PERSCH: Ber. **54**, 3162 (1921); **55**, 1428 (1922).
[6] PRINGSHEIM u. GOLDSTEIN: Ber. **55**, 1446 (1922).

Polyamylosen.

α-Reihe:

	Spez. Drehung	Bromprodukt	Jodprodukt
α-Hexaamylose $[(C_6H_{10}O_5)_2]^3$	+139°		
α-Tetraamylose $[(C_6H_{10}O_5)_2]^2$	+147°	$[(C_6H_{10}O_5)_2]^2$, $1^1/_2$ Br.	$[(C_6H_{10}O_5)_2]^2$, $1^1/_2$ J, 4 H_2O
Diamylose $(C_6H_{10}O_5)_2$	+136,6°	$(C_6H_{10}O_5)_2$, $^7/_8$ Br.	$(C_6H_{10}O_5)_2$, $^7/_8$ J

β-Reihe:

	Spez. Drehung	Bromprodukt	Jodprodukt
β-Hexaamylose $[(C_6H_{10}O_5)_3]^2$	+157,9°	$[(C_6H_{10}O_5)_3]^2$, 2 Br.	$[(C_6H_{10}O_5)_3]^2$, 3 J, 9 H_2O
Triamylose $(C_6H_{10}O_5)_3$	+151,8°	$(C_6H_{10}O_5)_3$, Br.	$(C_6H_{10}O_5)_3$, $1^1/_2$ J, $4^1/_2$ H_2O

ganz analog wie nach den Angaben von SAMEC[1] bei Vorhandensein der Amyloamylosen und Erythroamylosen nebeneinander das Jod zuerst von den ersteren aufgenommen wird und erst nach Absättigung dieser in meßbare Beziehung zu den Erythroamylosen tritt. Auch bei den Polyamylosen konnte in ähnlicher Weise, wie das früher von MYLIUS[2] für die Stärke beobachtet wurde, neben der Aufnahme von freiem Halogen eine beträchtliche Halogenidbildung festgestellt werden[3]. Ferner konnten auch krystallisierte Halogenalkyl-Additionsprodukte dargestellt werden.

Neben den Acetaten sind die Benzoate, Nitrate und Phosphate der Polyamylosen bereitet worden; bei der Methylierung gelangt man in Analogie zur Stärke zuerst bis zur Dimethylstufe; durch langfortgesetzte energische Methylierung konnte die β-Hexaamylose auch in ihr Trimethylderivat verwandelt werden, welches bei der Hydrolyse als einziges Spaltungsprodukt in Analogie zur Stärke 2, 3, 6-Trimethylglucose ⟨1,5⟩ ohne gleichzeitige Bildung eines isomeren Zuckers ergab. Die Eigenschaften der Ester und

---

[1] SAMEC u. MAYER: Kolloidchem. Beih. **13**, 282 (1921).

[2] MYLIUS: Ber. **20**, 688 (1887). — Vgl. auch BERGMANN u. LUDEWIG: Ber. **57**, 961 (1924).

[3] PRINGSHEIM u. STEINGROEVER: Ber. **57**, 1579 (1924).

Tabelle 17. Ester und Äther der Polyamylosen.

		α-Serie			β-Serie	
		α-Diamylose	α-Tetraamylose	α-Hexaamylose	β-Triamylose	β-Hexaamylose
Ester	Acetate	Di-(triacetyl)-amylose[2, 8] + 104° (Chloroform)	Tetra-(triacetyl)-amylose[5, 8] + 118° (Chloroform)	α-Hexa-(triacetyl)-amylose[2] + 95,8° (Eisessig)	Tri-(triacetyl)-amylose[2, 8] + 120° (Chloroform)	β-Hexa(triacetyl)-amylose[8] + 143° (Chloroform)
	Benzoate	Di-(monobenzoyl)-amylose[3, 6] Di-(dibenzoyl)-amylose[6]			Tri-(monobenzoyl)-amylose[3, 6] Tri-(dibenzoyl)-amylose[6]	
	Nitrate	Di-(trinitro)-amylose[7] + 180° (Äthylacetate)	Tetra-(dinitro)-amylose[7] + 96,5° (Nitrobenzol)		Tri-(dinitro)-amylose[7] + 122,5° (Nitrobenzol) Tri-(trinitro)-amylose[7] + 90,5° (Nitrobenzol)	
	Phosphate	Di- oder Tetra (monophosphoryl)-amylose[6]			Tri- oder β-Hexa-(monophosphoryl)-amylose[6]	
Äther	Methylate	Di-(dimethyl)-amylose[2] + 143,5 (Alkohol)	Tetra-(dimethyl)-aymlose[4] + 148° (Alkohol)	α-Hexa-(dimethyl)-amylose[6] + 148° (Alkohol)	Tri-(dimethyl)-amylose[6] + 138° (Alkohol)	β-Hexa-(dimethyl)-amylose[6] + 143° (Alkohol) β-Hexa-(trimethyl)-amylose[1]
	Methyloacetate		Tetra-(dimethyl) amylose[2]			

[1] Irvine, Pringsheim u. Macdonald: Journ. chem. Soc. London **125**, 942 (1924).

[2] Pringsheim u. Langhans: Ber. **45**, 2533 (1912).

[3] Pringsheim u. Eissler: Ber. **46**, 2959 (1913).

[4] Pringsheim u. Persch: Ber. **54**, 3162 (1921).

[5] Pringsheim u. Dernikos: Ber. **55**, 1433 (1922).

[6] Pringsheim u. Goldstein: Ber. **56**, 1520 (1923).

[7] Pringsheim, Leibowitz u. Silmann: Ber. **58**, 1889 (1925).

[8] Pringsheim, Weidinger u. Sallentien: Ber. **64** (1931) im Druck.

Äther der Polyamylosen sind in der Tabelle 17 mit der zugehörigen Literatur vereinigt (s. S. 261).

Nach neueren Untersuchungen verhält sich die Tetraamylose bei der Methylierung verschieden von der β-Hexaamylose[1]. Methyliert man nach Erreichung der Dimethylstufe weiter, so hält die Aufnahme von Methyl ganz so, wie wir das schon für die Stärke beschrieben haben, bei 37% Methoxyl an; eine Vollmethylierung der Tetraamylose ist bisher nicht erreicht worden.

Schon vor 7 Jahren hat KARRER[2] die Existenz der Triamylose angezweifelt und behauptet, daß sie mit der β-Hexaamylose identisch sei. Er hat diese Auffassung auch in seiner Monographie über die polymeren Kohlenhydrate aufrechterhalten und steht überhaupt auf dem Standpunkte, daß kein genügender Beweis für die Trisaccharidnatur dieses schön krystallisierenden Zuckers erbracht sei, ja er geht so weit, die Hexaamylose der β-Reihe nicht für ein polymeres Trisaccharid sondern für ein polymeres Maltoseanhydrid zu erklären[3], weil es unter dem Einflusse von Acetylbromid genau so wie die Stärke in Heptacetylmaltose umgewandelt werden kann[4]. Diese Auffassung ist von Bedeutung für die Konstitutionsbetrachtung der Stärke. Wir haben erörtert, warum wir die Umwandlung in ein Maltosederivat in beiden Fällen für eine resynthetische Neuorientierung halten und sie für konstitutionelle Schlüsse nicht herangezogen wissen wollen.

Seit vielen Jahren haben wir die Existenz der von uns entdeckten Triamylose verteidigt und ich glaube, daß wir schließlich in dieser Angelegenheit, die die Diskussion einiger grundsätzlicher Punkte in sich schließt, recht behalten haben. Im Jahre 1926 wurden acht nachstehend aufgezeichnete experimentelle Ergebnisse, welche für die Trisaccharidnatur der Triamylosen sprechen und den Beweis in sich schließen, daß β-Hexaamylose dimere Triamylose ist, zusammengestellt[5], die neuerdings ergänzt wurden[6].

---

[1] IRVINE, PRINGSHEIM u. SKINNER: Ber. **62**, 2372 (1929).
[2] KARRER u. BÜRKLIN: Helv. chim. Acta **5**, 181 (1922).
[3] KARRER: Polym. Kohlenhydrate S. 78.
[4] KARRER u. NÄGELI: Helv. chim. Acta **4**, 681 (1921).
[5] PRINGSHEIM u. LEIBOWITZ: Ber. **59**, 2058 (1926).
[6] PRINGSHEIM, WEIDINGER u. SALLENTIEN: Ber. **64** (1931) im Druck.

1. Osmometrische Versuche mit Hexaamylose ergaben auf ein Hexasaccharid stimmende Werte[1]; mit Triamylose sind bisher keine Versuche ausgeführt.

2. Spez. Drehung[2]: Hexaamylose + 157°, Triamylose + 151°.

3. Löslichkeit in Wasser[2]: Hexaamylose 1,7%, Triamylose 2,4%.

4. Spez, Drehung[3]: Hexaamyloseacetat + 143°, Triamyloseacetat + 120°, Mol.-Bestimmungen an den Acetaten[3].

5. Mol.-Gew.-Bestimmung an den Nitraten[4]: nur Triamylosehexa- und -nonanitrat, kein Hexasaccharid-nitrat erhalten.

6. Mol.-Gew.-Bestimmung an Methyläthern: aus Hexaamylose bzw. Triamylose Dodekamethyl-hexasaccharid bzw. Hexamethyltrisaccharid erhalten[5], aus Hexaamylose dazu noch Oktadekamethyl-hexaamylose[6].

7. Die Methyloderivate der Hexa- und der Triamylose besitzen verschiedene Krystallformen[7].

8. Der Bromgehalt des Bromadditionsproduktes der Hexaamylose ist um 2% niedriger als im entsprechenden Derivat der Triamylose, ganz in Analogie zum abnehmenden Bromgehalt der Bromadditionsprodukte der α-Reihe mit wachsender Polymerisation, während die Jodadditionsprodukte der Vertreter beider Reihen in sich übereinstimmende Halogenwerte zeigen[8].

Die Unterscheidung der Molekulargröße der Tri- und der β-Hexaamylose ohne irgendwelche Umwege oder die Gefährdung des Endergebnisses durch dazwischen liegende chemische Reaktionen gelang uns schließlich nach der BARGER-RASTschen

[1] BILTZ u. TRUTHE: Ber. **46**, 1377 (1913).

[2] PRINGSHEIM u. LANGHANS: Ber. **45**, 2544 (1912). — PRINGSHEIM u. EISSLER: Ber. **47**, 2571 (1914). — PRINGSHEIM u. DERNIKOS: Ber. **55**, 1443 (1922). — LEIBOWITZ u. SILMANN: Ber. 58, 1891 (1925).

[3] PRINGSHEIM, WEIDINGER u. SALLENTIEN: Ber. **64** (1931) im Druck.

[4] LEIBOWITZ u. SILMANN: Ber. **58**, 1889 (1925).

[5] PRINGSHEIM u. GOLDSTEIN: Ber. **56**, 1520 (1923).

[6] IRVINE, PRINGSHEIM u. MACDONALD: Journ. chem. Soc. London **125**, 942 (1924).

[7] Mikrophotographien der Krystalle bei PRINGSHEIM: Ztschr. physiol. Chem. **144**, 241 (1925).

[8] PRINGSHEIM u. STEINGROEVER: Ber. **57**, 1579 (1924).

Methode[1] mit einem Resultate, welches eindeutig für die Richtigkeit der diesen Körpern von uns zugeschriebenen Molekulargrößen spricht. Diese Untersuchungen sind später von SAMEC[2] bestätigt und durch osmotische Druckmessungen wie Bestimmungen des Diffusionskoeffizienten erweitert worden; er schreibt darüber: „Während die Triamylose nach BERGER-RAST sehr gut reproduzierbare und auf eine Molekulargröße von $(C_6H_{10}O_5)_3$, $M = 486$ stimmende Resultate ergab, konnte mit β-Hexaamylose nach dieser Methode keine eindeutige Tropfenverschiebung mehr festgestellt werden, ein Zeichen, daß die β-Hexaamylose wesentlich größere Teilchen in Lösung enthält als die Triamylose. Zu einem analogen Resultat führte auch die Bestimmung des Diffusionskoeffizienten, aus welchem für die Triamylose eine Molekulargröße $M = 486 \pm 35$ und für die β-Hexaamylose eine solche von $M = 900 — 1000$ gefolgert werden konnte."

Neuerdings wurde auch von Herrn Dr. MICHAEL, Berlin, nach einer von ihm noch bekannt zu gebenden Methodik festgestellt, daß β-Hexaamylose fast geschmacklos, Triamylose dagegen ausgesprochen süß schmeckt.

Die Beziehung der Triamylose zur β-Hexaamylose muß aber irgendwie eine engere sein als die der drei Vertreter der α-Reihe untereinander, denn Diamylose, Tetraamylose und α-Hexaamylose zeigen nicht nur eine verschiedene Krystallstruktur[3], sondern im Gegensatz zu den Vertretern der β-Reihe auch eine verschiedene Verbrennungswärme[4], wir stellen die gefundenen Werte in Gramm-Kalorien nachstehend mit denen der Mono-, Di-, Tri- und Tetrasaccharide zusammen, wie sie von KARRER[5] ermittelt wurden. (S. 265.)

Aus diesen Zahlen ersieht man, wie sich bei der kettenförmig sich verlängernden Polysaccharidreihe unter dem Einflusse des Austrittes von Wasser ein Anstieg der Verbrennungswärme er-

[1] PRINGSHEIM u. LEIBOWITZ: Ber. **59**, 2058 (1926).
[2] SAMEC: S. 54.
[3] KALB bei PRINGSHEIM u. DERNIKOS: Ber. **55**, 1433 (1922).
[4] KARRER u. Mitarbeiter: Helv. chim. Acta **4**, 688 (1921); Ergebn. d. Physiol. **20**, 453 (1922).
[5] KARRER u. FIORONI: Helv. chim. Acta **6**, 396 (1923).

Diamylose	4285 cal	Glucose, Galaktose	3730 cal
Tetraamylose	4196 „	Maltose, Lactose, Cellobiose, Saccharose	3950 „
α-Hexaamylose	4620 „	Raffinose	4020 „
Triamylose	4165,2 „	Stachyose	4065 „
β-Hexaamylose	4166 „		
Stärke	4183—4228 „		
Glykogen	4220 „		

gibt; diese Resultate stehen in guter Übereinstimmung zu den interessanten von KARRER aufgestellten Berechnungen, daß beim Austritt von einem Wasser aus zwei Glucoseresten die Verbrennungswärme je Kilogramm-Substanz um 206 cal zunehmen soll. Die Polymerisation der Diamylose zur Tetraamylose verläuft dagegen exotherm, die zur α-Hexaamylose jedoch stark endotherm.

Im Zusammenhange damit mag ein sehr interessantes Phänomen stehen, welches von KALB gelegentlich der Krystallmessungen beobachtet wurde und das durch neuere chemische Untersuchungen[1] definitiv gesichert wurde: Feuchtet man lufttrockene Diamylosekrystalle auf dem Objektträger mit destilliertem Wasser an, so runden sie sich durch Auflösung an den Ecken und Kanten ab und gleichzeitig erscheint in ihrem Lösungshof ein Gewimmel von kleinen, dünnen, sechsseitigen Täfelchen der α-Hexaamylose. Dieser Vorgang dauert bis zur vollständigen Auflösung der Diamylosekrystalle an, so daß zum Schluß nur noch ein feines Krystallpulver von α-Hexaamylose in der Lösung zu sehen ist. Bei den Versuchen in größerem Maßstabe betrug die Höchstausbeute an α-Hexaamylose aus Diamylose etwa 5%; es ist anzunehmen, daß die Umwandlung stets bis zu einem von der Konzentration abhängigen Gleichgewicht fortschreitet und daß die direkte Entstehung des „Schlamms" bei der Stärkegärung auf die Ballung der Diamylose zur α-Hexaamylose zurückgeführt werden kann. Interessant ist übrigens in diesem Zusammenhange, daß mit Wasser befeuchtete Diamylosekrystalle mit Jod genau die gleiche Blaufärbung wie Stärke geben. Fragt man sich, wie es kommen mag, daß die Umwandlung der Diamylose in die

[1] PRINGSHEIM u. LEIBOWITZ: Ber. 59, 2058 (1926).

α-Hexaamylose unter Überspringung der Tetraamylose, die ihrerseits das KALBsche Phänomen nicht zeigt, vor sich gehen mag, so kann man zur Erklärung die kalorischen Verhältnisse heranziehen.

Kürzlich wurde sogar die Existenz der Diamylose angezweifelt[1]. Bei der eingehenden Nachprüfung stellten wir jedoch fest[2], daß die Diamylose zwar beim Umkrystallisieren aus verdünntem Alkohol ihre Molekulargröße beibehält, beim Auskrystallisieren aus Wasser aber unter Drehungsänderung und Dimerisation in Tetraamylose übergeht.

Danach ist anzunehmen, daß der Abbau der Stärke nicht direkt zur Tetra- und α-Hexaamylose führt, sondern daß zuerst Diamylose entsteht, die aus der wäßrigen Lösung zum geringen Grade in Hexaamylose und beim Auskrystallisieren der Hauptsache nach in Tetraamylose übergeht, wodurch das relative Mengenverhältnis der beiden Stoffe geklärt wird.

Aber auch sonst sind eigenartige gegenseitige Umwandlungen der verschiedenen Polyamylosen ineinander beobachtet worden. Schon SCHARDINGER hat angegeben, daß die α-Hexaamylose bei monatelangem Stehen in Wasser die Krystallform der β-Hexaamylose annimmt. Andererseits ist mir die teilweise Umwandlung der β-Hexaamylose in die α-Hexaamylose bei langdauerndem Erhitzen in wäßriger Lösung gelungen[3]. Ferner konnte gezeigt werden, daß die α-Tetraamylose eine halbe Stunde, in Glycerin gelöst, auf 200^0 erhitzt, zum geringen Teil in α-Hexaamylose und etwa zu $^1/_5$ in einen Zucker der β-Reihe überging[3], der ein Jahr später als Triamylose erkannt wurde[4]. Auch bei der Umwandlung der Polyamylosen in Amylobiosen durch kalte konzentrierte Salzsäure wurde beobachtet, daß aus der Tetraamylose intermediär ein Vertreter der β-Reihe gebildet wird[5]. Diese Wandlungen stehen unter dem Einflusse der labilen γ-Glucosereste in den Polyamylosen, von denen wir noch sprechen werden.

[1] MIEKELEY: Ber. **63**, 1957 (1930).
[2] PRINGSHEIM, WEIDINGER u. SALLENTIEN: Ber. **64** (1931) im Druck.
[3] PRINGSHEIM u. EISSLER: Ber. **46**, 2959 (1913).
[4] PRINGSHEIM u. EISSLER: Ber. **47**, 2565 (1914).
[5] PRINGSHEIM u. STEINGROEVER: Ber. **59**, 1001 (1926).

Der Verteilungszustand der Polyamylosen kann je nach der Art wie auch nach den Bedingungen, unter denen das Lösungsmittel steht, ein verschiedener sein. Die in kaltem Wasser meßbaren Molekulargrößen hatten wir angegeben, in siedendem Wasser geht der molekulardisperse in den kolloiddispersen Zustand über, und Diamylose[1] sowohl wie Triamylose[2] zeigen bei der Ebullioskopie keine Erhöhung des Siedepunktes in Wasser. Noch wesentlich interessanter ist das Verhalten der acetylierten Polyamylosen bei der Kryoskopie in verschiedenen organischen Lösungsmitteln. Hier begegnen wir einem stufenweisen Übergange von dem kolloiddispersen in den molekulardispersen Zustand, der als ausgezeichnetes Modell für das Verhalten der Acetylderivate natürlicher komplexer Polysaccharide dienen kann. In unserem Fall sind wir in der glücklichen Lage, beim Verseifen der drei in Frage kommenden Acetate der α-Polyamylosen die zugehörigen Zucker in gut krystallisiertem Zustande wieder abscheiden zu können, so daß wir im Gegensatze zu den genannten Naturstoffen wie Cellulose, Stärke, Inulin usw. in der Lage sind, den Beweis für den Molekularumfang der den Acetaten zugrundeliegenden Polyamylosen anzutreten, soweit die Umgrenzung des Moleküls bei „aggregierten Kohlenhydraten" im Längszustand überhaupt als etwas Absolutes und nicht als etwas Relatives zu betrachten ist. Eben haben wir analoge Versuche auch mit den Acetaten der β-Reihe ausgeführt.

Nachstehend vereinigen wir unsere kryoskopischen Messungen[3] in verschiedenen organischen Lösungsmitteln: (s. S. 268.)

Aus diesen Untersuchungen geht also hervor, daß Diamyloseacetat in Benzol den Ballungszustand eines Kolloids annimmt, während es in Eisessig entsprechend dem Verteilungszustand der Diamylose in Wasser gelöst ist. So verhält sich das Acetat der Tetraamylose in Benzol; in Eisessig und Phenol aber wird es bis zur Diamylosestufe dispergiert. Dasselbe geschieht auch mit dem Acetat der α-Hexaamylose in Phenol, das andererseits in Eis-

[1] PRINGSHEIM u. GOLDSTEIN: Ber. **56**, 1520 (1923).
[2] PRINGSHEIM u. DERNIKOS: Ber. **55**, 1433 (1922).
[3] PRINGSHEIM u. MEYERSOHN: Ber. **60**, 1709 (1927).

	M ber.	M gef.	in
Diamyloseacetat	576	∞	Benzol
		596,529	Eisessig
Tetraamyloseacetat	1152	1088,1012	Benzol
		528,559	Eisessig
		624,612	Phenol
α-Hexaamyloseacetat	1728	1690	Eisessig
		1705,1687	Naphthalin
		1587	Campher
		509,537	Phenol

essig, Naphthalin und Campher wieder entsprechend dem Molekülumfang von $6 \times C_6$ gelöst ist. Ich glaube, daß wir auf keinem anderen Gebiete der organischen Chemie über eine derartige Versuchsreihe des wechselseitig sich abstufenden Dispergierungszustandes krystallisierter Stoffe verfügen. Auch hier sieht man, wie Eisessig und Phenol zur molekulardispersen Lösung der Acetate komplexer Polysaccharide besonders geeignet sind, wie wir das bei den Acetaten von Naturstoffen der Polysaccharidreihe noch antreffen und diskutieren werden.

Die Konstitution der Polyamylosen ist noch nicht definitiv geklärt. Wir haben schon erwähnt, daß wir die interessante Umwandlung der Vertreter beider Reihen mit Acetylbromid in ein Derivat der Maltose für keinen Beweis dafür ansprechen, daß in den Polyamylosen tatsächlich Maltosebindungen vorhanden sind. Bei der Einwirkung von Phosphorpentabromid auf Diamyloseacetat[1] wurde Aceto-1,6-dibromglucose gebildet und daraus von KARRER für die Diamylose eine symmetrische Formel mit zwei Maltosebindungen abgeleitet. Nachdem wir aber jetzt wissen, daß die Maltose gar keine 6- sondern eine 4-Glucosido-glucose darstellt, ist diese Schlußfolgerung selbst ohne die Einbeziehung von Umlagerungen bei der heftigen Reaktion mit dem Phosphorhalogenid hinfällig. Das Ergebnis der Spaltung der permethylierten β-Hexaamylose[2] in 2,3,6-Trimethylglucose läßt sich unter der

[1] KARRER u. SMIRNOFF: Helv. chim. Acta 5, 181 (1922).

[2] IRVINE, PRINGSHEIM u. MACDONALD: Journ. chem. Soc. London 125, 942 (1924).

Annahme, daß bei der forcierten Methylierung keine Sauerstoffbrückenverschiebungen eingetreten sind, nur im Sinne der Verknüpfung der einzelnen Glucosereste in 1-, oder in 4- bzw. 5-Stellung unter sich in der Hexaamylose deuten. Wir wissen aus den Berechnungen über die Anwendung der HUDSONschen Regel, welche wir denen bei den Stärke-Hexosanen angeschlossen haben (vgl. S. 205), daß in der Triamylose, dem Bauelement der β-Hexaamylose, das die Hexosane aufbauende labile Bruchstück zweimal auftritt. Der dritte Glucoserest muß verschieden konstituiert sein, da die Triamylose sonst identisch mit dem Trihexosan sein würde, es bleibt also für diesen Rest eigentlich nur die mit dem labilen Bruchstück alternierende Konstitution übrig, welche einer normalen Maltosebindung entspricht, das dritte Glucosebruchstück muß also in der beständigen amylenoxydischen Form unter Eingriff des zweiten Glucoserestes in 4-Stellung vorhanden sein. Wären diese Betrachtungen als endgültig anzusehen, so setzte sich die Triamylose aus zwei Amylobiosebindungen und einer Maltosebindung zusammen und die Diamylose müßte ihr unter Herausnahme eines γ-glucosidischen Glucosebruchstückes analog konstituiert sein. Wir geben hier die Formel für die Diamylose, die man sich leicht zur Triamylose ergänzen kann, betonen aber nochmals, daß die Gedankengänge, welche zu ihrer Aufstellung geführt haben, durch die von uns skizzierten Voraussetzungen bedingt sind.

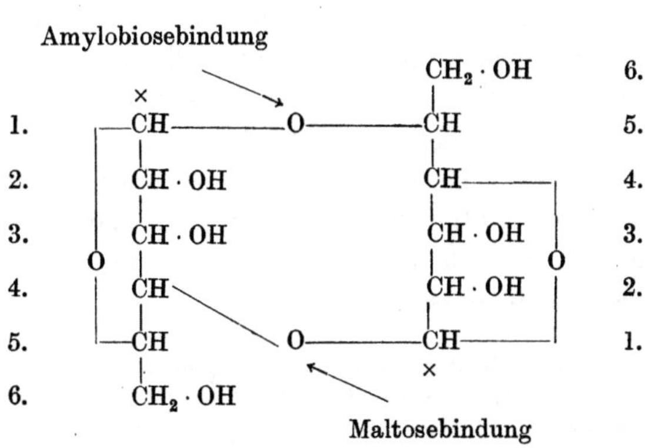

Die Diamylose wäre also 5-Glucosido ⟨1,4⟩ 4-Glucosid ⟨1,5⟩, die Triamylose 5-Glucosido ⟨1,4⟩ 5-Glucosido ⟨1,4⟩ 4-Glucosid ⟨1,5⟩. Sind diese Formulierungen der Polyamylosen richtig, so würde daraus auch die Endgültigkeit der von uns abgeleiteten Formeln der Hexosane, der Amylobiose und der Amylotriose zu schlußfolgern sein.

Der fermentative Abbau der Polyamylosen gelingt weder durch die in der Hefe und im Emulsin vorhandenen spezifischen Fermente der α- und β-Glucosidasen, noch durch die verschiedenen Amylasen pflanzlichen und tierischen Ursprungs[1]. Die endgültige Feststellung, daß die Polyamylosen durch die spezifischen Stärke abbauenden Fermente nicht gespaltet werden, kann als Beweis dafür angesehen werden, daß die im Aufbau der krystallisierten Dextrine vorliegenden Anordnungen der Traubenzuckerreste nicht im Molekül der Stärke auftreten.

Dagegen finden sich in einigen Mycelpilzen spezifische Polyamylasen; solche wurden in den Mycelien von Hyphomyces rosellus und Aspergillus orycae nachgewiesen[1]. Aus dem letztgenannten Pilz wird bekanntlich die Takadiastase dargestellt, deren Fermente später eingehender gegenüber den Polyamylosen geprüft werden[2]. Aus dem Takaferment konnten die genannte Amylase und die Hauptmenge der Maltase durch Adsorption an β-Aluminiumhydroxid entfernt werden, während noch energisch spaltende Polyamylasen gelöst blieben; andererseits gelang eine Adsorption dieser Fermente am Kaolin im schwach alkalischen Gebiete. Wahrscheinlich geht die Spaltung des Takafermentes, die direkt zur Glucose führt, nicht über die Maltosestufe. Die *Kinetik der enzymatischen Polyamylosenspaltung* gehorcht nicht dem Gesetze der monomolekularen Reaktion, sie verläuft vielmehr langsamer, und zwar bei einem Aciditätsoptimum von $p_H = 4{,}5$ entsprechend dem Optimum der Takaamylase und Takamaltase, jedoch mit einem rascheren Abfall der Aktivitäts-p_H-Kurve als im Falle der Takamaltase[3].

---

1 Pringsheim u. Eissler: Ber. **46**, 2959 (1913).
2 Leibowitz u. Mechlinski: Ber. **59**, 2738 (1926).
3 Vgl. Leibowitz u. Mechlinski: Ztschr. physiol. Chem. **154**, 64 (1926).

Es ist anzunehmen, daß in dem Takafermentgemisch zwei verschiedene für die α- und die β-Reihe charakteristische Enzyme vorhanden sind, denn die Spaltung der Tri- und β-Hexaamylose setzt nicht nur mit wesentlich größerer Geschwindigkeit ein als die der Di- und Tetraamylose unter denselben Bedingungen, sie läßt sich auch glatt bis zur 100%igen Glucosebildung zu Ende führen, während bei den α-Polyamylosen durch die hemmende Wirkung der Spaltungsprodukte ein vorzeitiger Stillstand zu beobachten ist.

Das wichtigste Ergebnis des enzymatischen Polyamyloseabbaus ist die Feststellung, daß die Spaltung der Di- und Tetraamylose einerseits wie die der Tri- und Hexaamylose, andererseits innerhalb der Fehlergrenzen auch quantitativ gleich verläuft. Der Grundkörper wird also in beiden Fällen nicht rascher als sein Dimeres gespalten. Dies kann wiederum als ein Modellversuch an krystallisierten Einzelindividuen für die komplexen Polysaccharide aufgefaßt werden. Es stützt die Beobachtung an natürlichen Polysacchariden wie am Inulin und Lichenin, daß nämlich die Naturstoffe in demselben Reaktionsverlauf wie die aus ihnen durch Teilchenverkleinerung gewinnbaren Bauelemente fermentierbar sind. Von den zwei möglichen Wegen, die für den enzymatischen Abbau komplexer Polysaccharide skizziert wurden[1] — primäre Desassoziation, der die eigentliche hydrolytische Spaltung erst folgt, oder direkter Eingriff des hydrolysierenden Ferments in das assoziierte Molekül unter automatischem Zerfall des Komplexes als Folge der Veränderung seines Grundkörpers — trifft also offenbar allgemein der zweite zu.

Zur Stärkebildung im Dunklen sind die Polyamylosen, wie an entstärkten Spyrogyra-Fäden festgestellt wurde[2], ungeeignet. Dagegen ist der Diabetiker imstande[3], sie zu verbrennen, ohne daß Vermehrung der Zuckerausscheidung oder Anstieg des Blutzuckers einsetzt.

---

[1] Pringsheim: Naturwiss. **13**, 1084 (1925).

[2] Pringsheim u. Müller: Zeitschr. f. physiol. Chem. **118**, 236 (1922).

[3] v. Hoesslin u. Pringsheim: Zeitschr. f. physiol. Chem. **131**, 168 (1923). Münchner med. Wochenschr. **1927**, 95.

Amylosane.

Im Laufe der letzten Jahre ist es uns gelungen, mehrere neue Vertreter der Polyamylosen zu isolieren[1], die wir aus gleich zu erörternden Gründen Amylosane genannt haben. Wir isolierten hierbei wieder Körper der α- und β-Reihe mit ihren charakteristisch gefärbten Jod-Additionsprodukten und stellten des weiteren fest, daß auch die neuen Polyamylosen die Eigenschaft besitzen, mit organischen Lösungsmitteln wie Trichloräthylen Molekular-Bindungen zu bilden, die in Wasser schwer löslich sind.

Löst man Tetraamylose in Formamid von einem Mindestschmelzpunkt von + 1,8°, so gewinnt man aus der Lösung durch Fällen mit Alkohol in 80%iger Ausbeute einen krystallisierten Stoff, der in wäßriger Lösung das Molekulargewicht eines Glucoseanhydrids zeigt und den wir deshalb *α-Amylosan* genannt haben. Die fehlenden 20% der eingebrachten Tetraamylose lassen sich nach Abdestillieren des Formamids gewinnen und in rhombischen Kristallen erhalten. Durch sein in braunroten prismatischen Säulen gewinnbares Jod-Additionsprodukt charakterisieren sie sich als zugehörige der β-Reihe. Der Körper wurde deshalb *β-Amylosan* genannt. Er läßt sich in quantitativer Ausbeute in analoger Weise aus der β-Hexaamylose gewinnen und zeigt im Gegensatze zum α-Amylosan in Wasser wie auch in Formamid die Molekulargröße eines Disaccharidanhydrids.

Eine eigenartige Beobachtung machten wir beim Erhitzen der wäßrigen Lösungen unserer Amylosane. Es trat nämlich hierbei ein Abfall im Drehwerte ein und zwar in beiden Fällen um etwa 25°, worauf wieder kristallisierte Präparate erhalten wurden, die wir *α- und β-Isoamylosane* nannten und die nun wiederum die charakteristischen Jodprodukte lieferten. Diese Isoamylosane zeigten nun im Gegensatze zu den Amylosanen in Wasser eine ausgesprochene Neigung zur Molekularaggregation. Bei gewöhnlicher Temperatur strebt der Verteilungszustand nach und nach dem kolloiddispersen zu in einer besonders interessanten Übereinstimmung zu dem Verhalten der künstlich von uns aus

[1] PRINGSHEIM, WIENER u. WEIDINGER: Ber. **63**, 2628 (1930).

komplexen Polysacchariden gewonnenen Desaggregationsprodukte von Lichenin, Salepmannan, Stärke, Glykogen und Inulin. Bei den Isoamylosanen hat uns also zum ersten Male der Weg aufwärts geführt, den wir bei den natürlichen Polysacchariden abwärts beschritten hatten, so daß uns hier allem Anscheine nach der Aufbau zweier künstlicher komplexer Polysaccharide, der *Poly-isoamylosane*, gelungen ist.

Soeben[1] gelang uns nun die Gewinnung zweier neuer Zugehöriger dieser Körperklasse, nämlich durch sechsstündiges Erhitzen der Lösungen von Tetraamylose bzw. β-Hexaamylose in Formamid auf dem Wasserbade. Wir nennen diese Körper *α- und β-Alloamylosane* und bestimmten die Molekulargröße des α-Produktes in Wasser wieder einem Hexosananhydrid entsprechend, während die Schwerlöslichkeit des β-Alloamylosans die direkte Ermittlung seiner Molekulargröße verhinderte. Dieser Körper ist in Wasser sogar noch viel schwerer löslich als Triamylose und β-Hexaamylose, so daß uns die Gewinnung seines Jod-Additionsproduktes nicht gelungen ist. Dagegen kristallisierte das Jodprodukt des α-Alloamylosans in einer von den anderen Polyamylosen etwas abweichenden Form nämlich in schwarzgrünen Prismen.

Alle diese Körper (wie auch ihre Acetate) sind schön kristallisiert, wovon man sich in den Mikrophotogrammen unserer Veröffentlichung überzeugen kann. Wir stellen ihre Eigenschaften in nachstehender Tabelle zusammen (Tab. 18, S. 274):

Ferner stellten wir noch folgende Eigenschaften fest: während nach den Untersuchungen des Herrn Dr. MICHAEL β-Hexaamylose fast geschmacklos ist und Triamylose ausgesprochen süß schmeckt, und zwischen Di- und Tetraamylose nur ein sehr geringer Unterschied in der Helligkeit des Geschmackes zugunsten der Tetraamylose zu beobachten war, ist α-Amylosan ausgesprochen süßer als β-Amylosan. Als Fermentsubstrate verhielten sich die Amylosane und Isoamylosane ganz analog zu den Polyamylosen, d. h. sie wurden bisher nur durch die Takafermente gespalten

[1] PRINGSHEIM, WEIDINGER u. OHLMEYER: Ber. 64. 1931 im Druck.

Tabelle 18. **Amylosane**[1].

	Drehung in Wasser	Mol.-Gew. in Wasser	Jodprodukte	Acetate: Drehung in Chloroform	Acetate: Mol.-Gewicht
α-Amylosan	+147°	C_6-Stufe	metallglänzende grüne Nadeln*	+123°	C_6-Stufe in Eisessig
α-Isoamylosan	+132°	⟶ ∞		+105°	
α-Alloamylosan	+139°	C_6-Stufe	schwarzgrüne Prismen	+112°	3 × C_6-Stufe in Dioxan
β-Amylosan	+175°	2 × C_6-Stufe	rotbraune Prismen*	+131°	C_6-Stufe in Eisessig
β-Isoamylosan	+150°	⟶ ∞		+120°	
β-Alloamylosan	+145°**	?	?	+124°	3 × C_6-Stufe in Dioxan

* wie bei α- und β-Polyamylosen ** in Pyridin-Wasser 7:3.

und zwar hier in noch viel ausgesprochener Weise die β Präparate stärker als die der α-Reihe.

Zum Schluß ist noch von besonderem Interesse, daß das α-Amylosan, trotzdem sein Molekülumfang einem reinen Glukosan entspricht, durch die schon besprochene Methode von KARRER mit Acetylbromid in Hepacetylmaltose umwandelbar war, was in diesem Falle nur durch die Kondensation zweier Zuckerreste gedeutet werden kann.

[1] PRINGSHEIM, WIENER u. WEIDINGER: Ber. **63**, 2628 (1930). — PRINGSHEIM, WEIDINGER u. OHLMEYER: Ber. **64** (1931) im Druck.

VIII. Inulin, Hemicellulosen und stickstoffhaltige Polysaccharide.

Das Inulin wurde im Jahre 1804 von ROSE entdeckt. Es vertritt die Stärke in zahlreichen Pflanzen als Reservematerial und findet sich bisweilen vergemeinschaftet mit anderen Vertretern der Inulingruppe besonders in unterirdischen Speicherorganen, fehlt aber da, wo es reichlich vorhanden ist, auch in oberirdischen Organen nicht[1] und soll manchmal selbst in Samen[2], z. B. der Cichorie in kleinen Mengen zugegen sein.

Am verbreitetsten ist das Inulin bei den Compositen und diesen nahe verwandten Pflanzengruppen, wo es die Stärke völlig vertritt und sich während der winterlichen Ruheperiode in Rhizomen und Knollen anhäuft; in Inula Helium wurde es bis zu 44%, bei Dahlia bis zu 42% der Trockensubstanz gefunden[3]; doch findet es sich auch bei anderen Pflanzengattungen und ist selbst bei Algen beobachtet worden[4]. Zur Darstellung geht man meist von Dahlien- oder Topinamburknollen aus, auch Artischocken sind nicht ungeeignet.

In neuerer Zeit bringt man der Gewinnung von Inulin in größerem Maßstabe als Ausgangsstoff für Fructose, welche als leichter verbrennbarer Zucker für Zuckerkranke verwandt wird, mehr Interesse entgegen. So wurde gefunden[5], daß der Inulinertrag von Dahlien gesteigert werden kann, wenn man die Blütenknospen ausbricht, die Pflanze also nicht zur vollen Blüte kommen läßt. Die Pflanze bildet dann sehr viel mehr Knollen aus: Gewöhnliche Dahlien gaben im Durchschnitt je Hektar 210 kg mit 12% Inulin, Dahlien ohne Blüten 400 kg mit 13% Inulin, was eine

---

[1] COLIN: Compt. rend. Acad. Sciences **179**, 1186 (1924); Bull. soc. biolog. **7**, 173 (1925).

[2] GRAFE u. VOUK: Biochem. Ztschr. **43**, 424 (1912).

[3] DRAGENDORF: Materialien zu einer Monographie des Inulins. Petersburg 1870.

[4] Vgl. die Tabelle bei CZAPEK: Biochemie der Pflanzen Bd. I, S. 458. Jena 1913.

[5] PIRSCHLE: Gartenflora **79**, April 1930.

Ertragssteigerung von 25,8 auf 52, also auf mehr als das Doppelte bedeutet. Meist bedient man sich der von KILIANI[1] angegebenen Methode: Man kocht das zerriebene Material unter Zusatz von etwas Kreide, enteiweißt mit Bleiessig und friert das Inulin aus. Reduzierende Begleitstoffe sind häufig, z. B. durch Umfällen mit Alkohol schwer zu entfernen, weshalb man einen Umweg über die Bariumverbindung einschlagen kann[2]. Eine Methode zur Gewinnung von sehr reinem Inulin, die allerdings etwas umständlich ist, stammt von IRVINE[3].

Das Inulin kann durch Umlösen aus 60 bis 70° warmem Wasser in weißen doppelbrechenden Sphärokrystallen erhalten werden[4]. Nach einer neueren Angabe[5] wird diese Krystallform nur erhalten, wenn die Inulinlösung auf 94—95° erhitzt wurde, sonst soll es sich in Nadelform ausscheiden. Die spezifische Drehung des Inulins in wäßriger Lösung wird zwischen —31 und —40° angegeben. Besonders will TANRET[6] durch die Abtrennung niedrig drehender Begleitstoffe zu einem Inulin von —40° Drehung gekommen sein. Schon DEAN[7] konnte das nicht bestätigen und auch mir[8] ist die Gewinnung der von TANRET beschriebenen Inuline nicht gelungen; ich halte sie für Inulindextrine, die im pflanzlichen Stoffwechsel als fermentative Zwischenstoffe entstehen[9]. Ihr Auftreten hängt offenbar sehr von der Jahreszeit und anderen unkontrollierbaren Umständen ab, so daß ihre Auffindung unsicher ist.

Nun muß allerdings in Berücksichtigung gezogen werden, daß das aus verschiedenen Pflanzen isolierte Inulin nicht ein-

---

[1] KILIANI: Liebigs Ann. **205**, 145 (1880).

[2] Vgl. die Zusammenstellung von PRINGSHEIM u. LEIBOWITZ bei OPPENHEIMER-PINCUSSEN: Die Methodik der Fermente S. 288. Leipzig 1927.

[3] IRVINE u. STEELE: Journ. chem. Soc. London **117**, 1474 (1920).

[4] BÉCHAMP: Bull. Soc. chim. France [3] **9**, 227 (1893).

[5] HOCHE: Zeitschr. d. Vereins d. dtsch. Zuckerind. **1926**, 821.

[6] TANRET: Bull. Soc. chim. France [3] **9**, 200, 227, 625 (1893); Compt. rend. Acad. Sciences **116**, 514; **117**, 50 (1893).

[7] DEAN: Journ. Amer. chem. Soc. **32**, 69 (1904).

[8] PRINGSHEIM u. ARONOWSKY: Ber. **54**, 1281 (1921).

[9] PRINGSHEIM u. KOHN: Ztschr. physiol. Chem. **133**, 80 (1924).

heitlich sein kann, da die einzelnen Präparate in ihrer Drehung stark voneinander abweichen und einen negativen Drehwert zwischen 31 und 40° zeigen, ohne daß hierbei jedoch eine Übereinstimmung mit den Ausgangsstoffen wie Dahlie, Cichorie, Topinambur usw. zu beobachten wäre. Auch nach den angegebenen Reinigungsverfahren, z. B. dem besten, von IRVINE beschriebenen, gelangt man nicht immer zu dem höchstdrehenden Inulin, bisweilen bleibt der Drehwert bei — 37° stehen und es ist schwer zu entscheiden, ob hierfür eine mangelhafte Abtrennung von Begleitstoffen Inulin-artiger Natur oder eine Uneinheitlichkeit des Inulins verantwortlich zu machen sei. Auf letzterem Standpunkt steht SCHLUBACH[1]. Er hält das Inulin für ein wechselndes Gemisch hochmolekularer Polylävane, wobei er als Lävan das Fructoseanhydrid ⟨1,2⟩, ⟨2,5⟩ bezeichnet, das als Baustein im Molekül des Inulins regelmäßig wiederkehrt, worauf wir zurückkommen.

In einer interessanten Tabelle, welche wir hier wiedergeben, stellt SCHLUBACH die bisher in der Natur aufgefundenen polymeren Fructoseanhydride zusammen. (Tab. 19, S. 278.)

Wir führen die dazugehörige Literatur mit an, weil auf diesem Gebiete noch viel Arbeit zu leisten ist.

Diese Zusammenstellung wäre noch durch das aus den Rhizomen von Iris isolierte Irisin zu ergänzen, dessen Drehung EULER[2] zu — 52° angibt.

Von besonderer Wichtigkeit für die Beurteilung des Inulins ist nun die schon von TANRET aufgebrachte und in neuerer Zeit von HILDT[3] ergänzte Auffassung, daß im Inulin neben der Fructose auch Glucose vorhanden sei. TANRET nimmt ein Mischungsverhältnis von 12 Fructose- zu 1 Glucoseresten an. Der Nachweis der Glucose in den Säurehydrolysaten des Inulins ist nun in der Tat SCHLUBACH auf verschiedenen Wegen einwandfrei gelungen. Auch in Amerika ist dieser Befund in neuerer Zeit experimentell

---

[1] SCHLUBACH u. ELSNER: Ber. **62**, 1493 (1929).
[2] VON EULER u. ERDTMANN: Ztschr. physiol. Chem. **145**, 261 (1925).
[3] HILDT: Compt. rend. Acad. Sciences **170**, 1505 (1920).

Tabelle 19. **Fructose-anhydride** $(C_6H_{10}O_5)_x$.

x	Name	Wasser-Löslichkeit bei 20°	Mol.-Gew. in Wasser	$[\alpha]_D$ in Wasser	Vorkommen
1	Fructose-anhydrid[1]	∞	162	— 8,9	synthetisch
2	Di-fructose-anhydrid[1]	l. l.[2]	324	— 25,0	„
	Sinistrin A[3]	l. l.	310	— 25,3	Scilla maritima
	β-Lävulin[4]	l. l.	—	— 24,0	Roggen, Hafer
	β-Lävulan[4]	l. l.	—	— 25,0	Raygras
4	Sinistrin B[3]	l. l.	670	— 30,6	Scilla maritima
	Lävusin[5]	l. l.	652	— 36	Roggen, Weizen, Gerste
6	Triticin[6]	l. l	855-1004	— 36 ?-41	Triticum repens
8	Graminin[6]	—	1314	— 44,4	Trisetum alpestre
10	Inulenin[7]	1:9	1645	— 29,6	Topinambur
über 10	Inuloid[8]	1:50	—	— 34,6	„
	Pseudo-inulin[9]	1 : 350	2538	— 32	„
	Inulin[10]	1:10000	4800—5000	— 39,5	Kompositen

belegt worden[11]. SCHLUBACH hat die Frage offen gelassen, ob die Glucose als ein Konstituent des Inulinmoleküls aufzufassen sei, oder ob mit der Möglichkeit gerechnet werden müsse, daß bei der Freilegung der h-Fructose ein Teil unter der Einwirkung der Säure in Glucose umgewandelt wird, zumal nach den Untersuchungen

[1] SCHLUBACH u. ELSNER: Ber. **61**, 2359 (1928).
[2] l. l. = leicht löslich.
[3] SCHLUBACH u. FLÖRSHEIM: Ber. **62**, 1491 (1929).
[4] SCHULZE u. FRANKFURT: Ber. **27**, 65 (1894); Ztschr. physiol. Chem. **20**, 511 (1895); **27**, 267 (1899).
[5] TANRET: Bull. Soc. chim. France [3] **5**, 724 (1891).
[6] EKSTRAND u. JOHANSEN: Ber. **20**, 3310 (1887). — EKSTRAND u. MAUZELIUS: Chem.-Ztg. **13**, 1302, 1337 (1889).
[7] TANRET: Bull. Soc. chim. France [3] **9**, 200 (1893).
[8] POPP: Liebigs Ann. **156**, 190 (1870).
[9] TANRET: Bull. Soc. chim. France [3] **9**, 200 (1893).
[10] TANRET: Bull. Soc. chim. France [3] **9**, 227 (1893).
[11] JACKSON u. GOERGEN: Bureau of Standards Journ. of Research. **3**, 27 (1929).

von BOURQUELOT[1] bei der enzymatischen Hydrolyse des Inulins keine Glucose auftritt. Wir haben diesen Befund soeben eingehend nachgeprüft[2] und bestätigt. Da uns jedoch mit Hilfe der Inulinase aus Schimmelpilzen ebenso wie übrigens auch den französischen Forschern keine quantitative Aufsprengung des Inulinmoleküls geglückt ist, so ist noch unentschieden, ob die Glucose nicht in den etwa 10% des ungespaltenen Rückstandes verblieben war. Man muß also noch an der schon von TANRET vertretenen Auffassung festhalten, daß in der Gruppe der Polylävane zunehmende Schwerlöslichkeit mit absinkendem Glucosegehalt verbunden ist. Noch mehrere andere Beobachtungen sprechen dafür, daß das Inulin nicht gleichmäßig aus Fructoseresten zusammengesetzt ist.

Besonders bemerkenswert ist die von den genannten amerikanischen Forschern gemachte Beobachtung, daß in den Inulin-Hydrolysier-Rückständen ein vergleichsweise sehr resistentes Difructoseanhydrid vorhanden ist, welches sowohl als solches, wie auch in Gestalt seines Acetates in schön krystallisierter Form isoliert werden konnte, es wurde Difructoseanhydrid I genannt und zeigte die positive Drehung von 27°. Die Isolierung dieses Körpers gelang uns inzwischen aus den Rückständen der technischen Inulinhydrolyse, die bei der Gewinnung von Fructose aus Inulin zurückgeblieben waren[3]. Neuestens[4] wurden aus den Mutterlaugen noch zwei weitere krystallisierte Anhydride der Fructobiose von der Drehung + 14 bzw. + 135,6° isoliert. Die amerikanischen Forscher ziehen hieraus den Schluß, daß dem Inulin ein mittleres Molekulargewicht von 18000 zukommt. Natürlich ist nicht zu sagen, ob die interessanten Difructose-Anhydride nicht unter dem Einfluß der Säurehydrolyse gebildete Reversionsprodukte des labilen Fructosebruchstückes des Inulins darstellen. Da aber Inulin von verschiedenen Pflanzen immer etwa 5% der refraktären Difruktoseanhydride — und da-

[1] BOURQUELOT u. BRIDEL: Compt. rend. Acad. Sciences **172**, 946 (1921).
[2] PRINGSHEIM u. REILLY: Ber. **63**, 2636 (1930).
[3] PRINGSHEIM u. HENSEL: Ber. **64** (1930) im Druck.
[4] JACKSON u. MACDONALD: Journ. Amer. chem. Soc. **1931** im Druck.

neben 3% Glucose — liefern und daran auch durch Fraktionierung des Inulins nichts geändert wird, da ferner andere dem Inulin verwandte Polylävane die Anhydride nicht liefern, so nimmt JACKSON an, daß sie integre Bestandteile des Inulin-Moleküls sind[1]. Hierfür spricht nun ferner, daß von uns nach eben gewonnenen Resultaten auch aus dem Rückstand der Fermenthydrolyse ein schön krystallisiertes Lävanacetat erhalten wurde, das mit dem Difruktoseanhydrid-acetat I nicht identisch ist. Ob es sich um einen der beiden andern JACKSONschen Körper handelt, muß die Zukunft zeigen. Der Meinung von der Einheitlichkeit des Inulins scheint HAWORTH zuzuneigen[2], der glaubt, daß es nicht leicht zu reinigen sei.

Die Frage nach der Einheitlichkeit des Inulins kann noch nicht als endgültig geklärt gelten. Auf der einen Seite stehen die abweichenden Drehwerte und die mitgeteilten Beobachtungen, auf der anderen werden wir Reaktionen kennen lernen, die es gestatten, das Inulinmolekül bis zur Größe seines Difructose-Anhydrid-Bauelementes, und zwar ohne Veränderung des Drehwertes zu verkleinern, was mit der Auffassung von einem heterogen zusammengesetzten Inulin aus Fructose- und Glucoseresten wechselnder Zahl schwer ins Einvernehmen zu bringen ist. SCHLUBACH steht auf dem Standpunkt, daß die verschiedenen in der Tabelle angeführten Polylävane im Sinne STAUDINGERS (vgl. das Konstitutionskapitel) eine polymer-homologe Reihe bilden und daß alle Abbauprodukte des Inulins eine veränderte, und zwar mit fallendem Molekulargewicht ansteigende Drehung zeigen. Wir sind im Gegensatze dazu der Auffassung, daß eine Teilchenverkleinerung des Inulinmoleküls ohne Drehungsänderung möglich ist und daß eine Abbaureaktion, wie die von PICTET[3] durchgeführte, bei der der Drehwert bei Erhitzen des Inulins in Glycerin von — 37 auf — 24° zurückgeht, mit unkontrollierbaren Umlagerungen verbunden ist.

---

[1] JACKSON u. MAC DONALD: Bureau of Standards Journ. of Research. 5, 1151 (1930).

[2] HAWORTH: Ber. f. d. 10. Konferenz d. Union Internationale d. Chimie. Lüttich 1930.

[3] VOGEL u. PICTET: Helv. chim. Acta 11, 215 (1928).

Meist wird ein gut gereinigtes Inulin eine Linksdrehung von 35—36° zeigen und in der Kälte in FEHLINGscher Lösung nicht reduzieren, beim Kochen aber nach drei Minuten ein Reduktionsvermögen entsprechend 0,3 bis 0,4% Fructose anzeigen. Auch beim längeren Kochen in Wasser tritt nach und nach, besonders nach der Entfernung schwach alkalischer Aschebestandteile, beträchtliche Hydrolyse ein[1], woraus der Schluß gezogen wurde, daß Molekulargewichtsbestimmungen nach der Siedepunktmethode bei diesem Polysaccharid wenig Wert haben dürften.

Das Inulin ist sehr hygroskopisch und tritt im allgemeinen in lufttrockenem Zustande mit 10% Wasser entsprechend der Zusammensetzung $C_6H_{10}O_5$, H_2O zusammen. Dieses Wasser läßt sich jedoch entgegen den Angaben von BERNER[2] beim Trocknen im Vakuum über Phosphorpentoxyd ohne Zersetzung des Inulins restlos entfernen, so daß das Polysaccharid im wasserfreien Zustand zur Molekulargewichtsbestimmung in wasserfreien Lösungsmitteln verwendbar ist.

Das Inulin färbt sich nicht mit Jod, löst sich in kaltem Wasser bei 15° in 10000 Teilen, ist jedoch in heißem Wasser beträchtlich löslich und scheidet sich aus seiner klaren nicht opalisierenden Lösung nur ganz allmählich wieder aus; manchmal weiß man nicht, warum selbst beim Einimpfen von Inulinsphäriten keine Krystallisation erfolgt.

Das Inulinnatrium, dessen Zusammensetzung je nach der Konzentration des zu seiner Fällung verwandten Alkohols aus der Lösung von Inulin in Natronlauge zu $C_6H_{10}O_5$, NaOH[3] $(C_6H_{10}O_5)_2$, NaOH[4] oder auch zu $(C_6H_{10}O_5)_3$, NaOH[5] angegeben wird, rechtfertigt nicht die früher gelegentlich aus seiner Zusammensetzung abgeleiteten konstitutionellen Schlüsse; einheitlich läßt sich nach TANRET das Inulinbarium von der Zusammen-

[1] DREW u. HAWORTH: Journ. chem. Soc. London **1928** 2690.
[2] BERNER: Ber. **63**, 1356 (1930).
[3] KARRER, STAUB u. WÄLTI: Helv. chim. Acta **5**,130 (1922).
[4] PFEIFFER u. TOLLENS: Liebigs Ann. **210**, 285 (1882).
[5] PRINGSHEIM u. ARONOWSKY: Ber. **55**, 1414 (1922).

setzung $(C_6H_{10}O_5)_4\ Ba(OH)_2$ darstellen. In flüssigem Ammoniak wurde ein Inulinnatrium $C_6H_9O_5\,Na$ und ein entsprechendes Kaliumsalz gewonnen[1].

Die Methylierung des Inulins zum Zwecke der Konstitutionsaufklärung wurde zuerst von IRVINE[2] und KARRER[3], welche mit Dimethylsulfat und Alkali bis zu 39—40% Methoxyl, durch vielfaches Nachmethylieren mit Jodmethyl und Silberoxyd zum Trimethylinulin gelangten. Bei der Hydrolyse des permethylierten Inulins gewann IRVINE die 3,4,6-Trimethylfructose und er wies nach, daß die Fructose im Inulin in derselben labilen Form wie im Rohrzucker vorhanden ist. Diese Versuche wurden später von HAWORTH[4] erweitert und ergänzt. Er gibt an, daß es ihm gelungen sei, die rechtsdrehenden Nebenprodukte, welche IRVINE beobachtete, zu vermeiden und zu einem anscheinend einheitlichen Trimethylinulin zu gelangen. Die daraus durch Spaltung mit Oxalsäure gewonnene Trimethylfructose gab nach der Oxydation das krystallisierte Amid ihrer Lactonsäure, gleichfalls in Übereinstimmung mit dem entsprechenden Produkte aus Rohrzucker, für das die furoide Konstitution bewiesen ist. Das Inulin setzt sich also aus Fructo-Furanose-Bausteinen zusammen.

In einer neueren Arbeit über die Molekularstruktur des Inulins stellt IRVINE fest[5], daß die von HAWORTH beschriebenen Methylierungsversuche noch keine restlose Lösung des Inulinproblems bedeuten. Es hat sich nämlich ergeben, daß die schlechte Ausbeute von nur 80% der Theorie, die man bei der Überführung von Trimethylinulin in Trimethyl-γ-Fructose im Höchstfalle erreicht, zurückzuführen ist auf die Bildung einer Trimethylanhydrofructose, die man auf verschiedene Weise erhalten kann. Sowohl das Acetat wie die freie Anhydrofructose wurden krystallinisch gewonnen. Die Struktur dieser Anhydrofructose bedarf noch der Aufklärung. Jedenfalls ist sie mit dem Difructose-

[1] SCHMID u. BECKER: Ber. 58, 1966 (1925).
[2] IRVINE u. STEELE: Journ. chem. Soc. London 117, 1474 (1920). — IRVINE, STEELE u. SHANNON: Journ. chem. Soc. London 121, 1060 (1922).
[3] KARRER u. LANG: Helv. chim. Acta 4, 249 (1921).
[4] HAWORTH u. LEARNER: Journ. chem. Soc. London 1928, 619.
[5] IRVINE u. STEVENSON: Journ. Amer. chem. Soc. 51, 2157 (1929).

anhydrid von JACKSON nicht identisch[1]. IRVINE zieht aber aus seinen Versuchen den Schluß, daß das Inulin nicht einheitlich aufgebaut ist, sondern mindestens aus zwei Komponenten im Verhältnis von 4:1 besteht. Ob diese Anhydridbildung nicht ähnlich wie die der von JACKSON gewonnenen Difructose-anhydride zu erklären sein dürfte, muß erst in Zukunft festgestellt werden.

Das Inulin läßt sich mit Essigsäure-Anhydrid und Pyridin leicht in sein Triacetat verwandeln[2], welches neuerdings[3] durch vielfaches Umlösen aus Methylalkohol oder schneller durch einmaliges Umkrystallisieren aus einer Mischung von drei Teilen Methylalkohol und einem Teil Eisessig und nachheriges Krystallisieren aus Methylalkohol in mikrokrystallinischem Zustande als Aggregat kleinster spitznadeliger Kryställchen zu erhalten war. Die krystallographische Untersuchung von H. SEIFERT ist in der angegebenen Veröffentlichung zu finden. Bei der Verseifung des Inulinacetates wurde schon vor Jahren ein Inulinpräparat zurückgewonnen, daß nach den Untersuchungen von HERZOG[4] dasselbe Röntgenspektrum wie das ursprüngliche Inulin zeigt. Ferner wurde der Identitätsbeweis dadurch erbracht, daß beide Präparate in der Kinetik der fermentativen Spaltung durch das gleiche Pilzenzym übereinstimmten[5].

Die Geschichte der Molekulargewichtsbestimmung des Inulinacetates verdient eine besondere Schilderung, weil an diesem Präparate zum ersten Male der Versuch gemacht wurde, den Molekülumfang eines komplexen Polysaccharids auf indirektem Wege zu bestimmen[3]. Vor neun Jahren wurde aus dem kryoskopischen Befunde in Eisessig, Phenol und Naphthalin[4] wie nach der BARGER-RASTschen Methode[6] der Schluß gezogen, daß sich das Inulin aus neun Fructoseresten aufbaut, zumal am Dimethyl- und Tri-

---

[1] JACKSON u. GOERGEN: Bureau of Standards Journ. of Research **5**, 733 (1930).
[2] PRINGSHEIM u. ARONOWSKY: Ber. **54**, 1281 (1921); **55**, 1414 (1922).
[3] PRINGSHEIM u. HENSEL: Ber. **63**, 1096 (1930).
[4] Bei PRINGSHEIM u. ARONOWSKY: Ber. **54**, 1283 (1921).
[5] PRINGSHEIM u. PEREWOSKY: Ztschr. physiol. Chem. **153**, 138 (1926).
[6] PRINGSHEIM u. LASSMANN: Ber. **55**, 1409 (1922).

methylinulin in Phenol übereinstimmende Molekulargewichtsbestimmungen ausgeführt wurden[1]. Inzwischen aber fand BERGMANN[2] den Verteilungszustand des Inulinacetates in Eisessig bei größerer Verdünnung bimolekular. In der Tat konnte gezeigt werden[3], daß der Verteilungszustand des Inulinacetates in 3%iger Lösung in Eisessig dem neunfachen, in 0,4—1,6%iger Lösung aber dem dimeren Zustand entspricht. Dieser Wert wurde neuerdings in der genannten Arbeit mit HENSEL bestätigt, wobei auf die möglichen Fehlerquellen bei der Kryoskopie geachtet wurde.

Eigentümlicherweise ist jedoch die Entwicklung auch bei diesen Feststellungen nicht stehengeblieben. HESS[4] sowohl wie BERGMANN[5] beobachteten in noch verdünnteren Lösungen eine Dispergierung bis zur Fructose-anhydrid-Stufe, wobei zwischen den beiden Forschern eine Unstimmigkeit bezüglich der Reassoziation im Eisessig herrscht, die HESS beobachtete, BERGMANN aber nicht reproduzieren konnte. Wenn man die noch zu besprechenden Beweise, daß die Individualgruppe des Inulins einem dimeren Fructosebaustein entspricht, berücksichtigt, so kann wohl angenommen werden, daß die Gefrierpunktsermittlungen bei den hier verwandten extremen Verdünnungen durch unübersehbare Komplikationen beeinflußt worden sind.

Die micellare Größe des Inulins selbst in Wasser ist schon vor Jahren mit wechselnden Ergebnissen bestimmt worden, wobei von BROWN und MORRIS, DÜLL und LINTNER wie TANRET[6] sehr hohe Werte gefunden wurden, während KILIANI[7] ein Molekulargewicht von sechsmal $C_6H_{10}O_5$ beobachtete, welches mit neueren kryoskopischen und ebullioskopischen Messungen, die etwa siebenmal $C_6H_{10}O_5$ entsprachen[8], ganz gut übereinstimmt. Großer Wert ist

---

[1] KARRER u. LANG: Helv. chim. Acta 4, 249 (1921).
[2] BERGMANN u. KNEHE: Liebigs Ann. **449**, 301 (1926).
[3] PRINGSHEIM u. FELLNER: Liebigs Ann. **462**, 231 (1928).
[4] HESS u. STAHN: Liebigs Ann. **454**, 106 (1927).
[5] BERGMANN, KNEHE u. VON LIPMANN: Liebigs Ann. **458**, 93 (1927).
[6] Literatur bei KARRER: Polymere Kohlenhydrate. S. 244.
[7] KILIANI: Liebigs Ann. **205**, 145 (1880).
[8] PRINGSHEIM u. FELLNER: Liebigs Ann. **462**, 231 (1928). — PRINGSHEIM u. REILLY: Ber. **61**, 2018 (1928).

diesen Zahlen jedoch nicht beizumessen, denn es läßt sich zeigen, daß der Verteilungszustand des Inulins in Wasser ohne hydrolytische Einflüsse unter Beibehaltung des Drehwertes verhältnismäßig leicht zu beeinflussen ist. Schon vorheriges Lösen in Wasser gibt ein Inulin von vergleichsweise niedrigem Ballungszustand, der erst nach längerer Zeit beim Lagern wieder soweit zurück geht, daß schließlich kolloid-disperse Lösungen erhalten werden[1].

Eine noch weitergehende Dispergierung des Inulins läßt sich auf verschiedenen Wegen erreichen. Zuerst gelang das mit FELLNER durch Erhitzen des Inulinacetates in Tetralin bei hohen Temperaturen, wobei in Relation zu dem angewandten Erhitzungsgrade ein stufenweiser Abfall des Verteilungszustandes zu beobachten war, wie das aus nachstehender Tabelle hervorgeht.

Tabelle 20.

				Inulinacetat erhitzt auf:							
				250°		260°		290°			
Inulin				Verseifte Acetate							
Ebullioskopisch		Kryoskopisch		Kryoskopisch				Kryoskopisch		Ebullioskopisch	
Konz. Proc.	Mol.-gew.	Konz. Proc.	Mol.-gew.	Konz. Proc.	Mol.-gew.	Konz. Proc.	Mol.-gew.	Konz. Proc.	Mol.-gew.	Konz. Proc.	Mol.-gew.
0,8	1091	1,1	1172	0,6	576	0,8	457	0,6	339	0,65	331
1,6	1038	—	—	0,9	635	1,36	461	1,7	316	1,9	329
$7 \times C_6H_{10}O_5 = 1134$				$4 \times C_6H_{10}O_5 = 648$		$3 \times C_6H_{10}O_5 = 486$		$2 \times C_6H_{10}O_5 = 324$			

Offenbar sind bevorzugte Aggregationsstufen 4 ×, 3 ×, 2 × $C_6H_{10}O_5$ vorhanden, auf deren Bedeutung für die Konstitution wir noch zurückkommen. Schließlich hält die Teilchenzerschlagung bei der Disaccharidstufe nicht nur im gefrierenden sondern

[1] DREW u. HAWORTH: Journ. chem. Soc. London **1928**, 2690. — HAWORTH u. HIRST: Ann. Reports Chem. Soc. London **25**, 67, u. zwar 108 (1928). — PRINGSHEIM, REILLY u. DONOVAN: Ber. **62**, 2378 (1929).

auch im siedenden Wasser an. Ein analoger Abbau läßt sich auch durch siebenstündiges Kochen einer Lösung von Inulinacetat in Chloroform in Gegenwart von 0,2%iger Benzolsulfosäure erreichen[1].

Eine direkte Molekulargewichtsbestimmung des Inulins in einem anderen Lösungsmittel als Wasser wurde zuerst in Ammoniak ausgeführt[2], wobei gleichfalls gut auf ein Difructoseanhydrid stimmende Werte gefunden wurden. BERGMANN[3] hat gezeigt, daß sich das Inulin aus dem flüssigen Ammoniak in unverändertem Zustande zurückgewinnen läßt, und SCHMID[4] bewies dadurch, daß Lösungen von Inulin (wie auch von Glykogen) in flüssigem Ammoniak die gleiche Leitfähigkeit wie das reine Lösungsmittel besitzen, daß die gemessenen Depressionen nicht auf die Bildung dissoziationsfähiger Solvate zurückzuführen sind. Auch in geschmolzenem Acetamid bei 80° wie in flüssigem Formamid bei etwa 2° ließen sich kryoskopische Werte ermitteln, die bewiesen, daß die Dispergierbarkeit des Inulins bis zur $2 \times C_6$-Stufe und nicht weiter möglich ist[5]. Die kürzlich von BERNER aufgestellte Behauptung, daß alle die am Inulin ausgeführten Molekulargewichtsbestimmungen durch ungenügendes Trocknen und die der entsprechenden Inulane, auf die wir jetzt kommen, durch mangelhafte Entfernung des Acetamids zurückzuführen seien, ist von SCHLUBACH[6], wie in unserer 10. Mitteilung über Inulin eingehend widerlegt worden[5].

Ein stark dispergiertes, in Wasser leicht lösliches Inulin wurde von uns *Inulan* genannt. Zuerst gewannen wir es, wie besprochen, auf dem Umwege über das Acetat. Im vergangenen Jahre hat VOGEL[7] gezeigt, daß sich ein derartiges bimolekulares Inulan auch

---

[1] PRINGSHEIM u. REILLY: Ber. **61**, 2018 (1928).
[2] SCHMID u. BECKER: Ber. **58**, 1968 (1925). — RHEILEN u. NESTLE: Ber. **59**, 1159 (1926).
[3] BERGMANN: Ber. **59**, 2973 (1926).
[4] SCHMID u. ZACHERL: Monatshefte f. Chemie **53/54**, 498 (1929).
[5] PRINGSHEIM, REILLY u. Mitarbeiter: Ber. **62**, 2378 (1929); **63**, 2636 (1930).
[6] SCHLUBACH u. ELSNER: Ber. **63**, 2302 (1930).
[7] VOGEL: Ber. **62**, 2980 (1929).

durch Erhitzen von Inulin in Glycerin (im Verhältnis von 1:5) im Vakuum bei 90—95° erhalten läßt. Auf milderem Wege wurden jedoch die Präparate gewonnen, die wir durch bloßes Lösen von Inulin in geschmolzenem Acetamid oder flüssigem Formamid und nachheriges Wiederausfällen mit Alkohol erhielten. Die merkwürdigste Eigenschaft dieser Inulinabbauprodukte, die alle mit dem Inulin die spezifische Drehung wie die Kinetik der Fermentspaltbarkeit gemeinsam haben, ist die Eigenschaft, bei bloßem Lagern in lufttrockenem Zustande nach und nach ihren Molekülumfang zu vergrößern, sie bilden also die unteren Glieder einer Aggregationsreihe, die schließlich zum hochmolekularen Kolloid Inulin zurückführt. Der Gang dieser Ballung ist bisher noch nicht in gesetzmäßige Regeln einzuordnen und schwankt noch von Fall zu Fall. Nach drei Tagen hatte ein Inulanpräparat z. B. den Molekülumfang von $3 \times C_6$. Ein Präparat, das im Februar das Molekulargewicht entsprechend 324 aufzeigte, gab Ende Juni in Wasser eine Molatgröße von etwa 2600. Analoge Beobachtungen machte auch VOGEL[1].

Ganz anders sind die von uns schon erwähnen Abbauprodukte zu bewerten, welche PICTET mit sehr viel mehr Glycerin beim Erhitzen erhielt. Sie zeigten veränderte Drehung und mangelndes Ballungsvermögen und können in Vergleich zu den polymerhomologen Reihen gesetzt werden, welche SCHLUBACH für die Inulinchemie für so bedeutungsvoll hält. Drei Stunden langes Erhitzen führte bei 125° zu einem Trifructosan, sechs Stunden langes bei 140° zu dem Gemisch eines Di- und eines Monofructosans, welch letzteres sich identisch erwies mit dem durch Erhitzen von Fructose in Glycerin gewonnenen Fructosan[2].

Die ersten Versuche zur Synthese sind in der Inulinchemie von SCHLUBACH ausgeführt worden[3]. Bei einer besseren Aufarbeitung der von IRVINE[4] bei der Acetonierung von Fructose gewonnenen Gemische erhielt er ein Fructoseanhydrid, das auf Grund

---

[1] VOGEL: Ber. **62**, 2980 (1929).
[2] PICTET u. REILLY: Helv. chim. Acta **4**, 613 (1921).
[3] SCHLUBACH u. ELSNER: Ber. **61**, 2358 (1928).
[4] IRVINE u. GARRET: Journ. chem. Soc. London **97**, 1282 (1910).

von analog zur Methylierung des Inulins ausgeführten Versuchen als der Grundkörper des Inulins angesprochen wurde. Es zeigte in Gestalt seiner Acetyl- und Methylderivate Neigung zum Übergang in den bimolekularen Zustand und wurde interessanterweise neuerdings[1] mit einem natürlichen Lävan identifiziert, das schon vor vielen Jahren aus der Meerzwiebel isoliert und als Sinistrin bezeichnet worden war[2]. Aus dieser Zwiebel läßt sich ein in Alkohol leichter und ein in Alkohol schwerer lösliches Präparat gewinnen, von welchen sich das erstere als wahrscheinlich mit dem aus der synthetischen Di-h-fructose entstehenden Anhydrid identisch erwies. Diese Zusammenhänge sind von größtem Interesse, wenn man auch beim Sinistrin fürs erste nicht von der Synthese eines komplexen Polysaccharids sprechen kann, da kolloidale Zustände bei ihm nicht anzutreffen sind.

In die Reihe der Inuline wäre auch das *Gummilävan* einzuordnen, welches durch die Wirkung des Bacillus mesentericus auf Rohrzucker gewonnen werden kann. Nach den neuesten Angaben von HIBBERT[3] handelt es sich hierbei um ein polymeres Fructoseanhydrid, das nach der Methylierungsmethode in eine Trimethylfructo-Furanose umgewandelt werden kann, so daß das Gummilävan einer isomeren Polymerisationsreihe des Inulins mit interfructosidischen Bindungen zwischen dem ersten und sechsten Kohlenstoffatom der beigefügten Formel entspricht.

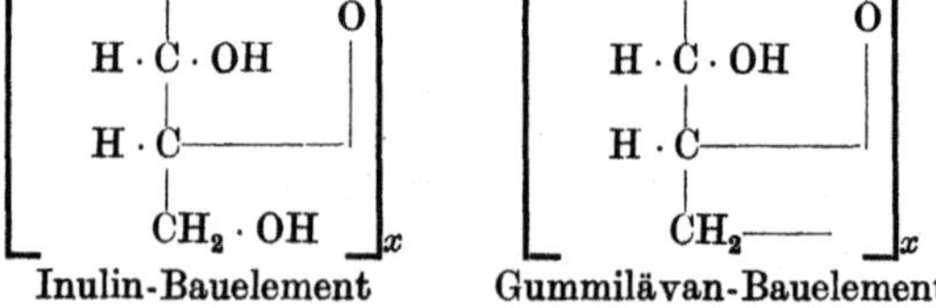

Inulin-Bauelement   Gummilävan-Bauelement

[1] SCHLUBACH u. FLÖRSHEIM: Ber. **62**, 1491 (1929).
[2] SCHMIEDEBERG: Ztschr. physiol. Chem. **3**, 114 (1879).
[3] HIBBERT u. TIPSON: Journ. Amer. chem. Soc. **52**, 2582 (1930).

Der fermentative Abbau des Inulins.

Die Inulinase ist ein recht weit verbreitetes Ferment[1], das von GREEN[2] in den Helianthusknollen entdeckt wurde. Er gewann es durch Extraktion mit Glycerin, doch wirkt das pflanzliche Ferment nach eigenen Erfahrungen, die von anderer Seite bestätigt wurden[3], außerordentlich schwach. Wenn auch anzunehmen ist, daß die Inulinase ihr Substrat in den Pflanzen begleitet, so ist ihre Absonderung aus Inulin-führenden grünen Pflanzen bisher nur sehr ungenügend geglückt. Auch neueste Versuche mit HENSEL gaben selbst in verschieden lang ausgetriebenen Dahlien nur sehr wenig Ferment. In sehr geringen Mengen konnte sie im Saft der Weinbergschnecke nachgewiesen werden[4], die Angabe, daß das Ferment nach Inulinfütterung in den Organen höherer Tiere vorkommt, ist derartig wenig gestützt, daß wir sie hier übergehen.

Am besten ist die von BOURQUELOT[5] im Mycel von Aspergillus niger entdeckte Pilzinulinase studiert worden. Die früheren Angaben von DEAN[6], daß Aspergillusarten Inulinase nur ausbilden, wenn sie auf einem Inulin-haltigen Nährboden herangezogen werden, wurde schon von BOSELLI[7] nicht bestätigt und ist nach eigenen eingehenden Versuchen nicht mehr aufrechtzuerhalten[8]. Es konnte im Gegenteil gezeigt werden, daß bei der Züchtung auf Rohrzucker eine stärkere Wirkung des Fermentes erzielt wird, wie aus nachstehender Zusammenstellung (s. S. 290) hervorgeht[8].

Aus dieser ersieht man, daß die Aktivität des Rohrzuckerfermentes nach 25tägigem Wachstum die des Inulinfermentes überwiegt; nach 90 Tagen ist der Ausschlag noch viel größer. Gleichzeitig zeigen die angeführten Zahlen, daß die Kinetik der

---

[1] Vgl. v. EULER: Die Chemie der Enzyme. 3. Aufl., II, 1, S. 442. München 1928.

[2] GREEN: Annales of Botany **1**, 223 (1887).

[3] v. EULER u. ERDTMANN: Ztschr. physiol. Chem. **145**, 206, u. zwar 270 (1925).

[4] BIERRY: Compt. rend. Acad. Sciences **150**, 116 (1910).

[5] BOURQUELOT: Compt. rend. Acad. Sciences **116**, 1143 (1892).

[6] DEAN: Journ. Amer. chem. Soc. **32**, 69 (1904).

[7] BOSELLI: Ann. Inst. Pasteur **25**, 695 (1911).

[8] PRINGSHEIM u. PEREWOSKY: Ztschr. physiol. Chem. **153**, 138 (1928).

Inulinferment

t	Spaltung durch Ferment in mg Fructose	x/a	$a-x$	$k \cdot 10^3$
2	10,7	0,06	165,3	28,1
14	51,0	0,28	125,0	24,4
22	65,0	0,36	111,0	20,9
38	93,0	0,52	83,0	27,0
54	121,0	0,68	55,0	21,5
118	160,0	0,93	16,0	20,3

$$If = \frac{0{,}0244 \cdot 0{,}167}{0{,}344} = 0{,}0124.$$

Rohrzuckerferment

t	Spaltung durch Ferment in mg Fructose	x/a	$a-x$	$k \cdot 10^3$
2	8,9	0,05	167,1	25,9
14	53,6	0,30	122,4	26,5
22	85,2	0,48	90,8	30,0
38	120,1	0,68	55,9	30,1
54	140,0	0,79	36,0	29,3
118	168,0	0,99	8,0	26,1

$$If = \frac{0{,}0279 \cdot 0{,}176}{0{,}280} = 0{,}0175.$$

Fermentspaltung des Inulins durch die Pilzinulinase nach den Gesetzen der monomolekularen Reaktion verläuft[1]. Als Maß für die Dynamik der Inulinspaltung schlugen wir[2] im Anschluß an EULER die Gleichung:

$$\text{Inulin } f. = \frac{k.g.\ \text{Fructose}}{\text{g Präparat}}$$

vor. Auch der oben angegebene Inulinasewert ist bei dem auf Rohrzucker gezüchteten Fermente im speziellen Falle größer als der des Inulinfermentes. Jedoch halte ich dieses nicht für typisch. Bei der Änderung der Züchtungsbedingungen in bezug auf Züchtungsdauer, Temperatur, Acidität, Pilzrasse usw. kann sich das sehr wohl einmal umkehren. Dagegen steht jetzt im Gegensatze zu einer früheren Angabe[3], die leider in die Literatur übergegangen ist, fest, daß desacetyliertes Inulinacetat, wie auch Inulan[4] vom Pilzferment mit derselben Reaktionskonstante fermentiert werden, wie natürliches Inulin. Um zu zuverlässigen Resultaten zu gelangen, darf man nicht wie früher mit Aceton-Trockenpräparaten

[1] BOSELLI: Ann. Inst. Pasteur **25**, 695 (1911).
[2] PRINGSHEIM u. KOHN: Ztschr. physiol. Chem. **133**, 80 (1924).
[3] PRINGSHEIM u. ARONOWSKY: Ber. **55**, 1414 (1922).
[4] PRINGSHEIM u. FELLNER: Liebigs Ann. **462**, 231 (1928).

des Pilzmycels arbeiten, sondern man extrahiert die mit Sand zerriebenen Pilze mit Wasser, am besten bei einer Acidität von p_H — 3,8 und entfernt die reduzierenden Bestandteile durch Dialyse. So gewinnt man aktive Pilzsäfte und kommt zu guten Vergleichszahlen.

Bemerkenswert ist die Beobachtung, daß die Inulinase sich beim Wachstum in den Mycelien nach und nach anhäuft. Am 22. Tage war unter unseren Züchtungsbedingungen bei Zimmertemperatur das Optimum erreicht, die Sporenbildung ist dann schon reichlich, nachher wird der Fermentgehalt der Pilze wieder geringer. Bei 30° kommt man weit schneller z. B. in fünf Tagen zum Ziel. Das Aciditätsoptimum des Pilzenzyms liegt, wie schon BOURQUELOT und BOSELLI annahmen und wie jetzt durch genaue Versuche ermittelt wurde, im sauren Gebiete bei 3,8 mit einem raschen Abfall nach der alkalischen Seite und größerer Beständigkeit ins saure Gebiet hinein. Doch scheint die Angabe von EVERY[1], daß Bakterien die beste Inulinspaltung bei p_H 5—8 hervorrufen, mit der Anpassung dieser Mikroorganismen an ein mehr alkalisches Nährsubstrat, als für Mycelpilze geeignet ist, sehr wohl vereinbar.

Eine Anreicherung der Inulinase ist bisher noch nicht versucht worden, bis jetzt wurde nur gezeigt, daß die Inulinase durch sekundäres Calciumphosphat adsorbierbar ist. Da dieses Adsorbens die gleichzeitig in den Aspergillus-Mycelien vorhandene Invertase schwächer aufnimmt, scheint hier ein Weg zur Trennung dieser beiden Fermente gegeben. Dadurch ließe sich die Frage beantworten, ob sie spezifisch verschieden sind oder sich nur durch eine abweichende Affinität gegenüber dem gleichkonstituierten Fructosebruchstück des Inulins und des Rohrzuckers unterscheiden.

Wir haben schon der Meinung Ausdruck gegeben, daß die das Inulin in der Natur häufig begleitenden Inulide als Stoffwechselabwandlungsprodukte des Inulins aufgefaßt werden können; so finden wir eine Angabe, daß ein derartiges Fructosid beim Altern

[1] EVERY u. CULLEN: Journ. of exp. Med. **32**, 583 (1920).

z. B. der Topinamburknollen zu unlöslichem Inulin polymerisiert wird[1]. Jedoch ist diese Beobachtung, welche die Botaniker interessieren sollte, noch recht ungenügend geklärt; sie könnte im Zusammenhange mit der Tatsache studiert werden, daß Fructose und andere linksdrehende Zucker und höhere Kohlenhydrate in jungen Pflanzenteilen in einem frühen Stadium nach der Assimilation der Kohlensäure auftreten, in den ausgebildeten Pflanzen jedoch gegenüber den Glucosederivaten stark zurücktreten[2].

Bisher konnte im Organismus der höheren Tiere, so im Magen-Darmkanal des Menschen, noch kein Inulin-spaltendes Ferment aufgefunden werden, trotzdem wir wissen, daß dieses Polysaccharid gut verdaulich ist und wegen der leichteren Verbrennbarkeit der Fructose als Diabetikerzucker in Frage kommt. In Ermangelung einer besseren Erklärung hat man die Verdauung des Inulins allein der Magensäure zuschreiben wollen[3], doch ist demgegenüber betont worden, daß die geringe Acidität des Magensaftes zur Hydrolyse nicht genüge[4]. Wir selbst fanden[5], daß eine auf Rohrzucker sehr wirksame Hefeinvertase reines Inulin und Inulan nicht spaltet. Dagegen wurden die reduzierenden Begleitstoffe des Inulins durch Invertase gespalten. Demzufolge würde auch ein Inulin, welches der Wirkung einer Salzsäure von Magenacidität ausgesetzt war, von Invertase entsprechend seinem nunmehrigen Gehalt an reduzierenden Inuliden angegriffen. Die Frage nach der Verdauung des Inulins im Magen-Darmtractus kann deshalb viel besser als durch die alleinige Magen-Salzsäurewirkung durch die kombinierte Wirkung mit der Darm-Invertase beantwortet werden. Doch sind auch diese durch den Versuch in vitro nahegelegten Gedankengänge noch nicht als endgültig anzusehen.

---

[1] Popp: Liebigs Ann. **156**, 190 (1870).

[2] Vgl. hierzu v. Euler: Pflanzenchemie, 3. Teil. Braunschweig 1909.

[3] Weinland: Ztschr. Biol. **47**, 279 (1906).

[4] Oskey: Journ. Biol. Chem. **39**, 149 (1919). — Shimizu: Biochem. Ztschr. **117**, 217 (1921). — Sluiter: Nederl. Tijdschr. Genes. Kunde **69**, 2286 (1921).

[5] Pringsheim u. Kohn: Ztschr. phyisol. Chem. **133**, 80 (1924).

Hemicellulosen[1].

Unter dem Namen Hemicellulosen faßt man eine größere Klasse von Polysacchariden zusammen, welche in der Natur eine bedeutsame Rolle spielen. Es handelt sich hier um eine Gruppe von Substanzen, die gewissermaßen die breite Lücke zwischen der Cellulose einerseits und der Stärke, dem Glykogen und dem Inulin andererseits ausfüllen, und die in einigen ihrer Vertreter die mechanische Funktion der Cellulose und in anderen die physiologische der Reservekohlenhydratverbindungen übernehmen; zwischen diese beiden Pole schiebt sich ein Heer von schwer zu trennenden, schwer zu unterscheidenden und nur in einigen wenigen Vertretern rein dargestellten Zwischengliedern ein. Schon aus diesen Worten geht hervor, daß die Hemicellulosen sowohl Gerüst- wie Reservesubstanzen sein, und daß sich auch diese Eigenschaften verwischen können. Nahe verwandt mit ihnen sind die Gummisubstanzen, die Pflanzenschleime und die Pektinstoffe, alles Zuckerkondensationsprodukte, welche, wie schon ihr Name ausdrückt, Eigenschaften besitzen, die ihre Reindarstellung ohne eine ausreichende Gewähr lassen muß. Nur die Pektinchemie hat in neuerer Zeit wesentliche Fortschritte gemacht. Ein jeder, der sich des Studiums der einschlägigen Sammelwerke befleißigt, wird verzweifelt vor einer Masse ungenauer, sich zum Teil widersprechender, chemischer und physiologischer Angaben stehen und bei einiger Einsicht zugeben, daß die Sichtung des Materials nach den Angaben der Literatur eine Unmöglichkeit ist. Kein Wunder, daß die Nomenklatur sehr im argen liegt und daß z. B. sicher als Rerservestoffe gekennzeichnete Verbindungen als *Hemicellulosen* klassifiziert werden. Es wird vieler Mühe, auch von seiten der Botaniker, und verläßlicher chemischer Grundlagen bedürfen, um in diesem Gebiet wichtiger, verbreiteter, für die Ernährung und die Technik bedeutungsvoller Naturstoffe

---

[1] Bezüglich Darstellung und Analyse vergl. PRINGSHEIM u. KRÜGER im Handbuch der Pflanzenanalyse, herausgegeben von G. KLEIN, im Druck.

einige Ordnung zu schaffen. Unter den obwaltenden Umständen empfiehlt es sich, nur bei einigen leidlich untersuchten Vertretern auf Einzelheiten einzugehen.

Als Gerüstsubstanzen dienen die Hemicellulosen nicht auf dieselbe Weise wie die Cellulose, sie sind vornehmlich als Verdickungs- und Verkittungssubstanzen anzusprechen; vergleicht man die Cellulose mit den Balken eines Fachwerkbaues im Körper der Pflanzen, so müßte man die Gerüsthemicellulosen mit dem Lehm in Vergleich setzen, welcher die Fugen zwischen den Balken auszufüllen bestimmt ist. Die Funktion der Hemicellulosen als Gerüstsubstanzen ist also eine weniger vollkommene als die der Cellulose. Das gleiche läßt sich bezüglich ihrer Verwendung als Reservematerial im Vergleich zur Stärke, zum Inulin usw. sagen: sie werden nicht wie Stärke direkt als Kohlensäureassimilationsprodukt gebildet, in den wenigsten Fällen bauen sie sich ausschließlich aus Traubenzuckerresten auf, die in ihnen etwa enthaltene Mannose und Galaktose muß erst durch Umwandlung entstehen; sind Pentosen am Aufbau beteiligt, so müssen sie durch Verkürzung der Kohlenstoffkette gebildet werden. Da nun der tierische sowohl wie der pflanzliche Organismus im allgemeinen besser auf die Verwertung der Hexosen eingestellt ist, so ergibt sich schon aus dieser Betrachtung die Minderwertigkeit der Pentosane als Reservematerial.

Bei dieser Gelegenheit verlohnt es sich, die Bemerkung einzuschieben, daß das Vorkommen der Polysaccharide in der Natur überhaupt weit weniger an starre Glieder der großen Kette dieser Körperklasse gebunden ist, als man von der Ferne beurteilen sollte. Wir haben gesehen, daß neben der reinen Cellulose, die Orthocellulose genannt wurde, immer in größerer oder geringerer Menge leichter hydrolysierbare Hexosane vorkommen, wir haben angeführt, daß neben dem Inulin leichter lösliche Begleitstoffe zu finden sind und wir glauben mit Recht sagen zu können, daß sich diese Erscheinung auch in die Hemicellulosegruppe hineinzieht. Da nun die vornehmlichste Eigenschaft dieser Körperklasse ihre im Vergleich zu Cellulose geringere Widerstandskraft gegenüber chemischen Agentien, z. B. Säuren, ist, da die Hemicellulosen sich ferner nie in geformten Körnern absetzen, da sie eigentlich immer nur da vorkommen, wo nebenbei noch andere Polysaccharide vorhanden sind, so erklärt es sich, daß sie außerordentlich schwer abzuscheiden sind. Die meisten sind in Wasser unlöslich und die in Wasser löslichen verharren in ihrem Kolloidzustand; einige lösen sich in kalten Ätzalkalien und das ist ein Weg, den man zu ihrer Reinigung beschritten hat, gelegentlich wird hierzu auch die Bildung von kupferhaltigen, schwer löslichen Komplexverbindungen beim Fällen mit FEHLINGscher Lösung angewandt.

Auch die örtliche Trennung der Gerüst- und Reservehemicellulosen ist eine sehr bedingte; in Samen finden sich die letzteren als Reservematerialien, die bei der Keimung gelöst werden, während die Samenschalen im Gegensatz dazu zu den Gerüstsubstanzen gehören, die für die Ernährung des Embryo vollkommen unverwendbar sind. Die Pentosen werden im allgemeinen da, wo sie sich gemeinsam mit der Cellulose, wie im Holze und im Stroh der Getreidearten finden, erst in späteren Wachstumsstadien eingelagert, so daß die jungen Pflanzen weniger Pentosane als die ausgewachsenen enthalten. Dagegen nimmt der Gehalt der Samen z. B. in Haferkörnern an Pentosanen mit der Reife ab, so daß in unreifen Körnern bis 27%, in reifen nur 4 bis 10% enthalten zu sein pflegen.

Die Pentosane sind überhaupt verhältnismäßig widerstandsfähig: In den oberen Schichten des Torfes finden sie sich noch zu 2,5—13%, in den unteren zu 3—5%; im Humus des Ackerbodens sind 0,5—1,4% Pentosane enthalten, so daß der Boden nie ganz frei von Pentosanen ist; ja selbst die Braunkohlen enthalten noch 0,3—0,4%, das fossile Holz bis 2%, während erst die Steinkohle frei von Pentosanen ist.

Nach dem Gesagten kann es nicht wundernehmen, daß es schwierig ist, die Hemicellulosen exakt zu definieren[1]. E. SCHULZE, der den Begriff zuerst geprägt hat, bezeichnet als „Hemicellu-

[1] Vgl. HÄGGLUND: Holzchemie S. 62. Leipzig 1928.

losen" diejenigen Kohlenhydrate der Zellwand, welche mit verdünnten Mineralsäuren leichter als Cellulose hydrolysiert werden. Aber diese Einschränkung ist nicht immer gemacht worden, und in der Tat sind wir gezwungen, hier alle diejenigen komplexen Naturstoffe, die ausschließlich aus Zuckerresten bestehen, unterzubringen, welche in den vorangegangenen Kapiteln nicht behandelt wurden, also auch die schwer hydrolysierbaren.

Für die Klassifizierung der komplexen Polysaccharide liegt die Einteilung auf Grund der bei ihrer Hydrolyse entstehenden Zucker natürlich am nächsten. Nach diesem Prinzip ist auch bisher im allgemeinen verfahren worden und KARRER hat in seiner Monographie ein geeignetes System vorgeschlagen, auf das wir hier verweisen wollen. Er unterscheidet drei Hauptgruppen: Hexosane, Pentosane und Hexosan-Pentosane, wobei zu letzteren Polysaccharide gerechnet werden, welche bei der Hydrolyse ein Gemisch von Hexosen und Pentosen ergeben. Bis zu welchem Grade diese Stoffe einheitlich aus chemisch verbundenen Hexose- und Pentosekomplexen oder aus Mischungen von Hexosanen und Pentosanen bestehen, läßt sich im einzelnen nicht sagen. Diese Frage ist übrigens auch bei den aus verschiedenen Hexosen sich aufbauenden Hexosanen, z. B. den Gluco-galaktanen, nicht mit Sicherheit zu beantworten.

KARRER hat im 7. Kapitel seiner „Polymeren Kohlenhydrate" eine schöne Literaturzusammenstellung der selten oder weniger gut untersuchten polymeren Kohlenhydrate gegeben und hierbei auch die älteren und gewiß in vieler Beziehung wertvollen Arbeiten berücksichtigt, auf die wir hinweisen wollen. Wir selbst ziehen es vor, diejenigen Vertreter der Hemicellulosen etwas eingehender zu betrachten, die in neuerer Zeit gründlicher untersucht worden sind und die aus diesem Grunde sich für die Betrachtung der uns interessierenden Prinzipien der Polysaccharidchemie eignen. Vornehmlich sind das die Mannane und das Xylan.

Sehr verbreitet sind die Hemicellulosen in den wichtigsten von uns behandelten Naturstoffen, im Holz und im Stroh. Im

Holz herrschen, wie wir schon gesehen haben, die Pentosane vor und SCHORGER[1] bringt eine umfangreiche Zusammenstellung des Pentosangehalts amerikanischer Hölzer. Der Holzgummi, der durch Extraktion von Laubholz mit Alkali gewonnen werden kann, stellt der Hauptsache nach ein Xylan dar, dessen Eigenschaften im gereinigten Zustande wir kennenlernen werden, daneben aber sind in den Hölzern auch Mannane, im Durchschnitt von 4—8% vorhanden (vgl. SCHORGER S. 164), während die Galaktane mehr zurücktreten. Einen Überblick über diese Verhältnisse gewinnt man, wenn man die beim Kochen verschiedener Holzarten mit verdünnter Schwefelsäure entstehenden Schwefelsäure reduzierenden Zucker entsprechend den Versuchen von KÖNIG und BECKER[2] berücksichtigt. Vergl. Tabelle 3, S. 108.

HÄGGLUND[3] hat sich besonders mit den Kohlenhydratbestandteilen der leicht hydrolysierbaren Hemicellulosen von Fichten beschäftigt und festgestellt, daß bei der Hydrolyse von Holz mit verdünnten Mineralsäuren in der Hitze unter Druck auch ein Teil der Cellulose aufgespalten wird. Jedoch gelingt es durch starke Herabsetzung der Wasserstoffionenkonzentration, durch eine Pufferung, die dem Verhalten der Sulfitkochsäure entspricht, nur die Hemicellulosen, und zwar nur deren leicht hydrolysierbaren Teil in Lösung zu bringen. HÄGGLUND ermittelte in diesem 18% vom Holzgewicht ausmachenden Anteile 17,0% Pentosen, 42,7% Mannose, 4,2% Galaktose, 4,0% Fructose und 28,9% Glucose. Daneben wurde 3,2% Galakturonsäure nachgewiesen und die Frage offen gelassen, ob sie einem bis jetzt nicht aufgefundenem Holzpektin entstammt. Wir werden diese Uronsäure nämlich in den Pektinstoffen antreffen. Auf das Vorkommen von Anhydroglucuronsäuren in Laubhölzern haben wir im Zusammenhange mit der Inkrustationssubstanz schon hingewiesen und sie in Beziehung zum Lignin gesetzt.

---

[1] SCHORGER: Chemistry of Wood S. 145.

[2] KÖNIG u. BECKER: Veröffentlichungen der Landwirtschaftskammer für die Provinz Westfalen Heft 26. München 1918.

[3] HÄGGLUND, KLINGSTEDT, ROSENQUIST u. URBAN: Ztschr. physiol. Chem. 177, 248 (1928).

Die hierfür angeführten Zahlen mögen uns als ein typisches Beispiel für die bei der Hydrolyse der Hölzer vergärbaren Zucker dienen. Die Gewinnung von Furfurol, welches bei der jetzt technisch nicht mehr betriebenen Holzspiritusfabrikation aus den Pentosen als Nebenprodukt entstand[1], wird die Technik in Europa in Zukunft vielleicht auf Basis der Anwendung pentosanreicherer Abfallstoffe, wie Flachsscheeben, Maiskolben oder dergleichen noch um ihrer selbst willen beschäftigen. In den Vereinigten Staaten wird Furfurol technisch hergestellt und z. B. bei der Lackfabrikation gebraucht.

Hexosane, besonders Mannane.

Am eingehendsten von den sich ausschließlich aus Mannoseresten zusammensetzenden Polysacchariden sind die Mannane aus dem sogenannten „vegetabilischen Elfenbein“, dem Samenendosperm der amerikanischen Steinnußpalme und das sogenannte *Salepmannan* untersucht worden. Die ersteren ähneln mehr der Cellulose, das letztere einer mit Wasser verquellbaren Reservesubstanz.

Aus den bei der Knopffabrikation abfallenden Steinnußspänen läßt sich mit Natronlauge ein Polysaccharid ausziehen[2], das im Gegensatze zu früheren Angaben nach den Untersuchungen von PRINGSHEIM[3] bei der Hydrolyse ausschließlich Mannose ergibt und mit einem bromwasserstoffhaltigen Acetylierungsgemisch in ein Triacetat umgewandelt wird, das nach der Verseifung das Mannan von der spez. Drehung — 44,4° zurückliefert. Dieses Acetat zeigte in Eisessig bei der Kryoskopie den Verteilungszustand eines dimeren Bioseanhydrids, welcher in einem Lösungsgemisch von 7 Teilen Chloroform und 3 Teilen Acetylentetrachlorid bis zur Bioseanhydridstufe dispergierte. In Übereinstimmung hiermit steht die Beobachtung, daß bei der Acetolyse des Mannans eine

---

[1] HEUSER: Cellulosechem. 1, 41 (1920).

[2] BAKER u. POPE: Journ. chem. Soc. London 16, 72 (1900). — PATTERSON: Journ. chem. Soc. London 123, 1139 (1923).

[3] PRINGSHEIM u. SEIFERT: Ztschr. physiol. Chem. 123, 205 (1922).

Mannobiose als Osazon nachgewiesen werden konnte. In diesem Verhalten ähnelt also das Mannan der Cellulose. Aus einem derartigen Acetolysegemisch isolierte BERTRAND[1] mehrere Polymannosen, z. B. eine Penta-, eine Tetra- und eine Trimannose; ein Trisaccharid wurde auch beim fermentativen Abbau von Steinnußspänen durch Bakterienenzyme gebildet und in Gestalt seines Osazons nachgewiesen[2].

In neuerer Zeit hat sich LÜDTKE[3] mit dem Alkali-löslichen Mannan des vegetabilischen Elfenbeins beschäftigt und gezeigt, daß sich neben dem hier beschriebenen, in 5%iger Natronlauge löslichen Mannan A mit 10%iger Natronlauge noch ein weiteres Präparat B isolieren läßt, das durch den Drehwert in Kupferlösung vom ersteren unterscheidbar ist. Auch echte Cellulose wurde von diesem Forscher im Ausgangsmaterial nachgewiesen.

Salepmannan.

Das Mannan aus Orchidacaenknollen, welches in dem offizinellen Salepschleim enthalten ist, besteht ausschließlich aus Mannose[4]. Mit kaltem Wasser läßt sich aus der offizinellen „Tubera Salep" eine gallertige Lösung des Mannans herstellen, welches unter ganz besonders vorsichtigen Bedingungen in ein feines Pulver verwandelt werden kann[5], das im Falle eines geeigneten Quellungszustandes bei niederer Temperatur mit Hilfe eines Pyridin-haltigen Acetylierungsgemisches in ein Salepmannan-Triacetat umgewandelt wird. Dieses Acetat zeigte in Eisessig bei Konzentrationen bis etwa zu einem halben Prozent den Verteilungszustand eines Hexoseanhydrids. Bei höheren Konzentrationen war, wie bei derartigen micellaren Kohlenhydraten, Neigung zur Assoziation vorhanden. In Nitrobenzol

---

[1] BERTRAND u. LABARRE: Compt. rend. Acad. Sciences **185**, 1419 (1927).

[2] PRINGSHEIM: Ztschr. physiol. Chem. **80**, 376 (1912).

[3] LÜDTKE: Liebigs Ann. **456**, 202 (1927).

[4] THAMM: Über Salepschleim. Diss. München 1903. — HILGER: Ber. **36**, 3197 (1903).

[5] PRINGSHEIM u. LISS: Liebigs Ann. **460**, 32 (1928).

assoziierte das Salepmannanacetat wesentlich stärker, doch ließ sich durch eine Hitzedesaggregation in Naphthalin bei hohen Temperaturen der Ballungszustand derartig herabsetzen, daß schließlich das Acetat auch bei der Kryoskopie in Nitrobenzol die höchstmögliche Dispergierungsstufe eines Mannoseanhydridacetates anzeigte. Das Verhalten gleicht also ganz dem anderer Polysaccharide, z. B. dem des Lichenins.

Im wäßrigen Auszug von Gerstenmalz ist ein Ferment vorhanden, welches das Salepmannan quantitativ in Mannose aufspalten kann[1]. Hierbei sind wie im Falle des Lichenins zwei Teilfermente wirksam: eine *Mannanase*, welche das Mannan in ein Disaccharid, die *Mannobiose*, umwandelt und eine *Mannobiase*, die die Biose zu Mannose hydrolysiert. Die Trennung dieser Fermente gelang zuerst auf dem Wege der Alterung des Malzauszuges, der nach mehrmonatlichem Stehen bei Zimmertemperatur seine Disaccharid-spaltende Wirkung verliert. Auch durch die kolloidchemischen Methoden der Fermenttrennung ließ sich die Polyase mit Kaolin als Adsorbens von der Mannobiase befreien[2]. Mit Hilfe der von der Disaccharase befreiten Mannanase wurde die Salepmannan-Gallerte quantitativ in Mannobiose aufgespalten, die in Gestalt ihres Phenylhydrazons isoliert und in den krystallisierten Zucker, wenn auch bisher nur in geringen Mengen, umgewandelt wurde. Diese Untersuchungen wurden von Routala[3] fortgesetzt, der auch durch Glycerinerhitzen einen desaggregierenden Abbau des Salepmannans erzielte.

Das sogenannte Konjakmannan, eine Hemicellulose, die als Reservestoff reichlich in den Knollen einer japanischen Araceae enthalten ist, dient im fernen Osten in Form des sogenannten Konjakpulvers als eine beliebte Eßware. Bei der Hydrolyse liefert es Mannose[4]. In den Polysacchariden sind aber noch andere Zucker enthalten, neben Mannose sicher Glucose. Zuerst herrschte über

---

[1] Pringsheim u. Genin: Ztschr. physiol. Chem. **140**, 301 (1924).

[2] Pringsheim, Genin u. Perewosky: Biochem. Ztschr. **164**, 117 (1925).

[3] Routala: Acta Chem. Fennika **1929**, **96**.

[4] Tsuji: Bull. Coll. agr. imp. Univ. Tokyo **2**, 115 (1895).

das Mengenverhältnis wie über die mögliche Anwesenheit von Fructose noch keine Einigkeit[1]. Auch die neueren Untersuchungen von OHTSUKI[2] brachten das Problem noch zu keiner endgültigen Lösung, wenn er auch wahrscheinlich machte, daß sich das Polysaccharid aus Mannose und Glucose im Verhältnis von 2:1 zusammensetzt. Die Hydrolyse gelingt auch mit Hilfe eines käuflichen Diastasepräparates „Kashiwagi". Durch eine sporenbildende Bakterie wie auch vermittels Takadiastase soll das Konjakmannan in ein Trisaccharid, aus 2 Mannose- und 1 Glucoserest, aufspaltbar sein. In Analogie zu meinen früheren Untersuchungen am Lichenin steht die Beobachtung von OHTSUKI, daß durch Glycerinerhitzen des Konjakmannans auf 235° ein in Wasser leicht lösliches Abbauprodukt gleicher spezifischer Drehung vom Verteilungszustande eines Trihexosans gewonnen werden kann, welches beim Altern in den kolloidalen Zustand zurückkehrt. Ganz besonders interessant und einer Bestätigung würdig wäre die Beobachtung, daß das Acetat des Konjakmannans, also eines heterogenen Polysaccharides sich in Eisessig bis zur Hexoseanhydridstufe zerteilt. OHTSUKI weist mit Recht auf die sehr merkwürdige Tatsache hin, daß das Micell von Konjakmannan aus zweierlei strukturchemisch verschiedenen Gitterelementen aufgebaut ist und somit den Prototyp einer „Mosaik-Micelle" darstellt.

Die Untersuchungen über das Glucomannan aus „Konjak" wurden soeben in sehr bemerkenswerter Weise fortgeführt[3]. Als hauptsächlichste Ergebnisse sind die folgenden hervorzuheben: Das im Pyridingemisch gewonnene Glucomannotriacetat gab in Bromoform ein Molekulargewicht von 2300; die Frage seiner Dispergierbarkeit in Eisessig ist also noch nicht endgültig geklärt. Am wichtigsten sind die Ergebnisse der Acetolyse: hierbei wurde eine acetylierte Glucomannotrihexose erhalten und in krystalli-

[1] MAJEDA: Journ. bioch. Tokyo 1, 131 (1922). — GOTO: Journ. bioch. Tokyo 1, 201 (1922). — MIJAKE: Journ. coll. gr. imp. Univ. Hokkaido 12, 164 (1927).

[2] OHTSUKI: Acta Phytochimica 4, 1 (1928).

[3] NISHIDA u. HASHIMA: Journ. of the department of Agriculture, Kyushu Imper. Univ. 2, 277 (1930).

sierter Form abgeschieden, die bei der Verseifung zum in Nadeln krystallisierenden freien Zucker umgewandelt werden konnte. Dieser ließ sich wie das Glucomannan in Mannose und Glucose im Verhältnis von 2:1 aufspalten. Bei stärkerer Acetolyse wurden auch die beiden möglichen Disaccharide, und zwar die Glucomannobiose und die Mannobiose krystallinisch gewonnen. Die Methylierung lieferte den Schlüssel für die mögliche Konstitution entsprechend nachstehendem Schema:

Glucomannan
↓
Trimethylglucomannan
↙ ↓ ↘

2, 3, 4-Trimethyl-methylglucosid	2, 3, 6-Trimethyl-methylmannosid	2, 3, 4-Trimethyl-methylmannosid
↓	↓	↓
2, 3, 4-Trimethyl-glucose	2, 3, 6-Trimethyl-mannose	2. 3, 4-Trimethyl-mannose
↓	↓	↓
2, 3. 4-Trimethyl-zuckersäurelakton	2, 3, 6-Trimethyl-mannonsäurelakton	2, 3, 4-Trimethyl-mannozuckersäure-lakton

woraus sich für die Individualgruppe des Konjak-Polysaccharides die beiden folgenden Formelbilder ergeben:

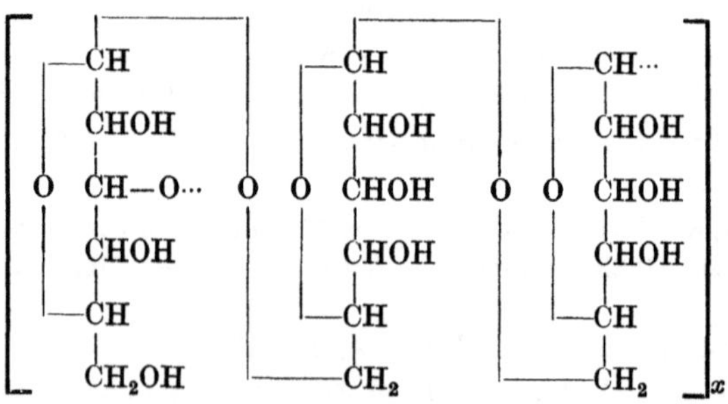

Mannose Mannose Glucose

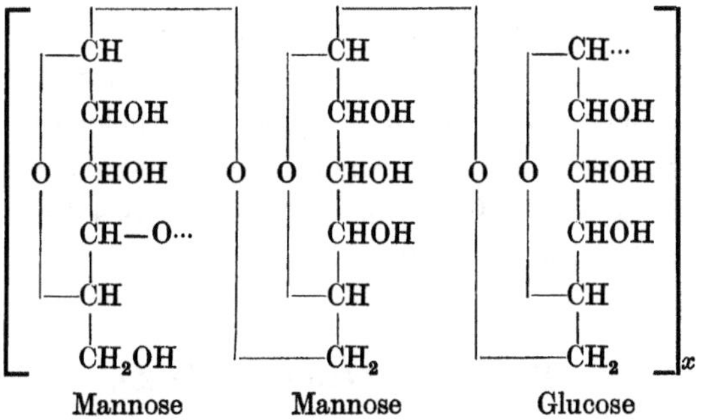

Auch der sogenannte *Hefegummi* erscheint als ein der Hauptsache nach aus Mannose bestehendes Polysaccharid[1]. Nach der Vorschrift von SALKOWSKI[2] läßt er sich aus dem Extrakt der Hefe mit heißer 3%iger Natronlauge durch FEHLINGsche Lösung niederschlagen. Zur Reinigung fällt man die Kupferverbindung durch Zusatz von Salzsäure aus, löst in Natronlauge und fällt wieder mit Säure. Die wechselseitige Lösung und Fällung wird wiederholt und so ein Verfahren ausgebildet, das auch für die Darstellung anderer Polysaccharide, z. B. des Xylans, angewandt wird. Nach neueren Untersuchungen von KRAUT[3] besteht eine schonendere Methode um den Hefegummi aus der Zelle in Freiheit zu setzen in dem enzymatischen Abbau der Hefe, wobei jedoch zu beachten ist, daß in der Hefe selbst ein Hefegummi-spaltendes Enzym vorhanden ist. Die Versuche einer Reinigung des Hefegummis durch Adsorption an anorganische Kolloide wie Kaolin und Aluminiumhydroxyd führten zu dem Ergebnisse, daß das bisherige Präparat keineswegs einheitlich ist[4].

Die Galaktose bildet häufig einen Bestandteil polymerer Kohlenhydrate. Einheitliche Galaktane wurden bisher nicht beschrieben. Agar-Agar, das für die Bakteriologie so wichtige Präparat zur Herstellung fester Nährböden, stellt ein Reservesubstrat ostasia-

---

[1] HESSENLAND: Ztschr. Ver. dtsch. Zuckerind. **42**, 671 (1892).

[2] SALKOWSKI: Ber. **27**, 497 (1894); Ztschr. physiol. Chem. **69**, 470 (1910).

[3] KRAUT, EICHHORN u. RUBENBAUER: Ber. **60**, 1644 (1927).

[4] KRAUT u. EICHHORN: Ber. **60**, 1639 (1927).

tischer Floridaen dar, dessen hauptsächlichster Bestandteil ein *Gelose* genanntes Polysaccharid ist. In ähnlicher Weise wie die Stärkephosphorsäure enthält das Agar Schwefelsäure-Ionen als Ätherschwefelsäure gebunden an den Kohlenhydratkomplex[1]. Auch unter den Schleimstoffen von Chondrus eripus findet sich die Ätherschwefelsäure einer Polyose[2].

Pentosane, besonders Xylan.

Von den Pentosanen der Zusammensetzung $(C_5H_8O_4)$ ist besonders das Xylan, welches den Hauptbestandteil des aus Holz extrahierbaren „Holzgummis"[3] ausmacht, eingehender untersucht worden[4]. Es ist vorteilhaft, das aus Holz oder Stroh mit Natronlauge gewinnbare Rohpräparat als Holzgummi und erst das nach der Methode von SALKOWSKI[5] mit FEHLINGscher Lösung ausgefällte Gummipräparat als Xylan zu bezeichnen. Bei der Zerlegung der Kupferverbindung mit Säuren wird gleichzeitig eine Entfernung vom beigemischten Araban angestrebt, so daß das Xylan nach der Hydrolyse keine anderen Zucker als Xylose erkennen läßt. Auch das Ergebnis der Furfuroldestillation[6] läßt auf den einheitlichen Aufbau aus Xylose schließen. Zur Hydrolyse eignet sich am besten 3%ige Salpetersäure, auf welchem Wege 75% der Theorie an Xylose krystallinisch gewonnen werden konnten[7].

Da die aus Holz- und Strohgummi gewonnenen Präparate noch immer Lignin, Wachs und dergleichen enthielten, empfahl HEUSER,

---

[1] NEUBERG u. OHLE: Biochem. Ztschr. **125**, 311 (1921). — RUSSEL-WELLS: Biochem. Journ. **16**, 578 (1922).

[2] TAMBAR: Biochem. Ztschr. **141**, 274 (1923).

[3] THOMSON: Journ. prakt. Chem. [2] **19**, 146 (1879).

[4] WHEELER u. TOLLENS: Liebigs Ann. **254**, 320 (1889). — ALLEN u. TOLLENS: Liebigs Ann. **240**, 289 (1890).

[5] SALKOWSKI: Ztschr. physiol. Chem. **34**, 162 (1902); **35**, 240 (1902); **117**, 49 (1921). — PRINGSHEIM u. MAGNUS: Ztschr. physiol. Chem. **105**, 184 (1919).

[6] STONE u. TOLLENS: Liebigs Ann. **249**, 236 (1888).

[7] HEUSER u. JAMYE: Journ. prakt. Chem. **105**, 236 (1922).

vom gebleichten Strohzellstoff auszugehen[1] und die Zerlegung der mit FEHLINGscher Lösung aus dem Natronlaugeextrakt ausgefällten Kupferverbindung unmittelbar durch Einleiten von Salzsäuregas in die alkoholische Aufschwemmung vorzunehmen. Das Xylan läßt sich in ein Diacetat, Dibenzoat und Dinitrat umwandeln[2] und auf dem üblichen Wege bis zur 2-Methylstufe methylieren[3].

Der Versuch, in die Konstitution des Pentosans einzudringen, wurde von KOMATSU, ausgehend vom Dimethyläther, unternommen[4]. Bei der Hydrolyse des Dimethylxylans erhielt er eine Dimethylxylose. Die Resultate sind durch eine neue Arbeit von HAWORTH[5] am Xylan aus Espartocellulose[6], das daraus zu 25% gewonnen werden konnte, ergänzt und erweitert worden. Bei der Hydrolyse mit Salpetersäure gab es 93% reiner Xylose, es baut sich also ausschließlich aus Xyloseresten auf. Die Methylierung gelang besser mit Kalilauge als mit Natronlauge, dabei wurde im Gegensatz zu früheren Versuchen ein linksdrehendes Dimethylxylan (I.) gewonnen. (Vergl. S. 306.) Bei der Spaltung mit methylalkoholischer Salzsäure lieferte es zu 90% 2,3-Dimethylmethylxylosid ⟨1,5⟩ (II), das bei der Permethylierung 2,3,4-Trimethylmethylxylosid (III) gab. Die Hydrolyse des Xylosids (II) liefert eine Dimethylxylose (IV), die nicht zur Osazonbildung befähigt ist, also eine Methylgruppe in 2-Stellung trägt. Durch Oxydation mit Bromwasser gibt sie das Lacton (V), das bei der Methylierung das bereits bekannte 2, 3, 5-Trimethylxylolacton (VI) liefert. Dadurch ist für das zweite Methyl im Dimethylxylan die 3-Stellung bewiesen.

Wegen seiner Stabilität formuliert HAWORTH das Xylan im Gegensatz zu den japanischen Forschern amylenoxydisch. Er stellt sein Molekül in Analogie zu seiner Cellulose-Interpretation nach folgender Kettenformel VII dar (s. S. 306).

---

[1] HEUSER u. HAUG: Ztschr. angew. Chem. 31, 99 (1918). — KOMATSU u. KASHIMA: Mem. of the Coll. of Science. Kyoto. Imp. Univ. 5, 307 (1922).
[2] IHL: Chem.-Ztg. 2, 19 (1887).
[3] HEUSER u. RUPPEL: Ber. 55, 2084 (1922).
[4] KOMATSU, INOUE u. NAKAI: Mem. of the College of Science, Kyoto Imp. Univ. 7, 25 (1923).
[5] HAMPTON, HAWORTH u. HIRST: Journ. chem. Soc. London 1929, 1739.
[6] IRVINE u. HIRST: Journ. chem. Soc. London 125, 15 (1924).

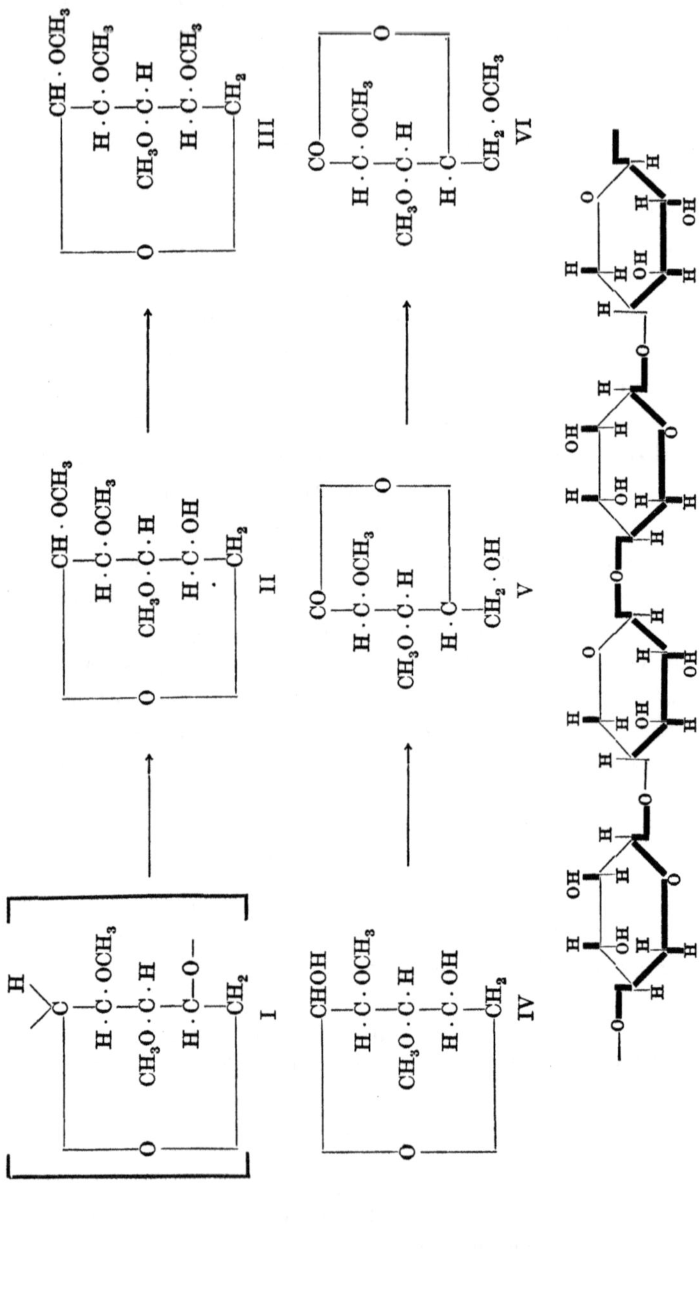

I
II
III
IV
V
VI
VII

In neuerer Zeit ist Xylan auch aus dem Bambus isoliert worden[1].

Der enzymatische Abbau des Xylans wurde wiederum durch das Schneckenferment erreicht und bezüglich des Aciditätsoptmums, welches mit Citratpuffer bei p_H — 4,65, mit Phosphatpuffer aber mehr im alkalischen Gebiete gelegen haben soll, wie auch in bezug auf die Reaktionskinetik untersucht[2]. Auch der Abbau durch Malzextrakt wurde beobachtet und später von LÜERS eingehender studiert[3]. Die *Cytase*, das Hemicellulosespaltende Enzym des Malzes wirkte bei einem optimalen p_H von 5 am energischsten bei 45° und gestattete die Überführung des Xylans bis zu 75% in Xylose. Das Ferment ließ sich durch Adsorption reinigen und auf das einundzwanzigfache verstärken.

Pektinstoffe.

Unter den Kohlenhydrat-Schleimstoffen des Pflanzenreiches verdient die gelatinierende Substanz, welche BRACONNOT im Jahre 1825 in Fruchtsäften entdeckte und *Pektin* nannte, neuerdings unser besonderes Interesse. SCHEIBLER[4] fand unter ihren Bestandteilen die Arabinose auf und der auf allen einschlägigen Gebieten so verdienstvolle TOLLENS[5] wies auf die saure Natur der in den Pektinen enthaltenen Pektinsäuren hin. Als weiterer wichtiger Bestandteil wurde in neuerer Zeit von FELLENBERG der Methylalkohol erkannt[6]. In eine besonders nahe Beziehung zur Chemie der Polysacchride wurden die Pektinstoffe durch die wichtigen Untersuchungen von EHRLICH[7] gebracht, der ihren reichlichen

---

[1] HESS u. LÜDTKE: Liebigs Ann. **466**, 18 (1928).

[2] EHRENSTEIN: Helv. chim. Acta **9**, 332 (1926).

[3] LÜERS u. VOLKAMER: Wochenschr. f. Brauereien 45, 83, 95 (1928).

[4] SCHEIBLER: Ber. **1**, 58, 108 (1868); **6**, 612 (1873).

[5] TROMP, DE HAAS u. TOLLENS: Liebigs Ann. **286**, 278 (1895).

[6] FELLENBERG: Mitt. Schweizer Gesundheitsamt 1914—1917; Biochem. Ztschr. **85**, 45, 118 (1918).

[7] EHRLICH: Chem.-Ztg. **35**, 661 (1911). — NANJI, PATON u. LING: Journ. Soc. Chem. Ind. **44**, 253 (1925). — EHRLICH u. v. SOMMERFELD: Biochem. Ztschr. **168**, 263 (1926). — EHRLICH u. SCHUBERT: Biochem. Ztschr. **169**, 13 (1926).

Gehalt an Essigsäure entdeckte. Wir können dieses Nebengebiet der Polysaccharidchemie nicht mit der Ausführlichkeit behandeln, welche es an sich verdient und verweisen auf den zusammenfassenden Vortrag von Ehrlich[1], der auch die Literatur über das Vorkommen der Pektinstoffe enthält.

Die Hauptmenge der Pektinstoffe befindet sich in den Pflanzen in einer in kaltem Wasser unlöslichen Form, im Fleisch vieler Obstfrüchte bis zu 20—30% und im Rübenmark sogar bis zu 50% und mehr. Alle chemischen Eingriffe, die zur Lösung des in den Pflanzenmembranen gehäuften, unlöslichen nativen Pektins führen, haben gleichzeitig auch einen chemischen Abbau zur Folge. Ehrlich bezeichnet die Ursprungssubstanz selbst als Pektin und das in Wasser löslich gemachte Abbauprodukt als *Hydratopektin*. Die wichtigsten Untersuchungen wurden mit dem Pektin aus Rübenschnitzeln ausgeführt; es enthält zwei Bestandteile: zu 30% ein in 70%igem Alkohol lösliches Araban, das jedoch in freier Form nicht in dem ursprünglichen Rübenpektin vorhanden ist, sondern ursprünglich darin in chemischer Bindung mit dem zweiten Bestandteil, dem Calcium-Magnesium-Salz der Pektinsäure verknüpft war. Die leichte Abspaltung des Arabans läßt es noch unsicher erscheinen, ob das sonstige Auftreten dieser Hemicellulose im Pflanzenreich nicht immer auf die Pektinstoffe zurückzuführen ist.

Die aus ihrem Salz in Freiheit gesetzte Pektinsäure enthält Methylalkohol, Essigsäure, Arabinose, Galaktose und Galakturonsäure. Den Grundkörper des Pektinsäuremoleküls bildet eine 4-basische Säure mit 4 Carboxylgruppen, von denen in der Pektinsäure selbst 2 Carboxyle frei vorhanden sind, während die anderen beiden esterartig an Methylalkohol gebunden vorkommen. Durch alkalische Verseifung gewinnt man 6,5% Methylalkohol, außerdem enthält das Pektinsäuremolekül 3 Acetylgruppen und liefert etwa 13% Essigsäure, deren Verknüpfungsstellen noch nicht sicher festgestellt sind. Der Hauptbestandteil der Pektinsäure ist die Galakturonsäure, die sich in der Rübenpektinsäure in Mengen

---

[1] Ehrlich: Cellulosechem. 11, 140, 161 (1930).

von durchschnittlich 65% vorfindet, neben etwa 11,7% l-Arabinose und 13,1% d-Galaktose. Im Molekül der Pektinsäure kommen auf 4 Moleküle Galakturonsäure 1 Molekül Arabinose und 1 Molekül Galaktose. Die Rübenpektinsäure wäre demnach als eine *Triacetyl-arabino-galakto-dimethoxytetragalakturonsäure* vom Molekulargewicht von etwa 1000 aufzufassen.

Anders als die unter Aufnahme von 10 Mol H_2O verlaufende Totalhydrolyse erfolgt der Abbau mit verdünnter Salzsäure beim Digerieren auf dem Wasserbade. Eine sich dabei zu 40% und mehr aus dem Hydratopektin unlöslich ausscheidende Substanz erwies sich als eine sehr interessante Poly-Galakturonsäure, d. h. ein hochmolekulares Anhydrid der Galakturonsäure von der allgemeinen Formel $(C_6H_{10}O_7 - H_2O)_x$ mit freien Carboxylgruppen und maskierten Aldehydgruppen in Saccharid- bzw. Acetal-artiger Bindung mit Hydroxylgruppen. Die freie Säure zeigt eine Acidität von der Stärke der Milchsäure und ein hohes Drehungsvermögen von + 275°. Ehrlich faßt das polymere Anhydrid der Monogalakturonsäure in Analogie zu den Polysacchariden als ein Assoziat auf und hält die Annahme eines *tetrameren Galakturonsäureanhydrids als Grundkörper* für die wahrscheinlichste. Bei der alkalischen Hydrolyse der Pektinsäure ließ sich ein Galaktoaraban isolieren, wir verweisen auf nachstehendes Übersichtsschema: (s. S. 310.)

Aus dem Spaltungsprodukt des natürlichen Pektins, dem Araban, wurde in neuerer Zeit[1] ein *Tetraaraban*, Tetra-anhydrotetra-arabinose, dessen Molekulargewicht sich in Wasser ermitteln ließ, gewonnen. Da die Arabinose durch Kohlensäureabspaltung aus der Galakturonsäure hervorgehen kann, ist anzunehmen, daß das Tetraaraban der in der Pektinsäure nachgewiesenen Tetragalakturonsäure entstammt.

Nach den Untersuchungen von Ehrlich und Schubert zeigt das Flachspektin gewisse Abweichungen. An Stelle des Arabans findet sich darin ein in Alkohol lösliches Polysaccharid, welches bei der Hydrolyse in *Xylose*, Arabinose, *Fructose* und Galaktose

---

[1] Ehrlich u. Schubert: Biochem. Ztschr. **203**, 343 (1928).

Schema des Pektinabbaues.

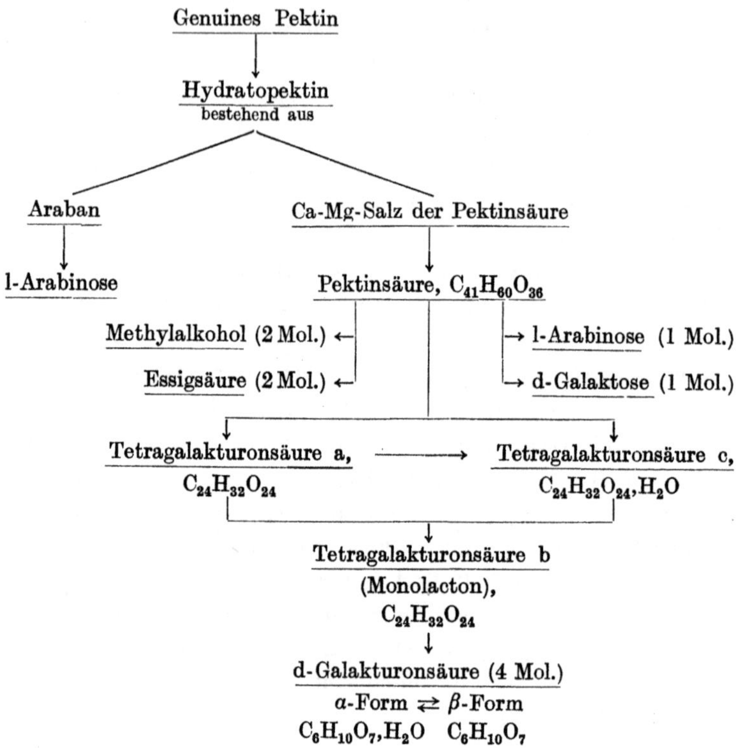

zerfällt, während in der Pektinsäure als Bestandteile Xylose und möglicherweise auch *Glucuronsäure* aufgefunden wurden, wodurch die früher besprochene Beziehung zum Lignin noch verengert werden würde. Der Zerfall der Flachspektinsäure läßt sich folgendermaßen formulieren:

$$\underset{\text{Flachspektinsäure}}{C_{46}H_{68}O_{40}} + 10\,H_2O = 4\,\underset{\text{Galakturonsäure}}{C_6H_{10}O_7} + 2\,CH_3OH + 2\,CH_3COOH +$$

$$+ \underset{\text{Arabinose}}{C_5H_{10}O_5} + \underset{\text{Xylose}}{C_5H_{10}O_5} + \underset{\text{Galaktose.}}{C_6H_{12}O_6}$$

In den Pektinen der Orangenschalen, der Johannis- und Erdbeere finden sich nach den vorläufigen Angaben von EHRLICH analoge Bestandteile in der gleichen prinzipiellen Anordnung.

Die Pektinstoffe werden von einem Fermentgemisch begleitet: Eine Pektase bringt die Pektinslösung zum Gelieren und Pektinasen bauen das gelöste Pektin weiter ab. Primär wirkt die *Pektase* auf den Pektinkomplex unter Abspaltung von Methylalkohol nach Art einer Esterase. Die hierbei frei werdende Säure setzt sich dann sekundär mit Kalksalzen der Lösung zu einem unlöslichen Kalksalz um, das sich als Gallerte abscheidet.

Das ursprüngliche wandständige Pektin der Mittellamelle wird durch die *Propektinase* in das im Hydratopektin vorliegende Substanzgemisch umgewandelt, das sonst durch heißes Wasser entsteht. Dieses Ferment findet sich z. B. in der Takadiastase und besonders reichlich in Pilzen, wie Penicillium glaucum oder einer neuen gelbe Perithecien bildenden Art, wenn sie auf Hydratopektin-haltigen Nährböden herangezogen wurden. Von weiteren Pektinfermenten wird eine *Arabanase* beschrieben, die das linksdrehende Araban glatt in rechtsdrehende Arabinose umwandelt. Es ist spezifisch und wirkt auf Xylan nicht ein.

Sehr interessant ist das „*Pektolase*“ genannte Ferment aus Pilzen, das die Tetragalakturonsäuren a und c unter Anlagerung eines Mol-Wasser in die reduzierende Kettenform b bei kurzer Einwirkung, in 2—3 Tagen aber unter Totalhydrolyse in 4 Mol-Galakturonsäure spaltet. Diejenigen Fermente, die die stärkste Wirkung auf Pektin haben, spalten auch die polymere Galakturonsäure am energischsten.

Chitin.

Als formgestaltende Skelettsubstanz ist in den Pflanzen neben der Cellulose ein stickstoffhaltiges Polysaccharid, das Chitin, das wichtigste. Es wurde 1811 zuerst von BRACONNOT beobachtet und in Pilzmembranen[1] von GILSON[2] und WINTERSTEIN[3] ein-

[1] VAN WISSELINGH: Journ. of Bot. **31**, 656 (1898).

[2] GILSON: La Cellule **11**, 5 (1894); Ber. **28**, 821 (1895).

[3] WINTERSTEIN: Ztschr. physiol. Chem. **19**, 521 (1893); **21**, 134 (1895); Ber. **27**, 3113 (1894); **28**, 167 (1895).

gehender untersucht; durch die Forschungen von Winterstein wissen wir heute, daß es in Pflanzen auf diese beschränkt ist. Das Vorkommen in den Zellwänden der Bakterien scheint widerlegt zu sein. Im Tierreiche fand es Odier[1] schon 1823 in Insekten auf. Für präparative Zwecke ist das Vorkommen des Chitins in den Krustacaen am wichtigsten. Wesentliche Unterschiede zwischen den Chitinpräparaten verschiedenen Ursprungs konnten bisher nicht aufgedeckt werden.

Die Zusammensetzung des Chitins wird am zuverlässigsten zu $C_{32}H_{54}O_{21}N_4$ angegeben[2]; es ist in Wasser, in konzentrierten Alkalien, wie auch in Schweizerscher Lösung unlöslich. Kein organisches Lösungsmittel löst es auf, dagegen kann es in konzentrierter Salz- oder Schwefelsäure gelöst und daraus unmittelbar nach der Lösung wieder ausgefällt werden. In konzentrierter Salzsäure zeigt es die charakteristische Anfangsdrehung von $-14{,}7^\circ$ [3].

Durch Totalhydrolyse mit konzentrierten Salzsäuren wird das Polysaccharid in seinen kleinsten Baustein, das Glucosamin, zerlegt[4], außerdem entsteht dabei Essigsäure, und zwar rund zu 22,5%, während der Glucosamingehalt zu 85,5% ermittelt wurde. Auf jeden Glucosaminrest kommt also eine Acetylgruppe. Das Glucosamin läßt sich z. B. aus Hummerschalen, in Gestalt seines schön krystallisierenden Chlorhydrates gewinnen. Es stellt eine in 2-Stellung amidierte Hexose, und zwar nach den Untersuchungen von Levene eine 2-Amino-Mannose dar[5]. Bei einer milderen Form der Hydrolyse mit 70%iger Schwefelsäure wurde als wichtiges Bruchstück des Chitins das N-Acetyl-Glucosamin aufgefunden[6].

Bei der Alkalischmelze spaltet sich das Chitin in zwei Moleküle

---

[1] Odier: Mém. de la Soc. d'Hist. Natur. de Paris **1**, 35 (1823).

[2] Brach: Biochem. Ztschr. **38**, 471 (1911).

[3] Irvine: Journ. chem. Soc. London **95**, 565 (1909).

[4] Ledderhose: Ztschr. physiol. Chem. **2**, 213 (1878).

[5] Levene: Journ. biol. Chem. **36**, 73 (1918); Biochem. Ztschr. **124**, 38 (1921).

[6] Fränkel u. Kelly: Monatsh. Chem. **23**, 123 (1902). — Offer: Biochem. Ztschr. **7**, 123 (1908).

Essigsäure und *Chitosan* von der Zusammensetzung $C_{28}H_{50}O_{19}N_4$[1], das dem Chitin noch sehr nahe steht. Das Chitosan wurde in Gestalt verschiedener Salze z. B. als chlor- und bromwasserstoffsaures Chitosan in krytsallinischer Form gewonnen[2], wodurch seine Zusammensetzung, wie auch die des Chitins sichergestellt ist.

Für die Beurteilung der *Konstitution des Chitins* ist von Wichtigkeit, daß es ebensowenig wie das Chitosan FEHLINGsche Lösung reduziert, woraus hervorgeht, daß sich das 1-ständige Hydroxyl der Glucosamin-Moleküle an ihrer gegenseitigen Verknüpfung beteiligt. Die weitere Frage, ob es sich wie in den stickstofffreien Polysacchariden um eine glucosidische Verkettung der Aldehydgruppe des einen Glucosamin-Moleküls mit einer Hydroxylgruppe eines zweiten und so fort, oder um einen Eingriff in die Aminogruppe des zweiten Glucosamin-Moleküls handelt, ist in letzter Zeit eifrig diskutiert worden. Besonders KARRER[3] ist für die letztere Auffassung eingetreten, gestützt auf die Beobachtung, daß es ihm bei der Zinkstaubdestillation des Glucosamins gelungen ist, allerdings in recht geringer Ausbeute von nur wenig über 1%, ein Pyrolderivat, das *Chitopyrol*, zu gewinnen[4]. Die Konstitution des Chitopyrols wurde als ein 2-Methyl-1-n-Hexylpyrol erwiesen. KARRER stellt sich den Übergang des essigsäurefreien Kohlenhydratbruchstückes des Chitins in Chitopyrol entsprechend nachstehender Formulierung vor (s. S. 314) und er faßt das Chitin im Gegensatze zu den acetalartig verknüpften eigentlichen polymeren Kohlenhydraten als eine Aldehydammoniakverbindung auf.

Auf Grund der Deutung des Faserdiagramms, welches dem Chitin nach den röntgenographischen Untersuchungen von HERZOG[5] und GONNEL[6] zukommt, verteidigen MEYER und MARK[7]

[1] ARAKI: Ztschr. physiol. Chem. **20**, 498 (1895). — LÖWY: Biochem. Ztschr. **23**, 60 (1910).

[2] v. FÜRTH u. RUSSO: Beiträge z. chem. Physiol. u. Pathol. **8**, 163 (1906). — ARMBRECHT: Biochem. Ztschr. **95**, 111 (1919).

[3] KARRER: Polymere Kohlenhydrate 6. Kap. S. 258.

[4] KARRER u. SMIRNOFF: Helv. chim. Acta **5**, 832 (1922). — KARRER, SCHNIDER u. SMIRNOFF: Helv. chim. Acta **7**, 1039 (1924).

[5] HERZOG: Naturwiss. **12**, 958 (1924).

[6] GONNEL: Ztschr. physiol. Chem. **152**, 18 (1926).

[7] MEYER u. MARK: Ber. **61**, 1936 (1928).

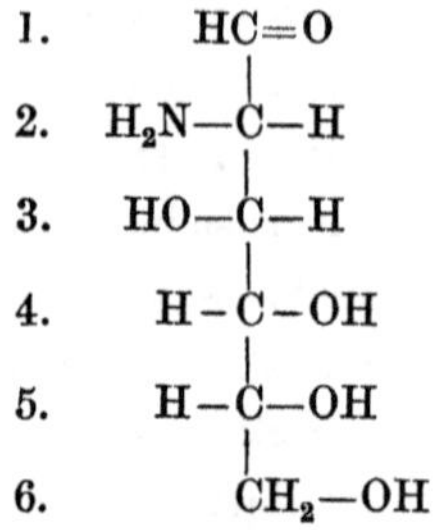

Glucosamin
(2-Amino-mannose)

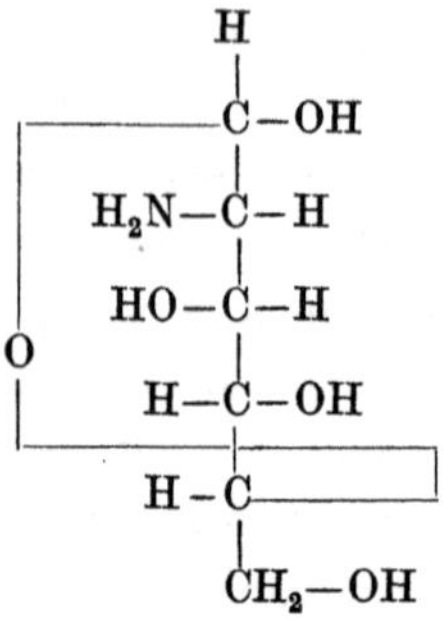

Glucosamin
(Cycloform)

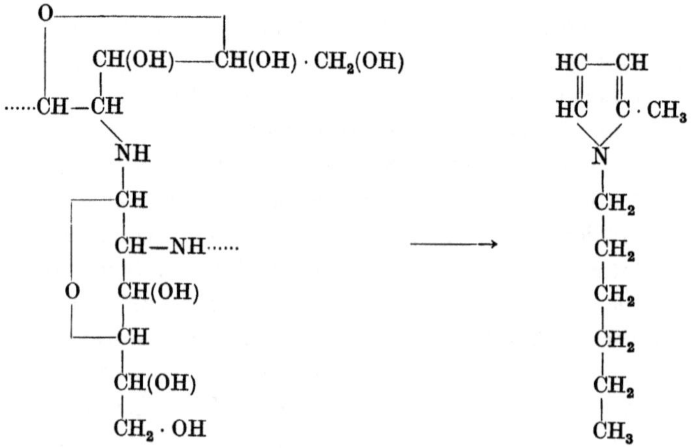

Glucosaminbaustein des Chitins
(nach KARRER)

Chitopyrol

neuestens die ursprüngliche, von den vorgenannten Chitinforschern FÜRTH, IRVINE, BRASCH und anderen angenommene Formulierung der Verknüpfung der Glucosaminreste unter Vermeidung der Aminogruppen. Sie schließen sich der Meinung von HESS[1] an, daß die geringe Ausbeute an Chitopyrol für die Konstitutionsaufklärung wenig bedeutet. Die Entscheidung dürfte hier die *Chitobiose* bringen, deren Gewinnung aus Krebs-Chitin durch Ace-

[1] HESS: Die Chemie der Cellulose S. 102.

tolyse in Gestalt ihres gut krystallisierenden Octacetylderivates eben gemeldet wird[1]. In Analogie zu ihrer Formulierung der Cellulose nehmen MEYER und MARK an, daß die ringförmig als Amylenoxyde zu denkenden Glucosaminreste durch 1,4-Sauerstoffbrücken miteinander verbunden sind und abwechselnd um 180° gedreht eine Schraubenachse, entsprechend nebenstehender Abbildung bilden, und daß ferner die so entstehenden geraden Hauptvalenzketten miteinander zu Micellen vereinigt sind.

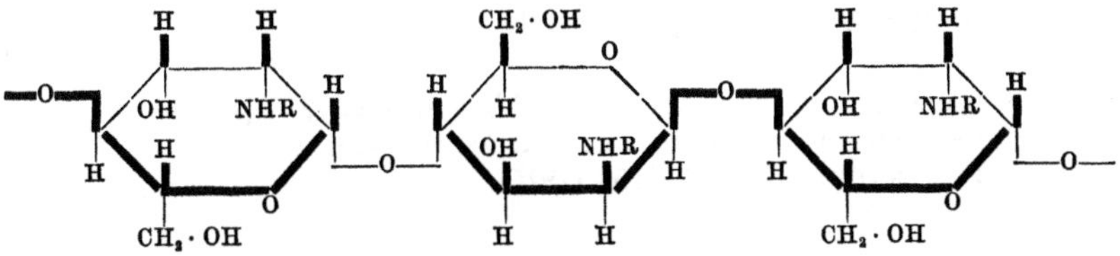

Acetylglucosamin-Kette des Chitins nach K. H. MEYER und H. MARK.

Das Chitin ist ein sehr resistenter Körper; nichtsdestoweniger wird es nach den neuesten Feststellungen von KARRER[2] von einem im Darmkanal der Weinbergschnecke vorhandenen Ferment, der *Chitinase*, bei einer optimalen Acidität von 5,2 angegriffen. Das native Chitin ist nur wenig fermentierbar, das aus der vorherigen salzsauren Lösung rasch ausgefällte konnte jedoch zu 50% der Theorie in N-Acetylglucosamin umgewandelt werden. Das Chitosamin gibt jedoch bei diesem Fermentabbau hochmolekulare, sehr schwer hydrolysierbare Abbauprodukte, deren Molekulargewichte zwischen 500 und 700 liegen können. Diese Polychitosamine sind gegen heiße Salzsäure beständiger als gewöhnliche Polysaccharide, selbst als Cellulose. Das partiell entacetylierte Chitin, das Chitosan, wird nach dem Reacetylieren von der Schneckenchitinase wieder wie Chitin in N-Acetylglucosamin gespalten, so daß für den Verlauf des Abbaus die Acetylierung der Stickstoffatome im Chitin Voraussetzung ist. Auch Pilzchitin aus Steinpilzen konnte durch das Ferment zu 80% in N-Acetyl-

[1] BERGMANN, ZERVAS u. SILBERKWEIT: Naturwiss. 19, 20 (1931).
[2] KARRER u. HOFFMANN: Helv. chim. Acta 12, 616 (1929).

glucosamin gespalten werden[1]. Karrer hält daran fest, daß die Bindungen des Chitins wenigstens teilweise durch die Aminogruppe vermittelt werden.

Vielleicht ist von Interesse darauf hinzuweisen, daß die durch die Oxydation von Glucosamin leicht gewinnbare Glucosaminsäure[2] den in Eiweißkörpern enthaltenen Oxy-α-Aminosäuren schon recht nahe steht. Es ist der Beweis erbracht worden, daß man durch Methylierung der Glucosaminsäure zum Betain des Glykokolls gelangen kann[3], wodurch die Brücke von den Zuckern zu den Betainen geschlagen wurde.

---

[1] Karrer u. v. François: Helv. chim. Acta **12**, 986 (1929).
[2] Pringsheim u. Ruschmann: Ber. **48**, 680 (1915).
[3] Pringsheim: Ber. **48**, 1158 (1915).

IX. Konstitution.

A. Allgemeine Konstitutionslehre.

Die in der Natur vorkommenden komplexen Polysaccharide gehören zu der großen Klasse von Stoffen, als deren wichtigstes Charakteristikum man den „Hochmolekularen Zustand" betrachten kann. Ehe wir uns mit der speziellen Konstitutionsforschung dieser Körper beschäftigen, müssen wir uns einen allgemeinen Überblick über die Vorstellungen verschaffen, nach denen man im jetzigen Augenblick die besonderen Bauprinzipien derartiger Stoffe beurteilt. Will man sich zuerst ein Urteil darüber verschaffen, in welcher Beziehung diese soweit verbreitete Klasse von Naturprodukten, die durch ihr natürliches Vorkommen wie ihre Beteiligung an den Lebensprozessen der Pflanzen- und Tierwelt so wichtige sind, von den organischen Substanzen anderer Art abweicht, so muß besonders auf ihr kolloid-chemisches Verhalten hingewiesen werden. Die sogenannten „Hochmolekularen" zeichnen sich nämlich durch die Neigung aus, im Zustande der Schwerlöslichkeit zu quellen und im Lösungszustande viscose Gele zu bilden. Aus ihren Lösungen gehen sie durch Flockung in den Solzustand über, was veranlaßt sein kann durch Erhitzen, durch die Beigabe von Elektrolyten, wie auch durch die gegensätzlich geladener anders gearteter Kolloide. Alle diese Eigenschaften kommen auch den anorganischen Kolloiden zu, an denen sie bisher vornehmlich studiert worden sind. Es ist also vor allem das äußere physikalische Verhalten, welches die Hochmolekularen von den etwa 200000 bis vor nicht langer Zeit der Hauptsache nach bearbeiteten niedrig-molekularen organischen Verbindungen unterscheidet, denen ein Molekulargewicht bis zu ungefähr 2000 mit einem Gehalt von 1—50 Kohlenstoffatomen zukommt. Wir wollen die Beantwortung der Frage, ob die organischen Kolloide ihre besonderen Eigenschaften tatsächlich der Vereinigung einer großen Zahl von Atomen im Sinne der klassischen Strukturlehre verdanken, und ob ihr gegensätzliches Verhalten zu niedrig-molekularen Substanzen hierauf beruht, oder ob in ihnen niedrig-molekulare Bauelemente im übermolekularen Verbande vorherrschen, nicht vorwegnehmen. Sie muß nämlich einer der Hauptgegenstände unserer Erörterungen sein, auf die wir uns durch ein Studium der letztjährigen experimentellen und theoretischen Erfahrungen vorbereiten wollen.

Die einschlägige Entwicklung ihrer Beantwortung hat sich nun vornehmlich an den Polysacchariden vollzogen. Man kann hier überschlagsweise wohl drei Perioden unterscheiden. Erstens die Vorperiode um die Zeiten EMIL FISCHERS, in der man in einer gewissen Unvoreingenommenheit solche schwerlöslichen Stoffe wie die Cellulose und eine so quellbare Körperklasse wie die Proteine als hochmolekular ansah. Bekanntlich hat EMIL FISCHER von diesem Standpunkte aus die eiweißähnlichen hochmolekularen Polypeptide synthetisiert und hierbei unter anderen einen Körper vom Molekulargewicht 1213 aufgebaut, der durch kolloidale Eigenschaften ausgezeichnet war. Dies wird heutzutage immer wieder betont, wenn man auf die hauptvalenzmäßige Verknüpfung im Gefüge der hochmolekularen Naturstoffe besonders in Gestalt von Ketten zurückkommt, wobei jedoch merkwürdigerweise übersehen zu werden scheint, daß in dieser ersten Periode von einer periodischen Wiederkehr einzelner Atomgruppen, von dem Prinzip der kleinen Bauelemente, die doch heutzutage grundlegend für das Problem der Hochmolekularen geworden sind, nie die Rede war.

Die Erörterung eines derartigen Bauprinzips fällt erst in die zweite Periode und ich glaube, daß es von mir seit dem Jahre 1913 in besonderer Weise im Anschluß an meine Untersuchungen über die krystallisierten Dextrine[1] hervorgehoben worden ist. Diese zweite Periode wird durch die Annahme charakterisiert, daß die kleinen Bauelemente als Grundkörper in den hochmolekularen Gebilden durch „Nebenvalenzen" zusammengehalten werden. Auf den Ersatz des aus der WERNERschen Koordinationslehre entnommenen Ausdruckes Nebenvalenzen durch andere kommen wir noch zurück. Diese Gedankenrichtung wurde noch schärfer von KARRER[2] formuliert, der z. B. in der Cellulose und

[1] PRINGSHEIM: Ber. 59, 3008 (1926).
[2] KARRER: Polymere Kohlenhydrate. Leipzig 1926.

Stärke Bioseanhydride sah, welche durch zwischen-molekulare Kräfte zu schwer löslichen Micellen zusammengehalten werden, unbeschadet des damals in der organischen Chemie herrschenden Vorurteils, daß die Unlöslichkeit eine große Ausdehnung der Moleküle zur Voraussetzung haben müsse. Schon KARRER wies auf die Micellarlehre NÄGELIS hin. Er verglich die organischen Kolloide mit einem unlöslichen Krystall wie dem des Goldes, das ja schließlich auf Grund der Erfahrungen der anorganischen Kolloidlehre auch in einen kolloidalen Verteilungszustand z. B. in Wasser übergeführt werden kann. Die Hauptstütze erfuhr dann die Hypothese von der übermolekularen Verknüpfung kleiner Bauelemente durch die Einbeziehung der röntgenspektrographischen Untersuchung, die ja, wie wir erörtern werden, fürs erste dieser Anschauung die Wege ebnete. Auch die von BERGMANN[1] an den Oxyaldehyden und Oxyketonen ausgeführten Modellversuche drängten diesen Forscher zu der Auffassung, daß wir hier auf einem Gebiete sind, bei dem die Unterscheidung von Haupt- und Nebenvalenzen wenig Präzises aussagt. BERGMANN nahm an, daß die bimolekularen Cycloacetale[2] keine normalen Valenzbindungen nach Formel II, sondern Nebenvalenzbindungen nach Formel III enthalten; er mußte aber kürzlich[3] diesen für die Polysaccharidchemie so wichtigen Beobachtungen die experimentelle Grundlage entziehen, da es sich zeigte, daß der monomolekulare Zustand bei seinen Dampfdichtebestimmungen doch durch eine Zersetzung vorgetäuscht war. Andererseits aber zeigen mit Acetoin und seinen Dimeren durch Absorptionsmessungen im Ultraviolett unternommene Untersuchungen in dem monomeren Zustande das Vorhandensein der Carbonylgruppen[4] an, so daß der ursprüngliche BERGMANNsche Standpunkt nicht verlassen zu werden braucht und man in diesen Modellversuchen einen Beweis zu mindestens für die Möglichkeit

[1] BERGMANN: Ztschr. physikal. Chem., Abt. A **139**, 692 (1928). — BERGMANN, MIEKELEY u. v. LIPPMANN: Ber. **62**, 1467 (1929). — Für weitere Literatur vgl. HESS: Chemie der Cellulose 582.

[2] BERGMANN: Liebigs Ann. **452**, 121 (1927).

[3] BERGMANN u. MIEKELEY: Ber. **62**, 2297 (1929).

[4] DIRSCHERL u. BRAUN: Ber. **63**, 416 (1930).

II.

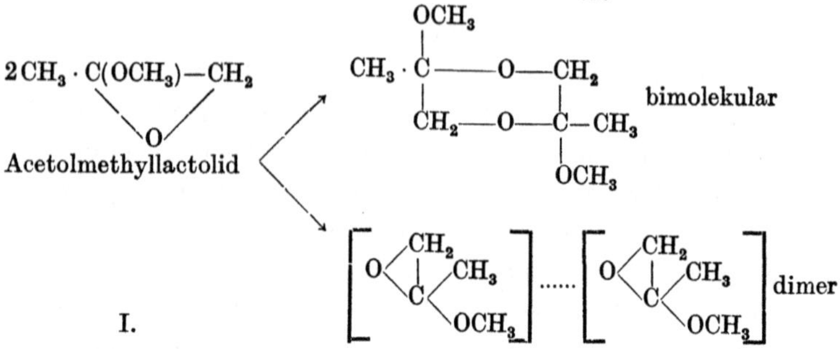

I.

III.

der Auswirkung starker, übermolekularer Kräfte in der Zuckergruppe sehen kann. BERGMANN[1] hat in seinem Vortrage auf der Naturforscherversammlung in Düsseldorf seinen Standpunkt in besonders klarer Weise formuliert und hervorgehoben, daß die von ihm Individualgruppen genannten kleinen Bauelemente, die unabhängig nicht beständig sein sollen, im hochmolekularen Zustande in Analogie zu dem Zustande anorganischer Krystalle in den Gitterkräften aufgehen; die Folge davon sollte sein, daß aus ihnen dann andersartige und auch höher molekulare Molekülgruppen, als den Individualgruppen zukämen, herausgeschlagen werden können. In sehr ausgedehnten Untersuchungen über die Cellulose hat HESS[2] den Standpunkt zu begründen versucht, daß dieses Polysaccharid ein durch Assoziation zusammengehaltenes Glucoseanhydrid als Bauelement enthält, so daß sogar die aus der Cellulose gewinnbare Cellobiose als ein Kondensationsprodukt aufzufassen wäre.

Schon in diese zweite Periode greift der Widerspruch STAUDINGERS[3] hinein, der das Verhalten der Hochmolekularen auf große Moleküle im Sinne der KEKULÉschen Strukturlehre zurückgeführt wissen wollte. Wir werden uns mit seinen inzwischen außerordentlich ausgebauten und vertieften Experimentaluntersuchungen noch zu beschäftigen haben. Von besonderer Be-

---

[1] BERGMANN: Ber. **59**, 2973 (1926).
[2] HESS: Die Chemie der Cellulose. Leipzig 1928.
[3] STAUDINGER: Ber. **59**, 3019 (1926).

deutung war dann der von STAUDINGER[1] geführte Beweis, daß Krystalle aus langen Kettenmolekülen einen kleinen Elementarkörper besitzen können. Die Identitätsperiode fällt in diesen Gittern bei synthetischen Poly-oxy-methylenen nicht mit der im Molekül selbst enthaltenen Identität zusammen, sondern beträgt ein Vielfaches hiervon, wodurch der früher aus den röntgenographischen Studien gezogenen Schlußfolgerung von den kleinen Molekülgruppen als Basis für die Hochmolekularen die Grundlage entzogen wurde.

In der dritten Periode wirkten sich die Arbeiten STAUDINGERS weiter aus. Dazu traten die FREUDENBERGschen Untersuchungen über die Anhydro-tri-methylglucose und ihre mangelhafte Beziehung zur methylierten Cellulose, ferner die an den Molekulargewichtsbestimmungen bei Polysacchariden und deren Derivaten einsetzende scharfe Kritik, mit der wir uns noch zu beschäftigen haben werden und schließlich die neuartige Auswertung der Röntgendiagramme, wieder vornehmlich der Cellulose, unter Einbeziehung des Problems der Raumerfüllung durch SPONSLER in Amerika und in besonders weittragender Form durch K. H. MEYER und MARK. Es ist kaum zu zweifeln, daß die auf so verschiedene Weise begründete Annahme, daß nämlich die Cellulose ein großes Kettenmolekül darstellt, in letzter Zeit die allgemeine Anerkennung gefunden hat. Weniger beweisbar erscheint ihre Übertragung auf solche Reservestoffe wie die Stärke und das Inulin, und besonders bedeutungsvoll wird es für uns sein, den festen Zustand dieser komplexen Naturstoffe mit ihrem Lösungszustand zu kontrastieren und auf diese Weise die nun einmal nicht aus der Welt zu schaffenden Beobachtungen, welche für die Dispergierungsmöglichkeit zu kleinen Molekülen in den Lösungen sprechen, in die gesamte heutige Anschauung von der allgemeinen Konstitutionslehre der kolloidalen Polysaccharide einzuordnen.

---

[1] STAUDINGER, JOHNER, SIGNER, MIEHE u. HENGSTENBERG: Ztschr. physikal. Chem. **126**, 425 (1927).

Der Molekülbegriff.

Mit dem üblichen Begriff, der die Moleküle als freie, im Gas- oder Lösungszustande bewegliche Teilchen definiert, können wir bei den Hochmolekularen nicht auskommen, weil sich Molekulargewichtsbestimmungen nach den gewöhnlichen Methoden an ihnen nicht ohne Komplikationen ausführen lassen. Sie werden nämlich entweder durch die Unlöslichkeit oder durch das besondere Verhalten hochmolekularer Substanzen im Lösungszustande behindert. Unlöslichkeit als solche brauchte an sich noch kein absoluter Hinderungsgrund für die osmotischen Messungen zu sein: Wenn es auf dieser Erde kein Wasser gäbe und dieses als einziges Mittel bekannt wäre, um den Rohrzucker in Lösung überzuführen, so würden wir doch imstande sein, dieses Disaccharid in ein Derivat umzuwandeln, um auf diesem Umwege z. B. an seinem Acetat die Kryoskopie auf einfache Weise in einem organischen Lösungsmittel vorzunehmen. Aber auch dieser Weg ist bei den komplexen Polysacchariden nicht so ohne weiteres anwendbar. Wir werden bei diesen Stoffen gehindert durch ihre Neigung in den Lösungen Assoziate zu bilden, wobei fürs erste die Frage nicht entschieden werden soll, ob die Ursache hierfür VAN DER WAALSsche Kräfte sind, die sich zwischen den einzelnen Molekülen auswirken, oder ob Solvatationskräfte mit den Lösungsmitteln als Erklärung herangezogen werden müssen.

Generell gesprochen kommen für das allgemeine Konstitutionsproblem der polymeren Kohlehydrate neben der jetzt verlassenen Auffassung von den assoziierten kleinen Molekülen zwei in ihren Einzelheiten voneinander abweichende in Frage, von denen wir die STAUDINGERS, welcher unter Molekül die Summe der durch normale Kovalenzen gebundenen Atome versteht, deren Zahl und Bindungen für die Eigenschaften des hochpolymeren Stoffes maßgebend sind, zuerst besprechen wollen. Ob die Molekülgröße dabei nach den bekannten physikalischen Methoden bestimmbar ist oder nicht, kommt dabei nicht in Betracht, denn dies hängt von den jeweiligen experimentellen Möglichkeiten ab. Dieser Molekülbegriff läßt sich auch auf die Makromoleküle anwenden. Es sind das die für die Hochpolymeren charakteristischen, einheitlich gebauten oder nicht einheitlichen, langen Moleküle. Die Makromoleküle stellen das untrennbare Gemisch der genannten großen Moleküle dar, wobei nun für diejenigen Hochpolymeren, die sich aus *gleichen Grundmolekülen* aufbauen, bei verschiedener Molekülgröße von den *polymerhomologen Reihen* zu sprechen ist. Diese polymerhomologen Reihen gewinnen in den Anschauungen STAUDINGERS eine ganz besondere Bedeutung, denn er zieht Schlüsse aus dem Zusammenhange zwischen den physikalischen Eigenschaften solcher niedrigmolekularer und hochpolymerer Polymerisationsreihen. So meint er z. B., daß die BERGMANNsche Ansicht von den kleinen selbständig nicht existenzfähigen Individualgruppen im Krystallgitter endgültig in denjenigen Fällen widerlegt wird, wo neben dem hochpolymeren nicht flüchtigen Stoffe auch der niedrig-molekulare bekannt ist und dieser leicht flüchtig ist. Sieht man also in den synthetisch noch näher zu definierenden hochmolekularen Stoffen von STAUDINGER eine wirklich unantastbare Vergleichsmöglichkeit zu allen komplexen Naturstoffen, z. B. zu den Polysacchariden, dann wäre diese Beweisführung richtig. Bis zu welchem Grade diese Parallelität in Wirklichkeit besteht, werden wir noch zu erörtern suchen.

Bei STAUDINGER gibt es also ganz ausgesprochen noch den Begriff des Moleküls. Aber auch er kann für die Erklärung gewisser kolloidaler Eigenschaften ohne die Heranziehung von Assoziationskräften, die mit den krystallbildenden Kräften in Parallele zu setzen sind, nicht auskommen, so definiert er eine Hauptvalenz bei homöopolaren organischen Verbindungen als eine normale Kovalenz und die zwischenmolekularen Kräfte als eine koordinative Kovalenz. Diese Definition fällt also mit der von uns früher gewählten zusammen[1], denn wir verstanden unter *Polymerisation* die hauptvalenzmäßige Bindung der Atome untereinander und unter *Assoziation* die Bindung durch übermolekulare Kräfte oder Molekularvalenzen. Auch brauchen wir häufig die Bezeichnung *Aggregation*. Darunter verstehen wir nicht einen

[1] PRINGSHEIM: Naturwiss. **12**, 360 (1924).

Zustand sondern einen Vorgang, nämlich die sich in der Ballung betätigenden Assoziationskräfte. Desaggregation bedeutet natürlich den rückläufigen Zustand und Depolymerisation die Molekularverkleinerung unter Hauptvalenzablösungen. Vorläufig befinden sich die Erörterungen über die hochmolekularen Bauprinzipien noch etwa in dem Zustande philosophischer Betrachtungen, bei denen jeder Schriftsteller zuerst mit einer Definition seiner Begriffe beginnen muß, die dann unglückseligerweise einen Hauptteil seiner literarischen Bemühung einnehmen. Es wäre sehr zu hoffen, daß wir in unserer exakten Naturwissenschaft aus dieser Lage herauskommen, wovon wir jedoch in diesem Momente noch ziemlich weit entfernt sind.

Denn im Gegensatze zu STAUDINGER wollen MEYER und MARK, deren Anschauungen wir jetzt erläutern müssen, den Ausdruck Molekül auf dieses Gebiet überhaupt nicht übertragen, sondern von *Hauptvalenzketten* und *Hauptvalenznetzen* sprechen. Sie begründen das vornehmlich damit, daß der Ausdruck Molekül für *unter sich streng identische* Teilchen geprägt worden ist und daß die Darstellung chemisch reiner, d. h. aus exakt gleichen Molekülen zusammengesetzter Stoffe bei wirklich großen Molekülen noch nicht gelungen ist und beim heutigen Stande der präparativen Technik, wie auch STAUDINGER betont, gar nicht gelingen kann. Zwar seien theoretisch wohl Präparate, z. B. von Cellulose, aus lauter gleich langen Ketten denkbar. Aber da man weder bei synthetischen noch bei natürlichen Hochmolekularen derartige Präparate in der Hand hat, kann man Begriffsbildung, Fragestellung und experimentelle Behandlung nicht auf sie abstellen, sondern muß das immer vorliegende „Gemisch" als Objekt der Forschung betrachten[1]. Deshalb muß man, und das ist wirklich von größter Bedeutung, den Ausdruck „chemisch-identisch" bei den Hochpolymeren überhaupt vermeiden, da ja alle Präparate in sich nicht homogen sind. Ihre Eigenschaften sind gewissermaßen als der Durchschnitt der Eigenschaften ihrer verschiedenen Molekülindividuen zu betrachten. So können, um es zu erläutern,

[1] MEYER u. MARK: Der Aufbau der hochpolymeren organischen Naturstoffe. Leipzig 1930, S. 83.

zwei Cellulosepräparate in Lösung die gleiche spezifische Drehung zeigen, aber um einen krassen Fall herauszugreifen, könnte der durchschnittliche Molekülumfang des zweiten Präparates doppelt so groß sein, als der des ersten; sie können auch dasselbe Röntgendiagramm haben, aber zwischen ihnen mögen gewisse andere Unterschiede, wie im viscosymetrischen Verhalten, bestehen, so daß die identische Drehung ihre Identität nicht beweisen kann. Ein solcher Beweis könnte nur gelingen durch den Beweis der Übereinstimmung aller chemischen und physikalischen Eigenschaften, der natürlich, wenn überhaupt, bisher noch nicht zu führen ist. So wird auch hervorgehoben, daß im Gebiete der Hochmolekularen Neigung zur Bildung von Makrokrystallen z. B. bei Cellulosederivaten nicht für die Einheitlichkeit beweisend sei. Unterhalb einer gewissen Molekülausdehnung sei auch das gemeinsame Krystallisieren polymerhomologer Ketten möglich. Ob eine Krystallisation erfolgt, hängt also hier nicht von der Einheitlichkeit ab, sondern vom Bau des Moleküls, symmetrisch gebaute Stoffe sind krystallisiert, bei amorphen wird die Krystallisation durch den ungeordneten Bau erschwert[1]. So wird ja jetzt das von HESS dargestellte sog. „Biosan" aus Cellulose gedeutet, auf das wir noch zu sprechen kommen.

Der weitere Unterschied zwischen der STAUDINGERschen und der MEYER-MARKschen Auffassung besteht nun darin, daß die letzteren Forscher an Stelle der Riesenmoleküle die aus längeren Ketten zusammengesetzte Micelle annehmen, in der die Vereinigung der langen Ketten durch VAN DER WAALSsche Kräfte erfolgt. So besteht beispielsweise das Cellulosemolekül nach STAUDINGER aus 500—1000 Glucoseresten, während MEYER-MARK 40—60 Bündel von Glucoseketten aus je 60—100 Glucoseresten in das Micell verlegen. Die Erklärungsversuche für die verschiedenen, sich an den Hochmolekularen abspielenden Reaktionen sind entsprechend auch bei den genannten Forschern verschieden. Bei STAUDINGER spielt der Gedankengang eine große Rolle, daß besonders lange Ketten, die im festen Zustande durch koordi-

[1] STAUDINGER: Ber. **62**, 2893, u. zwar 2902 (1929).

native Kräfte zusammengehalten werden, bei der Ablösung dieser Kräfte z. B. durch Lösungsvorgänge, Hitze usw. zur Verkrakung, zur Spaltung der langen Ketten in kleine Bruchstücke neigen. Dies kann z. B. durch Erhitzen gerade bis zum Zersetzungspunkt, also dem Auflockerungspunkt des Gitters, hervorgerufen werden. Andererseits stellen MEYER-MARK die durch die micellare Anordnung bedingten Oberflächenreaktionen, auf die wir noch zu sprechen kommen, sehr viel mehr in den Vordergrund ihrer Betrachtungen.

Die kettenmäßige Anordnung gleichartiger kleiner Bauelemente wird somit also zum Grundpfeiler der neuen Theorien. Das Gefüge einer langen Kette, z. B. von Glucoseresten, müßte aber selbstverständlich in den Endgliedern mit anderen Bindungen abschließen, als zwischen den einzelnen Zuckermolekülen vorhanden sind. Diese Endglieder spielen nun bei STAUDINGER, der sich auf die von ihm gewählten experimentellen Erfahrungen an synthetischen Hochmolekularen stützt, eine ganz besonders wichtige Rolle. Nach ihm sind nämlich die physikalischen Eigenschaften einer hochpolymeren Substanz wie Schmelzpunkt, Löslichkeit, Festigkeit usw. im wesentlichen auf die verschiedenen Kettenlängen zurückzuführen, die chemischen Eigenschaften jedoch auf die verschiedenen Endgruppen. Besonders ausgeprägt müßte dementsprechend der Unterschied im chemischen Verhalten hochpolymerer Stoffe sein, wenn sie in ihren Endgruppen stark voneinander abweichen und der Einfluß der Endgruppen müßte natürlich ihrerseits deutlicher sein, wenn sie selbst von den Kettengruppen scharf differenziert sind. STAUDINGER ist der Beweis für seine Schlußfolgerungen in dieser Richtung an seinen synthetischen Hochmolekularen gewiß gut gelungen, wesentlich weniger glücklich finden wir jedoch seine Analogieschlüsse auf die natürlichen hochmolekularen Stoffe. Bei den Polysacchariden steht es überhaupt in keiner Weise fest, ob in ihnen andersgeartete Endglieder vorhanden sind. Die Annahme STAUDINGERS, daß die Endglieder der Stärkeketten esterartig mit Phosphorsäureresten besetzt sind, ist eben so unbewiesen wie die Auffassung[1], daß an den Enden einer Cellulosekette eine Lävoglucosanbindung

[1] FRANZ: Papierfabrikant 27, 790 (1929).

steht. Wir sind vielmehr der Meinung, daß sich die langen Ketten in den Polysacchariden zu großen flachgedrückten Ringen schließen und daß sich ihr gegensätzliches Verhalten zu den STAUDINGERschen Hochpolymeren in verschiedenen chemischen Eigenschaften hierauf zurückzuführen ist, wofür wir Belege noch beibringen wollen.

Die Begründung für seine Schlußfolgerungen findet STAUDINGER auf Grund seiner synthetischen Versuche an Poly-oxymethylenen und deren Eigenschaften, während sich MEYER-MARK auf die physikalischen Untersuchungen besonders mit Röntgenstrahlen, vor allem an Cellulose und deren theoretischen Ausdeutung im molekular-morphologischen Sinne stützen. Durch die eben erschienene Monographie der beiden Forscher wird uns die an sich schwierige Aufgabe, diese Dinge in den Rahmen unserer Betrachtungen überhaupt einzupassen, außerordentlich erleichtert. Besonders zum Verständnis der physikalischen Grundlage müssen wir jedoch die Interessenten auf die ausgezeichnete MEYER-MARKsche Monographie verweisen.

Röntgenographische Untersuchungen an Cellulose.

Die Untersuchung komplexer Polysaccharide mit Röntgenstrahlen wurde von P. SCHERRER an der Cellulose begonnen; R. O. HERZOG gebührt das Verdienst, diese Methode zuerst vielseitig auf die uns interessierenden Stoffe angewandt zu haben. An diesen Untersuchungen beteiligten sich W. JAHNCKE, H. W. GONNEL, H. MARK und andere, an der Auswertung der Diagramme M. POLANYI und K. WEISSENBERG. Aus dieser Anregung hervor hat sich zuerst in Deutschland und dann auch im Auslande ein umfangreiches Arbeitsgebiet entwickelt, mit dessen Ergebnissen wir uns hier nur soweit befassen können, als das durch die Konstitutionsaufklärung der Polysaccharide gefordert wird. Die methodischen Einzelheiten der Röntgenanalyse sind in neuester Zeit in umfangreichen Kompendien behandelt worden[1], in ihrer

[1] MARK: Die Verwendung der Röntgenstrahlen in Chemie und Technik, Leipzig 1926. — SCHLEEDE u. SCHNEIDER: Röntgenspektroskopie und Krystallstrukturanalyse, Berlin-Leipzig 1929.

speziellen Anwendung auf Polysaccharide findet man das Wichtigste bei HERZOG[1] und KATZ[2]. Die bedeutungsvollsten Untersuchungen auf diesem Gebiete betreffen die Cellulose; hier ist die historische Entwicklung von HERZOG geschildert worden[3]. Der gegenwärtige Stand der Forschung wird in der MEYER-MARKschen Monographie wiedergegeben. Bei der Cellulose hat die Röntgenanalyse nach und nach eine Entwicklung erfahren, welche die auf anderen Wegen gesammelten Unterlagen für die Konstitutionsaufklärung stützt. Nur noch beim Chitin wurde derartiges von analogen Gesichtspunkten aus versucht[4]. Auch andere Polysaccharide, wie die Stärke, Inulin, Lichenin usw. ließen sich so als mikrokrystallin erweisen, ohne daß jedoch die Auswertung ihrer Diagramme bisher von Bedeutung für die Konstitutionserforschung sein konnte. Wir kommen auf sie noch kurz zurück und befassen uns zuerst mit der Cellulose.

In seiner letzten Zusammenfassung zählt HERZOG die Cellulosepräparate verschiedenen Ursprungs, z. B. von Hanf, Nessel, Flachs, Ramie, Jute, Roggen, Stroh, Baumwollhaar, verschiedener Holzbestandteile, auch Pilzcellulose auf, wozu bemerkenswerterweise auch die tierische Tunikatencellulose[5] gehört, die von ihm untersucht wurden und die ihn zu dem Schlusse kommen lassen: „in allen den vielen untersuchten Naturobjekten wurde ein und dasselbe Diagramm, das der natürlichen Cellulose gefunden“.

Die Einordnung der Cellulosekrystallite in die Krystallsysteme war einigen Schwankungen unterworfen, kann aber wohl jetzt, nachdem sich die Technik der Aufnahme sehr wesentlich verbessert hat, als endgültig angesehen werden. Nachdem die rhombische

---

[1] HERZOG: Ztschr. physikal. Chem. **139**, 235 (1928). — HERZOG, HOFFMANN u. KRATKY: Handb. d. Biochemie des Menschen u. d. Tiere, 2. Aufl. Ergänzungsbd. Jena 1930.

[2] KATZ bei HESS: Chemie der Cellulose und bei WALTON: A Comprehensive Survey of Starch-Chemistry. 1928.

[3] HERZOG u. JAHNCKE: Ztschr. physikal. Chem. A **139**, 235 (1928).

[4] HERZOG: Naturwiss. **12**, 958 (1924). — MEYER u. MARK: Ber. **61**, 1936 (1928).

[5] HERZOG u. GONNEL: Ztschr. physiol. Chem. **141**, 63 (1924).

Form längere Zeit für die wahrscheinlichere gehalten wurde, haben sich nun unabhängig voneinander HERZOG wie auch ANDRESS[1] für die monokline erklärt.

Von Bedeutung ist, daß das Diagramm der *Hydratcellulose* in einigen Beziehungen von dem der natürlichen abweicht, was eine ausgezeichnete Unterlage für das Studium des Mercerisierungsprozesses abgegeben hat. Ein derartiges verändertes Diagramm entsteht in allen Fällen, wenn Cellulose in irgendeinem Mittel zum Gel dispergiert wird, gelegentlich genügt aber auch schon die Wirkung starker Alkalien oder die Behandlung mit konzentrierten Säuren, wie Salpetersäure, um das Diagramm der Hydratcellulose ohne Dispergierung zu erzeugen. In allen Fällen, bei denen die Quellung in Natronlauge, Kupferamminlösung usw. so weit fortgeschritten war, daß auch nach dem Auswaschen des Quellungsmittels das neue Diagramm beständig blieb, ließ sich von KATZ mit großer Wahrscheinlichkeit die Bildung einer chemischen Verbindung zwischen der Cellulose und dem Quellungsmittel nachweisen, während andere starke Quellungen z. B. in Chlorzink oder Rhodancalcium die Änderung nicht hervorrufen. Das Translationsgitter der Hydratcellulose bildet sich jedenfalls in allen den Fällen, in denen die Cellulose gelöst und wieder ausgefällt wird. Man kann die Faser jedoch unter Erhaltung der Faserstruktur nitrieren und denitrieren und dabei das unveränderte Diagramm der nativen Cellulose zurückerhalten. Wird jedoch das Cellulosenitrat oder auch -acetat zuerst in Lösung gebracht und nach dem Ausfällen z. B. denitriert, so bekommt man stets das Diagramm der Hydratcellulose; interessant ist aber, daß Acetat- und andere Kunstseiden, die man im Röntgenbilde amorph findet, bei der Streckung wieder krystallisierte Cellulosefasern mit deutlichem Richtungseffekt entstehen lassen, analog dem Verhalten des Kautschuks, wo das Phänomen zuerst von KATZ[2] entdeckt wurde.

Natürlich handelt es sich bei all diesen Erscheinungen nicht

---

[1] ANDRESS: Ztschr. physikal. Chem. **136**, 279 (1928).
[2] KATZ: Naturwiss. **13**, 411 (1925).

um mit dem bloßen Auge oder dem Mikroskop zu beobachtende Makrokrystalle, sondern um Krystallite, die nicht durch eine bestimmte äußere Krystallform charakterisiert sein müssen, die man aber durch Röntgenstrahlen kenntlich machen kann. Sie liegen, was für die weiteren Betrachtungen bedeutungsvoll sein wird, bei den natürlichen Fasern ziemlich weitgehend mit einer Krystallachse in der Faserachse.

Man muß sich aber nun klar darüber sein, was manchmal verkannt wurde, daß man bei der Röntgenanalyse nur die Dimensionen und die Form des Elementarkörpers, dessen Wiederholung in drei Dimensionen den Krystall bildet, feststellen kann. In den Krystallen spricht man besser nicht von Molekülen, sondern man wählt dafür den von WEISSENBERG[1] scharf definierten Begriff der krystallographischen Bausteine. Nimmt man in der Cellulose eng begrenzte Bauelemente an, so spricht man von „*Mikrobausteinen*“, die nie größer als der krystallographische Elementarkörper und daher im Vergleich zum Krystall sehr klein sein werden. Der Mikrobaustein enthält eine begrenzte Anzahl von Atomen und man erwartete von ihm, daß er mit dem Atomkomplex identisch wäre, der in den Stoffen von der Art der Cellulose als minimales Äquivalent reagiert. Nimmt man jedoch in der Cellulose die Kettenformel an, so spricht man von „*Kettenbausteinen*“ in den Makrobausteinen. Diese werden dann von der Größenordnung des ganzen Krystalls, theoretisch, da dem Krystallwachstum geometrisch keine Grenzen gesetzt sind, unendlich groß. Der Makrobaustein wird bei Stoffen von der Art der Cellulose dann mit dem „Makromolekül“, von dem auch STAUDINGER spricht, identisch werden. Soeben hat HERZOG[2] für die Moleküle mit Baugruppen-Periodizität eine neue Bezeichnungsweise vorgeschlagen. Er spricht von Baugruppen, Bindegruppen und Baugruppenrumpfen, wie das am deutlichsten durch nachstehendes Schema erläutert wird:

---

[1] HERZOG u. WEISSENBERG: Kolloid-Ztschr. **37**, 23 (1925).
[2] HERZOG: Im Handbuch der Biochemie von OPPENHEIMER **1930**.

Baugruppe (NH · CH₂ · CH₂ · CO)

$$\ldots\ldots NH\cdot CH_2\cdot\underbrace{CO\,\vdots\,NH}_{\text{Bindegruppe}}\cdot\underbrace{CH_2\cdot CH_2}_{\text{Baugruppenrumpf}}\cdot\underbrace{CO\,\vdots\,NH}_{\text{Bindegruppe}}\ldots\ldots$$

Nach der Auswertung des Röntgendiagramms der Cellulose liegen in ihm vier Glucosereste. HERZOG hat vor Jahren[1] die verschiedenen Möglichkeiten für die Aneinanderreihung der Zuckerreste gegeben, während man jetzt nach WEISSENBERG annimmt, daß der Mikrobaustein höchstens das halbe Gewicht des Elementarkörpers besitzt, also gleich 2 mal $C_6H_{10}O_5$ ist, denn es kommen nur Raumgruppen in Betracht, die parallel zur Faserachse digonale Schraubenachsen besitzen. Zieht man zur Deutung des Röntgendiagramms lediglich die streng geometrische Strukturtheorie heran, so kann man nichts darüber aussagen, ob die Bausteine durch Hauptvalenzbindungen oder durch koordinative Molekularvalenzen vernetzt und schließlich zum Gitter verknüpft sind. Nimmt man jedoch noch die BRAGGsche Theorie[2] der Raumerfüllung hinzu, so kann man einen Schritt weitergehen, worauf wir jetzt eingehen.

Micellarlehre und Faserstruktur.

Wir haben schon kurz von der Anschauung des genialen Botanikers NÄGELI gesprochen, die heute in Gestalt der Micellarlehre eine solche Bedeutung erlangt hat[3]. NÄGELI nahm schon vor Jahren an, daß die Organismen nicht direkt aus Molekülen aufgebaut sind, sondern aus Molekülaggregaten, die krystallähnlichen Charakter haben. Er bezeichnete diese Aggregate als Micellen und konnte mit dieser Theorie eine Anzahl von Erscheinungen, namentlich die der Doppelbrechung, bei vielen organischen Gebilden erklären; nachdem diesen geistvollen Gedankengängen viele Jahre die Anerkennung versagt blieb, wurden sie durch die

---

[1] HERZOG: Ztschr. angew. Chem. **34**, 385 (1921).
[2] BRAGG, W. H. u. W. L.: X-Rays and Crystal-Strukture, London 1925.
[3] Vgl. MARK: Naturwiss. **16**, 892 (1928) mit Literatur.

Erkenntnis belebt, daß die Teilchen in den kolloidalen Lösungen nicht aus Molekülen sondern aus Molekülaggregaten, Micellen, bestehen. An NÄGELI anknüpfend, hat HERMANN AMBRONN die Untersuchung organischer Gebilde auf Doppelbrechung zu einer genauen Methode zum Nachweis des Micellarcharakters ausgebildet und so die Micellartheorie gestützt.

Die Vereinigung von Röntgenanalyse und Raumerfüllungsprinzip wurde zuerst von SPONSLER in Amerika in gedankenreicher Weise auf die Cellulose angewandt und mit Hilfe von Raummodellen zu einem anschaulichen Bau des Cellulosegitters verdichtet, welcher in seinen Hauptprinzipien das Richtige getroffen hat. SPONSLER faßte seine Untersuchungen im Jahre 1926 zusammen[1], die wir vor kurzem mit einem Vorwort von K. FREUDENBERG in deutscher Sprache mit allen Abbildungen wiedergegeben haben[2]. In dem SPONSLERschen Elementarkörper sind aber die Glucosereste in einer Weise angeordnet, die nicht mit den Ergebnissen der chemischen Konstitutionserforschung in Übereinstimmung gebracht werden kann, denn, wie aus nachstehendem Schema hervorgeht, folgen sich die 6 Ringe abwechselnd in 1,1 und 4,4 Bindungen, was im scharfen Gegensatze zu dem Vorkommen der Cellobiosebindung in der Cellulosekette steht. So bestreitet SPONSLER auch, daß in der Cellulose die Cellobiose vorgebildet ist. Als diese Ergebnisse in Deutschland noch nicht bekannt waren, haben sich MEYER-MARK[3] in gemeinsamer Arbeit, gestützt auf eine noch eingehendere röntgenographische Analyse und unter genügender Berücksichtigung der strukturchemischen Verhältnisse, mit demselben Gegenstand beschäftigt und ein Bild von der Struktur der Cellulose ersonnen, mit dem sich nach seinen neuesten Feststellungen nun auch HERZOG nach einigen Zweifeln einverstanden erklärt hat. Er schreibt jetzt[4]: „Es ist heute zu sagen,

[1] SPONSLER u. DORE: Colloid. Sympos. Monogr. **1926**, 174.

[2] FREUDENBERG, SPONSLER u. DORE: Cellulosechem. **11**, 185 (1930).

[3] MEYER u. MARK: Ber. **61**, 593 (1928); Cellulosechem. **9**, 61 (1928); Ztschr. physikal. Chem. **2**, 115 (1929); Cellulosechem. **11**, 89 (1930) Ztschr. angew. Chem. **1928**, Nr. 34 Biochem. Ztschr. **208**, 1 (1929). — MARK u. v. SUSICH: Ztschr. physikal. Chem. **6**, 431 (1929).

[4] HERZOG im Handbuch der Biochemie usw. Seite 33.

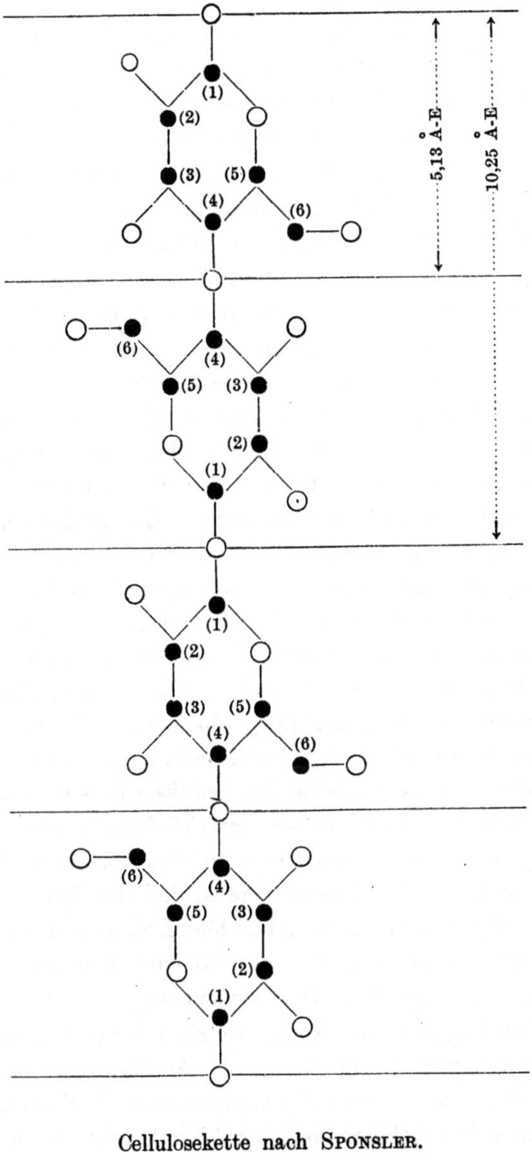

Cellulosekette nach SPONSLER.

daß das Modell von MEYER-MARK den Beobachtungen am besten gerecht wird.“ Auch BRAGG[1] nimmt diesen Standpunkt ein.

In unserer kurzen Erläuterung der aus den röntgenographischen Untersuchungen auf die Struktur der Cellulose gezogenen Schlüsse folgen wir — und an einigen Stellen sogar wörtlich — den Ausführungen von MEYER und MARK. Wir haben schon ausgeführt, daß sie sich in ihren Schlüssen auf die aus verschiedenen Gebieten der Chemie bekannten Abstände der Atome in organischen Verbindungen, besonders gestützt auf die Untersuchungen von BRAGG im Falle des Naphthalins und Anthracens, stützen. Trägt man in einen röntgenographisch erschlossenen Elementarkörper der Cellulose nach dem Prinzip der Raumerfüllung und unter Einsetzung der Entfernung der in unserer Abb. 7 schwarz schraffierten C-Atome mit 1,50 Å und der kleineren, doppelt ausgezogenen O-Atome vom C-Atom mit 1,2 Å ein (wobei die H-Atome weggelassen sind), so erkennt man, daß zwei nach Art der Cellobiosebindung miteinander verknüpfte Glucosereste (5 und 6) im Celluloseelementarkörper unterzubringen sind. Es zeigt sich nämlich, daß das obere und untere Sauerstoffatom genau 10,3 Å voneinander entfernt sind. Dies ist aber genau die Länge der Kante des Mikrobausteins in der Faserachse, so daß diese Feststellung zu dem Schlusse führt, daß die *Cellobiosereste in der Richtung der Faserachse angeordnet sind.* Diese Feststellung schließt an sich noch nicht die Kettenstruktur der Cellulose in sich, denn es ist durch sie noch nicht bewiesen, daß ein Cellobiosebaustein mit dem nächstfolgenden usw. glucosidisch in den nächsten übergeht. Dies schlußfolgert aber MEYER daraus, daß die Glucosen in der Kette eine digonale Schraubenachse bilden, denn es kehrt entlang der Faserachse immer erst nach zwei Glucoseresten Identität wieder; senkrecht bilden zwei Hauptvalenzketten einen Identitätsbereich. Die Lagerung der Kette, wie sie sich aus der Diskussion des Röntgendiagramms ergibt, ist in Abbildung 8 bezeichnet. Der Einfachheit wegen sind die Glucosereste als Sechsecke dargestellt unter Vernachlässigung des 6-Kohlenstoffatoms und der

---

[1] BRAGG: Nature 1930; vgl. MARK: Naturwiss. 18, 900 (1930).

Hydroxylgruppen. Die Cellobiose ist insofern präformiert, als sie beim Zerschlagen der Kette als Bruchstück entstehen kann.

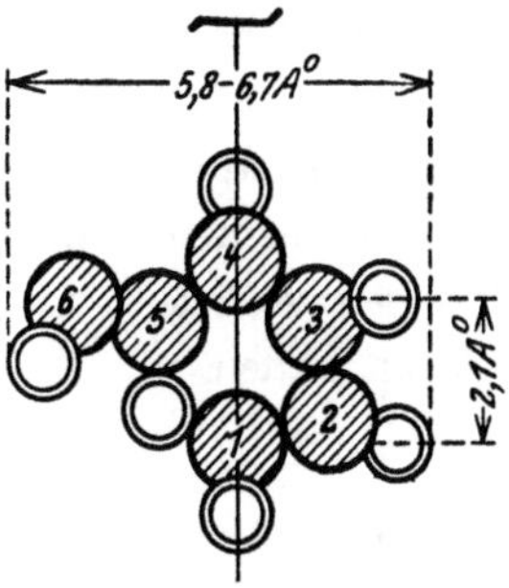

Abb. 5. Glucose.

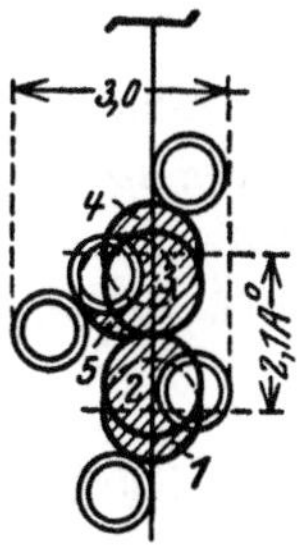

Abb. 6. Glucose.

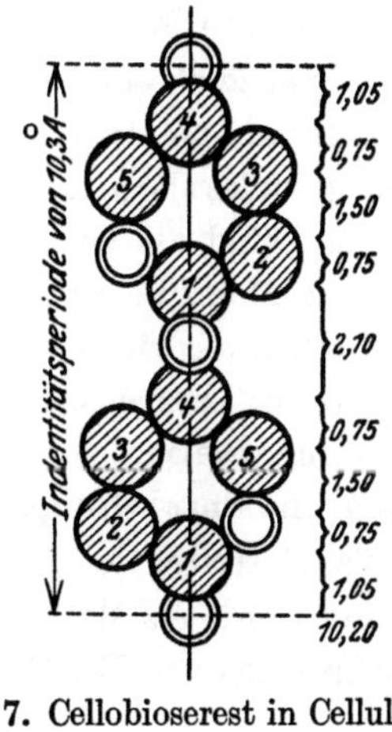

Abb. 7. Cellobioserest in Cellulose.

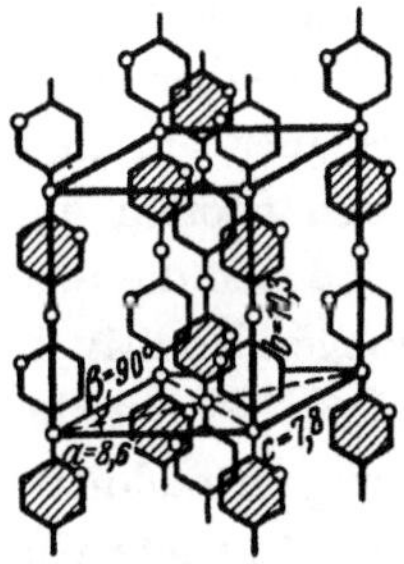

Abb. 8. Cellulose-Elementarkörper.

Derartige Hauptvalenzketten sind nun zum Krystallit zusammengefügt und haften durch Assoziationskräfte (Micellarkräfte) aneinander. Dies wird durch unsere Abbildung verdeutlicht. Hier wird gleichzeitig angedeutet, daß die Celluloseteilchen z. B. in der Ramiefaser, annähernd entsprechend der Faserachse orientiert sind, während sie in gegossenen Filmen ungeordnet liegen können. Beim Cellophanfilm liegen die Micellen nach Katz in einem bestimmten Winkel zur Oberfläche, wohl infolge des Ziehens bei der Herstellung. Beim Streckspinnverfahren der Kunstseide erfolgt eine Orientierung der Micelle in der Faserrichtung, wodurch die Festigkeit analog dem Zustande der natürlichen Faser vermehrt wird.

Über die Größe der Krystallite wird auf Grund der Breite der Röntgeninterferenzen und anderer Beobachtungen die Annahme gemacht, daß Ketten von 30—50 Glucosen vorliegen und daß immer 40—60 solcher Ketten ein Teilchen bilden.

Additivität der Molekülkohäsion.

Unter den verschiedenartigen physikalischen Betrachtungen, welche von MEYER u. MARK in ihrer Monographie angestellt werden, gehen wir noch auf das in letzter Zeit von MEYER auf die Cellulose angewandte Prinzip der „*Molkohäsion*" ein. Er geht dabei von den dem Chemiker allgemein bekannten Bedingungen der organischen Chemie aus, daß niedrig-molekulare organische Verbindungen leichter flüchtig und löslich sind als höher-molekulare. Er studiert die Kräfte, welche die Moleküle zusammenhalten, genauer, um die Unterschiede zwischen niedrig- und hochmolekularen Stoffen quantitativ zu erfassen. Dabei wurde gefunden, daß sich die molekulare Verdampfungswärme organischer Verbindungen additiv aus Inkrementen einzelner Gruppen berechnen läßt. Sie ist ebenso wie die Molekularrefraktion in erster Annäherung eine additive Eigenschaft und wurde als Molkohäsion bezeichnet. In nachstehender Tabelle wurde das von Dr. DUNKEL gesichtete Material zusammengestellt.

Tabelle 21. Inkremente der Molkohäsion (MK) in cal.

Gruppe	MK	Gruppe	MK
$—CH_3$	1790	—COOH	8970
$—CH_2—$	990	$—COOCH_3$	5650
—CH—	—380	—O—	1630
—OH	7250	$—NH_2$	3310
—CO	4270		

Tabelle 22. Molkohäsionen:

Verbindung	Gefunden	Aus obigen Inkrementen berechnet
C_2H_6	3 570	3 580
C_3H_8	4 510	4 570
C_4H_{10}	5 595	5 560
C_8H_{18}	9 515	9 520
C_2H_5OH	10 000	10 030
C_3H_7OH	11 030	11 020
$C_3H_5(OH)_3$	23 070	23 350
$C_6H_{12}O_6$ (Glucose)	—	37 000
Glucoserest in der Cellulose	—	etwa 24 000
Cellobiose	—	60 000
Tetrasaccharid	—	109 000
Kette aus 50 Glucosen	—	1 200 000

Man ersieht aus ihr, daß die aus den Inkrementen berechneten und tatsächlich aus der Verdampfungswärme gefundenen Werte bei flüchtigen Stoffen gute Übereinstimmung zeigen, so daß das Gesetz der Additivität der Molekülkohäsion bei isomeren, konstitutiv von einander nicht zu verschiedenen Verbindungen anwendbar ist. Hiernach erscheint es MEYER ausgeschlossen, daß Verbindungen von so hoher Molekülkohäsion wie Cellulose einem Glucosan, Biosan oder Tetrosan isomer sind. Auch lehnt er die Vermutung ab, daß diese Regel durch besonders hohe bis jetzt noch nicht beobachtete Assoziationskräfte durchbrochen werden könne, so daß auch aus diesem Grunde die Annahme kleiner Struktureinheiten als Bausteine Hochpolymerer abzulehnen sei. Der Unterschied zwischen Hauptvalenzen und Assoziationskräften wird noch dadurch bekräftigt, daß einer Hauptvalenz C-C-Bindung die Entfernung 1,5 Å, dagegen einer Assoziationsbindung, wie sie beispielsweise zwischen zwei benachbarten CH_2-Gruppen in zwei verschiedenen Laurinsäuremolekeln besteht, die Entfernung 3,5—5,5 Å zugeordnet werden kann. Wichtig ist der Hinweis darauf, daß die Molekülkohäsion als Maß für die assoziierenden Kräfte heranzuziehen sei. Es wird darauf hingewiesen, daß die Natur bei ihren Gerüststoffen Verbindungen mit gerade denjenigen Gruppen bevorzugt, die besonders hohe Inkremente der Molkohäsion liefern, wie die Hydroxylgruppe in Kohlenhydraten und die Säureamidgruppe in Eiweißkörpern.

STAUDINGER[1] jedoch steht diesen Berechnungen aus der Flüchtigkeit noch mit einer gewissen Kritik gegenüber, da sie nur für Hauptvalenzbindungen gelten, die Verdampfungswärme für koordinative Verbindungen aber nicht bekannt sei.

Oberflächenreaktionen.

Bei derartigen Micellarverbindungen sind nun verschiedene Reaktionstypen zu unterscheiden. Der erste ist die sogenannte *permutoide Reaktion*, bei der der ganze Krystall durchreagiert, ohne daß sein Gefüge gesprengt wird; ihr Zustandekommen wird dadurch verständlich, daß die Hauptvalenzketten intakt bleiben und dadurch das Gefüge der Zelle wie überhaupt den aus orientierenden Micellen bestehenden Stoff zusammenhalten. In der Richtung der Faserachse findet also keine Veränderung statt, in den beiden anderen Dimensionen tritt aber wie bei der Quellung oder Veresterung unter Einlagerung von Reagenzien Aufweitung ein. Die permutoide Reaktion wird deshalb am besten nach KATZ[2] durch die Änderung des Gittergefüges der Micelle, die sich am Röntgenogramm zeigt, erkannt.

Der zweite Reaktionstyp ist die micellare Oberflächenadsorption. Die außerordentlich große Oberfläche der Micelle vermag so viel Fremdstoffe zu binden, daß man ohne Röntgenuntersuchung an ein völliges Durchreagieren glauben würde. Auf Grund der geschilderten geometrischen Verhältnisse liegen gewisse Gruppen, z. B. die Hydroxylgruppen, periodisch an der Oberfläche und andere im Innern der Micellen. Treten z. B. nur die an der Oberfläche befindlichen Hydroxylgruppen in Reaktion, so kann ein stöchiometrisches Verhältnis vorgetäuscht werden, welches seinen Grund aber nur in dem Verhältnis der Oberfläche

---

[1] STAUDINGER: Ztschr. angew. Chem. 42, 1 (1929).

[2] KATZ: Micellartheorie und Quellung der Cellulose. bei HESS: Chemie der Cellulose (1928).

zum Inhalt hat. So erklärt MEYER die Einwirkung von Alkalien auf Cellulose. Durch Absättigung der Oberfläche kann eine definitive Verbindung von einem Mol Alkali auf zwei Glucosereste entstehen; bei weiterer Erhöhung der Konzentration wird oberhalb 18% NaOH mehr Alkali aufgenommen und das Gitter unter Mercerisation gelockert, wie das Röntgenbild zeigt.

Die Reaktionen micellarer Verbindungen sind typisch heterogen und daher mit den in homogenen Systemen ausgeführten Reaktionen der organischen Chemie nicht zu vergleichen, daher hier die verwirrende Fülle von Reaktionsprodukten.

Röntgenographische Untersuchungen an anderen Polysacchariden.

Das Röntgendiagramm des *Lichenins* wurde von HERZOG und GONNEL aufgenommen[1]. Sie fanden das Diagramm der natürlichen Cellulosefaser von dem des Lichenins gänzlich abweichend, während umgefällte Cellulose, die OTT auf Veranlassung von KARRER untersuchte, in ihrem krystallisierten Anteil mit dem des Lichenins identisch sein sollte. Dies ist jedoch nicht aufrechtzuerhalten. HERZOG[2] kommt zu dem Schluß, daß zwar Ähnlichkeit aber doch keine Identität vorhanden sei. Dieses ist auch die Meinung von KATZ.

Der krystalline Bau des Chitins wurde gleichfalls von HERZOG erkannt[3] und auch das Inulin ist, wie erwähnt, nach demselben Forscher mikrokrystallin.

Auch die mikrokrystalline Natur der Stärke wurde fast gleichzeitig im Jahre 1920 mit der der Cellulose von SCHERRER und HERZOG[3] beobachtet. KATZ[4] beschreibt in seiner Zusammenfassung die im Vergleich zur Cellulose größeren Schwierigkeiten, welche sich der Röntgenanalyse der Stärkemicelle entgegenstellen, und

[1] HERZOG u. GONNEL: Ztschr. physiol. Chem. **141**, 66 (1924).
[2] HERZOG: Ztschr. physiol. Chem. **152**, 119 (1926).
[3] HERZOG: Naturwiss. **12**, 958 (1924).
[4] Vgl. KATZ: The X-Ray-Spectography of Starch bei WALTON: A Comprehensive Survey of Starch Chemistry (1928).

auch MARK[1] ist der Meinung, daß die Verhältnisse für die röntgenographische Strukturanalyse der Stärke nicht günstig liegen, weil bisher weder durch mechanische noch durch chemische Bearbeitung von Stärkepräparaten Faserdiagramme zu erhalten waren.

Was die einzelnen Stärkebestandteile angeht, so zeigte das Amylopektin ein der Stärke analoges Röntgendiagramm, während die Stärkeamylose, wie übrigens auch die tierische Stärke, das Glykogen, bisher nicht in krystallinem Zustande erhalten werden konnte.

Zu der Frage der Identität der Röntgendiagramme verschiedener Stärkearten hat KATZ in seinen neuen Arbeiten Stellung genommen[2]. Er konnte die Beobachtung von v. NARÁY-SZABÓ[3] bestätigen, daß die nativen Stärkearten verschiedener Pflanzen kleine, aber konstante und typische Unterschiede im Röntgenspektrum aufweisen. Dagegen will er diesem Forscher nicht darin folgen, daß hier zwei scharf getrennte Gruppen zu unterscheiden sind; er findet mehrere Zwischenstufen zwischen zwei extremen Typen, welche von Weizen- und Haferstärke einerseits, von Kartoffel-, Canna-, Rosskastanienstärke andererseits dargestellt werden. Dazwischen stehen aber native Stärkearten, wie von Musa paradisica und Manihot.

Von besonderem Interesse sind nun die Beobachtungen, welche KATZ an Röntgendiagrammen verkleisterter Stärken gemacht hat. Beim Backen des Brotes verliert die Weizen- bzw. die Roggenstärke ihr typisches Krystallspektrum und geht in eine Modifikation über, welche ein neues Krystallspektrum (Verkleisterungsspektrum) aufweist. Die Backveränderung der Stärke ist ein *erster Grad der Verkleisterung*. Die typische Kleisterbildung ist dann der *zweite Grad der Verkleisterung* und beim Altbackenwerden des Brotes, das auf einem Retrogradieren der verkleisterten

[1] MARK: Bericht für die 10. Tagung der Union Internationale de Chimie 1930.

[2] KATZ u. Mitarbeiter: Ztschr. physikal. Chem. A **150**, 37, 60, 67, 81, 91 (1930).

[3] VON NARÁY-SZABÓ: Liebigs Ann. **465**, 299 (1928).

Stärke beruht, tritt ein drittes Spektrum auf, das *Retrogradationsspektrum*. Der erste Grad der Verkleisterung wird als Endzustand gefunden, wenn Weizenstärke mit viel Wasser auf eine Temperatur von 60—62½° oder mit wenig Wasser auf 100° erhitzt wird; ihr entspricht die Backveränderung der Weizenstärke. Der zweite Grad der Verkleisterung (Kleisterbildung) tritt auf beim Erhitzen mit viel Wasser auf 90—100°. Im ersten Grad der Verkleisterung sind die Körner gequollen, im zweiten Grad haben sie sich in Blasen umgewandelt, welche mit wäßriger Stärkelösung gefüllt sind. Interessant ist nun, daß bei diesen Umwandlungen die Unterschiede zwischen den einzelnen Stärkearten in gewissem Sinne wieder verschwinden, und zwar zeigt sich, daß das Retrogradationsspektrum aller nativen Stärkearten das gleiche ist und daß dieses Spektrum mit dem gewisser nativer Stärkearten wie von Kartoffel, Canna und Rosskastanien übereinstimmt. Diese Stärkearten haben also nicht erhitzt dasselbe Röntgendiagramm, welches die im zweiten Grade der Verkleisterung retrogradierte Weizenstärke aufweist. Dasselbe Diagramm entsteht auch bei der Verkleisterung der Weizenstärke mit wäßriger Natronlauge, wobei die Umwandlung an eine bestimmte Natronlaugekonzentration von 0,07—0,08 normal bei 25° gebunden ist. Es besteht also eine weitgehende Analogie mit der Mercerisierung der Cellulose, wenn die Alkali-Konzentrationsverhältnisse natürlich auch recht verschiedene sind.

Die Untersuchungen STAUDINGERS und der Lösungszustand.

Die Untersuchungen STAUDINGERS[1] über die hochpolymeren Verbindungen können wir nur soweit heranziehen, als es für unsere Betrachtungen notwendig ist. Er beschäftigt sich mit den Polyoxymethylenen und analogen Verbindungen und faßt ihr physikalisches und chemisches Verhalten in nachstehender Tabelle zuzusammen, aus der man ersehen kann, wie er sich die Beeinflussung

[1] STAUDINGER: Ztschr. angew. Chem. **42**, 3767 (1929). — STAUDINGER u. Mitarbeiter: Liebigs Ann. **474**, 145 (1929); Ber. **62**, 2893 (1929); Ber. **63**, 2308 (1930) und zurückliegende, im ganzen 41 Mitteilungen.

einerseits der physikalischen Eigenschaften durch die Kettenlänge und andererseits die der chemischen Eigenschaften durch die Endgruppen denkt.

Tabelle 23.

α-Polyoxymethylen infolge Hydroxylgruppe reaktionsfähig	HO—	$CH_2—O—(CH_2—O)_x—CH_2—O$	—H	pulverig
γ-Polyoxymethylen Äther, reaktionsträge	CH_3O—	$CH_2—O—(CH_2—O)_x—CH_2—O$	—CH_3	
Kohlenwasserstoff	CH_3—	$CH_2—(CH_2)_x—CH_2—CH_2$	—CH_3	paraffinartig
Alkohol	CH_3—	$CH_2—(CH_2)_x—CH_2—CH_2$	—OH	
Fettsäure	CH_3—	$CH_2—(CH_2)_x—CH_2—CH_2$	—COOH	
	Endgruppen	Kettenlänge bestimmt die physikalischen Eigenschaften	Endgruppen bestimmen die chemischen Eigenschaften	

Wir haben schon gesehen, daß STAUDINGER die Moleküle als solche in den hochmolekularen Verbindungen unter Ausschließung der Micellarbildung für ihre kolloidalen Eigenschaften verantwortlich macht. Dies trifft zu für die „*Molekülkolloide*“, eine Gruppe von Kolloiden, bei denen das Kolloidteilchen identisch ist mit dem Molekül. Innerhalb dieser Gruppe unterscheidet er *Eukolloide* oder Makro-Molekülkolloide; das sind die Kolloide mit sehr großen Molekülen mit sehr langen dünnen und unbeständigen Fäden, deren hochviscose Kolloidlösungen Abweichungen vom HAGEN-POISEUILLEschen Gesetz zeigen, während im Gegensatz dazu die mit abnehmender Länge der Moleküle und zunehmender Beständigkeit niedrigviscose Lösungen bildenden Stoffe, die dem genannten Gesetze gehorchen, als „*Hemikolloide*“ bezeichnet werden. Dieses hier kurz charakterisierte gegensätzliche Verhalten der beiden Kolloidtypen sei von großer Bedeutung für die Möglichkeit der Molekulargewichtsbestimmung durch Viscositätsmessungen, worauf wir noch zurückkommen.

Das Bauprinzip dieser festen homöopolaren, hochmolekularen Stoffe bezeichnet STAUDINGER als einfach; viel komplizierter sei es dagegen bei den heteropolaren und koordinativen Molekülkolloiden, von STAUDINGER „*Assoziationskolloide*" (Micellkolloide) genannt. Hier ist die Quellung und das Lösen nicht eine einfache Molekülsolvation sondern eine Ionensolvation, weshalb die Quellungserscheinungen hier auch viel stärker sind. Zu dieser Klasse gehören nun nach STAUDINGER gerade die Cellulose und die Stärke, deren Schwerlöslichkeit darauf zurückzuführen ist, daß eine mehr oder weniger starke koordinative Bindung der einzelnen Ketten erfolgt. Hier begegnen wir wieder den zuerst von KARRER vorgetragenen Anschauungen und wir sehen, wie sich die Unterschiede gegenüber der von MEYER und MARK übernommenen Micellarlehre verwischen. Nach STAUDINGER sind aber die Micellen der Cellulose Krystallite, die nur im festen Zustande existieren. Werden Cellulosederivate gelöst, so werden diese Krystallite zerstört und es treten einzelne Moleküle in Lösung, die stark solvatiert sind und so die hohe Viscosität der Lösung verursachen. Es besteht also kein prinzipieller Unterschied zwischen der Lösung eines Krystallits der Cellulose oder eines Cellulosederivates und der eines niedrig-molekularen Körpers. Um die an komplexen Polysacchariden z. B. am Inulin ausgeführten Molekulargewichtsbestimmungen zu erklären, vergleicht sie STAUDINGER in ihrem Verhalten mit den Poly-oxy-methylenderivaten, an denen man bei einer Temperatur von 160° kaum unterscheiden kann, ob es sich um eine monomere oder eine polymere Substanz handelt. Er sagt[1]: „Wenn dieser Vergleich zutrifft, dann ist die Bindung der einzelnen Grundmoleküle in den Polysacchariden eine außerordentlich schwache, so daß sie schon durch Lösungsmittel zum Teil zerstört wird. Daß eine normale Kovalenzbindung zwischen Kohlenstoff und Kohlenstoff oder Kohlenstoff und Sauerstoff je nach den Substituenten eine

---

[1] STAUDINGER: Liebigs Ann. **474**, 262 (1929).

ganz verschiedene Stärke haben kann, zeigt eine ganze Reihe Beispiele der organischen Chemie", und weiter macht er aus seinen Erfahrungen heraus Angaben über die Spaltung von langen Ketten in dimolekulare Reaktionsprodukte, die man in Vergleich setzen kann mit der Spaltung der Stärke in Maltosederivate und der des Inulins in Difructosederivate. Hier kommt er also zu einer Auffassung, die ganz mit der unsrigen übereinstimmt und die im festen Zustand das große Kettenmolekül mit dessen Dispergierungsmöglichkeit bis zu kleinen Bauelementen im Lösungszustand zur Voraussetzung hat.

Nach STAUDINGER[1] geben sich Größenunterschiede von langen Molekülen durch leicht feststellbare Unterschiede in der Viscosität der Lösung zu erkennen. Deshalb würden Viscositätsuntersuchungen bei der Konstitutionsaufklärung hochmolekularer Substanzen eine besonders bedeutungsvolle Rolle zu spielen haben. Aber die Anwendbarkeit dieser Methode ist von gewissen Voraussetzungen abhängig: der Zusammenhang zwischen Viscosität und Molekulargewicht gilt nämlich nur in einer polymerhomologen Reihe und andererseits läßt sich die Methode nur dann anwenden, wenn die zu untersuchenden Stoffe wenigstens in verdünnten Lösungen, in Gebieten der Sollösungen, in denen die Moleküle frei beweglich sind, dem HAGEN-POISEUILLEschen Gesetze gehorchen. Unter diesen Voraussetzungen besteht also bei Substanzen mittleren Molekulargewichts eine lineare Abhängigkeit der Viscosität vom Molekulargewicht. Gerade Nitrocellulose und Stärke, an denen die meisten Viscositätsuntersuchungen ausgeführt wurden, erfüllen diese Bedingungen nicht, weshalb sie für derartige Untersuchungen besonders ungeeignet sind. In der Klärung dieser Verhältnisse durch die STAUDINGERschen Untersuchungen sehen wir einen großen Fortschritt, der sich in Zukunft gewiß auch für die Untersuchung der komplexen Polysaccharide noch auswirken wird. STAUDINGER hat schon mit Molekulargewichtsbestimmungen an Acetylcellulose begonnen[2]; er zeigte,

[1] STAUDINGER u. HEUER: Ber. **63**, 222 (1930); Kolloid-Ztschr. **51**, 71 (1930).
[2] STAUDINGER u. FREUDENBERGER: Ber. **63**, 2331 (1930).

daß in den unter vorsichtigen Bedingungen hergestellten Triacetylcellulosen sehr hochmolekulare Verbindungen vorliegen, in denen mindestens 115 Glucanreste zu einer Kette verbunden sind und er gibt schon verschiedene interessante Einzelheiten an.

Die gleichen Gesetzmäßigkeiten, welche die Beziehung zwischen Viscosität und Molekulargröße bei Cellulosederivaten zur Bestimmung der Kettenlänge auszunützen gestatteten, sollen nun auch in Kupferamminlösungen herrschen, so daß mit ihrer Hilfe direkte Molekulargewichtsbestimmungen an verschiedenen Cellulosepräparaten ausgeführt wurden[1].

Es darf jedoch nicht verschwiegen werden, daß diese Versuchsrichtung auch von verschiedenen Seiten abgelehnt wird[2]. So wurde z. B. eben auf Grund osmotischer und viscosimetrischer Messungen an Acetylcelluloselösungen festgestellt, daß hier kein Zusammenhang zwischen Viscosität und Molekulargewicht besteht[3].

---

[1] STAUDINGER u. SCHWEITZER: Ber. **63**, 3132, u. zwar 3146 (1930).

[2] Vgl. z. B. FIKENTSCHER u. MARK: Kolloid-Ztschr. **49**, 136 (1930).

[3] BÜCHNER u. SAMWELL: Koninkl. Akademi von Wetenschappen **33**, 749 (1930).

X. Konstitution.

B. Spezielle Konstitutionsforschung.

Ehe wir die Konstitution der einzelnen Polysaccharide besprechen, wollen wir uns einen Überblick über die Methoden verschaffen, mit Hilfe deren wir den konstitutionellen und konfigurativen Zusammenhang der einzelnen Zuckerbausteine in ihren Molekülen erforschen können.

Zuerst müssen wir natürlich die Zucker kennen, welche sich überhaupt am Aufbau beteiligen. Im allgemeinen lassen sie sich durch Hydrolyse mit einer gewissen Leichtigkeit quantitativ herausschälen und nach den methodischen Prinzipien der Zuckerchemie identifizieren. In speziellen Fällen, besonders bei der Cellulose, gelingt das nicht ohne besondere Maßnahmen und Umwege, deren Schilderung uns aber davon überzeugt hat, daß dieses Polysaccharid sich ebenso wie das Lichenin, wie Stärke und Glykogen ausschließlich aus Glucoseresten aufbaut. Ebenso einheitlich scheinen das Steinnußmannan und das Salepmannan aus Mannoseresten zusammengesetzt, während das Kognakmannan auf zwei Mannose- einen Glucoserest in sich trägt. Der Aufbau des Xylans, z. B. aus dem Holz, allein aus Xylose scheint verbürgt; am Chitin beteiligen sich neben Glucosamin Essigsäurereste. Der Frage, ob das Inulin als ein polymeres Fructoseanhydrid anzusehen ist, oder ob eine gewisse Beteiligung von Glucosebausteinen hier anerkannt werden müsse, haben wir bereits unsere Aufmerksamkeit gewidmet.

Besonders müssen natürlich größere Bruchstücke, in denen zwei oder mehr Zucker verknüpft sind, als Grundlage für die Konstitutionsaufklärung interessieren. Bisweilen lassen sie sich in der Kälte durch hochkonzentrierte Salzsäure abscheiden, auf welchem Wege bei der Stärke die Triose- und bei der Cellulose die Tetraosestufe erreicht worden ist. Die Hydrolyse unter gleichzeitiger Acetylierung hat besonders für die Abscheidung der Cellobiose aus Cellulose Bedeutung erlangt. Auf die wichtige quantitative Auswertung dieses acetolytischen Vorganges kommen wir noch zurück. Besonders milde erscheinen naturgemäß die durch die spezifischen Fermente ausgelösten Abbaureaktionen; daß sie aber deshalb in einer klar übersichtlichen Reaktionsfolge zu Abbauprodukten führen, welche vertrauensvoll als Konstituenten der Polysaccharidemoleküle angesehen werden können, kann nicht ohne Einschränkung gesagt werden: zu mindestens muß es als sehr zweifelhaft hingestellt werden, ob tatsächlich die Maltosebindung so quantitativ in der Stärke verankert ist, wie man in argloser Weise aus der 100%igen Ausbeute der Maltose bei der Amylose schließen könnte.

Bedeutungsvoll für die Beurteilung der Gleichartigkeit der Bindungen zwischen den Zuckerbausteinen in der Cellulose und der Stärke sind die Untersuchungen, die in letzter Zeit über die Kinetik des Abbaues hochmolekularer Ketten angestellt worden sind. Dieses Prinzip wurde schon im vergangenen Jahre zur Anwendung gebracht[1]. W. KUHN hat die hierzu gehörigen theoretischen Grundlagen eingehend erörtert[2]. Durch die fortschreitende Hydrolyse werden Carbonylgruppen freigelegt, deren Anzahl quantitativ festgelegt werden kann, so daß sich der Grad der Aufspaltung in Abhängigkeit von der Zeit messen läßt. Wenn sich auch empirisch gezeigt hat, daß die Annahme gleich leichter Spaltbarkeit sämtlicher Bindungen nicht erfüllt ist, sondern daß die einzelnen Bindungen in den kleinen Bruchstücken (Zweierstücken) rascher als in den langen Ketten aufgespalten werden, so kann man doch auf Grund der für die verschiedenen Spaltungsmöglichkeiten in Betracht gezogenen reaktionskinetischen Gleichungen entscheiden, ob in den Ketten zwei Bausteine zusammen je ein ringförmiges Aggregat bilden (Biosan), oder ob andererseits in der langen Kette einerlei, zweierlei oder mehrartige Bindungen vorhanden sind. In ausführlicherer Weise, als das früher von MEYER und MARK geschehen ist, wurde nun die Kinetik der Cellulose- und Stärkehydrolyse von FREUDENBERG[3] in dem

[1] MEYER, HOPFF u. MARK: Ber. **62**, 1103 (1929); **63**, 1531 (1930).
[2] KUHN, W.: Ber. **63**, 1503 (1930).
[3] FREUDENBERG, KUHN, DÜRR, BOLZ u. STEINBRUNN: Ber. **63**, 1510 (1930).

genannten Sinne ausgewertet. Hierbei werden auch die bei der fortschreitenden Hydrolyse vorkommenden Änderungen im Drehungsvermögen in Berücksichtigung gezogen. Auf Grund ihrer Messungen und unter Einbeziehung der bei der Cellulose noch zu erörternden Cellobioseausbeute kommt dieser Forscher zu dem Schlusse, daß in der Cellulose alle Bindungen im Sinne der Cellobiosebindung identisch sind, wozu bezüglich der möglichen Einschränkungen wie der Einbeziehung der Hilfshypothese, daß die Glucosen an einer oder an beiden Kettenenden der Cellulose rascher abgespalten werden als in Mittelstellungen, das Original zu vergleichen ist. Auch in der Stärke sollen sich so Ketten aus gleichartigen Maltosebindungen beweisen lassen, wenn auch FREUDENBERG hier in seinen Schlußfolgerungen sehr berechtigterweise viel zurückhaltender ist und wenigstens auf einige der Gegengründe Rücksicht nimmt, die wir bei der speziellen Betrachtung der Stärkestruktur anführen werden. HIBBERT[1] dagegen äußert sich hierzu auf Grund analoger kinetischer Versuche bestimmter: er will den Unterschied in der Hydrolysegeschwindigkeit zwischen Cellulose und Stärke allein auf den zwischen der schwereren Hydrolysierbarkeit der Cellobiose in Vergleich zu der der Maltose zurückführen und als genügende Erklärung die β-Bindungen in der Cellulose und die α-Bindungen in der Stärke gelten lassen.

Als anerkannteste Stütze der Konstitutionsforschung dienen auch hier wie bei den zuckerähnlichen Polysacchariden die aus den *Alkylierungsversuchen* gezogenen Schlußfolgerungen. Sie bilden eigentlich die Basis für das Gebäude, welches man bei der Strukturierung der Polysaccharide aus den Zuckerresten errichtet hat. Sollen wir anerkennen, daß dieses Fundament endgültig unter Dach und Fach gebracht worden ist, das ist die große Frage. Schon in unserem Vorwort haben wir angedeutet, daß die Möglichkeit der Umlagerung während des Methylierungsprozesses als recht gering zu veranschlagen ist. Bei den Polysacchariden werden wir an der Verläßlichkeit der Methylierungsmethode deshalb etwas

---

[1] HIBBERT u. PERCIVAL: Journ. Amer. chem. Soc. **52**, 3995 (1930).

scheu, weil sie der Einführung der Methylosegruppen bis zur Vollmethylierung einen so großen Widerstand entgegensetzen. Vielfache wechselseitige Behandlung mit Methylsulfat und Alkali, Nachbehandlung mit Jodmethyl und Silberoxyd sind gelegentlich notwendig, um das Ziel der Permethylierung in langsamer Stufenfolge zu erreichen. Es ist richtig, daß sich das durch die Ausbildung besonderer Intensivmethoden durch FREUDENBERG[1] bei der Cellulose und HAWORTH[2] bei der Stärke gebessert hat. Aber doch kann der Eindruck nicht unterdrückt werden, als wenn die verzögerte Aufnahme der letzten Methoxylreste in die hochmolekularen Polyosen dadurch bedingt sein könnte, daß ihr eine Sauerstoffbrückenverschiebung vorangeht, welche der Methylierung als Gleichgewichtsreaktion unter dem Einflusse der starken Alkalien folgt. Der hochmolekulare Ballungszustand kann nicht als Erklärung für die Schwermethylierbarkeit herangezogen werden, da die Verhältnisse bei den wasserlöslichen Polyamylosen[3] ja genau so liegen. So ist auch hier eine gewisse Zurückhaltung, die auch KARRER[4] und HESS[4] bewahren, immer noch sehr am Platze. Auffallend ist ja auch, daß als entscheidendes Strukturelement sowohl bei Cellulose und Lichenin wie bei Stärke, Glykogen und den Polyamylosen die 2,3,6-Trimethylglucose erscheint. Das wird sich zwar erklären lassen, muß aber doch als Warnung dienen. Die Folgen einer Unzuverlässigkeit der Methylierungsergebnisse wären natürlich für alle bisherigen Erörterungen über die Struktur der Polysaccharide von schwerwiegenden Folgen.

Ein Gegenstand besonders heftiger Meinungsverschiedenheiten sind die an komplexen Polysacchariden nach der kryoskopischen Methode ausgeführten *Molekulargewichtsbestimmungen* gewesen. Sollen wir uns hier auf den Standpunkt stellen, daß diese hochpolymeren Stoffe entweder als solche oder in Gestalt ihrer Derivate bei der Auswahl geeigneter Lösungsmittel bis zum molekular-

---

[1] URBAN: Cellulosechem. 7, 76 (1926).
[2] HAWORTH, HIRST u. WEBB: Journ. chem. Soc. London 1928, 2681.
[3] IRVINE, PRINGSHEIM u. Mitarb.: Journ. chem. Soc. London 1924, 942; Ber. 62, 2373 (1929).
[4] In ihren Büchern.

dispersen Zustand dispergiert werden können, und zwar so, daß weder Schwarmbildung noch Solvation die Ausführung der Kryoskopie hindert, oder sollen wir diesen Standpunkt ablehnen? Hierüber herrscht auch heute noch keine Einigkeit. Diejenigen, welche in besonders bedeutsamer Weise dafür verantwortlich sind, das große Molekül in der Polysaccharidchemie wieder in seine alten Rechte einzusetzen, verhalten sich skeptisch oder ganz ablehnend. Sie heben, wie besonders FREUDENBERG, die durch mögliche Krystallisationsverzögerung hervorgerufenen Unstimmigkeiten bei der Kryoskopie hervor und verweisen auf die mögliche Fehlerquelle, welche bei den kleinen Depressionen in sehr verdünnten Lösungen obwalten. Auch wenn man sich nach dem Vorschlage von FREUDENBERG[1] eine gewisse Garantie gegen die Krystallisationsverzögerung dadurch verschafft, daß man im reinen Lösungsmittel und in der Lösung dieselbe Anstiegsdauer vom Momente der Unterkühlung bis zum Erreichen des höchsten Thermometerstandes beobachtet — was bei kolloidalen Lösungen nicht der Fall ist —, dann bleibt dieser Forscher immer noch bei seiner ablehnenden Haltung. KARRER hat diesen Standpunkt schon lange vertreten und MEYER und MARK schließen sich ihm im allgemeinen an. Als besonders gravierend müßte nun erscheinen, daß HESS[2], der ja der Anwendung der Kryoskopie bei Polysaccharidderivaten die größte Aufmerksamkeit gewidmet hat und dem wir die Verbesserung der Gefrierpunktsbestimmung durch Arbeiten im luftverdünnten Raum verdanken, nun seinerseits sein früheres Zutrauen aufgegeben hat und wenigstens, was die Kryoskopie in Eisessig angeht, die zahlreichen vorangegangenen Versuche auf eine doch nicht völlig ausreichende Reinigung dieses Lösungsmittels zurückführen will. Neuestens hat er jedoch seinen Standpunkt wieder geändert[3].

Zuerst aber müssen wir hervorheben, daß die bei der Kryoskopie von zur Ballung neigenden Stoffen auftretenden Schwierigkeiten nicht etwa in irgendeinen Zusammenhang damit gebracht

---

[1] FREUDENBERG, BRUCH u. RAU: Ber. **69**, 3078 (1929).

[2] HESS: Ber. **63**, 518 (1930).

[3] HESS u. GARTHE: Naturwiss. **19**, 180 (1931). Ber. **64**, 882 (1931).

werden können, daß es sich um Zuckerderivate handelt. So könnten nämlich die Worte FREUDENBERGS[1] „Auf die Molekulargewichtsbestimmungen legen wir, da es sich um Zuckerderivate handelt, nur Gewicht im Zusammenhang mit den charakteristischen Siedepunkten" verstanden werden. Selbstverständlich läßt sich die Kryoskopie auch auf die Lösungen von solchen Zuckern ohne weiteres anwenden, die wie Krystalloide in echte Lösung gehn, wofür als Kriterium ja die Gleichheit der ermittelten Molekulargrößen bei verschiedener Konzentration, natürlich in dem Bereich der noch normalerweise geltenden Gasgesetze, herangezogen werden kann. Dieser Forderung wird z. B. bei den Hexosanen wie dem Trihexosan genügt, dessen Molbestimmung durch Gefrierpunktsbestimmung KARRER nicht anerkennen will. Solche Präparate weisen aber überhaupt keinen kolloidalen Lösungszustand auf. Hier interessiert aber eben die Frage, ob man bei Stoffen, die mit zunehmender Verdünnung mehr und mehr dispergieren, bei genügendem Verdünnungszustand kryoskopisch arbeiten darf oder nicht.

Bei alledem muß man berücksichtigen, daß die Kämpfe um die Anwendbarkeit der Kryoskopie unglückseligerweise gerade an der Cellulose ausgefochten worden sind, die sich hierzu am allerwenigsten eignet. Denn, wie man schon aus dem rein äußeren physikalischen Verhalten dieses Stoffes schlußfolgern kann, ist der Verdünnungsgrad, welcher zur Volldispergierung von Cellulosederivaten notwendig wäre, ein so großer, daß man gerade hier bei den Depressionen in die Grenze der Fehlerquellen kommt.

Vor kurzem habe ich nun die einschlägigen Untersuchungen zusammengefaßt und einer kritischen Sichtung unterzogen[2]. Sie sind in nachstehenden Tabellen 24 und 25 in abgekürzter Form zusammengefaßt. Ich bin dabei zu der Schlußfolgerung gelangt, daß sich bei einzelnen Polysacchariden als solchen, wie z. B. beim Inulin und beim Glykogen und in anderen Fällen an ihren Derivaten z. B. an Acetaten der Stärkeamylose, des Inulins, des

[1] FREUDENBERG u. FRIEDRICH: Naturwiss. 18, 1114 (1930).

[2] PRINGSHEIM: Bericht über die 10. Konferenz der Union Internationale de Chimie in Lüttich 1930.

Salepmannans u. a. sehr wohl verläßliche kryoskopische Bestimmungen ausführen lassen, die allermindestens so viel beweisen, daß eine Verteilung zu unabhängig voneinander und vom Lösungsmittel reagierenden Individualgruppen in gewissen Lösungen

Tabelle 24.[1]

Kryoskopische Molekulargewichtsbestimmungen an Polysaccharid-Acetaten und Methylaten.

	Lösungsmittel	Konzentration	Mol.-Gew.	Autoren
Inulinacetat	Naphthalin, Eisessig, Phenol,	2,5—7,5% 0,1—0,8%	9 × C_6-Stufe 2 × C_6-Stufe	PRINGSHEIM,
	Eisessig			BERGMANN, PRINGSHEIM
Dimethyl- u. Trimethyl-Inulin	Phenol	2,1—3,5%	9 × C_6-Stufe	KARRER
Stärke-Amyloseacetat *Stärke-Amylopektinacetat* *Stärkeacetat*	Phenol, Eisessig	0,1—0,5%	1 × C_6-Stufe	BERGMANN, STEINGROEVER SALLENTIEN
Glykogenacetat	Eisessig	0,1—0,3%	untere Grenze 360	HESS
Salepmannanacetat	Eisessig	0,2—1,1%	1 × C_6-Stufe	PRINGSHEIM
Celluloseacetat *Cellulosemethylat*	Eisessig	0,1—0,2%	1 × C_6-Stufe	HESS
Licheninacetat	Eisessig	0,1—0,3%	1 × C_6-Stufe	HESS, BERGMANN

möglich ist. Aber man darf bei der Beurteilung nicht den Fehler begehen, aus ungenügender Dispergierung in einem Lösungsmittel zu schlußfolgern, daß eine Bestimmung auch in einem anderen

[1] Für die ausführlicheren Angaben vgl. PRINGSHEIM: Union-Vortrag **1930**, 617.

nicht zuverläßlich sein könne. Ein Polysaccharidacetat kann sehr wohl in Benzol oder Chloroform im Zustande der Ballung, in Eisessig oder Phenol dagegen bei genügender Verdünnung in echter Lösung vorhanden sein. Letzteres gilt z. B. von Stärkeacetat für Phenol im Gegensatz zu siedendem Aceton, worin TSUZUKI[1] hohe Mol.-Gewichte fand, was MEYER und MARK (Buch S. 212) als Kritik heranziehen. Am besten verstehen wir das, wenn wir an die an den Acetaten der Polyamylosen gemachten Erfahrungen (vgl.

Tabelle 25.

Kryoskopische Molekulargewichtsbestimmungen an Polysacchariden.

	Lösungsmittel	Konzentration	Mol.-Gew.	Autoren
Inulin	Flüssiges Ammoniak	0,2—1,6%	2 × C_6-Stufe	SCHMID, REIHLEN
	Acetamid	0,5—2,7%	2 × C_6-Stufe	PRINGSHEIM, REILLY
	Formamid	0,5%	2 × C_6-Stufe	PRINGSHEIM, REILLY
Glykogen	Flüssiges Ammoniak	0,25%	1 × C_6-Stufe	SCHMID
	Acetamid	0,7%	1 × C_6-Stufe	PRINGSHEIM, REILLY
Lichenin	Acetamid	0,3%	1 × C_6-Stufe	PRINGSHEIM, REILLY

S. 268) erinnern, aus denen man sieht, wie willkürlich nach den bisherigen Erfahrungen das Dispergierungsvermögen verschiedener Lösungen ist. Man wird dadurch gewarnt, aus dem Verhalten komplexer Polysaccharide in einem Lösungsmittel zu stark verallgemeinernde Schlüsse auf andere zu ziehen, als völlig zuverlässig kann eigentlich nur der ideale Verteilungszustand, d. h. bis zur Monosestufe angesehen werden, beim Inulin scheint allerdings die 2 × C_6-Stufe die untere Grenze zu sein. Auch die Beobachtung, daß Di- und Triamylose wie auch α-Alloamylosen sich in kaltem

[1] TSUZUKI: Bull. chem. Soc. (Japan) **4**, 153 (1929); vgl. auch BRIGL u. SCHINLE: Ber. **62**, 101 (1929).

Wasser im echten Lösungszustande, im siedenden Wasser jedoch kolloidal gelöst befinden, deutet auf die möglichen Komplikationen in diesem Gebiete hin.

Auf die Erörterung der Frage, ob man die Polysaccharide nach der Dispergierung aus ihren Lösungsmitteln oder auch aus ihren Derivaten mit unverändertem Kohlenhydratskelett wieder zurückgewinnen kann, verweisen wir auf das bei den Einzelfällen Gesagte: Unveränderte Zusammensetzung und Drehung, analoge Kinetik bei der Enzymspaltung und in einzelnen Fällen wie beim Lichenin und Inulin gleiches Röntgendiagramm sind hier die herangezogenen Kriterien.

Die Anwendung der Siedepunktsmethode bietet gewiß keine geringeren Schwierigkeiten, da besonders bei hochsiedenden Lösungsmitteln es nicht leicht ist, einen konstanten Siedepunkt zu erhalten und Zersetzungserscheinungen zu vermeiden. Auch sind ja die Konstanten stets niedriger als die in der Kryoskopie. Bessere Resultate verspricht vielleicht die auf dem Prinzip der isothermen Destillation aufgebaute BARGERsche osmotische Methode. Ich habe sie in der RASTschen Modifikation [1] öfter angewandt und hierbei meine Kryoskopieerfahrungen bestätigt. Neuerdings liegen noch sehr wesentliche Verbesserungsvorschläge vor, auf die wir verweisen wollen[2].

Wie wir schon gesehen haben, will STAUDINGER keinen so scharfen Unterschied zwischen dem Lösungszustand kolloidaler und anderer Stoffe machen und er zieht auch das Zerreißen von Hauptvalenzbindungen allein unter dem Einflusse des Lösungsmittels als Möglichkeit in Betracht. Dieses ist auch der von mir auf Grund zahlreicher Versuche, die bei den einzelnen Polysacchariden noch zu berücksichtigen sind, eingenommene Standpunkt.

Hier ist auch der interessanten Untersuchungen zu gedenken, die KATZ über die Ausbreitung hochmolekularer Substanzen zu sehr dünnen Schichten auf einer Wasseroberfläche und ihren Wert als Untersuchungsmethode für Form und Größe von Molekülen

[1] RAST: Ber. 54, 1979 (1921).

[2] BERL u. HEFTER: Liebigs Ann. 478, 235 (1930). — SIGNER: Liebigs Ann. 478, 246 (1930).

und Micelle angestellt hat[1]. Als Untersuchungsobjekt dienten ihm verschiedene Ester der Cellulose, der Stärke, des Inulins, Lichenins und Glykogens, die von verschiedenen Forschern (KARRER, HESS, PRINGSHEIM) zur Verfügung gestellt worden waren. Auch Celluloseäther, Äthyl- und Methylcellulose, wie die krystallisierten Cellulosederivate von HESS wurden untersucht. Übereinstimmend zeigte sich überraschenderweise, daß Schichten von der Dicke eines gewöhnlichen organischen Moleküls erhalten wurden. Hoch- und niedrigviscose Präparate ließen sich in gleich dicker Schicht ausbreiten; und dasselbe Resultat wurde bei dem noch zu besprechenden Cellodextrin von HESS und BERGMANN wie bei einigen von mir zur Verfügung gestellten durch Hitzeabbau teilchenverkleinerten Polysaccharidacetaten erhalten. Eine Ausnahme machte nur das Glykogenacetat, welches eine doppelt so dicke Schicht lieferte, doch müssen hier wohl noch verschiedene Präparate herangezogen werden, ehe man zu besonderen Schlußfolgerungen kommt. Ohne sich für das Kettenmolekül oder für das assoziierte kleine Molekül definitiv zu entscheiden, kommt KATZ zu der Schlußfolgerung, daß bei der Polymerisation der Cellulose die $C_6H_{10}O_5$-Gruppen bloß in einer Dimension (höchstens in zwei Dimensionen) aneinandergelagert werden, aber nicht in drei Dimensionen. Unter Berücksichtigung der vorliegenden Beweise für das Kettenmolekül erscheint ihm nach seinen Spreitungsversuchen die Aneinanderlagerung der Grundkörper zu einem langen drahtförmigen Cellulosemolekül am wahrscheinlichsten. Was den Zustand in der Lösung angeht, so bleiben zwei Auffassungen möglich: Entweder die Micellen sind längliche Blättchen, aus parallelen Längenmolekülen zusammengesetzt, in der einen Richtung bloß ein oder zwei Kohlenstoffketten dick; oder es gibt überhaupt keine Micellen in Celluloselösungen, sondern die Cellulosen sind molekular-dispers verteilt. Aus den Versuchen mit „abgebauten" Polysacchariden schlußfolgert KATZ, daß es keinen oder nur wenig Einfluß auf den Raum zu haben scheint, den eine $C_6H_{10}O_5$-Gruppe nebst Seitenketten in der mono-

[1] KATZ u. SAMWELL: Liebigs Ann. **472**, 241; **474**, 296 (1929).

molekularen Schicht einnimmt, ob die einzelnen $C_6H_{10}O_5$-Gruppen durch Polymerisation bzw. Assoziation zu größeren Molekülen verbunden sind, oder ob sie — in der monomolekularen Schicht — als frei bewegliche einzelne Moleküle vorliegen.

In neuester Zeit hat man besonders an der Cellulose eine Methode zur Messung der Kettenlängen ausgebildet, welche auf einer Bestimmung der in reduzierenden Cellulosepräparaten vorhandenen Carbonylgruppen beruht[1]. Man macht hier die Voraussetzung, daß aldehydische Gruppen an den Kettenenden sitzen und daß man aus ihren relativen Mengen zum Gesamtmolekül die Kettenlängen bestimmen könne. Wir kommen darauf bei dem sogenannten Biosan aus Cellulose noch zurück, wollen aber gleich hier die Bemerkung einschalten, daß uns dieses auf sehr kleinen Ausschlägen beruhende Auswertungsprinzip recht zweifelhafter Natur zu sein scheint[2]. Die für seine Anwendbarkeit nötigen Voraussetzungen sind überhaupt nur gegeben, wenn die reduzierenden Gruppen ausschließlich an den Kettenenden sitzen, wenn also keine der Zwischenglieder z. B. an ihren primären Alkoholgruppen durch Oxydation in Mitleidenschaft gezogen werden. Hess weist mit Recht darauf hin, daß eine solche doch zur Oxycellulose führende Umwandlung in Gegenwart des Bodenkörpers nicht zum Stillstand kommt und deshalb auch nicht im Sinne einer stöchiometrischen Reaktion ausgewertet werden darf. Und in noch krasserer Weise wäre die Anwendung der Jodmethode gefährdet, falls es sich bei den komplexen Polysacchariden überhaupt um Ringmoleküle ohne Endgruppen handelt: Diese Möglichkeit geht schon aus der Tatsache hervor, daß man eine gar nicht reduzierende Stärke gewinnen kann. Bis zu welchem Grade aber die reduzierten Cellulosederivate als einheitlich anzusehen sind, ob es sich hier um adsorptiv festgehaltene kleine Bruchstücke oder um Gemische verschiedenen Molekülumfangs unter Beimengung kleiner hydrolytisch veränderter Abbauprodukte handelt, ist noch

[1] Bergmann u. Machemer: Ber. **63**, 316, 2304 (1930). — Staudinger u. Schweitzer: Ber. **63**, 3132 (1930).

[2] Hess, Dziengel u. Maass: Ber. **63**, 1922 (1930). — Hess: Kolloid-Zeitschr. **53**, 61 (1930). — Vgl. auch Staudinger: Ber. **63**, 3144 Anm. (1930).

schwerer zu entscheiden[1]. Auch die Beimengung reduzierender Fremdstoffe ist immer noch nicht völlig auszuschließen. Gerade diesen neueren Vorschlägen stehen wir also mit Zurückhaltung gegenüber.

Cellulose.

Wir haben gesehen, daß sich die Cellulose ausschließlich aus Glucoseresten zusammensetzt. In so gut wie quantitativer Ausbeute läßt sich aus der Trimethylcellulose die 2,3,6-Trimethylglucose gewinnen, woraus unter der Voraussetzung der amylenoxydischen Glucoseform mit am 5. Kohlenstoff einsetzendem Lactolring für die Verknüpfung der einzelnen Glucosereste in der Cellulose neben dem 1 das 4-ständige C-Atom in Frage kommt. Da nun bei der Acetolyse der Cellulose wie auch bei ihrem fermentativen Abbau die Cellobiose gebildet wird, so liegt die Schlußfolgerung am nächsten, daß die Cellobiosebindungen mit ihren am 4. C-Atom β-glucosidisch eingreifenden Glucosebruchstücken im Bauprinzip der Cellulose die beherrschende Rolle spielen. Hierfür ist die bei der Acetolyse gewinnbare Menge an Cellobioseoctoacetat ein gewisser Beweis. Unter der Voraussetzung der gleichmäßigen kettenförmigen Verknüpfung der Glucosemoleküle im Sinne der Cellobiosebindung hat FREUDENBERG berechnet[2], daß bei dieser Glucosekette selbst dann, wenn sämtliches in allen Stadien der Reaktion gebildetes Bioseacetat auskrystallisierte und dadurch vollständig erhalten bliebe, 67% Biose gewonnen werden könnten. Bei der Zertrümmerung einer gleichmäßigen Polysaccharidkette von 10 und mehr Gliedern dürften dagegen in homogener Lösung höchstens 32% in Form der Biose erhalten werden. Bei der Cellulose krystallisiert nur ein Teil der während der Reaktion gebildeten Cellobiose aus, die faßbare Ausbeute müßte demnach — immer eine gleichmäßige Kette vorausgesetzt — über 32 und unter 67% liegen, gefunden sind dagegen 40% der Theorie an Octoacetylcellobiose. Zieht man nun eine von

[1] Siehe Fußnote 2, Seite 356.
[2] FREUDENBERG: Ber. **54**, 767 (1921). — KARRER u. WIDMER: Helv. chim. Acta **4**, 174 (1921).

FREUDENBERG durch Experimente gestützte Verlustberechnung in Berücksichtigung, so nähert sich das praktische Ergebnis mit 40% dem theoretischen.

Daß tatsächlich die Cellobiose als strukturelles Bauelement in der Cellulose vorhanden ist und nicht, wie zeitweise von HESS angenommen wurde, als Reversionsprodukt entsteht, geht aus folgenden neueren Beobachtungen hervor: eine wurde von uns schon angeführt, nämlich daß die Cellobiose auch aus den Produkten des hydrolytischen Abbaues der Cellulose mit überkonzentrierter Salzsäure isoliert werden konnte[1]. Ferner ließ sich bei milder Hydrolyse aus der völlig methylierten Cellulose eine Diacetyl-Hexamethylcellobiose gewinnen, die leicht in krystallisiertes Heptamethyl-β-Methylcellobiosid überführbar war. Die Ausbeute an diesem Cellobiosid entsprach der Menge der bei der Acetolyse gewinnbaren Octoacetylcellobiose[2]. Des weiteren ließ sich aus dem Produkte der Acetolyse der Cellulose nach der Methylierung durch Destillation Methylcellobiose gewinnen[3].

Auch höher molekulare Oligosaccharide sind beim Abbau der Cellulose erhalten worden. Den Trisacchariden von OST und BERTRAND sind wir schon begegnet, ebenso dem Produkt gleicher Molekulargröße von WILLSTÄTTER und ZECHMEISTER und der Tetraose dieser Forscher. Neuestens beschreibt FREUDENBERG[4] ein methyliertes Trisaccharid und ein methyliertes Tetrasaccharid, die er aus dem Methylierungsprodukte der Celluloseacetolyse durch Destillation im Hochvakuum herausfraktionierte und in krystallisierter Form zu Molekulargewichtsbestimmungen in Kampher verwenden konnte. Nach diesem Ergebnis erscheint es also unzweifelhaft, daß in der Cellulosefaser mehr als zwei Glucosebruchstücke hauptvalenzmäßig aneinandergebunden sind.

In den letztlichen Erörterungen über die Konstitution der Cellulose spielte das sogenannte *Biosan* von HESS[5] eine bedeut-

---

[1] WILLSTÄTTER u. ZECHMEISTER: Ber. **62**, 722 (1929).
[2] HAWORTH, HIRST u. THOMAS: Nature 20. Sept. 1930.
[3] FREUDENBERG u. Mitarbeiter: Ber. **63**, 1961 (1930).
[4] FREUDENBERG u. FRIEDRICH: Naturwiss. **18**, 1114 (1930).
[5] HESS u. FRIESE: Liebigs Ann. **450**, 40 (1926).

same Rolle. Es läßt sich aus den Produkten sehr milder Acetolysen nach den ersten Tagen in überraschend hoher, nahezu quantitativer Ausbeute gewinnen, liefert bei energischer Acetolyse Cellobiose, ist nach der Methylierung so gut wie quantitativ in 2,3,6-Trimethylglucose spaltbar und wird als unzweifelhaft krystallisiertes Abbauprodukt der Cellulose anerkannt. HESS nahm zuerst an, daß es sich hierbei um ein ringgeschlossenes symmetrisches Cellobioseanhydrid mit zwei gleichen Cellobiosebindungen handle. Während FREUDENBERG, gestützt auf die Beobachtung, daß das Präparat 1% Acetyl zuviel enthielt und entsprechend FEHLINGsche Lösung reduzierte, auf eine Kettenlänge von durchschnittlich 10 bis 16 Glucoseresten schloß, worin sich ihm MEYER im Prinzip angeschlossen hat, will HESS schließlich seine ursprüngliche Beobachtung, daß es sich um ein Biosan handle, aufrechterhalten, da er die an seinen Molekulargewichtsbestimmungen geübte Kritik nicht anerkennen will[1]. Auch BERGMANN[2] hatte ein dem HESSschen analoges Cellobioseanhydrid isoliert, dessen Molekularumfang er aber neuerdings[3] auf Grund seiner von uns schon berücksichtigten Jod-Titrationsmethode für wesentlich größer, mit 8 bis 13 Hexoresten, hält. HESS dagegen lehnt, wie schon erwähnt, die Bestimmung der Jodzahl für derartige Cellulosepräparate ab. Man sieht, daß eine große Menge von Arbeit auf dieses Problem verwandt worden ist, das gewissermaßen zum Prüfstein der Molekulargewichtsbestimmung von Cellulosederivaten im Lösungszustand gemacht wurde. Es ist schwer, hier zu einem endgültigen Urteil zu kommen. Während uns der Streit über die Verläßlichkeit der Kryoskopie mit diesem Präparat in Eisessig noch nicht definitiv geklärt zu sein scheint, wobei es nicht gut ist, zum Vergleich z. B. das Verhalten in Bromoform als Lösungsmittel heranzuziehen, während weiterhin die Auswertung reduzierender Eigenschaften mit FEHLINGscher Lösung oder

---

[1] FREUDENBERG: Ber. **62**, 383 (1929). — HESS: Ber. **62**, 924 (1929); **63**, 518 (1930). — FREUDENBERG u. BRUCH: Ber. **63**, 535 (1930). — MEYER u. HOPFF: Ber. **63**, 790 (1930). — HESS u. GARTHE: Naturwiss. **19**, 180 (1931).

[2] BERGMANN u. KNEHE: Liebigs Ann. **445**, 1 (1925).

[3] BERGMANN u. MACHEMER: Ber. **63**, 316 (1930).

Hypojodid auch in diesem Falle wenig überzeugend scheint, spricht natürlich die Ähnlichkeit zwischen den Röntgendiagrammen von Cellulose bzw. Acetylcellulose einerseits mit denen des Bioseanhydrids bzw. seines Acetates andererseits mehr für die Kettenstruktur dieses Celluloseabbauproduktes. Danach wäre es im Sinne der Aneinanderreihung einer größeren Anzahl von Celluloseresten zu deuten und als krystallisiertes „Cellodextrin" anzusprechen.

Solange diese Frage nicht definitiv geklärt ist, wollen wir auch die an verschiedenen Derivaten der Cellulose, an krystallisierten Acetyl- und Methylcellulosen, von Hess ausgeführten, häufig verteidigten und dann gelegentlich widerrufenen Molekulargewichtsbestimmungen nicht für das Konstitutionsproblem der Cellulose heranziehen. Auf demselben Standpunkte stehen wir bezüglich der Schlüsse, die Hess[1] aus den Drehwertskurven in Kupferamminlösung gestützt auf das Massenwirkungsgesetz über den hier obwaltenden Verteilungszustand der Cellulose gezogen hat. Der Annahme, daß dabei eine Aufteilung zum Glucoseanhydrid obwalte, ist zuerst Baur[2] mit dem Hinweis entgegengetreten, daß Schweizerlösung zweiphasig sei. Auch MacGillavry[3] weist darauf hin, daß das Verhalten des Drehwertsvermögens der Cellulose in der Kupferamminlösung in erster Stelle abhängig von den Cellulosebausteinen, den Glucoseresten, nicht vom eventuellen Cellulosemolekül sei. Sehr bedeutungsvoll erscheint die Angabe dieses Forschers, daß sich aus der Drehung der Cellulose in Schweizerlösung die *Gleichwertigkeit* der Glucosereste errechnen läßt. Ferner ließ sich aus Gefrierpunktsbestimmungen in Kupferoxyd-Äthylendiaminlösungen widerlegen, daß die Cellulose in dieser Lösung in einzelne isolierte Glucosereste aufgelöst ist[4].

Der entscheidende Beweis, daß es sich bei der Cellulose nicht um ein aggregiertes Glucoseanhydrid handele, wurde von

[1] Hess u. Messmer: Liebigs Ann. **435**, 14 (1923); Kolloid-Ztschr. **36**, 260 (1925); Ztschr. phys. Chem. **126**, 399 (1927).

[2] Baur: Kolloid-Zeitschr. **36**, 257 (1925).

[3] MacGillavry: Rec. Trav. chim. Pays-Bas. **48**, 18, 492 (1929). — Vgl. dagegen Hess: ebenda, **48**, 489, 583 (1929).

[4] Dohse: Ztschr. physikal. Chem. A. **149**, 279 (1930).

FREUDENBERG erbracht[1]: er führte Trimethylcellulose durch ätherischen Chlorwasserstoff in eine 2,3,6-1-Chlorglucose der nachstehenden Formelbilder über, von denen je eine α- und eine β-Form möglich ist.

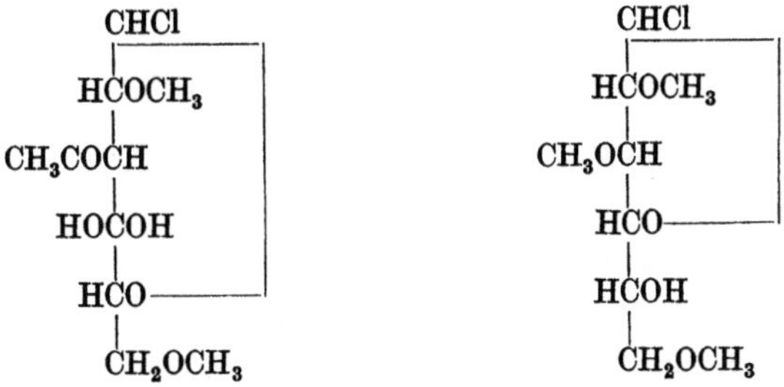

2,3,6-Trimethyl-1-chlorglucose.

Natrium wirkt auf das Chlorid in Äther bei 20% unter Wasserstoffentwicklung und Abscheidung von Chlornatrium ein, wobei in guter Ausbeute das reine Trimethyl-Glucoseanhydrid ⟨1,4⟩, ⟨1,5⟩ erhalten werden konnte. Beim Vergleich mit Trimethylcellulose wurden nun grundlegende Unterschiede aufgefunden, z. B. ist das methylierte Glucoseanhydrid im Hochvakuum destillabel, während die Methylcellulose hierbei verkohlt, die Lösungen der Methylcellulose waren hochviscos und zeigten in Benzol das normale Molekulargewicht. Daraus würde ohne weiteres hervorgehen, daß die methylierte Cellulose nicht mit dem methylierten Glucoseanhydrid identisch sein kann. Nun ist aber bei einer derartigen Synthese die Entstehung zweier sterisch verschiedener 2,3,6-Trimethyl-Glucoseanhydride entsprechend nachstehenden Formeln möglich. Daß jedoch dem synthetisierten Produkt die eine und der Trimethylcellulose die andere Konfiguration zukäme, wird von FREUDENBERG unter Bezugnahme auf das Raummodell abgelehnt, bei dessen Betrachtung man sich davon überzeugen kann, daß auf Grund der Spannungsverhältnisse nur eines der beiden Glucoseanhydride überhaupt existenzfähig sein kann.

---

[1] FREUDENBERG u. BRAUN: Liebigs Ann. **460**, 288 (1927). — Vgl. auch MICHEEL u. HESS: Ber. **60**, 1898 (1927).

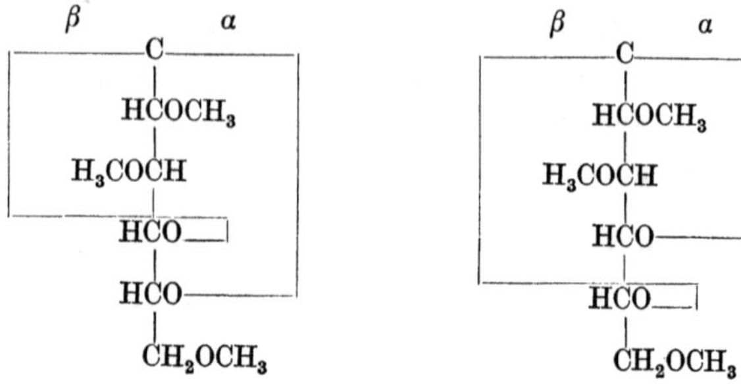

Auf Grund der HUDSONschen Regel hat MEYER[1] aus den Bruchstücken der β-Cellobiose und β-Glucose durch Subtraktion die molekulare Drehung des Glucoserestes berechnet, der in einer Kette in β-1,4-Bindung als Baustein in der Cellulose fortlaufend wiederkehrt. Bei den Acetaten und Methylaten wurden hierbei verhältnismäßig gut übereinstimmende Werte mit den Drehungen von Acetyl- und Methylocellulose gefunden, während die Abweichung bei der direkten Anwendung auf die Cellulose, deren Drehwert in Wasser ja nicht direkt bestimmbar ist, sich als schon wesentlich größer darstellt. Auch diese Berechnung wird als Grundlage für die Annahme einer gleichmäßigen Kettenstruktur aus den in Frage kommenden β-Glucosylresten, die ein Inkrement der Cellobiose darstellen, verwertet. Unter dieser Voraussetzung lassen sich die beim acetolytischen Celluloseabbau isolierten Iso-Oligosaccharide, wie Celloisobiose und Celloisotriose, nicht als Strukturelemente im Cellulosemolekül verwerten. Da ihre Existenz bestritten ist, wollen wir hier auf ihre früher versuchte Unterbringung im Konstitutionsschema der Cellulose verzichten.

Unter Einbeziehung der Ergebnisse der Röntgenanalyse und der hier kurz angeführten Grundlagen für die Formulierung des Cellulosemoleküls gelangen wir also zu der Annahme einer Kettenstruktur aus Glucoseresten in Cellobiosebindungen mit einer räumlich digonalen Verschraubung, wie sie von MEYER und MARK in nachstehendem Schema formuliert wird:

[1] MEYER u. MARK: Der Aufbau der hochpolymeren organischen Naturstoffe (1930), S. 163.

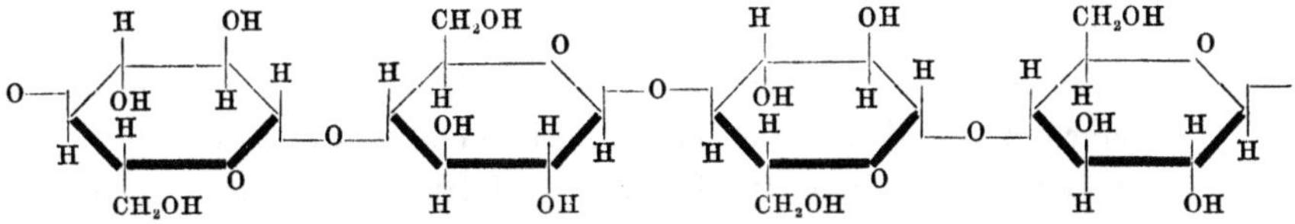

Celluloseschema nach MEYER u. MARK.

HAWORTH[1] legt dasselbe Strukturprinzip zugrunde, aber er zieht eine etwas kompaktere Form der Darstellung vor, in welcher das glucosidische Kohlenstoffatom gleichfalls nur nach einem Paar zweier Glucoseeinheiten auf derselben Seite erscheint; dadurch wird nach seinem Dafürhalten die Schwierigkeit der Erklärung für die Tatsache eingeschränkt, daß die Cellulose sich bei der Acetolyse nicht gänzlich in Glucoseeinheiten auflöst, sondern hierbei Biosekomplexe erhalten bleiben.

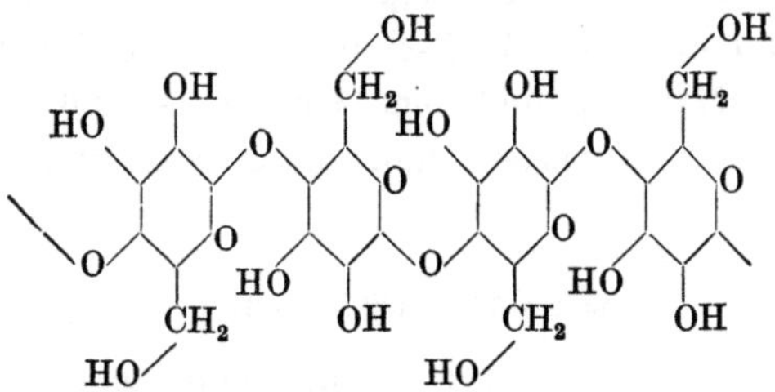

Celluloseschema nach HAWORTH.

Es wäre nun an sich am nächstliegenden, für das der Cellulose so nahe verwandte **Lichenin,** das u. a. bei der Acetolyse und beim Fermentabbau gleichfalls Cellobiose liefert, eine analoge Formulierung vielleicht unter Einsetzung einer wesentlich kürzeren Glucosekette vorzuschlagen, wenn die Einheitlichkeit dieses Körpers nicht mit Recht bestritten wäre. Wir ziehen deshalb vor, hier zwar dasselbe Grundprinzip anzunehmen, aber für die Lichenine noch eine besondere Komplikationsmöglichkeit offen zu lassen.

[1] HAWORTH: 10. Konferenz der Union Internationale de Chimie, Lüttich **1930, 23.**

Am nächstliegenden ist die Annahme, daß die gleichmäßige Kette an einzelnen Stellen durch die Einschiebung von Zuckerresten in anderer als in Cellobiosebindung unterbrochen wird, daß also hier etwa ähnlich wie beim Inulin zwar der Hauptsache nach eine gleichmäßige Kette aber doch mit gewissen Einschiebungen anzutreffen ist. Das Bauprinzip des **Xylans, Arabans,** der **Mannane** und des **Chitins** bedarf keiner besonderen Erörterung. Die Annahme, daß diese Polysaccharide prinzipiell analog wie die Cellulose aufgebaut sind, erscheint gerechtfertigt. Besonders beim Xylan, das ja die Cellulose in den wichtigsten Naturstoffen begleitet, scheint die Analogie eine vollkommene: braucht man doch nur, wie unser Formelschema auf S. 307 zeigt, die in der Cellulose herausstehende Gruppe CH_2OH durch H zu ersetzen, um zur Struktur des Xylans zu gelangen. Bei den Gerüstmannanen genügt die Einsetzung von Mannoseresten, beim **Salepmannan** dazu noch die Annahme einer vergleichsweise verkürzten Kette, beim **Konjakmannan** ein Wechsel in der Folge der Bausteine von immer zwei Mannose- und einem Glucoserest und beim Chitin ein Formelbild aus acetylierten Amino-Mannoseketten (vgl. S. 315).

Stärke und Glykogen.

Im Vergleich zu den eben behandelten komplexen Polysacchariden scheint uns das Bauprinzip der Stärke in seinen Grundfesten noch sehr schwankend. Summarisch behandelt stehen sich etwa drei Anschauungen gegenüber: Die eine besagt, daß die beiden Stärkebestandteile die Inhaltssubstanz oder Stärkeamylose und die Hüllsubstanz, das Amylopektin, verschieden aufgebaut sind; dabei ordnet sich das Glykogen dem Amylopektin zu, wofür gewiß viele von uns angeführte Gründe vorhanden sind. Die zweite Annahme, die von vornherein die nächstliegende zu sein scheint und der verschiedene Forscher auf Grund der Analogie zur Cellulose zuneigen, ist die einer fortlaufenden Kette aus Maltoseresten. Gerade diese lehnen wir aus gleich zu erörternden Gründen ab. Schließlich bleibt der Formulierungsvorschlag einer Kettenstruktur mit γ-glucosidischen Glucoseresten, wobei natürlich eine große Anzahl möglicher Einzelvariationen in Betracht zu ziehen wäre.

Die Tatsache, daß beim Abbau der Amylose Produkte von Di-Saccharidnatur und bei der des Amylopektins und Glykogens solche von Tri-Saccharidcharakter erhalten werden können (vgl. Kapitel V), besonders auch die Beobachtung, daß das sowohl beim chemischen wie beim fermentativen Abbau möglich ist, haben uns dazu veranlaßt, das Bauelement der Amylose als aus zwei und das des Amylopektins aus drei Glucoseresten bestehend anzunehmen. Auf die Erörterung der hierfür vorgebrachten Gründe, die ja im speziellen Teil klar zutage treten, wollen wir nicht noch einmal eingehen. So manches spricht auch gegen einen prinzipiellen Aufbauunterschied, z. B. die Tatsache, daß beim Acetylieren Triacetate von Amylose, Amylopektin, Stärke und Glykogen ganz gleicher spezifischer Drehung erhalten werden können; ferner unsere Beobachtung[1], daß beim Acetylieren von Amylopektin ein Acetat erhalten werden kann, das bei der Verseifung einen von der Amylose nicht mehr unterscheidbaren Körper liefert, der dann auch wieder die blaue Jodfärbung zeigt. Sollen wir hierin einen Beweis dafür sehen, daß Amylose und Amylopektin in ihren Kohlenhydraten identisch und nur durch die verschiedenartige Beladung mit Elektrolyten verschieden sind? Sollen wir annehmen, daß diese Elektrolytbeladung den chemischen und fermentativen Abbau beim Amylopektin und Glykogen in andere Bahnen als bei der Amylose drängen kann, oder wäre vielleicht die Annahme zu machen, daß die Gleichmachung der beiden Stärkebestandteile schon durch Umlagerungsvorgänge beim Acetylieren verschuldet ist? Wenn wir die große Labilität, die wir in der Polyamylosenreihe kennengelernt haben, in Berücksichtigung ziehen, wo der Übergang von der α- in die β-Reihe ein leicht hervorzurufendes und durch die Jodprobe scharf kontrollierbares Phänomen darstellt, dann ist auch diese Erklärungsmöglichkeit keineswegs von der Hand zu weisen. Wir wollen uns also in bezug auf die Frage eines prinzipiellen Unterschiedes zwischen Inhalts-

[1] STEINGROEVER: Ber. **62**, 1352 (1929).

und Hüllsubstanz der Stärke nicht festlegen und lieber an den labilen Zustand dieser Polyosen erinnern, der gewiß ebenso ausgeprägt ist, wie der bei den vergleichsweise sicher einfacher konstituierten Polyamylosen.

Wenden wir uns also der Besprechung der Frage zu, ob die Stärke eine gleichlaufende Kette aus Maltosebindungen darstellt. Daß dieses Polysaccharid einheitlich aus Glucoseresten zusammengesetzt ist und daß es auf fermentativem Wege quantitativ zu Maltose abgebaut werden kann, scheint erwiesen. Durch direkte Säurehydrolyse ist Maltose aus Stärke bisher niemals erhalten worden, dagegen kennen wir zwei Wege, um Stärke wenigstens teilweise auf chemischem Wege in Maltosederivate zu verwandeln. Den einen haben wir bereits kennengelernt. Es ist die Umwandlung der Stärke durch Acetylbromid in Acetobrommaltose, wie sie von KARRER durchgeführt wurde. Wir haben jedoch schon der Meinung Ausdruck gegeben, daß die Maltose hierbei als ein Reversionsprodukt erscheint. Der zweite ist die neuerliche Angabe von HÖNIG[1], daß bei der Bromoxydation der Stärke Maltobionsäure in nicht geringer Ausbeute gewonnen werden kann. Auch diese sicherlich interessante und zuverlässige Angabe schließt keineswegs die Möglichkeit aus, daß der in der Maltobionsäure vorhandene oxydierte Glucoserest ursprünglich in γ-glucosidischer Form in der Stärkekette verfestigt war.

Das Ergebnis der Methylierung führt, wie besprochen, bei der Stärke immer zur 2,3,6-Trimethylglucose. Damit ist jedoch keineswegs bewiesen, daß es sich um pyroide (I.) Glucosereste mit Verkettung am 1. und 4. C-Atom handelt, es können ebensogut furoide (II.) mit Bindungsmöglichkeiten am 1. und 5. C-Atom in Frage gezogen werden, wie nachstehende Formulierung zeigt: (siehe Formel Seite 367 oben.)

Diese Möglichkeit wurde von IRVINE[2] folgendermaßen bewiesen: Aus 2,3,6-Trimethylglucose wurde einerseits 2,3,6-Trimethyl-[γ-methyl-glucosid] und andererseits 2,3,6-Trimethyl-[β-methyl-glucosid] bereitet, welche bei gleichartiger Hydrolyse in

[1] HÖNIG u. RUZIČKA: Biochem. Ztschr. **218**, 397 (1930).
[2] IRVINE, PRINGSHEIM u. SKINNER: Ber. **62**, 2372 (1929).

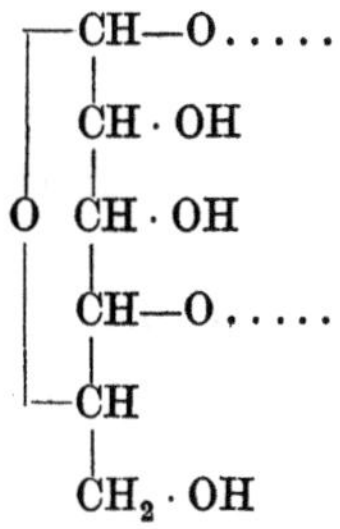

I.

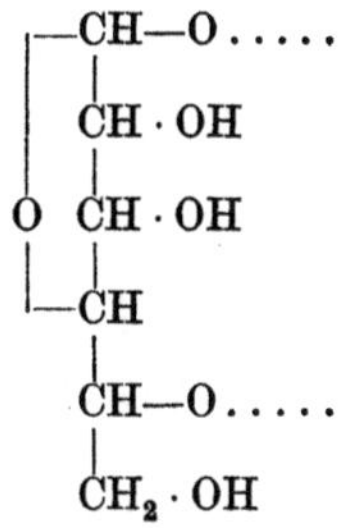

II.

krystallisierte 2,3,6-Trimethylglucose umgewandelt wurden. Der methylierte γ-Zucker geht also, wenn er in Freiheit gesetzt wird, in die stabile Form über, wenn die 5-Stellung nicht substituiert ist. Nachstehendes Schema, das ferner das Verhalten der trimethylierten Glucoside bei der Permethylierung veranschaulicht, zeigt die Zusammenhänge:

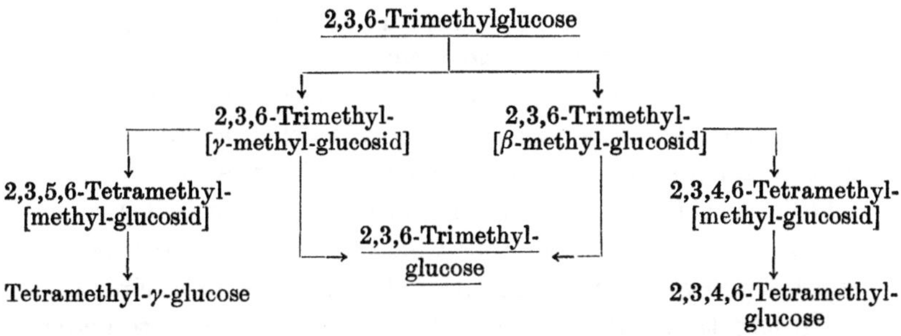

Daß mehr als zwei Zuckerreste im Stärkemolekül verkettet sind, wurde bereits mehrfach bewiesen. Für die Isolierung von Trisacchariden haben wir verschiedene Beweise erbracht. Kürzlich ist FREUDENBERG[1] durch die Destillation der methylierten Abbauprodukte von acetylierter Stärke, deren Übereinstimmung mit Maltosederivaten aber nicht bewiesen ist, bis zur Tetrastufe gelangt.

In ähnlicher Weise wie bei der Cellulose hat MEYER[2] das

[1] FREUDENBERG u. FRIEDRICH: Naturwiss. 18, 114 (1930).
[2] MEYER, HOPFF u. MARK: Ber. 62, 1103 (1929).

Inkrement einer fortlaufenden α-glucosidisch verketteten Maltosebindung in der Stärke berechnet, wobei er beim Vergleich mit den Drehwerten der freien α-Maltose zu guter Übereinstimmung gelangte. Da aber hier in den Werten an den Acetaten, deren Verwendung ja sonst für die Berechnung nach der HUDSONschen Regel sehr zuverlässig ist, eine große Unstimmigkeit von 145° berechnet gegen 172° für Stärkeacetat gefunden vorhanden ist, so müssen wir diese Beweisführung für die Wiederkehr der Maltosebindung in der Stärke ablehnen.

Manche Beobachtungen sprechen dafür, daß überhaupt in der Stärke neben α- auch β-Bindungen vorhanden sind. Am schwersten wiegt hier wohl die Tatsache, daß Stärke bei der destruktiven Destillation in guter Ausbeute Lävoglucosan liefert, das nach den Untersuchungen von KARRER ja nur aus β-glucosidischen Bausteinen hervorgeht. Von manchen wird auch die Isolierung der sogenannten Isomaltose (jetzt Dextrinose) hierfür als Beweis herangezogen. Doch erscheint gerade dieser Punkt nicht definitiv geklärt.

Den stärksten Beweis gegen eine Stärkeformel aus gleichmäßigen α-Glucoseresten sehen wir in der Beobachtung von KUHN, daß nämlich zwei spezifisch verschiedene Amylasen aus der Stärke die Maltose in gegensätzlich mutierender Form abzuscheiden imstande sind. Auch KUHN hat seine Ergebnisse so gedeutet, daß in der Stärke labile Glucosereste mit furoiden Sauerstoffbrücken vorkommen. Und in der Tat, wie soll man erklären, daß bei gleichartiger α-glucosidischer Bindung aller Glucosereste aus der Stärke durch die α- oder Pankreasamylase α-Maltose und durch die β- oder Malzamylase β-Maltose entsteht? Eine derartige Umkehrerscheinung einer α- in eine β-Bindung, wie sie zur Entstehung der β-Maltose doch nötig wäre, erscheint auf rein hydrolytischem Wege so gut wie ausgeschlossen. Man hat hierfür als Erklärung die Möglichkeit einer WALDENschen Umkehrung herangezogen, ohne zu berücksichtigen, daß für eine WALDENsche Umkehrung doch eine Substitution an einem asymmetrischen Kohlenstoffatom Vorbedingung ist. Und letztens ist man dazu gekommen, in den Untersuchungen von OHLSSON[1], der die KUHNschen Unter-

[1] OHLSSON: Ztschr. physiol. Chem. **189**, 17 (1930).

suchungen bestätigt und erweitert hat, eine Stütze für die Maltosekettenstruktur der Stärke zu suchen. Man hat gesagt, daß zwischen den beiden Amylasetypen ein prinzipieller Unterschied bestehe: durch die α- oder Dextrinogenamylase zerfällt die Stärke in zwei oder mehrere Dextrinmoleküle, die ihrerseits dann erst in Maltose gespalten werden, während beim Abbau durch die β- oder Saccharogenamylase von vornherein ein oder mehrere Moleküle Maltose abgespalten werden, und daß dieser Unterschied im Wirkungsmechanismus der beiden Amylasen auch die Ursache für die Bildung von α-Maltose durch das eine und β-Maltose durch das andere Ferment sei. Wieso jedoch die Länge des abgespaltenen Bruchstückes von Einfluß auf seinen konfigurativen Zustand sein könne, erscheint mir nicht ganz verständlich. Ebenso muß die Annahme abgelehnt werden, daß die Bindung des Fermentes an das Substrat als Erklärung für eine derartige räumliche Verschiebung zwischen den beiden Glucoseresten herangezogen werden kann. Hierfür gibt es in der ganzen Fermentchemie keinerlei Analogon. Spezifischer Spaltbarkeit oder Nichtspaltbarkeit, bedingt durch die größten Finessen, auch konfigurativer Natur im Aufbau der Substrate, begegnen wir besonders in der Enzymologie der Eiweißstoffe, aber spezifische Konfigurationswandlungen durch Fermente hat man bisher noch nicht beobachtet.

Als eines der neuen Argumente für die Gleichmäßigkeit der Maltosekette in der Stärke werden die besonders von Freudenberg ausgeführten Messungen der Reaktionskinetik bei der Säurehydrolyse dieser Polyose angeführt. Das Alternieren von α-β-1,4-glucosidischen Zwischenstücken, wie es früher von Kuhn als Stärkeformulierung angenommen wurde, scheint nach diesen Untersuchungen tatsächlich ausgeschlossen, da eine Maltosebindung wesentlich leichter als eine Cellobiosebindung hydrolysierbar wäre. Nimmt man jedoch in der Stärkekette furoide Bruchstücke an, dann wird den kinetischen Messungen der Vergleich mit der Maltose entzogen, und ihre Grundlage für die Stärkeformulierung im Gegensatze zu der der Cellulose erschüttert.

Aus all den angeführten Gründen ziehen wir es vor, vorläufig keinen definitiven Vorschlag für die Stärkekonstitution niederzulegen. PICTET[1] hat kürzlich ein Formelbild für das konstitutionelle Gefüge der Glucosereste in der Stärke entworfen, das wir nachstehend wiedergeben:

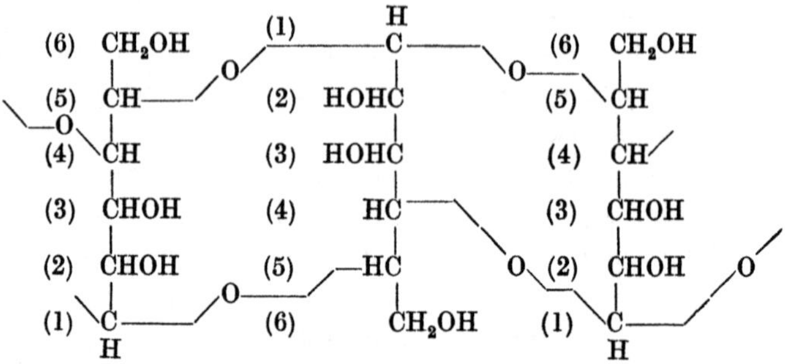

Stärkeformulierung nach PICTET.

Diese Formulierung weicht von der der Cellulose prinzipiell ab, weil hier alle Laktolringe durch interglucosidische Sauerstoffbrücken alternierend vom 1. nach dem 5. C-Atom und vom 1. nach dem 4. C-Atom ersetzt sind. Eine andere Möglichkeit, die sich näher an die Cellulosekonstitution anschließt, wäre die folgende:

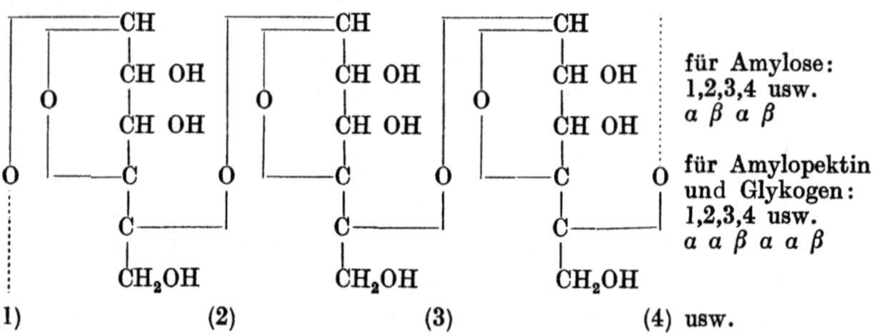

wobei der fortlaufende Wechsel von α- und β-Bindungen für die Stärkeamylose und die Aufeinanderfolge von zwei α- und einer β-Bindung für Amylopektin und Glykogen in mögliche Erwägung zu ziehen wäre.

[1] PICTET: 10. Konferenz der Union Internationale de Chimie, Lüttich **1930**, S. 15.

Inulin.

Mit den Grundlagen für die Konstitutionsermittlung des Inulins haben wir uns im speziellen Absatz schon beschäftigt. Aus den Ergebnissen der Methylierungsversuche scheint festzustehen, daß in den Fructosebausteinen des Inulins freie Hydroxyle am 3., 4. und 6. C-Atom vorhanden sind und daß nur die 2- und 5-Stellung für die Zusammenfügung von Sauerstoffringen zur Verfügung stehen. Da es sich hier um furoide Fructosereste handelt, wird die 5-Stellung vom Laktolring besetzt, so daß für die Vereinigung benachbarter Fructoseeinheiten das 1. und 2. C-Atom verfügbar sind. HAWORTH[1], dem wir in diesen Ausführungen folgen, hat das Inulin deshalb mit einem Äthylenoxyd verglichen und als eine Polyäthylenoxydkette, in der eine Methylengruppe durch den Zuckerring-Konstituenten (I) ersetzt ist, aufgefaßt. Er schreibt: „Es ist lange bekannt, daß Äthylenoxyd sich mit großer Leichtigkeit polymerisiert und kürzlich wurde diese Reaktion speziell von STAUDINGER[2] studiert, der gezeigt hat, daß Polyäthylenoxyde Verbindungen sind, welche eine krystallisierte Gestalt annehmen und einen Abbau durch Erhitzen erleiden. Die STAUDINGERsche Anschauung ist, daß die Polyäthylenoxyde durch Vereinigung gleicher Einheiten vermittels gewöhnlicher Ko-Valenzen gebildet werden. Wenn dem so wäre, so ist es evident, daß die Moleküle cyclische Form annehmen, und zwar in Form einer langgestreckten in sich geschlossenen Kette II.

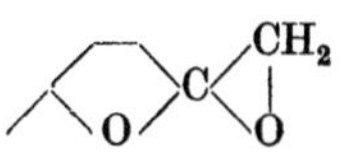

I

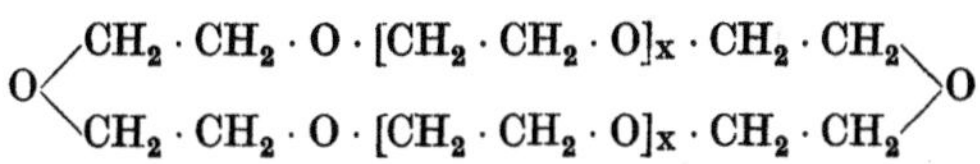

II

Inulin kann daher als ein substituiertes Polyäthylenoxyd betrachtet werden, in dem die Gruppe $-CH_2-CH_2 \cdot O-$ durch

---

[1] HAWORTH: 10. Konferenz der Union Internationale de Chimie, Lüttich **1930**, S. 25.

[2] STAUDINGER u. SCHWEITZER: Ber. **62**, 2395 (1929).

$-CH_2-$ Ⓒ $-O-$ ersetzt wird, welche an Stelle einer Methylengruppe den 5-Atomring der Fructofuranose (Ⓒ eingezeichnet) trägt, so daß der Polyäthylenoxydkette die folgende Formulierung zukäme:

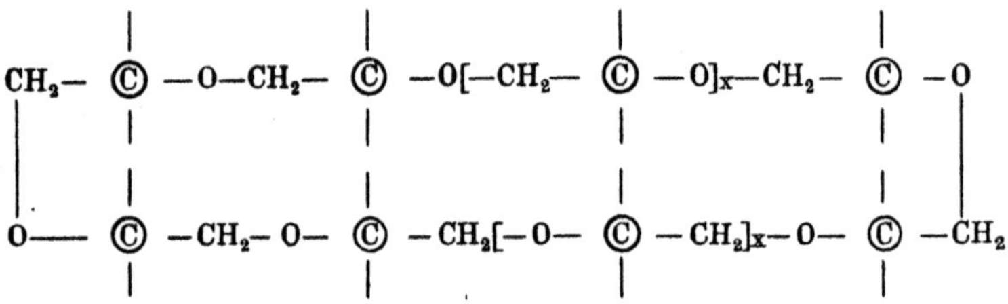

Die Neigung eines solchen Gebildes, Depolymerisation zu geschlossenen Ketten kleinerer Dimensionen zu erleiden, wäre sehr ausgesprochen, da ein Abreißen an verschiedenen Sauerstoffbrücken erfolgen könnte, welches dann die Vereinigung zu kleineren Ringen und schließlich zum Difructoseanhydrid:

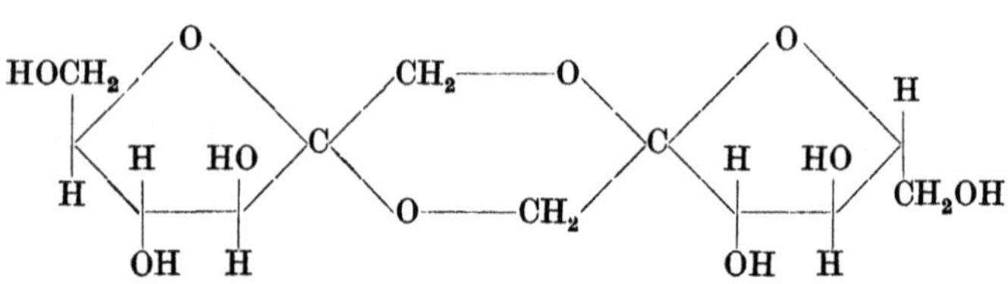

zur Folge hätte.

Diese Strukturauffassung erklärt völlig die Leichtigkeit, mit welcher Inulin den Abbau schon durch milde Reagenzien zu einem verkleinerten Molekül erleidet. Ein solcher Abbauprozeß müßte erwartungsgemäß leichter erfolgen als in Polyäthylenoxyden infolge der Überladung durch die Zuckerringgruppen, die selbst dazu neigen, durch das Abreißen der Laktolringe sich zu öffnen. Man sieht, daß in diesen HAWORTHschen Anschauungen eine Erklärung für die Teilchenverkleinerung des Inulinmoleküles bis zur Difructoseanhydridstufe gegeben ist, für die wir so zahlreiche Beweise erbracht haben.

Schlußbetrachtungen.

Wir haben also unseren Betrachtungen über das allgemeine Bauprinzip der komplexen Polysaccharide die Kettenstruktur zugrunde gelegt. Denn wenn wir auch der Meinung sind, daß sie endgültig nur für die Cellulose und vielleicht für andere Gerüstpolyosen wie das Chitin erwiesen ist, so scheint uns doch die Analogie im Verhalten auch solcher Reservestoffe wie Lichenin, Stärke, Glykogen und schließlich wohl auch Inulin zu einer gleichen Auffassung auch für diese zu drängen. Weit ungeklärter scheint uns noch die Frage nach dem kolloidchemischen Verhalten besonders der letzteren Stoffklasse im Lösungszustand. Sollen wir hier die Annahme machen, daß das wechselvolle Verhalten im Verteilungszustande, speziell der reversible Zustand der Ballung, sich in genügender Weise erklären läßt durch das Verhalten der übermolekularen Kräfte, welche die Ketten im micellaren Gefüge zusammenhalten, oder halten wir es für notwendig, für die maximale Molekularverkleinerung, welche wir für gewisse Lösungszustände als bewiesen ansehen, auch Hauptvalenzverschiebungen innerhalb der Ketten verantwortlich zu machen. Wir neigen mehr der letzteren Auffassung zu, und zwar in einer Form, in der wir sie im vergangenen Jahre allgemein und gleichzeitig mit den von uns oben angeführten Vorschlägen von HAWORTH beim Inulin vorgetragen haben[1].

Unsere Auffassung geht dahin, daß die Aufteilbarkeit in kleinere Einheiten im Lösungszustande gebunden ist an ganz bestimmte konstitutionelle Verhältnisse, wie wir sie im Bau der natürlichen Polysaccharide und der Polyamylosen vorfinden. Ein Beispiel möge das erläutern: Wir zeigten, daß man das Glykogen zu einem Glykogesan vom Molekülumfange eines Trisaccharides abbauen kann und daß dieses Glykogesan in Gestalt seines Acetates in Eis-

[1] HAWORTH: Vortrag auf der Union Internationale de Chimie Lüttich. 1930.

essig bis zur Glucose-Anhydridstufe dispergierbar ist. Eine andere Art des Abbaues führt vom Glykogen zum Trihexosan, einem anderen Trisaccharidanhydrid, das nun aber seine weitere Dispergierbarkeit verloren hat, da es gleichfalls in Gestalt seines Acetates auch in Eisessig als Trisaccharidderivat erscheint. Wir schlußfolgern, daß im Glykogesan die strukturellen Glucosebausteine noch in ihrer im urspünglichen Glykogen enthaltenen Form erhalten geblieben sind, während das beim Trihexosan nicht mehr der Fall ist. Wir belegen diese Schlußfolgerung durch die Beobachtung, daß das Glykogesan mit dem Glykogen nicht nur die gleiche Kinetik des Fermentabbaus, sondern vor allem auch die gleiche Drehung gemeinsam hat, was beides beim Trihexosan nicht mehr der Fall ist.

Früher bin ich der Meinung gewesen, daß ein desaggregierender Abbau eines Polysaccharides zu kleineren Bauelementen unter Aufrechterhaltung des Drehwertes nur durch die Ablösung von übermolekularen Valenzen zu erklären sei. Nach reiflicher Überlegung bin ich jedoch zu der Überzeugung gekommen, daß auch das Zerreißen einer langen Kette gleichartiger und auch konfigurativ gleichartig untereinander gebundener Zuckerreste, unter Aufrechterhaltung des Drehwertes nicht gegen die HUDSONschen Regeln verstößt. Ich will das an der Hand nachstehender Formelbilder verdeutlichen: (s. S. 375.)

Im oberen Formelbilde sind *a-z* Glucosereste, von denen vier eingezeichnet wurden, in 1,4-Bindung untereinander verkettet. Zerlegt man sie nach den Vorschlägen von HUDSON durch die punktierte Linie in die glucosidischen Kohlenstoffatome plus deren Anhang und die je vier unter der gestrichelten Linie befindlichen Asymmetriezentren, so findet man, daß diese letzteren untereinander alle gleichartig sind, auch wenn, wie in der unteren Reihe angegeben, Ringschluß vom glucosidischen Kohlenstoffatom in *a*, z. B. zum vierten Kohlenstoffatom in *m* erfolgt. Diese Asymmetriezentren können also auch unter Voraussetzung der Kettenverkürzung unter Ringschluß keine Drehwertsänderung zur Folge haben. Aber auch am glucosidischen Kohlenstoffatom in *a*, das nun am Ringschluß teilnimmt, dürfte keine Veränderung der räumlichen Verhältnisse

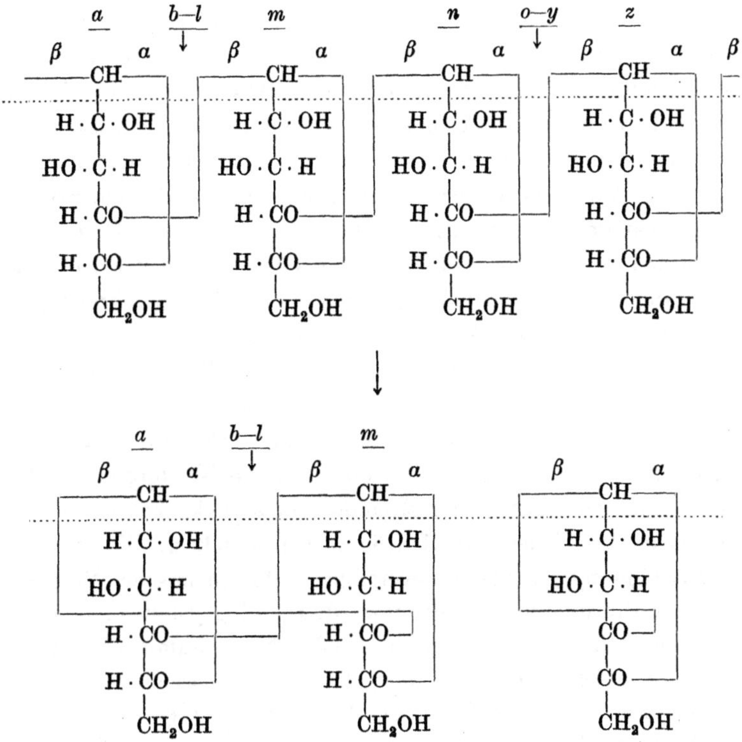

erfolgt sein. Denn es muß für seinen Drehwert schließlich gleichgültig sein, ob seine β-Bindung nicht mehr mit dem benachbarten sondern mit einem anderen Glucosebruchstück (unter der gestrichelten Linie) in 4-Stellung verbunden ist, wenn diese Bruchstücke untereinander alle konstitutionell und konfigurativ gleich sind, was tatsächlich der Fall ist. Ich bin also der Meinung, daß eine derartige Kettenverkürzung ohne Drehungsänderung möglich ist. Schwieriger ist die Entscheidung, ob der Drehwert auch dann unverändert bleibt, wenn die Absättigung dieser β-Valenz wie im eingezeichneten Glucoseanhydrid innerhalb desselben Glucoserestes stattfindet. Ich möchte auch hier keine Notwendigkeit zur Drehwertsänderung annehmen, doch verdient das Problem eine experimentelle Prüfung.

Nimmt man sich die von mir gegebene Erklärung für die Beibehaltung des Drehwertes bei der Desaggregation zur Richtschnur, dann muß man die gegenseitige Absättigung der Endvalenzen ($\underline{a}$ und $\underline{z}$) im ersten Formelbilde annehmen und sich die Polysaccharidkolloide als sehr langgestreckte vielgliedrige flache Ringe denken. Eine Teilchenverkleinerung des Kolloids wäre dann durch Zerreißen des Ringes z. B. in $\underline{m}$ und $\underline{n}$ und neuen Ringschluß zwischen $\underline{a}$ und $\underline{m}$, bzw. $\underline{n}$ und $\underline{z}$ zu erklären. Natürlich ist dieser Vorgang nicht auf die Bildung gleich großer Teile beschränkt, die mögliche Mannigfaltigkeit ist demnach unabsehbar. Man denke sich aber diese Ringsysteme nicht zu starr. Wäre die Teilchenzerschlagung eine noch relativ geringe, so daß immer noch große Bruchstücke übrigbleiben, z. B. beim mäßigen Erwärmen eines Kolloids in einem Lösungsmittel, so dürfte noch Neigung vorhanden sein, beim Abkühlen in den alten Zustand zurückzukehren und die Bruchstücke wieder zum Ganzen zu verschmelzen. Dieses wären die Bedingungen für einen reversiblen kolloidchemischen Vorgang.

Bei Alterungserscheinungen würde aus Ringsystemen, die unter gewissen Bedingungen instabil sind, eine Zusammenlegung in größere anzunehmen sein, die gelegentlich in Flockung endigen kann. Bei zu starker Teilchenverkleinerung werden aber die verkleinerten Ringe stabiler, dadurch sind sie dann am Rückgang in das große Ursprungssystem gehemmt, der Zustand wird irreversibel, und wir nähern uns bei wachsender Desaggregation einer Teilchengröße, bei der die Bruchstücke einem molekulardispersen Lösungszustand zustreben. Durch eine solche Annahme würden die bevorzugten Aggregationsstufen, denen wir beim Inulin begegneten, als progressiv stabiler werdende Ringe erklärlich. Ist der Abbau kein rein desaggregierender mehr, treten Umlagerungen oder gar Eingriffe in die Struktur ein, dann gehen die speziellen kolloidchemischen Eigenschaften natürlich verloren und neue treten an ihre Stelle, sofern nicht schließlich Abbaustufen ohne Hang zur Ballung und Quellung erreicht werden. Der kolloide Zustand wäre dann verschwunden.

Eine solche Auffassung erklärt die angeführten kolloidalen Umsetzungen auf der Grundlage von *Tautomerie-Erscheinungen*, sie verlegt sie also in das Gebiet der reinen organischen Chemie zurück, entsprechend der Forderung nach Wiedereinsetzung der reinen Valenzlehre in ihre alten Rechte.

An dieser Stelle wäre an die Beobachtung[1] zu erinnern, daß Naturstoffe wie Proteine und Polysaccharide im Zustande der Verkleinerung ihrer Ballung einen Anstieg ihrer Eigenfluorescenz im ultravioletten Lichte erkennen lassen, wenn man sie in Pulverform unter eine Hanauer-Analyse-Quarzlampe bringt. Die bisher hierüber vorliegenden Ergebnisse werden durch die nachstehende kleine Tabelle wiedergegeben:

Tabelle 26.

a) Lichenin —	Aggregiertes Lichosan + Lichosan ++
b) Cellulose —	Cellulose-Abbauprodukt +++
c) Glykogen —	Desaggregiertes Glykogen ++
d) Amylopektin —	Desaggregiertes Amylopektin ++
e) Stärkeamylose +	Desaggregierte Amylose +++
f) Inulin +	Desaggregiertes Inulin +++
g) Inulinacetat +	Desaggregiertes Inulinacetat +++

— kein Leuchten ++ mittelstarkes Leuchten
+ schwaches Leuchten +++ sehr starkes Leuchten

Allerdings ist bei diesen Beobachtungen, mehr als das in früheren hervorgehoben wurde, darauf zu achten, daß die Naturstoffe nicht von selbst eine ausgesprochene eigene Fluorescenz zeigen, was manchmal aus bisher nicht aufgeklärten Gründen der Fall ist. Aber diese Fehlerquelle wird bei kürzlich am Lichosan gemachten Beobachtungen[2] vermieden. Hier konnte nämlich nicht nur durch den Augenschein, sondern durch die photographischen Aufnahmen festgehalten werden, daß ein im höchstmöglichen Dispergierungszustand, nämlich dem der C-6-Stufe, mit siedendem Alkohol ausgefälltes Lichosan im ultravioletten Lichte wesentlich stärker leuchtete, als das gleiche

---

[1] Pringsheim u. Gerngross: Ber. **61**, 2009 (1928).
[2] Pringsheim u. Lamm: Kolloid-Ztschr. **54**, 36 (1931).

im gealterten Zustande kalt ausgefällte Präparat von 6—8 mal so großem Molekülumfang.

Wir kommen also schließlich zu der Schlußfolgerung, daß die komplexen Polysaccharide im festen Zustande als langgestreckte Ringe von Kettenstruktur aufzufassen sind und daß im Lösungszustand Teilchenverkleinerung mit einer Ringschließung zu kleineren Ketten Hand in Hand geht. Die Frage, ob diese Art der Desaggregation als ein Spezifikum der Reservepolysaccharide aufzufassen ist und ob diese vielleicht gerade dadurch ihrer Funktion dienen können, stellen wir zur Diskussion. Vielleicht hat die natürliche Anpassung dafür Sorge getragen, daß die Verwendbarkeit der Reservepolysaccharide im Stoffwechsel, z. B. ihre Fortführung bei der Leitung durch das geschilderte Phänomen ermöglicht wird, während die Gerüstpolysaccharide durch die vergleichsweise größere Verfestigung ihres strukturellen Zustandes ihrer Eignung als Skelettstoffe dienen.

Bei alledem bleibt in bezug auf den Lösungszustand unserer Stoffklasse noch sehr vieles im unklaren. Am besten sehen wir das aus dem Verhalten der Polyamylosen, welche uns durch ihre ausgezeichnete Neigung zur Krystallisation beim Arbeiten die Sicherheit in die Hand geben, an die wir bei den üblichen „niedrigmolekularen“ Stoffen gewöhnt sind und die uns bei den hochmolekularen Naturstoffen fehlt. Und doch geben uns die Polyamylosen in ihren Lösungszuständen noch vielfache Rätsel auf. Auch hier muß ein gegensätzliches Verhalten zwischen den festen und den gelösten Körpern angenommen werden. Die Diamylose z. B. gibt einen Schmelzpunkt von über 300°, der einem Disaccharid kaum zukommen dürfte und zeigt doch in Wasser bei der Kryoskopie unzweifelhaft das Molekulargewicht der 2 mal C_6-Stufe. Noch krasser liegen die Verhältnisse beim α-Amylosan und α-Alloamylosan, die trotz gleich hohen Schmelzpunktes in wäßriger Lösung als Hexoseanhydride erscheinen. Die beiden letztgenannten Körper lassen sich gar nicht mehr unter den Anhydriden der α-Glucose unterbringen, da aus konfigurativen Gründen neben dem bekannten α-Glucosan ja nur noch *ein* α-glucosidisches

Glucoseanhydrid möglich ist. Wie merkwürdig ist, um nur noch einige Beispiele anzuführen, der von uns angeführte Übergang der Diamylose beim Krystallisieren aus wäßriger Lösung in Tetraamylose und ihre teilweise Umwandlung aus konzentrierter wäßriger Lösung in α-Hexaamylose. Und wie eigenartig ist die Neigung der Isoamylosane zur Polymerisation, ganz vergleichbar dem Übergange des Inulans in das Inulin und des Lichosans in das Lichenin. An der Erforschung der Lösungszustände der durch unsere neueren Untersuchungen erweiterten Klassen der Polyamylosen wird die Forschung ansetzen müssen, um tiefer in das parallele Verhalten der komplexen Polysaccharide einzudringen.

Namenverzeichnis.

Sachverzeichnis.

GPSR Compliance

The European Union's (EU) General Product Safety Regulation (GPSR) is a set of rules that requires consumer products to be safe and our obligations to ensure this.

If you have any concerns about our products, you can contact us on ProductSafety@springernature.com

In case Publisher is established outside the EU, the EU authorized representative is:

Springer Nature Customer Service Center GmbH
Europaplatz 3
69115 Heidelberg, Germany

Batch number: 10682439

Printed by Printforce, the Netherlands